T0135794

Bernd Kröger

Hermann Haken
und die Anfangsjahre der Synergetik

Bibliografische Information der Deutschen Nationalbibliothek

Die Deutsche Nationalbibliothek verzeichnet diese Publikation in der Deutschen Nationalbibliografie; detaillierte bibliografische Daten sind im Internet über http://dnb.d-nb.de abrufbar.

Titelbild: Portrait Hermann Haken (*1927), gemalt von seiner Tochter Karin Hahn (mit freundlicher Genehmigung der Künstlerin)

D 93

ISBN 978-3-8325-3561-2

Logos Verlag Berlin GmbH
Comeniushof, Gubener Str. 47,
10243 Berlin
Tel.: +49 (0)30 42 85 10 90
Fax: +49 (0)30 42 85 10 92
INTERNET: http://www.logos-verlag.de

Inhaltsverzeichnis

Zusammenfassung

Der Physiker und Mathematiker Hermann Haken (geb. 1927) hat in den vergangenen sechzig Jahren zahlreiche Beiträge zu verschiedenen Wissensgebieten, nicht nur der Physik, geleistet. Er ist einer der „Väter" der quantenmechanischen Lasertheorie und begründete danach mit der Synergetik eine „neue Lehre" vom Zusammenwirken in Vielteilchensystemen.

Die vorliegende Arbeit zeichnet den wissenschaftlichen Werdegang von Hermann Haken in den ersten fünfunddreißig Jahren seines Wirkens nach. Diese Zeitspanne umfasst seine ersten Studien- und Forschungsjahre in Halle und Erlangen, in denen er sich vorwiegend mit der Festkörperphysik beschäftigte. Nach seiner Berufung auf den Lehrstuhl für Theoretische Physik an der damaligen *Technischen Hochschule Stuttgart* entwickelte er, zusammen mit den Mitgliedern der sogenannten „Stuttgarter Schule", die Grundlagen der quantenmechanischen Lasertheorie. Dies geschah im Wettstreit mit zwei amerikanischen Forschergruppen um Willis Lamb jr. und Melvin Lax.

Am Ende dieser Periode bemerkten er und sein Doktorand Robert Graham, dass der Laser ein System fern ab vom thermischen Gleichgewicht ist, das am kritischen Punkt einen Phasenübergang durchläuft. Dies führte ihn 1970 zur Formulierung der Synergetik. Diese zeigt, wie in solchen offenen Systemen Ordnungsphänomene zeitlicher, räumlicher und raumzeitlicher Art durch Selbstorganisation, also ohne äußere Einwirkung, entstehen können.

Anfang der siebziger Jahre wurde die Frage, wie selbstorganisierte Ordnung aus Unordnung entstehen kann, insbesondere vor dem Hintergrund des Problems der biologischen Lebensentstehung, intensiv diskutiert. Auf den Versailler Konferenzen lernte Haken mit Manfred Eigen und Ilya Prigogine zwei Vertreter konkurrierender Selbstorganisations-Ansätze kennen. Im Rahmen seines synergetischen Konzeptes der Ordnungsparameter gelang es ihm bereits im Jahre 1975 zu zeigen, dass die Hyperzyklustheorie von Eigen, der „Brüsselator" von Prigogine, die Lorenz-Gleichungen und der Laseransatz durch dieselbe mathematische Methodik beschrieben werden konnten, also äquivalent waren.

Haken baute in den folgenden Jahren die Synergetik durch die Entwicklung der mathematischen Werkzeuge, insbesondere der generalisierten Ginzburg-Landau-Gleichungen und des sog. „Versklavungsprinzipes" aus.

Parallel hierzu schuf er mit der Etablierung der regelmäßig stattfindenden ELMAU-Konferenzen ein Forum, um die Anwendungen der Synergetik in verschiedenen Bereichen zu untersuchen und zu propagieren. Hierbei spielte die Aufnahme der Synergetik als Förder-Schwerpunkt der *Stiftung Volkswagenwerk* eine wichtige Rolle.

Nach 1985 wandte sich Haken der makroskopischen Begründung der Synergetik zu. Diese umfangreichen Forschungen, die ihn schließlich in den Bereich der Gehirnforschung und der Anwendung der Synergetik in der Psychologie führten, werden in dieser Arbeit nur überblicksartig behandelt.

Das abschließende Kapitel widmet sich der Frage nach den wesentlichen Unterschieden des synergetischen Ansatzes zu anderen Selbstorganisationstheorien, wie Haken sie in verschiedenen Artikeln selber gesehen hat.

Im Anhang findet sich eine annähernd vollständige Bibliographie der zahlreichen Publikationen Hermann Hakens, die insgesamt 23 Bücher und knapp 600 Artikel umfasst.

Abstract

During the last sixty years Hermann Haken (born 1927) has made numerous contributions not only to physics but also to other scientific fields. He is one of the "fathers" to the quantum-mechanical laser theory and afterwards developed Synergetics, the science of cooperation in multicomponent systems. This article covers the development of Hermann Hakens thoughts during the first thirty-five years of his career.
The time from 1950 to 1983 included his early years at Erlangen University, where he was concentrating on solid state physics, resulting in an invitation to the *Bell Laboratories* in 1960. After becoming Professor of Theoretical Physics at the university of Stuttgart he developed the quantum-mechanical theory of the laser with the members of his "Stuttgart School" during the years 1962 to 1967. This activity was in strong competition with American researchers.
At the end of this period he and his pupil Robert Graham were able to show that the laser is an example of a nonlinear system far from thermal equilibrium that shows a phase-transition like behavior. This insight led him to the formulation of Synergetics in 1970.
At that time the question how order arises through self-organization from an unordered state was strongly debated at different conferences. Haken met Manfred Eigen and Ilya Prigogine at the conferences "From theoretical Physics to Biology" that were held in Versailles. As early as 1975 he was able to show the mathematical analogy between his description of the laser system with Eigen's Hypercycle-Ansatz, Prigogine's "Brusselator" and the Lorenz-Equations of hydrodynamic flow.
Due to his tremendous knowledge of the laser and the role of fluctuations in open systems far from thermal equilibrium he developed the mathematical tools for Synergetics, especially the Generalized Ginzburg-Landau equations and the slaving principle. The results were then published in two seminal books *Synergetics* (1977) and *Advanced Synergetics* (1983). During this time he also founded the so called ELMAU conferences, a platform, where the application of synergetic principles to different sciences could be discussed and applied. An important help in broadening these activities was the inclusion of Synergetics as a priority program of the research fund "*Stiftung Volkswagenwerk*".
After the year 1985 Haken concentrated his research on the macroscopic foundation of Synergetics. This led him towards applications of Synergetics in medicine, cognitive research and finally in psychology. Because of his extensive work in these fields in his later career, only a brief overview is given. The last chapter discusses the differences of the synergetic approach to self-organization compared to other self-organization theories.
Included in the appendix is a comprehensive bibliography of Hermann Hakens numerous publications, including 23 books and nearly 600 articles.

1. Übersicht und Motivation

a. Aufbau und Gliederung

Unsere Anschauungen vom Aufbau der Welt haben im 20. Jahrhundert einen bedeutenden Wandel erfahren. Die Theorie der Quantenmechanik und die Relativitätstheorie wirkten Anfang des Jahrhunderts bahnbrechend. In den fünfziger Jahren ergaben sich dann fundamental neue Einblicke in die Lebensvorgänge durch die Aufdeckung der Wirkungsweise des genetischen Codes. Ab den sechziger Jahren kam es dann zur Entwicklung eines neuen Paradigmas, als die dynamischen Wechselwirkungen offener Systeme, wie sie in der Natur vorwiegend anzutreffen sind, in den Mittelpunkt des Forschungsinteresses rückten. Das Schlagwort von der Selbstorganisation von Prozessen, hervorgerufen durch „Zufall und Notwendigkeit" (Jacques Monod) und die Erkenntnis, dass auch deterministische Abläufe zu nicht prognostizierbaren Endzuständen führen könnten, fanden breites, nicht nur wissenschaftliches Interesse. Die Auffassung, dass die Menschheit dabei sei, in eine geschichtliche Phase einzutreten, bei der es zu „einem neuen Dialog mit der Natur" kommt, wurde heftig diskutiert. Zu diesem Themenkreis der Selbstorganisation gehört auch die von Hermann Haken Anfang der siebziger Jahre ins Leben gerufene Synergetik, die „Wissenschaft vom Zusammenwirken"[1].

Während Quantenmechanik[2], Relativitätstheorie[3] und genetischer Code[4] wissenschafts-historisch schon gut erforscht sind, steht dies für das Thema der

---

[1] So schon im Titel seiner ersten Veröffentlichung zur Synergetik im Jahre 1971. H. Haken und R. Graham, 'Synergetik - die Lehre vom Zusammenwirken', *Umschau in Wissenschaft und Technik,* 1971 (1971).

[2] Zur Geschichte der Quantenmechanik gibt es zahllose Werke. Zu den wichtigsten Überblicksarbeiten zählen: David C. Cassidy, *Uncertainty - the life and science of Werner Heisenberg*, 1. pr. edn (1992). Olivier Darrigol, *From c-numbers to q-numbers*, (1992). Armin Hermann, 'Frühgeschichte der Quantentheorie (1899-1913)', (Physik-Verlag, 1969). Friedrich Hund, *Geschichte der Quantentheorie*, 3., überarb. Aufl. edn (1984). Max Jammer, *The conceptual development of quantum mechanics*, 2. ed. edn (1989). Helge Kragh, *Quantum Generations - A History of Physics in the Twentieth Century*, (1994). Jagdish Mehra und Helmut Rechenberg, *The historical development of quantum theory*, (1982ff.). Siehe auch die jährlichen erscheinende Isis Current Bibliography, sowie in den vorstehenden Überblickstexten weiterführende Primär- und Sekundärquellen.

[3] Gerald James Holton, *Thematic origins of scientific thought*, (1973). Abraham Pais, *"Raffiniert ist der Herrgott ..." Albert Einstein; eine wissenschaftliche Biographie*, (1986). Jagdish Mehra, *Einstein, Hilbert, and the theory of gravitation*, (1974). Arthur I. Miller, *Albert Einstein's special theory of relativity*, (1981). Ebenfalls Klaus Hentschel, *Interpretationen und Fehlinterpretationen der speziellen und der allgemeinen Relativitätstheorie durch Zeitgenossen Albert Einsteins*, (1990).

Selbstorganisation noch aus.[5] Zwar gab es erste Ansätze bereits in den achtziger Jahren[6], doch liegt eine umfassende Analyse noch nicht vor. Dies mag seinen Grund auch darin haben, dass der Begriff der Selbstorganisation nicht eindeutig definiert ist und einen weiten Bereich umfasst. Stichworte wie Generelle Systemtheorie, Kybernetik, Autopoiese, Hyperzyklus, dissipative Systeme und Synergetik deuten den großen Umfang an.

Die Beschäftigung mit dem Thema der vorliegende Arbeit geht auf Klaus Hentschel zurück, der den Autor auf den in Stuttgart lebenden Physiker Hermann Haken hinwies, einen der Väter der Lasertheorie und den Begründer der Synergetik. Es war dann die großzügige Bereitschaft von Hermann Haken, dem Autor Einsicht in die in seinem Institut aufbewahrten Unterlagen[7] sowie Einsicht in seine Personalakten bei der Universität Stuttgart zu geben, die die Entscheidung zur Durchführung der Arbeit beförderten. Diese Quellen ermöglichten neue Erkenntnisse, insbesondere über die Frühphase der wissenschaftlichen Entwicklung Hermann Hakens.

Um die Motivation für die Beschäftigung mit dem Thema <Frühphase der Synergetik> sowie die Abgrenzung und Beschränkung desselben auf diesen Zeitraum besser zu verstehen, sind einige Fakten zum wissenschaftlichen Werdegang von Hermann Haken notwendig. Haken feierte im Jahre 2012 seinen 85. Geburtstag. Er studierte Mathematik und Physik an den Universitäten Halle und Erlangen, wo er nach seiner Promotion im Jahre 1951 seine wissenschaftliche Karriere begann. Mit Forschungen über Exzitonen[8] – einem Teilgebiet der Festkörperphysik – erlangte er internationale Anerkennung und wurde zu Forschungsaufenthalten in England und den USA eingeladen. Durch glücklichen Zufall befand er sich so an den *Bell Laboratories* in New York, als 1960 die Entdeckung des Lasers bekannt gegeben wurde. Zwischenzeitlich war Haken auf den Lehrstuhl für Physik der damaligen *Technischen Hochschule Stuttgart* berufen

---

[4] Francis Crick, *Life itself. Its origin and nature*, (1981). James D. Watson, *DNA. The secret of life*, 1. ed. edn (2003). Horace Freeland Judson, *The eighth day of creation*, (1996). Robert C. Olby, *The path to the double helix*, (1974). Maurice Wilkins, *The third man of the double helix*, (2003).

[5] Siehe Kapitel Neun dieser Arbeit.

[6] Siehe insbesondere Wolfgang Krohn, Günther Küppers, und Rainer Paslack, 'Selbstorganisation - Zur Genese und Entwicklung einer wissenschaftlichen Revolution', in *Der Diskurs des radikalen Konstruktivismus*, (1987), S. 441 - 465.

[7] Im folgenden Archiv Haken benannt.

[8] Ein Exziton ist ein „Quasi-teilchen" in einem Festkörper (Halbleiter oder Isolator), das aus einem Elektron und einer „Fehlstelle" („Loch") besteht. Es kann sich wie ein normales Elementarteilchen durch den Festkörper bewegen. Haken beschäftigte sich in den Anfangsjahren intensiv mit der mathematischen Beschreibung der Exzitonen.

worden, wo er unmittelbar darauf ein Forschungsprogramm startete, um eine quantenmechanische Lasertheorie zu entwickeln. In engem zeitlichem Wettstreit mit zwei amerikanischen Forschergruppen löste Haken mit Kollegen und Schülern das Problem und veröffentlichte 1970 ein umfangreiches, englischsprachiges Grundlagenwerk „*Laser-Theory*“ im Handbuch der Physik. Während der detaillierten Beschäftigung mit der Theorie des Lasers entdeckte Haken mit seinem Doktoranden Robert Graham (geb. 1942) Ende der sechziger Jahre, dass das Entstehen der kohärenten Strahlung des Lasers einem Phasenübergang entspricht. Im Unterschied zu einem Phasenübergang in abgeschlossenen Systemen, etwa wenn Helium extrem abgekühlt wird und das Phänomen der Supraleitung auftritt, handelt es sich beim Laser aber um ein offenes System, bei dem Energie ständig zu- und abgeführt wird. Haken wandte sich jetzt der Frage zu, welche Bedingungen erfüllt sein müssen, damit es in solchen dynamischen Systemen zu stabilen Ordnungszuständen kommen kann. Auf der Suche nach Analogien in anderen Bereichen erkannte er, dass Phänomene in der Physik, der Chemie und auch der Biologie sich mit den von ihm für den Laser gefundenen mathematischen Gleichungen beschreiben ließen. Dies führte in den siebziger Jahren zur Begründung der Synergetik – der Lehre vom selbstorganisierten dynamischen Zusammenwirken von Teilen. Er konnte zeigen, dass viele offene Systeme, fern ab vom thermodynamischen Gleichgewicht, sich durch wenige sogenannte „Ordnungsparameter“ beschreiben lassen, die das Verhalten des Gesamtsystems bestimmen. Zu dieser Zeit reifte die Erkenntnis, dass solche „dissipativen Systeme“ in der Natur die Regel sind, während die bisher in der Physik vorrangig behandelten Probleme abgeschlossener Systeme, in denen die Energie konstant ist, eher Spezialfälle darstellen. Haken startete ein interdisziplinäres und multidisziplinäres Forschungsprogramm, um die entdeckten Gesetzmäßigkeiten und Analogien in möglichst vielen Bereichen aufzuzeigen und zu analysieren. Dazu initiierte er die sogenannten ELMAU-Konferenzen, zu denen er im jährlichen bzw. zweijährlichen Abstand führende Forscher einlud. Ermöglicht wurde dies durch die Unterstützung der *Stiftung Volkswagenwerk*, die die Synergetik ab 1980 in einem Schwerpunktprogramm förderte.

Über das Phänomen der Mustererkennung und Musterbildung im Sehsystem und Fragen der Bewegungskoordination wurden Hakens Forschungsinteressen auf den Bereich der Medizin und Physiologie gelenkt. Es konnte nicht ausbleiben, dass Haken sich schließlich dem menschlichen Gehirn als komplexestem Beispiel eines synergetischen Systems zuwandte. Er sprach als erster davon, dass Gedanken als Ordnungsparameter des Neuronen-Netzwerkes fungieren. In den neunziger Jahren führte die Synergetik dann mit den Begriffen des Phasenüberganges, der Ordnungsparameter und des harmonischen Zusammenwirkens der Teile im Sinne der Selbstorganisation zu einem neuen fruchtbaren Ansatz in der Psychologie.

Aufbau und Gliederung der Synergetik zeigt folgende Grafik Hermann Hakens[9]

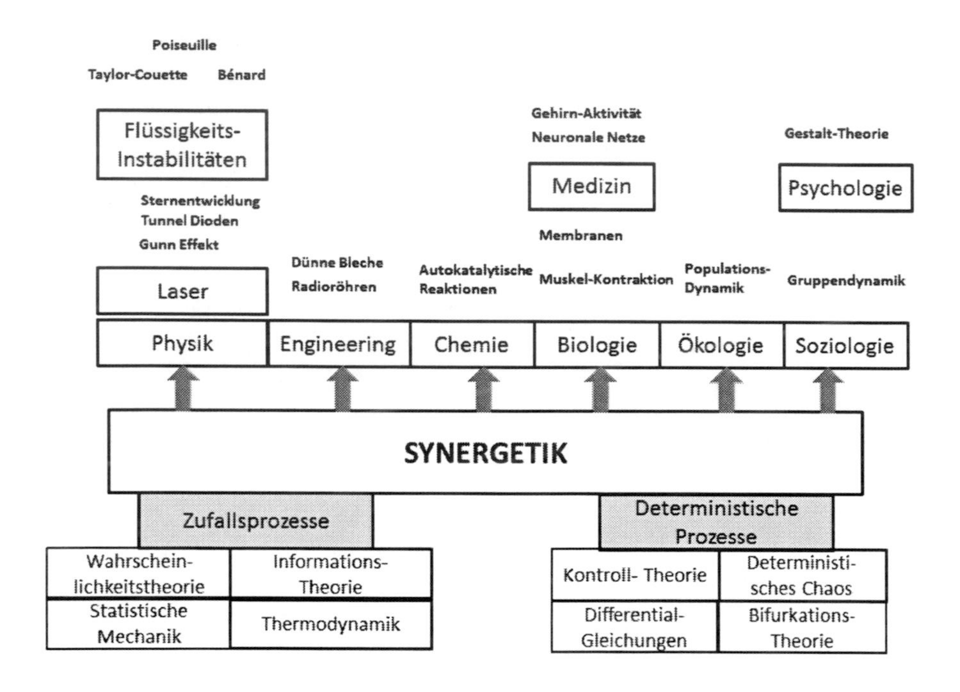

Abb. 1: Aufbau der Synergetik aus den Theorien, die deterministische und Zufallsprozesse beschreiben; sowie Verzweigung der Anwendungen und Phänomene in den verschiedenen Wissenschaften.

Hermann Haken blieb während dieser sechzigjährigen Forschungstätigkeit stets der Universität Stuttgart verbunden, obwohl er mehrere ehrenvolle Rufe an andere Universitäten erhielt. Er publizierte an die 600 Artikel und nicht weniger als 23 Bücher, die auch in viele andere Sprachen übersetzt wurden. Seine Leistungen im Bereich der Festkörperphysik, der Lasertheorie und der Synergetik wurden in späteren Jahren weltweit anerkannt. Er erhielt sieben Ehrendoktorwürden, ist Mitglied in dreizehn wissenschaftlichen Akademien und wurde 1984 in den

[9] Reinschrift einer Vortrags-Skizze von Hermann Haken aus den achtziger Jahren, ergänzt um Medizin und Psychologie (Archiv Haken). Vergleiche auch S. 197.

exklusiven Kreis des Ordens „Pour le Mérite" für Wissenschaften und Künste aufgenommen.[10]

Vor dem Hintergrund dieser breiten und langandauernden Forschungs- und Publikationstätigkeit musste eine Konzentration der Fragestellungen erfolgen. Die vorliegende Arbeit beschäftigt sich mit der Genese und der frühen Entwicklung der Synergetik bis Mitte der achtziger Jahre. In den drei vorliegenden Untersuchungen zur Geschichte der Selbstorganisation und der Komplexitätsforschung von Krohn, Küppers, Paslack und Hedrich[11] steht dagegen das Verhältnis der verschiedenen Selbstorganisations-ansätze im Mittelpunkt, darunter die Synergetik als eine von sechs Theorien.

Die Arbeit konzentriert sich auf die Beantwortung der folgenden Fragen:

- Aus welchen wissenschaftlichen Fragestellungen entwickelte sich die Synergetik?
- Wie kam es zu der überragenden Rolle, die die Lasertheorie in diesem Zusammenhang für Haken besaß?
- Gab es Verbindungen zu zeitgleichen Entwicklungen anderer Forschungsansätze im Bereich der Selbstorganisation?
- Wie kam es zur Aufnahme der Synergetik als Schwerpunktprogramm der Stiftung Volkswagenwerk?
- Wie sah der wissenschaftliche Werdegang von Hermann Haken bis zur Berufung auf den Stuttgarter Lehrstuhl aus und durch wen wurde er beeinflusst?

Um die gesamte Breite des Wirkens von Hermann Haken darzustellen, wurden seine weiteren Forschungen ab Mitte der achtziger Jahre überblicksartig in einem eigenen (8.) Kapitel kurz beschrieben. Es sei jedoch darauf hingewiesen, dass diese Zeit Hakens noch der intensiven historischen Aufarbeitung bedarf.

Fragestellung und methodischer Ansatz führten somit zu einem im Wesentlichen chronologischen Aufbau der vorliegenden Arbeit. **Kapitel zwei** gibt einige bisher nicht bekannte biographische Details zu Hermann Hakens Jugend, die sich aus den mit ihm geführten Gesprächen und anderen, verstreuten, Zeugnissen ableiten

[10] Die Zahl der deutschen Mitglieder ist auf 40 Personen beschränkt, die sich gleichmäßig auf die drei Segmente verteilen sollen.

[11] Krohn, Küppers, und Paslack, 1987. Rainer Paslack, *Urgeschichte der Selbstorganisation: zur Archäologie eines wissenschaftlichen Paradigmas*, (1991). Reiner Hedrich, *Die Entdeckung der Komplexität: Skizzen einer strukturwissenschaftlichen Revolution*, (1994).

lassen. Sein Wechsel von Halle nach Nürnberg/Erlangen leitet im **Kapitel drei** über zu seiner Studien- und Assistentenzeit an der Universität Erlangen, die ihn in Verbindung mit dem bedeutenden Festkörperphysiker Walter Schottky brachte, der damals bei der Firma Siemens arbeitete. Am Ende dieser Zeit wurde er vom theoretischen Physiker Herbert Fröhlich zu einem Forschungsaufenthalt nach Liverpool (Großbritannien) eingeladen. Fröhlich wurde ein wichtiger Gesprächspartner und wissenschaftlicher Freund Hakens. **Kapitel vier** behandelt die Berufung Hakens auf den Lehrstuhl für Theoretische Physik an der damaligen *Technischen Hochschule Stuttgart*. Hierbei ergaben sich neue interessante Aspekte aufgrund der Einsichtnahme in die an der Universität geführte Personalakte von Hermann Haken[12]. Die wissenschaftliche Tätigkeit der sogenannten „Stuttgarter Schule“ zur Entwicklung der quantenmechanischen Theorie des Lasers ist das Thema des **fünften Kapitels**. Zu unserer Überraschung gab es noch keine detaillierte historische Untersuchung zur Entwicklung der Lasertheorie. Da der Laser im Denken von Hermann Haken eine zentrale Rolle einnimmt, wurde dieses Thema - ein Wettlauf der Forschergruppen um die Amerikaner Willis Lamb jr. (mit Marvin Scully), Melvin Lax (mit William Louisell) und Hermann Haken (mit Wolfgang Weidlich, Hannes Risken, Herwig Sauermann und Robert Graham sowie anderen Mitgliedern der „Stuttgarter Schule“) ausführlich dargestellt.

Die Entwicklung hin zur Synergetik und deren Genese schildert das **sechste Kapitel**. Wesentlich war dabei die Erkenntnis, dass das Auftreten des Laser-Effektes sich als Phasenübergang in einem energetisch offenen System erwies. Die Theorie der Phasenübergänge wurde damals in vielen Bereichen der Physik untersucht und war ständiges Thema auf wissenschaftlichen Tagungen. Offene Systeme, vom belgischen Chemiker Ilya Prigogine „dissipative Systeme“ genannt, wurden in der Chemie untersucht, insbesondere das Bénard-Phänomen (die Bildung von Konvektionszellen) und die sogenannte Belousov-Zhabotinsky Reaktion (ein periodischer Farbumschlag). In der Biologie wurde auf mehreren, in Versailles unter dem Titel *„From theoretical Physics to Biology“* stattfindenden Konferenzen, die Frage diskutiert, ob sich das Leben allein aus den Gesetzen der Naturwissenschaften erklären lässt. Der Göttinger Biophysiker Manfred Eigen bejahte diese Frage und stellte im Jahre 1971 sein Modell des Hyperzyklus vor: ein autokatalytischer Erklärungsansatz der präbiotischen Genese. Hermann Haken lernte Eigen und Prigogine im Rahmen der Versailler Konferenzen kennen und nahm aktiv an diesen Zusammenkünften teil. Auch wurde er, auf Einladung von Manfred Eigen, ständiger Gast bei dessen jährlichen Winterseminaren im Skiort

[12] Hermann Haken möchte ich an dieser Stelle nochmals für diese außergewöhnliche Geste danken.

Klosters, auf denen Fragen der Biogenese und Systemtheorie intensiv diskutiert wurden.

Haken gewann in diesen Jahren die Überzeugung, dass sich viele offene Systeme in der Natur mittels der von ihm für den Laser gefundenen mathematischen Methoden beschreiben ließen und veröffentlichte 1971, zusammen mit Graham, den Artikel „Synergetik – die Lehre vom Zusammenwirken" in der Zeitschrift Umschau. Er initiierte auch selbst im darauffolgenden Jahr 1972 die erste von elf ELMAU-Konferenzen, auf der er dieses neue Konzept mit anderen Wissenschaftlern diskutierte. Grundlegend war die Erkenntnis, dass es bei solchen offenen Systemen am kritischen Punkt, an dem der Phasenübergang auftritt, zu einem Symmetriebruch kommt und das System, getrieben von Fluktuationen, einen neuen stabilen Zustand einnimmt. Ein bestimmter Zustand des Systems („eine Mode") dominiert die Entwicklung im Zuge eines selbst-rückgekoppelten Prozesses und führt zu einem kohärenten Verhalten der anderen Teile des Systems: sie „ordnen" das System, daher der Name „Ordnungsparameter". Die anderen Teile werden, in den Worten Hakens „versklavt"[13]. Dies führt zu einer drastischen Reduktion der Parameter, die zur mathematischen Beschreibung eines Systems notwendig sind. So erklärte sich zum Beispiel die Tatsache, dass sich komplexe Systeme in der Chaostheorie durch Gleichungssysteme mit nur drei Variablen (= Ordnungsparameter) beschreiben lassen. Das Vertrauen Hakens in seinen synergetischen Ansatz wuchs, als es ihm im Jahre 1975 gelang das Bénard-Phänomen, die Belousov-Zhabotinsky-Reaktion und die Lorenz-Gleichungen der Hydrodynamik mittels der beim Laser gefundenen mathematischen Werkzeuge zu berechnen. Dieser Forschungszeitraum wird durch die Publikation seines grundlegenden Buches „*Synergetics- An Introduction*" und die Durchführung der zweiten ELMAU-Konferenz beschlossen.

Erst ab dem Jahr 1977/78 begann Haken Inhalt und Wort der Synergetik als einer neuen Wissenschaft vom Zusammenwirken aktiv zu verbreiten. Im **Kapitel sieben** schildern wir die drei Strategien, derer Haken sich hierfür bediente. Zum einen hielt er auf so vielen Konferenzen wie möglich Vorträge. Dabei verknüpfte und behandelte er das jeweilige Konferenzthema mit der Methodik der Synergetik, was zu einem neuen Blickwinkel führte. Mit der Aufnahme der Synergetik als Schwerpunktprogramm der *Stiftung Volkswagenwerk* wurde es ihm sodann möglich, regelmäßig jährliche bzw. zweijährliche Tagungen zur Synergetik im Schloss Elmau in Bayern abzuhalten. Der dritte Bestandteil seiner Publikations-Strategie war die

[13] Eine Wortwahl Hakens, der keine anthropomorphen Bezüge hat.

Herausgabe einer Buchreihe im wissenschaftlichen Springer Verlag, „Springer Series in Synergetics", die unter seiner Herausgeberschaft auf über fünfundsiebzig Bände anwuchs. Neben diesen vielen Aktivitäten erweiterte er mit seinem Mitarbeiter Arne Wunderlin die mathematischen Werkzeuge der Synergetik. Dies betraf die sogenannten erweiterten Ginzburg-Landau Gleichungen und die Methodik des „Versklavungsprinzips", die sie auf eine fundierte mathematische Basis stellten. Daneben beschreibt das Kapitel auch die Forschungsarbeiten zur Synergetik, die zu dieser Zeit am Haken'schen Institut vorgenommen wurden.

Ab Mitte der achtziger Jahre wandte Haken sich vermehrt Anwendungen der Synergetik in Medizin, Physiologie und Psychologie zu. Auch wenn diese Zeit nicht mehr zum eigentlichen Untersuchungszeitraum dieser Arbeit zählt, so stellen wir zur Abrundung des Blickes auf das Gesamtwerk von Hermann Haken die wichtigsten Entwicklungslinien und handelnden Personen überblicksartig im **Kapitel acht** vor.

Kapitel neun beschließt die vorliegende Arbeit mit einigen ergänzenden Anmerkungen zur Rolle und Stellung der Synergetik im Vergleich mit anderen systemtheoretischen Ansätzen. Dabei geht es vor allem um die Zusammenstellung und Betonung abgrenzender Merkmale des synergetischen Ansatzes gegenüber anderen Selbstorganisationstheorien. Es sei aber an dieser Stelle betont, dass die Geschichte der modernen Theorien der Selbstorganisation sehr umfangreich und komplex ist und bisher erst rudimentär untersucht wurde. Insofern versucht dieses Kapitel aus dem umfangreichen Werk Hermann Hakens diejenigen Stellen aufzuzeigen, in denen er sich zu anderen systemtheoretischen Ansätzen geäußert hat.

Eine kurze Zusammenfassung der wissenschaftlichen Seite von Leben und Werk Hermann Hakens im **Kapitel zehn** wird gefolgt von sieben Anhängen, darunter eine nach Vollständigkeit strebende Bibliographie Hermann Hakens.

b. Quellenlage

Zu Leben und Werk Hermann Hakens liegen bisher noch keine Untersuchungen fremder Autoren vor. Zwar gibt es zwei Sammelbände, die aus Anlass jeweils runder Geburtstage verfasst wurden, doch beinhalten diese keine biographischen Details. [14] Weitere biographische Angaben fanden sich in verstreuten Quellen: der Antrittsrede anläßlich seiner Aufnahme als Mitglied der Heidelberger Akademie der Wissenschaften[15], den Artikeln in biografischen Sammelwerken „Von der Laserphysik zur Synergetik"[16] und „Je mehr wir Grenzen ausloten, um so mehr erfahren wir vom Menschen - hoffentlich"[17] sowie in zwei unveröffentlichten Würdigungen seines Kollegen Wolfgang Weidlich anläßlich runder Geburtstage[18]. Diverse Einzelheiten ließen sich den Personalakten von Hermann Haken entnehmen. Eine Hauptquelle biographischer Information stellten die Interviews mit Hermann Haken dar, auch wenn diese Interviews sich auf die wissenschaftliche Entwicklung seiner Gedanken und seine jeweilige Motivationslage konzentrierten. Unverhofft ergab sich eine weitere große Bereicherung durch das in italienischer Sprache publizierte Buch Hermann Hakens „*Nel senso della sinergetica*", das sich als eine populär-wissenschaftliche Autobiografie erwies[19]. Das deutsche Manuskript dieses im Jahre 2005 erschienenen Werkes fand sich im Archiv Haken und wird in der vorliegenden Arbeit bei Zitaten aus dieser Autobiografie verwendet.

Auch die Geschichte der Lasertheorie und der Synergetik ist noch nicht von anderen beschrieben worden. Haken selber hat hierzu einige Artikel verfasst, so „Geschichte der Synergetik"[20] und vor allem „Entwicklungslinien der Synergetik 1

---

[14] Robert Graham und Arne Wunderlin, *Lasers and Synergetics (to honor the 60th birthday of Hermann Haken)*, (1987). und R. Friedrich und A. Wunderlin, *Evolution of Dynamical Structures in Complex Systems*, (1992).

[15] Typografisches Manuskript (4 Seiten) mit Anmerkungen von der Hand H. Hakens im Archiv Haken.

[16] Hermann Haken, 'Von der Laserphysik zur Synergetik', in *Forschung in der Bundesrepublik Deutschland,* Hrsg. Christoph Schneider (im Auftrag der Deutschen Forschungsgemeinschaft DFG) (1983), S. 515 - 518.

[17] Hermann Haken, '"Je mehr wir Grenzen ausloten, um so mehr erfahren wir vom Menschen - hoffentlich" ', in *Was uns bewegt: Naturwissenschaftler sprechen über sich und ihre Welt,* Hrsg. Marianne Oesterreicher-Mollwo (1991), S. 186 - 193.

[18] „Laudatio inofficialis" von W. Weidlich anläßlich des 80. Geburtstages von Hermann Haken und „How Synergetics was born and how it leads to a better understanding of the world. Laudatio in honour of Prof. Dr. Dr. h.c. mult. Hermann Haken von W. Weidlich". Beide Unterlagen wurden von Wolfgang Weidlich freundlicherweise zur Verfügung gestellt und finden sich im Universitätsarchiv Stuttgart, Archiv Haken.

[19] Hermann Haken, *Nel Senso della Sinergetica (Autobiografie in italienisch)*, (2005).

[20] Hermann Haken, 'Geschichte der Synergetik', *Komplexität - Zeit - Methode (Hrsg. U. Niedersen),* 3 (1988).

und 2"[21]. Diese Werke beinhalten aber eigentlich keine historische Darstellung[22]. Sie sind vielmehr Beschreibungen der logischen Abläufe innerhalb der Forschungen Hermann Hakens und ziehen nur wenige Querverbindungen zu parallel verlaufenen Entwicklungen anderer Forscher.[23]

Aufgrund fehlender Darstellungen zur Geschichte der Synergetik bilden daher die wissenschaftlichen Veröffentlichungen Hermann Hakens die primäre Quelle der vorliegenden Arbeit. Eine grobe Klassifikation dieser Publikationen ergab folgende Übersicht:

Tabelle 1: Anzahl der Arbeiten Hermann Hakens von 1950 bis 1990 nach Themenfeldern und bezogen auf jeweils Zehnjahres-Zeiträume

Zeitraum	Festkörper	Laser	Synergetik	Mathematik	Sonstige
1950 - 1960	30	-	-	1	-
1961 - 1970	7	33	-	6	4
1971 - 1980	31	10	31	19	9
1981 - 1990	4	19	124	25	35

Dabei fallen ca. 260 Veröffentlichungen in den in der vorliegenden Arbeit intensiv untersuchten Zeitraum bis 1985.

Eine weitere ergiebige Quelle stellten die Interviews mit Hermann Haken und seinen Mitarbeitern und Kollegen dar. Mit Hermann Haken wurden fünf mehrstündige Interviews im Zeitraum vom September 2010 bis Oktober 2012 durchgeführt. Diese wurden elektronisch aufgezeichnet, transkribiert und von Haken, nach Durchsicht, für die Forschung und Ablage im Universitätsarchiv Stuttgart freigegeben. Für weitere Interviews stellten sich zur Verfügung: sein Stuttgarter Kollege Wolfgang Weidlich, seine ehemaligen Doktoranden und Mitarbeiter Robert Graham, Fritz Haake, Rudolf Friedrich und Herbert Ohno. Ebenfalls befragt werden konnten der Göttinger Biophysiker Manfred Eigen und Ruth Winkler-Oswatitsch. Die Transkripte dieser Interviews befinden sich ebenfalls im

[21] Hermann Haken, 'Entwicklungslinien der Synergetik. Teil 1', *Naturwissenschaften,* 75 (1988). Und Hermann Haken, 'Entwicklungslinien der Synergetik. Teil 2', *Naturwissenschaften,* 75 (1988).

[22] Zur Problematik der Geschichtsschreibung durch beteiligte Wissenschaftler siehe auch Stephen G. Brush, 'Scientist as Historians', *Osiris,* 10 (1995). und J. L. Heilbron, 'Applied History of Science', *ISIS,* 78 (1987).

[23] Zur geschichtlichen Darstellung und Quellensituation der Selbstorganisationsforschung siehe Kapitel neun dieser Arbeit.

Universitätsarchiv Stuttgart.[24] Hakens langjähriger Mitarbeiter Arne Wunderlin, der wichtige Beiträge zum „Versklavungsprinzip“ der Synergetik leistete, konnte aufgrund seiner schweren Erkrankung, an deren Folgen er im Frühjahr 2012 starb, leider nicht mehr befragt werden.

Neben den Interviews, die einen Einblick in Motivationen und Denkweisen der Forscher gestatteten, bildete das Archiv von Hermann Haken eine weitere wichtige Informationsquelle. Allerdings sind die Archivalien, insbesondere aus der Frühzeit der Tätigkeit Hakens an der Universität Stuttgart, sehr unvollständig. Während des Umzuges der physikalischen Institute aus der Innenstadt Stuttgarts nach Vaihingen gingen viele Akten verloren. Auch hat Haken in den Anfangsjahren kein Briefarchiv geführt und bewahrte im Wesentlichen nur Unterlagen auf, die er für seine Lehr- und Vortragstätigkeit benötigte. Weiteres Material ging nach seiner 1995 erfolgten Emeritierung verloren, als Umzüge innerhalb des Institutes anstanden. Dennoch fanden sich für diese Arbeit vereinzelte wichtige Dokumente in seinem Archiv. So zum Beispiel eine Teilnehmer- und Referateliste zur wichtigen Konferenz über optisches Pumpen im Jahre 1962 in Heidelberg, während der Haken auf Willis Lamb jr. traf und sich mit ihm über den gegenseitigen Stand der semiklassischen Lasertheorie austauschte. Über diese Tagung gibt es keinen Konferenzband und andere schriftliche Quellen konnten nicht identifiziert werden. Auch konnte der handschriftliche Plan für die Vorlesung über Systeme fern vom thermischen Gleichgewicht im Jahre 1969/70, in der Haken das Wort von Synergetik prägte, aufgefunden werden. Reich an Informationen ist natürlich das deutsche Manuskript des oben angeführten Buches „*Nel senso della sinergetica*“, bei dem allerdings aus quellenkritischer Sicht anzumerken ist, dass es aus dem Jahre 2004/2005 stammt. Daneben gewährt das Archiv Haken viele, wenn auch unvollständige, Einblicke in die umfangreiche Vortragstätigkeit Hakens.

[24] Dort im Archiv Hermann Haken (Vorlass).

c. Anmerkungen zur Methodik

Die vorliegende Arbeit ist als der erste Versuch einer wissenschaftlichen Biografie Hermann Hakens zu sehen, beschränkt auf die ersten fünfunddreißig Jahre seines jetzt sechzigjährigen Forscherlebens. Dabei tauchten unvermeidlich die bekannten Schwierigkeiten im Umgang mit der biographischen Geschichtsschreibung auf, die Thomas Hankins klar formuliert hat: „Die historische Biographie stellt den Wissenschaftshistoriker deshalb vor eine besondere Aufgabe, weil es so schwierig ist, die Wissenschaft mit den übrigen Tätigkeiten des menschlichen Intellekts in Einklang zu bringen [...] Der Biograph eines Wissenschaftlers ist versucht, sich entweder mit dem persönlichen Leben seines Subjekts zu befassen oder aber sich den Einzelheiten seiner wissenschaftlichen Arbeit zuzuwenden. Es ist schwierig, diese beiden verschiedenen Aspekte in harmonischer Weise zu vereinigen."[25] Und auch Helge Kragh weist auf die Besonderheit wissenschaftlicher Biografie hin: „It is precisely the integrated perspective that is difficult to fulfill in practice. It is tempting to divide a biography up into two separate sections, especially when the science in question is difficult to understand or not clearly bound up with extra-scientific events in the person's life."[26] Die letzte Anmerkung trifft besonders auf Hermann Hakens Leben zu. Von Außen betrachtet besitzt es eine große Stetigkeit. Nach seiner Promotion blieb er zunächst für zehn Jahre in Erlangen und wechselte dann nach Stuttgart, wo er die folgenden fünfzig Jahre blieb. Auch sein Privatleben verlief weitgehend unaufgeregt, wobei allerdings der frühe Tod seiner Frau im Jahre 1988 eine nicht unerhebliche Belastung darstellte, was sich allerdings nicht sichtbar auf seine Kreativität und weitere wissenschaftliche Arbeit auswirkte.

Die durchgeführten Interviews mit Akteuren und Betroffenen haben Vor- und Nachteile. Als besonders positiv ist die Möglichkeit zu sehen, Einschätzungen sogenannter Zeitzeugen aus erster Hand zu erhalten. Erkenntnisse über Motivatio-

---

[25] T.L. Hankins, 'In Defence of Biography: the use of biography in the history of science', *History of Science,* 17 (1979).

[26] Helge Kragh, *An Introduction to the Historiographie of Science*, (1987).. Zu den vielen weiteren Aspekten der Problematik der biographischen Methode in der Wissenschafts-Geschichtsschreibung siehe auch M. Shortland und R. Yeo, *Telling lives in science - Essays on scientific biography*, (1996). Mary Jo Nye, 'Scientific Biography: History of Science by Another Means?', *Isis,* 97 (2006). Michael Polanyi, *Personal knowledge - towards a post-critical philosophy*, (1958). Karl von Meyenn, 'Die Biographie in der Physikgeschichte', in *Die Großen Physiker,* Hrsg. K. von Meyenn (1997), S. 7 - 15. Zum Problem der Polyperspektivität, das sich bei Haken insofern auch stellt, als er von Spezialisten der verschiedensten Disziplinen, in die er hineingewirkt hat, völlig verschieden wahrgenommen wird, siehe Klaus Hentschel, 'Finally, Some Historical Polyphony!', in *Michael Frayn's Copenhagen in Debate,* Hrsg. M. Dörries (2005), S. 31 - 37.

nen, nicht publizierte Überlegungen und Hinweise auf nicht beachtete Personen und Umstände bilden den Hoffnungshorizont des Interviewers. Allerdings gibt es auch Einschränkungen, die nicht außer Acht gelassen werden dürfen. Je länger das erfragte Geschehen zurückliegt, desto größer ist die Wahrscheinlichkeit, dass das Erzählte nicht den genauen historischen Ablauf widergibt. Bei sehr häufigen Wiederholungen einer Geschichte besteht für den Erzähler die Gefahr, dass sich unbeabsichtigt eine ihm genehme „Erzähltradition“ einstellt. Daher muss jede mündliche Befragung durch andere Quellen verifiziert werden, was, wie Hentschel betont, für jede historische Einzelquelle gilt. “How authoritative as each source may be in its own right, it would remain partisan, burdened with its own interests and its own context, its own temporal and spatial locality. [...] Every interpretation must be in conformity with what can be accounted as facts, on the basis of different sources' occurrence”.[27]

Die in den Interviews getroffenen Aussagen wurden, wenn immer möglich, in den wissenschaftlichen Publikationen nachvollzogen und verifiziert. Dabei wurde insbesondere auf die Analyse der Literaturangaben Wert gelegt, um die Vorläufer und Bezugspersonen von Hermann Haken im jeweiligen wissenschaftlichen Umfeld zu ermitteln. Eine zweite Variante die persönlichen Beziehungen Hakens zu Kollegen zu bestimmen, war die Zusammenstellung aller Personen, mit denen er im Zeitraum bis 1990 entweder gemeinsam publizierte oder die als Autoren der Konferenzbände und Monografien der Reihe „Springer Series in Synergetics“ aufschienen, deren Herausgeber Haken war. Zielführend war dabei der Gedanke, dass dieser Personenkreis, insbesondere die durch Haken zu den ELMAU-Konferenzen eingeladenen Referenten, in einem engeren Gedanken-Austausch mit ihm stehen müssten. Ergänzt wurde diese Liste durch die Teilnehmer der Versailler-Konferenzen. (Siehe Kapitel 6a) Mit einigen von ihnen ergaben sich für Haken langjährige wissenschaftliche Kontakte und Berührungspunkte.[28] Die so erzielte Übersicht umfasst knapp 600 Personen. Die Liste stellt zwar keine vollständige Prosopographie[29] dar, da die individuellen Lebensläufe aller Personen nicht detailliert ermittelt wurde, sie zeigt aber interessante Querverbindungen zu den Hauptakteuren auf, mit denen sich Haken in den jeweiligen Thematiken auseinandersetzte und kommunizierte. Leider konnte ein Personenkreis nicht einbezogen werden, den Hermann Haken nahezu regelmäßig einmal im Jahr

[27] Hentschel, 2005. S. 32

[28] Siehe auch Anhang 5 dieser Arbeit, der diejenigen Teilnehmer aufzeigt, die sowohl in Elmau wie in Versailles auftraten.

[29] L. Peyenson, 'Who the guys were: Prosopography in the History of Science', *History of Science,* 15 (1977).

während der Winterseminare von Manfred Eigen im schweizerischen Skiort Klosters traf. Zu diesen seit 1966 durchgeführten Treffen, an denen Haken wahrscheinlich seit 1971 teilnahm, gibt es keine schriftlichen Dokumentationen.[30] Daher ließen sich nur diejenigen Personen ermitteln, die auch in der Springer Buchreihe veröffentlichten bzw. die Haken auf Konferenzen traf.

Zur wissenschaftlichen Arbeitsmethodik von Haken gehörte eine ausgiebige Reise- und Vortragstätigkeit. Er liebte den Austausch mit Kollegen und anderen Wissenschaftlern, wobei er auch kontroversen Diskussionen nicht aus dem Weg ging.[31] Die sich bei Konferenzen ergebenden personellen Bezüge wurden in den einzelnen Kapiteln dieser Arbeit, insbesondere bei den Konferenzen zur Lasertheorie und bei den Tagungen zu den Phasenübergängen, aufgezeigt, aber nicht systematisch erfasst.

Abschließend sei angemerkt, dass, wie Karl von Meyenn schreibt, „die unvermeidliche Tendenz eines jeden Biographen, die von ihm untersuchte Person jeweils im Lichte eigener Bewertungsmaßstäbe zu beurteilen“[32] auch für diese Arbeit gilt. Die von David Cassidy[33] getroffene Aussage

„every biography [...]. brings together three lives:
the subject's, the author's and the reader's"

hat nichts von ihrer Gültigkeit verloren.

[30] Unterlagen befinden sich möglicherweise noch im Privatbesitz von Manfred Eigen und Ruth Winkler-Oswatitsch. (private Mitteilung anlässlich des Interviews am 24.5.2011).

[31] Siehe zum Beispiel seine Auseinandersetzung mit einem großen Kreis von Soziologen, dokumentiert in Hermann Haken, 'Synergetik und Naturwissenschaften (anschl. Kritiken von 33 Wissenschaftlern und Replik hierauf von H. Haken S. 658 - 675)', *Ethik und Naturwissenschaften,* 7 (1996).

[32] Meyenn, 1997. S. 13.

[33] Cassidy, 1992.

2. Hermann Hakens Jugend und Studienjahre

Hermann Paul Josef Haken kam am 12. Juli 1927 als ältester Sohn seiner katholischen Eltern Karl und Magdalena in Leipzig zur Welt. Seine Mutter hieß mit ihrem Mädchennamen Vollath, wodurch sich die Widmungen einiger Bücher von Hermann Haken erklären.[34] Der Geburtsort von Hermann Haken war allerdings nicht der Wohnort der Eltern. Die Familie lebte im 40 km entfernten Halle, wo der Vater als Bibliotheksrat der Universitätsbibliothek beschäftigt war. Ende der zwanziger Jahre des vergangenen Jahrhunderts machte sich die Wirtschaftskrise in weiten Teilen der Bevölkerung bemerkbar. Ein Aufenthalt auf dem Lande war in mancher Hinsicht einfacher als das Leben in der Stadt. So verwundert es nicht zu hören, dass der junge Hermann diese Zeit in Niederbayern, der Heimat seiner Mutter, verbrachte.[35] Wie sich Hermann Haken später erinnerte, brachte es der Beruf des Vaters mit sich, dass er schon früh mit der Welt der Literatur in Kontakt kam, allerdings, wie er anmerkte, „mit mehr schöngeistiger Literatur, aber auch mit philosophischen Werken“[36].

Viele Jahre später, in seiner Antrittsrede anlässlich der Aufnahme in die *Heidelberger Akademie der Wissenschaften*, gab Haken einen Einblick in die Familiengeschichte:

> „Meine Vorfahren väterlicherseits stammen ursprünglich aus Skandinavien, von wo aus sie dann nach Pommern gelangten. Mein Vater, der Bibliotheksrat war und einen Faible für Ahnenforschung schon als junger Mann hatte, verfolgte Spuren bis ins 15. Jahrhundert zurück. Die Vorfahren waren meistens evangelische Pastoren oder Juristen. Nachdem die Eltern meines Großvaters jung verstorben waren, wuchsen er und sein Bruder im Hause seines Onkels, des damaligen Oberbürgermeisters von Stettin, auf. Nach ihm ist übrigens die Haken-Terrasse benannt. Einer meiner Vorfahren, der genau zweihundert Jahre vor mir Geburtstag hatte, trieb auch Naturforschungen. Die mütterliche Linie stammt aus Bayern und Österreich. Es waren vornehmlich Beamte, Geschäftsleute und Bauern. Meine Eltern lernten sich sozusagen auf halbem Wege, in Leipzig, kennen, wo sie mitten in der größten Inflation nach dem ersten Weltkrieg heirateten und wo ich 1927 zur Welt kam.“[37]

Nach der Grundschulzeit besuchte Hermann Haken von 1938 bis kurz nach Kriegsende die Oberschule der Franckeschen Stiftungen in Halle, wo er am 16.

---

[34] So z.B. in seinem Grundlagenwerk „Synergetics“ von 1977. Hermann Haken, *Synergetics - An Introduction Nonequilibrium Phase Transitions and Self-Organization in Physics, Chemistry and Biology*, (1977). Gewidmet „To the Memory of Maria and Anton Vollath“.

[35] Maschinengeschriebener Lebenslauf Hermann Haken aus Anlass seiner Bewerbung zum Privatdozent 1956. Personalakte Haken, Blatt 51 (Universitätsarchiv Stuttgart).

[36] Interview mit Hermann Haken vom 21.09.2010, S. 5 (Archiv Haken).

[37] Antrittsrede für die Heidelberger Akademie der Wissenschaften 1990 (Archiv Haken).

August 1946 das Abitur ablegte.[38] Seine Leistungen wurden durchgängig mit „gut“ bewertet, am Sport nahm er nicht teil[39].

Eine chronische Krankheit bewahrte ihn vor dem Militärdienst, wofür er dem behandelnden Arzt, der ihn krankgeschrieben hatte, sein Leben lang dankbar war:

> 1937/38 hatte ich eine chronische Darmkrankheit, klinische Ruhr oder so etwas, die sehr schmerzhaft und unangenehm war. Da war ich bei Professor Nitschke[40] in der Klinik in Behandlung, dessen Sohn übrigens später hier in Stuttgart Historiker [41] gewesen ist. Er hat mich dann den ganzen Krieg über krankgeschrieben. Das bewahrte mich vor dem Wehrdienst. Man kann eigentlich sagen, dass er damit mein Leben gerettet hat.[42]

Im Reifezeugnis[43] ist übrigens vermerkt „Herrmann Haken will Studienrat werden“. Eine Neigung zu Lehrtätigkeit scheint also vorhanden gewesen zu sein.

Schon während seiner Jugend erwachte bei Hermann Haken das Interesse an der Naturwissenschaft und der Technik. Besonders begeisterte er sich für Flugzeuge, was nicht zuletzt von der Tatsache herrührte, dass das Elternhaus in der Einflugschneise eines Militärflugplatzes in Halle lag. Auch war er beeinflusst durch Hermann Oberths Werk über Raketenflüge zu den Planeten[44]. So war es sein Traum, Flugzeugingenieur zu werden, was aber nach dem Kriegsende nicht mehr möglich war, da Deutschland nach dem verlorenen Weltkrieg keine Flugzeugindustrie weiterbetreiben durfte.

Das Studienfach wurde schließlich von der Mutter entschieden. Haken dazu:

> „Bei Kriegsende stellte sich dann die Frage, was ich studiere. Dann wollte ich [...] Physik studieren. Meine Eltern hatten mir ein populäres Buch über die Physik geschenkt – den genauen Titel erinnere ich nicht mehr, etwa „Physik und Du“ oder so ähnlich. Das hatte mich beeinflusst. Das erzählte ich meinen Eltern, doch meine Mutter sagte, ich solle doch lieber nicht Physik studieren. Das erzähle ich jetzt hier zum ersten Mal: damals ging das Gerücht, dass die Russen – wir waren ja in der sowjetisch besetzten Zone – Physiker verschleppt hätten. Später hieß es

---

[38] Personalakte Hermann Haken (Universitätsarchiv Stuttgart).

[39] Abschrift des Zeugnis der Reife vom 16. August 1946. (Personalakte Haken, Blatt 19 und 20; Universitätsarchiv Stuttgart).

[40] Professor Alfred Nitschke (1898 – 1960), leitete die Kinderklinik an der Universität Halle von 1938 – 1946.

[41] August Nitschke (geb. 1926 in Hamburg), Emeritus für mittelalterliche Geschichte, lehrte sit 1960 am Historischen Institut der Universität Stuttgart, das er 1967 mit gründete.

[42] Interview mit Hermann Haken vom 21.09.2010, S. 5 (Archiv Haken).

[43] Kopie des Reifezeugnis in den Personalakten H. Haken (Universitätsarchiv Stuttgart).

[44] Zitiert nach der Antrittsrede für die Heidelberger Akademie der Wissenschaften (Archiv Haken). Das Buch von Hermann Oberth heißt „Die Rakete zu den Planetenräumen“ (Oldenbourg Verlag. München 1923).

dann, diese wären freiwillig gegangen. Kurz und gut – meine Mutter hatte Angst, dass ich auch einmal ein begabter Physiker werden könnte [lacht] und dann verschleppt würde und riet mir, doch Mathematik zu studieren. Also habe ich als folgsamer Sohn Mathematik in Halle studiert."[45]

Das Grundstudium der Mathematik absolvierte er in Halle, wobei er eine Ausbildung in „handfester, klassischer Mathematik bei sehr guten Dozenten"[46] erhielt. Zu seinen akademischen Lehrern[47] gehörten die Mathematik-Professoren Harry Schmidt[48] und Heinrich Brandt[49], sowie Heinrich Jung[50]. In Erinnerung blieb ihm auch der Rat eines Assistenten mit Namen Weber[51], der ihn drängte, noch vor seinem Wechsel nach Erlangen[52] in Halle das Vordiplom abzulegen, was er auch 1948 machte. Halle gehörte damals zur sowjetischen Besatzungszone und seine Eltern wollten, dass er zu seinen Verwandten nach Nürnberg wechselte, um dort das Studium fortzusetzen. In Nürnberg gab es zu dieser Zeit aber nur die 1919 gegründete Hochschule für Wirtschafts- und Sozialwissenschaften. So kam für den Mathematikstudenten Haken nur die in der Nachbarschaft Nürnbergs gelegene Universität Erlangen in Frage, die über öffentliche Verkehrsmittel von Nürnberg aus erreichbar war. Mit im Gepäck hatte der junge Hermann Haken ein Empfehlungsschreiben seines akademischen Lehrers Brandt aus Halle an den Mathematiker Otto Haupt[53] in Erlangen, so dass er dort gut aufgenommen wurde und auch rasch eine Hilfskraftstelle bekam.

Da die ersten Jahre von Hermann Haken in Erlangen noch nicht gut dokumentiert sind, geben wir den entsprechenden Abschnitt des Interviews leicht gekürzt in größerem Umfang wieder:

[45] Interview mit Hermann Haken vom 21.09.2010, S. 6 (Archiv Haken).

[46] Interview mit Hermann Haken vom 21.09.2010, S. 6 (Archiv Haken). Zur Geschichte der Universität Halle siehe Hermann-J. Rupieper, 'Beiträge zur Geschichte der Martin-Luther-Universität 1502–2002', (2002).

[47] Zitiert nach Haken, Hermann:„Selbstorganisation in Naturwissenschaft, Technik und Gesellschaft" (Festvortrag anlässlich der Tagung der Deutschen Mathematikervereinigung in Halle 2002; Vorabdruck (Archiv Haken, S. 1)).

[48] Harry Schmidt (1894 – 1951), deutscher Mathematiker. Seit 1945 Professor für angewandte Mathematik an der Universität Halle.

[49] Heinrich Brandt (1886 – 1954), deutscher Mathematiker. Seit 1930 Professor für Mathematik an der Universität Halle.

[50] Heinrich Jung (1876 – 1953), deutscher Mathematiker. Schüler von Walter Schottky. Seit 1920 Professor an der Universität Halle, wo er 1948 emeritiert wurde.

[51] Wahrscheinlich Otto Weber, Schüler von August Gutzmer.

[52] Die von Nürnberg aus damals nächstgelegene Universität mit naturwissenschaftlichem Angebot.

[53] Otto Haupt (1887 – 1988), deutscher Mathematiker. Seit 1921 Lehrstuhlinhaber der Professur für Mathematik in Erlangen.

Hermann Haken: Kaum war ich da [Erlangen], bin ich gleich zu einem der Professoren [gegangen], der Specht[54] hieß:

„ich würde gerne promovieren".
"Worüber denn?"
"Über unendliche Gruppen"

Dann hat er mir ein Thema genannt, das eigentlich etwas ganz anderes war, als ich mit unendlichen Gruppen im Auge hatte, nämlich das sogenannte Identitätsproblem bei Gruppen. Er empfahl mir ein Buch von Reidemeister[55].

Das Identitätsproblem war damals ein ungelöstes Problem. Das sind Gruppen, die aus Elementen bestehen, endliche Zahl, nichtkommutative Gruppen, im Allgemeinen, können aber auch kommutativ sein, und diese Elemente werden dann zu verschiedenen Ausdrücken, sogenannten Wörtern zusammengefügt. Von diesen Wörtern werden einige willkürlich gleich 1 gesetzt. Dann ist das Wortproblem so, man soll aufgrund dieser definierenden Relationen entscheiden, ob zwei Wörter äquivalent sind oder nicht. Ich habe mir dann wahnsinnig den Kopf zerbrochen und habe dann ein Teilproblem lösen können. Später habe ich dann gelernt, dass das allgemeine Problem unlösbar ist, im Sinne von Gödel[56], das habe ich aber damals nicht gewusst. Ich habe eine Gruppe von Klassen gefunden, wo das geht. Aber ich habe eben auch gemerkt, dass es manchmal überhaupt nicht lösbar ist, dass man in eine unendliche Rekursion kommt, ohne Ende.

Interviewer: Der Artikel erschien dann in der *Mathematischen Zeitschrift*[57], die durchaus anerkannt ist bei Mathematikern. Das Thema war auch nahe an der Physik, da Gruppentheorie ja für Theoretische Physiker sehr wichtig ist.

---

[54] Wilhelm Otto Specht (1907 - 1985), von 1948 bis 1972 Professor für Mathematik an der Universität Erlangen.

[55] Kurt Reidemeister (1893 - 1971), Professor für Mathematik an der Universität Königsberg.

[56] Kurt Gödel (1906 - 1978), Mathematiker und einer der bedeutendsten Logiker des 20. Jahrhunderts. In seinem 1. Unvollständigkeitssatz weist er nach, dass in einem hinreichend widerspruchsfreien Axiomensystem, das genügend reichhaltig ist, um die Arithmetik in der üblichen Weise aufzubauen, es immer Aussagen gibt, die aus diesem weder widerlegt noch bewiesen werden können. (also nicht lösbar sind). Siehe auch Wolfgang Stegmüller, *Unvollständigkeit und Unentscheidbarkeit. Die metamathematischen Resultate von Goedel, Church, Kleene, Rosser und ihre erkenntnistheoretische Bedeutung*, (1973). Zur Biographie Gödels beispielsweise John W. Dawson jr., *Das logische Dilemma. Leben und Werk von Kurt Gödel*, (2007).

[57] „Zum Identitätsproblem bei Gruppen", Mathematische Zeitschrift 56 (1952), 335 – 362.

Hermann Haken: Das ist ein wichtiger Punkt, den Sie nennen. Ich hatte damals schon von Weyl[58] – Gruppentheorie in der Quantenmechanik gelesen und hatte mich schon in Halle damit befasst. Da war ein Professor Brandt[59], später habe ich auch bei Specht Gruppentheorie gehört – das war die Darstellungstheorie der Gruppen durch Matrizen. [...]
Ende 1950 hatte ich dann meine Arbeit fertig. Ich las dann im *Zentralblatt der Mathematik*, dass ein Russe – den Namen weiß ich noch heute – namens Tartakowski[60] – dieses Problem allgemein gelöst hätte. Da bin ich zu meinem Professor, der sagte –„wenn das so ist, dann können Sie nicht damit promovieren, dann machen Sie halt Ihr Diplom damit". Mein ursprünglicher Plan war ja, mit diesem Thema zu promovieren. Ich habe dann diplomiert und zwischenzeitlich den Artikel von Tartakowski bekommen. Gott sei Dank konnte ich einigermaßen gut russisch. Mein Vater hatte nach dem ersten Weltkrieg einen russischen Freund, dem er Deutsch beigebracht hat. Seitdem wollte mein Vater immer selbst russisch lernen und fing Mitte der 30er Jahre an, russisch zu lernen. Ich musste ihn abfragen – da habe ich natürlich (aufgrund meiner Jugend) etwas schneller als mein Vater gelernt. Wir lernten dann auch eine Familie kennen, die aus Kiew stammte, Volksdeutsche, wie man so sagte. Während der Mann dann im Krieg war, hat mich die Frau, die fließend Russisch konnte, im Russischen unterrichtet.

Interviewer: So konnten Sie den Artikel von Tartakowski gut lesen.

Hermann Haken: Ja. Und ich stellte zu meiner Befriedigung fest, der hatte das Problem auch nicht allgemein gelöst, sondern wieder nur ein Teilproblem, einen anderen Aspekt. Ich bin also wieder zu meinem Professor gegangen und dem das erzählt. Daraufhin dieser
„Na wenn das so ist, dann machen Sie noch ein paar Beispiele dazu, und dann promovieren Sie". Dann habe ich mit der gleichen Arbeit, mit ein paar Ergänzungen, Diplom- und Doktorarbeit gemacht. Ich habe also 1951 in Erlangen im Juli promoviert, das weiß ich noch, da es 1 Tag vor meinem Geburtstag war."[61]

---

[58] Hermann Weyl (1885 - 1955), bedeutender Mathematiker und Physiker. Das angesprochene Werk ist wahrscheinlich „Gruppentheorie und Quantenmechanik", Leipzig, Hirsel Verlag 1928).
[59] Heinrich Brand (1886 - 1954), Professor für Mathematik an der Universität Halle.
[60] Wladimir A. Tartakowski, russischer Mathematiker, Professor an der Universität Leningrad.
[61] Interview mit Hermann Haken vom 21.09.2010, S. 7/8 (Archiv Haken). In seiner Antrittsrede zur Aufnahme in die *Heidelberger Akademie der Wissenschaften* verrät Hermann Haken noch ein für jeden Studenten ermutigendes Detail zu seiner Doktorprüfung:

In der Zeit des Studiums wurde Haken vom Sommersemester 1949 bis zum Sommersemester 1950 als wissenschaftliche Hilfskraft am mathematischen Institut der Universität Erlangen beschäftigt. Am 14. November 1950 legte er die Diplom-Hauptprüfung in Mathematik ab, die er mit der Note „sehr gut“ bestand. Nebenfach war die Theoretische Physik, die Helmut Volz prüfte[62]. Haken wechselte von der Mathematik zur Theoretischen Physik, wo er mit Wirkung zum 1. November die Hilfskraftstelle von Frl. Stud. Assessor Edith Bosch übernahm (seiner zukünftigen Frau)[63]. Somit war es ihm doch noch gelungen, sein angestrebtes Studienziel, die Physik, zu verwirklichen.
Nachdem sich, wie oben von Haken selbst geschildert, die Widrigkeiten mit der parallelen Arbeit des russischen Physikers Tartakowski geklärt hatten, promovierte Haken im Juli 1951 zum „Dr. philosophiae naturalis“, nur sieben Monate nach Anfertigung seiner Diplomarbeit.[64] Leider war am Institut keine Assistenstelle frei und so arbeitete er als wissenschaftliche Hilfskraft weiter. Glücklicherweise verließ dann der bisherige Assistent Helmut Tietze die Universität ein Jahr später und Hermann Haken erhielt zum 1. September 1952 die frei gewordene Assistentenstelle[65].

In den folgenden vier Jahren entwickelte sich Haken zu einem der führenden Festkörpertheoretiker (siehe nächstes Kapitel) und habilitierte sich Im Sommer 1956. Die Habilitationsschrift trägt den Titel „*Zur Quantentheorie des Mehrelektrons im schwingenden Gitter*“.[66] Gutachter der Arbeit waren Helmut Volz und der berühmte Physiker Friedrich Hund, der damals an der Universität Frankfurt/M. lehrte. Beide beurteilten die Arbeit als „ausgezeichnet“. Volz schrieb[67]:

„[...] etwa 3 Monate vor der Prüfung entdeckte [ich], daß ich neben Mathematik und Physik noch ein drittes Fach für die Erlanger Promotionsordnung brauchte. Nachdem meine spätere Frau, die ich dort kennengelernt hatte, auch Physik studierte, nebenbei aber auch Mineralogie, wandte ich mich an den Mineralogen. Der aber meinte, in drei Monaten könnte ich nicht die Mineralogie lernen. So wählte ich dann das Fach Philosophie und hatte mich hier auf die Prüfung über Kants *Kritik der reinen Vernunft* vorzubereiten. Hier schnitt ich dann mit „sehr gut“ ab, während es im Fach Physik nur zu einem „Dreier“ reichte.“

[62] Abschrift des Prüfungszeugnisses Diplom-Hauptprüfung Mathematik der Universität Erlangen (Personalakte Haken Blatt 20; Universitätsarchiv Stuttgart).

[63] Abschrift Gesuch Wissenschaftliche Hilfskraft (Personalakte Hermann Haken Blatt 3 und 4; Universitätsarchiv Stuttgart). Das Gehalt betrug monatlich 200 DM.

[64] Mit summa cum laude.

[65] Ernennungsurkunde vom 8. August 1952. (Personalakte Haken Blatt 24; Universitätsarchiv Stuttgart). Das Gehalt betrug jährlich 3.400 DM plus 606 DM Wohnungsgeld.

[66] Die Arbeit erschien in gekürzter Form in der Zeitschrift für Physik **146** (1956), 527 – 554.

[67] Abschrift des Gutachtens Helmut Volz zur Habilitationsschrift von Dr. Hermann Haken (Personalakte Haken Blatt 62/63; Universitätsarchiv Stuttgart).

„Die vorliegende Arbeit von Herrn Haken schließt sich an eine Reihe von Arbeiten von ihm über denselben Problemkreis an. Sie stellt eine von hoher Warte aus gesehene Zusammenfassung und ganz wesentliche Erweiterung dieser Arbeiten dar und zeigt, wie sich die gewonnenen Ergebnisse auf eine Reihe von heute im Mittelpunkt des Interesses stehenden Gebieten der Festkörperphysik auswirken. [....]
Die mathematischen Herleitungen machen von den modernsten Methoden der Feldtheorie Gebrauch. Ihre Bewältigung, die im Anhang dargestellt ist, zeigt, dass Haken diese Methoden in überlegener Weise beherrscht."

Friedrich Hund[68] würdigt in seinem Gutachten besonders die Methodik der wissenschaftlichen Arbeit Hakens[69]:

Der Hauptwert der wissenschaftlichen Arbeiten von Herrn Haken scheint mir darin zu liegen, daß er die behandelten Fragen sehr allgemein anpackt, daß er sich der besten erreichbaren allgemeinen Methoden bedient, daß er sich ein Werkzeug verschafft, das einen umfassenden Einblick in die Struktur der Lösung gestattet und es dann erst auf die speziellen Fragen anwendet. Die Art der Anwendung wahrt der [den] Zusammenhang mit anschaulichen Vorstellungen."

Wir haben hier „in nuce" die prägnanteste Beschreibung der wissenschaftlichen Vorgehensweise von Hermann Haken, derer er sich auch in den kommenden Jahrzehnten beim Laser und der Synergetik immer wieder bediente.

Mit Wirkung vom 24. September 1956 erhielt Hermann Haken die „venia legendi" für das Fach Physik und wurde zum Privatdozenten ernannt. Volz bemühte sich für Haken um eine Oberassistentenstelle, da dieser von auswärtigen Hochschulen umworben wurde. So erreichten ihn in kurzer Zeit Anfragen auf Oberassistenten- bzw. Abteilungsleiterstellen der *Bergakademie Clausthal*, der *Universität Saarbrücken* und der *Technischen Hochschule Darmstadt.*[70] Durch eine Stellenrotation mit der Philosophischen Fakultät gelang es der Naturwissenschaftlichen Fakultät dann, Haken vertretungsweise eine Diätendozentur zuzuweisen und ihn so in Erlangen zu halten.

[68] Friedrich Hund (1896 - 1997), deutscher Physiker, Schüler von Max Born in Göttingen und einer der Mitbegründer der Quantenmechanik. Lange Jahre ordentlicher Professor für Theoretische Physik in Leipzig zusammen mit Werner Heisenberg. Ab 1957 Professor für Theoretische Physik in Göttingen. Über Leben und Werk Friedrich Hunds siehe Manfred Schröder, 'Hundert Jahre Friedrich Hund: Ein Rückblick auf das Wirken eines bedeutenden Physikers', (1996).

[69] Abschrift des Zweitgutachtens zur Habilitationsschrift Hermann Hakens (Personalakte Haken Blatt 63; Universitätsarchiv Stuttgart).

[70] S. Antrag der Naturwissenschaftlichen Fakultät der Universität Erlangen an das Bayerische Staatsministerium für Unterricht und Kultur vom 18.12.1956 (Personalakte Haken; Universitätsarchiv Stuttgart).

Parallel zu diesen ersten Schritten in der wissenschaftlichen Karriere des jungen Hermann Haken stand natürlich auch seine persönliche und familiäre Entwicklung. Die Mutter von Haken war schon 1953 gestorben und der inzwischen pensionierte Vater war im selben Jahr nach Erlangen gezogen[71]. Edith Bosch, seine zukünftige Frau hatte Hermann Haken schon 1949/50 am physikalischen Institut in Erlangen kennengelernt. Sie promovierte dort bei Rudolf Hilsch[72] in experimenteller Festkörperphysik. Edith Bosch[73] war vier Jahre älter als Hermann Haken und stammte aus Fürth. Sie heirateten am 5. September 1953, ein Jahr, nachdem Haken eine Stelle als wissenschaftlicher Assistent angetreten hatte. Schnell wuchs die Familie: die älteste Tochter Maria kam am 7. März 1954 zur Welt, Sohn Karl-Ludwig drei Jahre später am 4. Januar 1957. Die jüngste Tochter Karin folgte dann im Jahre 1962[74].

---

[71] Persönliche Auskunft Hermann Haken.

[72] Rudolf Hilsch (1903 – 1972), deutscher Physiker. Seit 1941 Professor in Erlangen, wechselte 1953 nach Göttingen, wo er bis zu seiner Emeritierung lehrte.

[73] Geboren am 28.2.1923 (Personalakte Haken).

[74] Personalakte Hermann Haken (Archiv Haken, Universitätsarchiv Stuttgart).

3. Die Erlanger Jahre – Festkörperphysik: 1950 - 1960

Physik als eigenständiges Fach wurde an der im Jahre 1743 gegründeten Friedrich-Alexander Universität Erlangen seit 1857 gelehrt. Erster Professor für Physik war Friedrich Kohlrausch, der jedoch schon bald, nach nur einem Jahr, verstarb. Die Geschichte der Lehre der Naturwissenschaften in Erlangen lässt sich anhand der Biographien der jeweiligen Professoren nachvollziehen.[75] Wir überspringen diese Entwicklung und konzentrieren uns auf die ersten Jahrzehnte des 20. Jahrhunderts, als sich der Schwerpunkt der Forschungen in Erlangen immer mehr in Richtung auf die Festkörperphysik bewegte, da der Lehrstuhl sich fest in der Hand der Mitarbeiter der Göttinger Schule von Robert W. Pohl[76] befand. Von 1926 bis 1939 war Bernhard Gudden[77] Lehrstuhlinhaber, dem dann 1941 Rudolf Hilsch[78] nachfolgte, der ebenfalls als ehemaliger Oberassistent aus der Schule um Robert Wichard Pohl aus Göttingen stammte. Er hatte zusammen mit Pohl 1938 einen Halbleiterverstärker konstruiert und war somit einer der ersten experimentellen Festkörperphysiker in Deutschland.

Die Geschichte der Anfänge der Festkörperphysik ist detailliert untersucht und beschrieben worden. Um die theoretischen Arbeiten Hermann Hakens in Erlangen einordnen zu können, zeichnen wir kurz die wichtigsten Entwicklungen bis in die fünfziger Jahre des vorigen Jahrhunderts nach, wobei wir uns eng an die unten genannten Sekundärquellen halten.[79]

---

[75] Clemens Wachter, *Die Professoren und Dozenten der Friedrich-Alexander-Universität Erlangen 1743-1960. Teil 3: Philosophische Fakultät, Naturwissenschaftliche Fakultät*, (2009).

[76] Robert W. Pohl (1884 - 1976), einflußreicher deutscher Experimental-Physiker. Seit 1919 Professor in Göttingen. Er beschäftigte sich mit der Kristalloptik (Farbzentren) und war einer der Pioniere der Halbleiterforschung (Kristalldetektoren). Es gelang ihm, wie Arnold Sommerfeld in der Theoretischen Physik, viele seiner Schüler auf Lehrstühle deutscher Universitäten zu vermitteln. Biographische Daten zu einem der deutschen Festkörperpioniere bei Jürgen Teichmann, 'Pohl, Robert Wichard', *Neue Deutsche Biographie,* 20 (2001).

[77] Bernhard Gudden (1892 – 1945), deutscher Physiker. Promovierte 1919 bei R.W. Pohl in Göttingen und wurde dessen Assistent. Von 1926 – 1940 Professor für Physik in Erlangen, danach an der Karls-Universität in Prag. (Zitiert nach: Mollwo, Erich, „Gudden, Bernhard Friedrich Adolf", in: Neue Deutsche Biographie 7 (1966), S. 249 f. [Onlinefassung]; URL: http://www.deutsche-biographie.de/pnd117576018.html).

[78] Rudolf Hilsch (1903 – 1972), deutscher Physiker. Seit 1941 Professor in Erlangen, wechselte 1953 nach Göttingen, wo er bis zu seiner Emeritierung lehrte.

[79] Lilian Hoddeson et al., *Out of the Crystal Maze. Chapters from the History of Solid-State Physics.*, (1992). Reinhard Serchinger, *Walter Schottky - Atomtheoretiker und Elektrotechniker - Sein Leben und Werk bis ins Jahr 1941*, (2008). Kai Handel, 'Research styles in particle theory and solid state theory: the historical development of the microscopic theory of superconductivity', in *The Emergence of Modern Physics,* (1996), S. 371 - 386. Kai Handel, *Anfänge der Halbleiterforschung und - entwicklung.*

Elektrische und magnetische Eigenschaften von Festkörpern untersuchten Physiker schon intensiv im 19. Jahrhundert. Viele empirische Werte und Beziehungen wurden ermittelt und in Diagramme umgesetzt, z.B. das Wiedemann-Franz Gesetz. Aufgrund der praktischen Anwendungsmöglichkeiten stand die elektrische Leitfähigkeit von Metallen im Zentrum des Interesses. Mit dem Aufkommen der Atomtheorie Anfang des 20. Jahrhunderts wurde klar, dass die Leitfähigkeit auf der Beweglichkeit der Elektronen im Atomgitter beruhen müsse. Warum einige Stoffe aber elektrischen Strom besonders gut, einige andere Stoffe aber fast überhaupt nicht leiten, war von der theoretischen Seite her nicht klar. In den Jahren 1927 bis 1935 entwickelte dann Arnold Sommerfeld im Wechselspiel mit seinen Schülern Wolfgang Pauli, Werner Heisenberg, Felix Bloch, Rudolf Peierls und anderen eine quantenmechanische begründete Elektronentheorie der Metalle. Heisenberg war 1927 Professor in Leipzig geworden und interessierte sich zu dieser Zeit sehr für die Physik des festen Körpers[80]. Sein Doktorand Felix Bloch, der zuvor bei Erwin Schrödinger in Zürich studiert hatte, betrachtete in seiner Dissertation die Wellenfunktion eines Elektrons in einem dreidimensionalen periodischen Gitter und löste dessen Schrödingergleichung. Als Ergebnis ergab sich für ein perfektes periodisches Gitter eine ebene Welle, die durch eine periodische Funktion mit der Gitterperiode moduliert wird.[81] Die unterschiedliche Leitfähigkeit der Stoffe ergab sich daraus zwanglos als Folge von „Verunreinigungen" des ideal gedachten periodischen Kristallgitters. Mit diesen Verunreinigungen beschäftigte sich aber gerade in Göttingen Robert W. Pohl. Bloch berechnete aber auch, dass bei Anwendung des Paulischen Ausschließungsprinzips die Energiezustände der Elektronen nicht (wie bei einem freien Atom) diskret, sondern in „Energiebändern" vorlagen. Zeitgleich mit Bloch zeigten Hans Bethe und Rudolf Peierls, dass die Leitfähigkeit eines Stoffes nicht nur von der Elektronenmobilität abhängt, sondern dass die Elektronen auch freie Plätze im Energieband finden müßten, damit sie sich bewegen können. Falls diese nicht vorhanden sind, verhält sich der

---

Dargestellt an Biographien von vier deutschen Halbleiterpionieren, (1999). Kai Handel, 'Historische Entwicklung der mikroskopischen Theorie der Supraleitung', (1994). Michael Eckert, 'Sommerfeld und die Anfänge der Festkörperphysik', *Wissenschaftliches Jahrbuch des Deutschen Museums,* 7 (1990). Michael Eckert, *Die Atomphysiker. Eine Geschichte der theoretischen Physik am Beispiel der Sommerfeld Schule,* (1993). L. Brown, A. Pais, und B. Pippard, *Twentieth Century Physics Vol. II,* (1995). Hier das Kapitel „Superfluids and Superconductors" von A.J. Leggett S. 913 – 966, Kragh, 1994. und Jürgen Teichmann, *Zur Geschichte der Festkörperphysik. Farbzentrenforschung bis 1940,* (1988).

[80] Kai Handel, *Anfänge der Halbleiterforschung und -entwicklung,* (1999). S. 13.

[81] Felix Bloch, 'Über die Quantenmechanik der Elektronen in Kristallgittern', *Zeitschrift für Physik,* 52 (1928).

Stoff wie ein Isolator.[82] Die quantentheoretische Behandlung eines Kristallgitters lieferte somit zum ersten Mal die Begründung für den Unterschied zwischen einem Leiter und einem Isolator. Wie Heisenberg 1931 zeigen konnte, verhalten sich „fehlende" Elektronen („Löcher") in nahezu vollständig besetzten Bändern wie positive Elektronen. Die Kombination von Elektronen und „Löchern" in Festkörpern sollte zwanzig Jahre später zu dem Hauptforschungsgebiet von Hermann Haken werden, den sogenannten Exzitonen.
1931 hatte Heisenberg einen weiteren Gast in Leipzig, den mit einem Rockefeller Stipendium versehenen englischen Physiker Alan H. Wilson, der aus Cambridge kam. Wilson konnte zeigen, dass die Bloch-Peierls Theorie sehr vereinfacht werden konnte unter der Annahme, dass die quasi freien Elektronen in einem Metall offene oder besetzte Schalen (Zustandsbänder) bilden konnten, analog zu den Valenzelektronen der Atome[83]. Wilson hielt zwei Kolloquien in Leipzig zu diesem Thema, wobei das zweite Kolloquium von einer Gruppe von Festkörperexperimentatoren aus Erlangen unter der Leitung von B. Gudden besucht wurde. In seinem Nachruf auf Wilson beschreibt Ernst Sondheimer[84] die Situation zur damaligen Zeit[85]:

> „The experimental situation about metals, semiconductors and insulators was still very confused at that time; thus it was thought that the peculiar resistance curves of germanium and silicon might be due to oxide layers and that these substances, when sufficiently pure, would probably be metals. Wilson gave his theory of the difference between metals and insulators [...] but he left open the question of whether true ('intrinsic') semiconductor exist. In Gudden's view, no pure substance was ever a semiconductor; he believed that their conductivity was always due to impurities acting either as donors or acceptors of electrons."

Die frühe Phase der, damals noch nicht so genannten, Festkörperphysik fasste 1933 ein durch Bethe und Sommerfeld geschriebener 300 Seiten umfassender Artikel im „Handbuch der Physik" zusammen und konsolidiert die vielfältige Diskussion.

Auch wenn es auf dem Gebiet der elektrischen Leitfähigkeit und gewisser magnetischer Eigenschaften von Festkörpern erkennbare Fortschritte gegeben hatte, so harrte wenigstens ein grundlegendes Phänomen weiter der Aufklärung: die Supraleitung. Heike Kamerlingh-Onnes hatte schon 1911 festgestellt, dass be-

---

[82] Kragh, 1994. S. 368.
[83] Allan Wilson, 'The Theory of electronic semi-conductors I und II', *Proc. Roy. Soc. London,* A133 (1931).
[84] Ernst H. Sondheimer (geb. 1923), britischer theoretischer Physiker. Schüler von A. H. Wilson.
[85] E. H. Sondheimer, 'Sir Alan Herries Wilson. 2 July 1960 - 30 September 1995', in *Biographical Memoirs of Fellows of the Royal Society Bd. 45,* (1999). Hier S. 552.

stimmte Metalle bei sehr niedrigen Temperaturen, wenige Grade über dem absoluten Nullpunkt, vollständig ihren elektrischen Widerstand verlieren und ein eingespeister Strom (d.h. Elektronen) ständig verlustfrei in einem elektrischen Leiter fließen können. 1933 zeigten dann Walter Meißner und Robert Ochsenfeld von der Physikalisch-Technischen Reichsanstalt in Berlin, dass bei diesen Temperaturen ein außen angelegtes Magnetfeld aus dem Metall herausgedrängt wird, ein Effekt, der mit der klassischen Physik nicht zu erklären ist. Die Supraleitung stellte ein großes Rätsel dar. Nach der vorliegenden quantenmechanischen Theorie sollten die Elektronen-Wellen an den Unreinheiten des „idealen" Atomgitters streuen bzw. mit den fluktuierenden Atomrümpfen des Gitters wechselwirken und dabei einen Teil ihrer Energie abgeben, was zur Erwärmung des Leiters führt. Irgendwie vermieden es aber die Elektronen bei den niedrigen Temperaturen diese Wechselwirkung zu zeigen.

Wie viele andere junge Wissenschaftler seiner Zeit besaß Hermann Haken Ende der vierziger/Anfang der fünfziger Jahre keine sehr ausgeprägten Englisch-Kenntnisse. Vor dem zweiten Weltkrieg war Deutsch eine der wichtigsten Publikationssprachen im Wissenschaftsbereich gewesen; auch amerikanische und englische Doktoranden und Gastwissenschaftler in den Theorie-Zentren München, Leipzig und Zürich veröffentlichten in dieser Sprache. So tendierten kurz nach dem Krieg die Physik-Studenten immer noch dazu den neuen Stoff möglichst aus deutschsprachigen Lehrbüchern und Übersichtsartikeln zu lernen.[86]

> „Um in die Probleme der Festkörperphysik einzudringen, war für uns Studenten das Buch von Herbert Fröhlich „Elektronentheorie der Metalle"[87] direkt eine Bibel – so natürlich auch für mich. [...] Irgendwie musste es bei der Supraleitung so sein, dass die Streuwirkung der Gitterschwingungen ausgeschaltet war oder irgendwie nicht wirksam werden konnte. Um dieses Ausschalten zu verstehen, dachte man sich, dass die Elektronen aneinandergekoppelt sind und so gewissermaßen eine gewisse Starrheit bei ihrer Bewegung besitzen. [...] Es wurden die verschiedensten Wechselwirkungen zwischen Elektronen, die diese Starrheit der Gesamtheit der Elektronenbewegung bewirken sollten, eingeführt. [...] Wir trugen damals die verschiedensten Theorien nicht nur von Heisenberg, sondern auch von anderen Theoretikern vor und stellten sogar als Studenten fest, dass überall eine Schwierigkeit blieb, so dass alle diese Theorien in der Tat nicht verwendet werden konnten."

Herbert Fröhlich übte damit von Anfang an einen wichtigen Einfluß auf die wissenschaftliche Laufbahn von Hermann Haken aus. Dies sollte sich Ende der fünfziger Jahre sogar noch weiter vertiefen. Fröhlich wurde im Jahre 1905 in

[86] Haken, 2005. Seite 6-7.
[87] Herbert Fröhlich, *Elektronentheorie der Metalle*, (1936).

Rexingen (Baden-Württemberg) geboren und promovierte 1930 bei Sommerfeld mit einem Thema zum Photoelektrischen Effekt. Zunächst Assistent bei Sommerfeld, wechselte er 1931 nach Freiburg, wo er im Dezember 1932 Privatdozent wurde. 1933 von den Nationalsozialisten vertrieben, kam er über Umwege nach Großbritannien, wo er viele Jahre mit Walter Heitler und Heinz London zusammenarbeitete und wichtige Beiträge zur Theorie der Dielektrizität in Festkörpern leistete. Er erhielt 1948 die Professur für Theoretische Physik an der Universität von Liverpool, eine Position, die er bis zu seiner Emeritierung 1973 nicht mehr verließ[88].

In Bezug auf die Supralcitung

> „machte Herbert Fröhlich von der Universität Liverpool einen sensationellen Vorschlag, den er auch mit einer ausführlichen Arbeit[89] untermauerte. Es sollten nämlich die Gitterschwingungen selbst sein, die die erforderliche Wechselwirkung, eine Art Anziehung zwischen den Elektronen, hervorriefen. Gerade die Wechselwirkungen, die einerseits den Widerstand hervorriefen, sollten nun andererseits dafür verantwortlich sein, dass der Widerstand gar nicht auftreten sollte. Eine wahrhaft sensationelle Idee!“[90]

Eine mathematische Lösung konnte Fröhlich nicht bieten. Seine Theorie erklärte allerdings den sogenannten Isotopie-Effekt in der Supraleitung[91], was die Forschungen zur Supraleitung Anfang 1950 nachhaltig beflügelte. Auch Haken ließ sich davon inspirieren:

> „My own work in solid state physics [...] was strongly inspired by Fröhlich's work. Thus I started by treating models of the interaction between an electron and a single highly excited lattice vibration. Later, I dealt with Fröhlich's model of the one-dimensional superconductor, [...] this, later on, became part of my Habilitations-schrift”.[92]

Parallel zu diesen Vorgängen in der theoretischen Beschreibung der Supraleitung müssen wir jedoch einen Blick auf eine andere Entwicklung werfen, die für Hermann Haken in Erlangen ebenso wichtig war: die Beziehung zum Forschungslabor der Firma Siemens in Pretzfeld und den dort tätigen Wissenschaftlern Walter Schottky und Eberhard Spenke.

---

[88] Eine ausführliche Würdigung der Lebensleistung von Herbert Fröhlich bietet Gerald Hyland, 'Herbert Fröhlich FRS, 1905 - 1991: A physicist ahead of his time', in *Herbert Fröhlich FRS - A physicist ahead of his time.,* (2006).

[89] Herbert Fröhlich, 'Theory of the Superconducting State I', *Phys. Review* 79 (1950).

[90] Haken, 2005. S. 7.

[91] Herbert Fröhlich, 'Isotope Effect in Superconductivity', *Proc. Roy. Soc. London,* A 63 (1950).

[92] (Haken, 2006). Seite 3.

Kurz nach dem II. Weltkrieg hatte im Jahre 1948 die Universität Erlangen einen weiteren Lehrstuhl für angewandte Physik erhalten, der von Erich Mollwo [93] übernommen wurde. Mollwo kam, ebenso wie Hilsch, aus der Pohl'schen Schule. Dass in Erlangen zwei Festkörperphysiker die Physik vertraten, war allerdings kein Zufall, da durch die Nähe zu den Siemens-Werken eine enge Zusammenarbeit auf diesem Gebiet angestrebt wurde. Hilsch erreichte dann 1953 ein Ruf der Universität Göttingen, wo er die Nachfolge seines Lehrers Pohl auf dessen Lehrstuhl antrat. Ihm folgte in Erlangen Rudolf Fleischmann nach, der sich von der Festkörperphysik ab- und der damals hoch aktuellen Kern- und Elementarteilchenphysik zuwandte.

Als Hermann Haken 1948 zur Fortsetzung seines Studiums nach Erlangen kam, besaß die Fakultät noch keine ordentliche Professur für die Theoretische Physik. Helmut Volz[94] lehrte als außerplanmäßiger Professor dieses Themenspektrum seit 1946 in Erlangen[95].

Helmut Volz war von der Ausbildung eigentlich kein ausgewiesener Theoretiker. Er[96] war 1911 in Göppingen geboren und studierte in Tübingen Mathematik und Physik mit dem Ziel Gymnasiallehrer zu werden, wofür er auch das 1. und 2. Staatsexamen ablegte. Anschließend promovierte er jedoch bei Hans Geiger[97], dem bekannten Erfinder des Geiger-Müller-Zählrohrs und schloss sein Studium Ende 1935 ab. Ein Stipendium der Universität Tübingen ermöglichte ihm danach einen zweijährigen Aufenthalt bei Werner Heisenberg in Leipzig, sozusagen seine „Theoriephase". Anschließend ging er 1937 als wissenschaftlicher Assistent zurück zu Geiger, der inzwischen an die Technische Hochschule Berlin-Charlottenburg berufen worden war, wo Volz bis 1944 blieb. Vom Wehrdienst wurde er 1940 freigestellt, wahrscheinlich auf Anforderung von Geiger, und das Heereswaffenamt

[93] Erich Mollwo (1909 – 1993), deutscher Physiker. Schüler von R. W. Pohl und seit 1948 Professor für angewandte Physik in Erlangen. (Rechenberg, Helmut, „Mollwo, Erich", in: Neue Deutsche Biographie 18 (1997), S. 7 [Onlinefassung]; URL: http://www.deutsche-biographie.de/pnd137949650.html.

[94] Klaus Hentschel und Ann Hentschel, *Physics and National Socialism - An Anthology of Primary Sources*, (1996). Hier S. L Appendix F: Biographical Profiles und nach der Kurzbiographie der Universität Erlangen-Nürnberg, uni-erlangen.de/universitaet/ehrenpersonen/helmut-volz.shtml (abgerufen am 27.6.2011).

[95] Umwandlung in eine ordentliche Professur im Jahre 1958.

[96] Zitiert nach Albrecht Winnacker, 'Helmut Volz - Der Gründungsvater der Technischen Fakultät', in *40 Jahre Technische Fakultät - Festschrift*, (2006), S. 42 - 46. Hierin auch Verweis auf den Nachlass von H. Volz im Universitätsarchiv Erlangen und eine Biographie des Sohnes von H. Volz (Dr. Gerhard Volz) „Lebensbeschreibung von Prof. Dr. Helmut Volz (1911 – 1978); Universitätsarchiv UAE: G1/1 Nr. 25.

[97] Hans Geiger (1882 - 1945), deutscher Experimentalphysiker, der durch seine Zusammenarbeit mit E. Rutherford bei dessen Streuversuchen mit α-Teilchen berühmt wurde. Erfinder des Geiger-Müller-Zählrohrs für elektrisch geladene Elementarteilchen.

beorderte ihn nach Berlin zurück. Seine Einordnung in die Tätigkeit des sog. „Uranvereins“ ist nie richtig aufgeklärt worden. Jedenfalls war er unter Geiger weiter experimentell tätig und habilitierte 1943 mit einer Arbeit über „Wirkungsquerschnitte für die Absorption langsamer Neutronen“[98], ein sicher für den Uranverein wichtiges Thema.
Volz war damals also, bis auf die beiden Jahre bei Heisenberg, kein vollständig ausgebildeter theoretischer Physiker, dessen Spezialgebiet etwa die Quantenmechanik gewesen wäre. So musste Haken sich die Quantenmechanik selber beibringen[99]:

> „Es war für mich wichtig, die Quantentheorie zu verstehen. Da mir kein mir zusagendes Lehrbuch darüber bekannt war, musste ich mir den Zugang selbst erarbeiten. Einige Jahre später kam dann eine Übersetzung des Buches von Blochinzew[100] aus dem Russischen in meine Hände, wo ich sah, dass dieser einen ganz ähnlichen didaktischen Zugang zur Quantentheorie gewählt hatte, wie ich es auch getan hatte.“

Es zählte zu den bleibenden Verdiensten von Helmut Volz das Potenzial von Hermann Haken erkannt zu haben und ihm eine Stelle am Institut für Theoretische Physik anzubieten. Dieser Wechsel vom Mathematischen Institut zum Institut für Theoretische Physik sollte Hakens spätere Forschungen entscheidend beeinflussen. Haken erinnerte sich[101]:

> „Warum habe ich Festkörperphysik gemacht? Hilsch und später auch Mollwo waren die Festkörperphysiker [in Erlangen]. Der Hilsch machte Supraleitungsexperimente. Deshalb hielt er gemeinsam mit Volz ein Seminar ab, wo die Arbeiten der Supraleitungstheorie besprochen wurden. Das waren dann Arbeiten, wie man die Supraleitung mikroskopisch erklären kann. Arbeiten von Welker[102], der, wenn ich mich recht erinnere, es mit magnetischen Strömen erklären wollte; Fröhlich zeigte, dass die Supraleitung auf dem Umweg über die Gitterphononen zustande kommt. Später kam dann die Arbeit von Cooper[103].

[98] Zitiert nach Winnacker, 2006. S. 44.
[99] Hermann Haken, *Nel Senso della Sinergetica (Autobiografie in italienischer Sprache)*, (2005). S. 7.
[100] Dimitri I. Blochinzew: „Die Grundlagen der Quantenmechanik". Dt. Verlag der Wissenschaften. Berlin 1953.
[101] Interview H. Haken vom 21.9.2010 (Archiv Haken), S. 9-10.
[102] Heinrich Welker (1912 - 1981), deutscher Physiker. Entdecker der sog. III-V-Verbindungen (der Elemente des Periodensystems), insbesondere GaAs und der Voraussage deren Halbleitereigenschaften.
[103] Leon Cooper (geb. 1930), amerikanischer Physiker. Erhielt 1972 für seine Mitentwicklung der BCS-Theorie der Supraleitung im Jahre 1957 den Nobelpreis für Physik. Namensgeber für den quantenmechanisch verschränkten Zustand zweier Elektronen, publiziert 1956, (sog. Cooper-Paare).

Noch später dann Bardeen[104] und Schrieffer[105]. In diesem Seminar hielt ich einen Vortrag über eine dieser Arbeiten, meine Frau hielt auch einen Vortrag."

Als ausgebildeter Gymnasiallehrer war Volz didaktisch ein überdurchschnittlicher Dozent. Haken profitierte davon, wenn zunächst auch nur widerwillig:

> „Ich möchte erwähnen, dass Volz ein hervorragender Pädagoge war. Ich glaube, er hatte ursprünglich wohl sogar eine Ausbildung als Gymnasiallehrer und jetzt kommt eine lustige Geschichte, er wollte mit mir auch diese Seminarausbildung machen.
> Wenn ich Vorträge hielt, hat er mich ständig korrigiert. Das hat mich damals furchtbar geärgert, später habe ich dann festgestellt, dass ich ihm heute noch dankbar bin, weil er mir doch viele Dinge beigebracht hat, wie man einen Text sauber bringt. Und auch die Tafeltechnik, wie teilt man die Wandtafel ein."[106]

Volz griff aber noch ein weiteres Mal in die wissenschaftliche Entwicklung von Hermann Haken ein: er brachte ihn in Verbindung mit Eberhard Spenke[107] und Walter Schottky[108], die in Pretzfeld, in der Nähe von Erlangen, am Festkörperlabor der Firma Siemens arbeiteten[109]:

> „[...] Volz hatte einen Mitarbeitervertrag bei Siemens und Spenke wollte ein Buch über Festkörperphysik schreiben. Und da hat er gelernt, es gibt die zweite Quantisierung; also die Arbeiten von Fock[110] und Volz hat mich beauftragt, diese Fock'sche Arbeit zu übersetzen. Das war für mich durchaus, nachträglich gesehen, prägend, weil ich auf diese Weise – während meiner Dissertationszeit – in die zweite Quantisierung rein kam. Ich wurde auf diese Weise quasi mit der Quantenfeldtheorie geimpft. Diese hat ja später immer wieder meine Arbeiten geprägt." [...]

---

[104] John Bardeen (1908 - 1991), US-amerikanischer Physiker, der für seine Beiträge zur Entwicklung des Transistors und der Theorie der Supraleitung zweimal den Nobelpreis für Physik erhielt. Die BCS-Theorie der Supraleitung wurde 1957 publiziert. S. a. Lilian Hoddeson und Vicki Daitch, *True genius: the life and science of John Bardeen*, (2002).

[105] John R. Schrieffer (geb. 1931), amerikanischer Physiker, entwickelte 1957, zusammen mit L. Cooper und J. Bardeen (s. Fußnoten 100 und 101) die BCS-Theorie der Supraleitung. Nobelpreis 1972.

[106] Interview H. Haken vom 21.9.2010 (Archiv Haken), S. 9.

[107] Eberhard Spenke (1905 - 1992), deutscher Industrie-Physiker. Kollege von Walter Schottky in den Siemens Laboratorien in Pretzfeld. Ihm gelang als Erstem die Gewinnung von Reinstsilizium, deshalb auch „Vater des Siliziums-Halbleiters" genannt. Zu Spenke siehe insbesondere Handel, 1999.

[108] Walter Schottky (1986 - 1976), bedeutender und einflussreicher deutscher Industrie- Physiker, der bei der Firma Siemens Grundlagenforschung im Bereich Elektrotechnik und Halbleiter betrieb. Zu Schottky siehe insbesondere Serchinger, 2008.

[109] Interview H. Haken vom 21.9.2010 (Archiv Haken), S. 11.

[110] Wladimir A. Fock (1898 - 1974), russischer Physiker, lieferte wichtige Beiträge zur Entwicklung der Quantentheorie. 1926 gelang ihm die Verallgemeinerung der Klein-Gordon-Gleichung. Später dann wichtige Beiträge zur Theorie der Vielelektronensysteme. Die angesprochene Arbeit ist wahrscheinlich: Fock, Vladimir: „Konfigurationsraum und zweite Quantelung", Zeitschrift für Physik **75** (1932), 622 – 647.

> „Ich bin dann nach Pretzfeld zu Spenke gefahren. Das gehörte zu Siemens, war wegen der Luftangriffe während des Krieges aus Berlin ins Fränkische ausgelagert worden. Spenke hat mich dem Schottky vorgestellt.“

Seit 1943 lebte und arbeitete der damals siebenundfünfzigjährige Walter Schottky in Pretzfeld. Hierhin war er, aus Berlin kommend, vor den Kriegseinflüssen ausgewichen. Als ehemaliger Schüler Max Plancks hatte Schottky zunächst eine Universitätslaufbahn angestrebt, wechselte während des ersten Weltkriegs aber dann zur Firma Siemens & Halske in Berlin, wo er elektrotechnisch-physikalische Grundlagenforschung betrieb. Nach einem Intermezzo als Professor für Physik in Rostock entschied er sich 1927 ganz für die Industrieforschung und kehrte zu Siemens zurück. Viele physikalische Phänomene tragen seinen Namen, so die Schottky-Sperrschicht, die Schottky-Triode etc. Ihn interessierten insbesondere die Effekte, die an Grenzflächen auftreten, so dass er mit seiner Theorie der Gleichrichtung in Halbleiter-Metall-Kontakten zu einem der wichtigsten Wegbereiter für die Entdeckung des Transistor-Effektes wurde. 1950, als Haken ihn kennen lernte, war Schottky bereits 64 Jahre alt und ein weltberühmter Physiker. Er galt aber auch als introvertierter Wissenschaftler, der im persönlichen Umgang schwierig und nur schwer verständlich war, da er sich einer eigenen Terminologie bediente. [111] So war Eberhard Spenke schon 1929 in Berlin ausdrücklich als mathematischer Assistent von Schottky eingestellt worden, um dessen Theorien in allgemein verständliche Sprache umzusetzen.[112] Spenke kam 1946 nach Pretzfeld und baute dort, unabhängig vom Siemens-Hauptlabor in Erlangen, ein eigenes Forschungslabor auf. In diesem leitete er den Übergang von Germanium zu Silizium als wichtigstem Halbleitermaterial ein und führte das Pretzfelder Laboratorium in den fünfziger Jahren an die Weltspitze.

Hermann Haken, gerade vierundzwanzig Jahre alt, profitierte mehrfach von dieser Nähe zur Spitzenforschung. So

> „erhielt auch ich nun 1951 einen kleinen Mitarbeitervertrag [der Firma Siemens], nach dem ich jeden Samstag nach Pretzfeld fuhr und mit Spenke diskutierte, der gerade an einem Lehrbuch über Halbleiterphysik arbeitete. Dabei lernte ich auch Prof. Walter Schottky kennen, mit dem ich gemeinsam noch später Arbeiten veröffentlichen konnte.“[113]

Das erwähnte Buch erschien 1954 und Spenke bedankte sich im Vorwort bei den beiden Erlanger Physikern[114]:

---

[111] Serchinger, 2008.

[112] Siehe auch Otfried Madelung, 'Schottky - Spenke - Welker', *Physikalische Blätter,* 55 (6) (1999).

[113] Haken, 2005. Hier S. 8-9.

[114] Siehe Eberhard Spenke, *Elektronische Halbleiter*, (1954). S. IX.

„Herrn Professor Helmut Volz und Herrn Dr. Hermann Haken (Universität Erlangen) halfen mit einer ausführlichen „Übersetzung" der ursprünglichen Heisenbergschen Arbeit über das Defektelektron in die Sprache der „normalen" Wellenmechanik. Herr Dr. Hermann Haken hat weiter eine Reihe von Rechnungen durchgeführt, die dem §11[115] von Kap. VII zugrunde liegen."

Der Kontakt zu den Pretzfelder Forschern führte Hermann Haken unmittelbar an die Front der Halbleiterforschung. Die Zusammenarbeit mit Volz und Spenke zwangen ihn beinahe geradezu, sich mit der Quantentheorie von Festkörpern, einem Vielkörperproblem, intensiv zu beschäftigen, was den Startpunkt zu einer eigenen Karriere in diesem Fach bedeutete.

„Der Professor für Theoretische Physik[116] [war]auf mich aufmerksam geworden, denn er betraute mich mit einer speziellen Aufgabe aus der Quantentheorie, die sich auf die Behandlung vieler Teilchen in der Quantentheorie bezog. Der eleganteste Zugang zur Quantentheorie geht über die Schrödinger-Gleichung, bei der die Elektronenbewegung von Anfang an als eine Welle, eine so genannte de Broglie-Welle, dargestellt wird. [...] Um nun auch die Bewegung von mehreren, ja sogar vielen Elektronen zu erfassen, kann man nun in zweierlei, scheinbar ganz verschiedenen Weisen vorgehen. Zum einen kann man eine Schrödinger-Gleichung für viele solcher Elektronenwellen angeben oder aber man geht zur so genannten zweiten Quantisierung über, in der das so genannte Wellenfeld eines Elektrons nochmals quantisiert wird. [...] und es war auch zunächst gar nicht klar, wie diese beiden Methoden, nämlich Zugang über die Vielwellen-Schrödinger-Gleichung oder über die zweite Quantisierung, zusammenhingen. Dies war dann in einer hoch mathematischen Arbeit von Fock in der Sowjetunion geklärt worden. Die Arbeit war aber doch recht unverständlich geschrieben und mein Professor beauftragte mich, dies in eine allgemeinverständliche Sprache gewissermaßen zu „übersetzen". Glücklicherweise gelang mir diese Übersetzung und ich lernte dabei ungeheuer viel, nämlich die ganze Methodik der so genannten Quantenfeldtheorie. Daher gehörte ich zu den ersten, die diese Methodik auf Probleme der Festkörper- und Halbleiterphysik anwendeten."[117]

Dies führte dann zur ersten Veröffentlichung von Haken, die er zusammen mit Volz 1951 unter dem Titel „Zur Quantentheorie des Mehrkörperproblems in Festkörpern" publizierte.
Nach seiner Promotion beschäftigte sich Haken weiter mit der Wechselwirkung von Elektronen mit dem (atomaren) Gitter eines Festkörpers. Hierbei wechselte er von der bis dahin im Wesentlichen statischen Betrachtungsweise hin zu einer dynamischen Behandlung des atomaren Gitters. Ausgangspunkt waren Überlegungen von Herbert Fröhlich und John Bardeen zur Lösung des Supraleitungsproblems:

---

[115] Der Paragraf 11 lautet „Aussagen des Bändermodells über den Leitfähigkeitscharakter eines bestimmten Kristallgitters".
[116] Gemeint ist Volz.
[117] Haken, 2005. S. 8.

„Die Frage, ob man diese letztere Erscheinung durch eine verfeinerte Behandlung der Wechselwirkung Elektron – Gitter erklären kann, ist von Fröhlich und Bardeen aufgegriffen worden. Während Fröhlich dabei von der aus den modernen Feldtheorien her bekannten Tatsache ausgeht, dass durch die (quantenmechanische) Wechselwirkung zwischen den Elektronen und Gitterschwingungen (Schallquanten) eine Wechselwirkung zwischen den Elektronen geschaffen wird, sucht Bardeen die Verhältnisse durch ein Einteilchenmodell mit einer Art Hartree-Fock-Ansatz zu beschreiben. Es stellt sich allerdings beide Male heraus, dass die dabei verwendeten mathematischen Hilfsmittel die Wechselwirkung nur störungsmäßig zu erfassen gestatten, zu einer befriedigenden Behandlung des Problems nicht ausreichen, so daß dann auch die Schlußfolgerungen mit einer großen Unsicherheit behaftet sind. Es erscheint daher wichtig, das Problem einmal mathematisch zu vereinfachen, also ein Modell zu untersuchen, das eine exakte mathematische Behandlung zuläßt und damit auch sichere Schlußfolgerungen erlaubt“[118]

Gerade der letzte Satz signalisiert eine grundlegende Eigenschaft, wie Hermann Haken wissenschaftlich vorging: er suchte immer einen Fixpunkt, einen einfachen, exakt lösbaren Ansatz, den er dann zu komplizierteren Erscheinungen hin erweiterte. Diese Vorgehensweise wird uns auch später bei der Lasertheorie und der Synergetik immer wieder begegnen.

In den folgenden drei Jahren beschäftigte sich Haken intensiv mit den verschiedenen dynamischen Bewegungsformen in einem Festkörper. Insbesondere die Wechselwirkungen von Elektronen mit den „positiven Löchern“, in der Fachsprache Exzitonen genannt, interessierten ihn. Diese Kombinationen wurden „Wannier-Exzitonen“ genannt und man stellte sie sich als wasserstoffähnliche Gebilde in einem Halbleiter vor. Es lag nahe, nachdem Haken die Wechselwirkung eines Elektrons mit einem Festkörpergitter untersucht hatte, dies auf die Wechselwirkung eines Exzitons mit einem Gitter zu erweitern:

„Wenn sich nämlich ein Elektron seinen Weg durch ein schwingungsfähiges und damit deformierbares Gitter bahnte, so musste es ständig gewissermaßen Atome wegschieben, wobei sich seine so genannte scheinbare Masse vergrößerte. Ein Elektron, das von einer Gitterdeformation umgeben sich durch das Gitter bewegte, wurde Polaron genannt, zu dem Fröhlich wesentliche Beiträge gegeben hatte und das daher Fröhlich-Polaron hieß. Es lag für mich nahe, das Exziton so zu behandeln, als wäre es aus einem normalen Polaron und einem Lochpolaron zusammengesetzt, wobei sich zugleich die Aufgabe ergab, auch eine Methode zu entwickeln, die stärkere Wechselwirkungen berücksichtigte. Indem ich das, was ich in der Quantenfeldtheorie gelernt hatte und weiter ausbaute, verwendete, konnte ich tatsächlich dann nicht nur zeigen, dass sich die Massen der beiden Teilchen veränderten, sondern auch eine direkte Wechselwirkung zwischen diesen

[118] Hermann Haken, 'Eine modellmäßige Behandlung der Wechselwirkung zwischen einem Elektron und einem Gitteroszillator', *Zeitschrift für Physik,* 135 (1953). S. 409.

> beiden Arten von Polaronen auftrat. In der Literatur wurde diese Wechselwirkung später als „Haken"-Potential bezeichnet."[119]

Auch der Kontakt zu Walter Schottky war für den jungen Hermann Haken von unschätzbarem Wert. Zwar hatte dieser auf die industrielle Forschung bei Siemens keinen großen Einfluß mehr - der war inzwischen auf Spenke und Welker übergegangen - aber Schottky spielte in der Integration und Förderung der jungen Festkörper-Gemeinde in Deutschland eine wichtige Rolle:

> „Nach dem Krieg hatte Schottky auf die weitere technische Entwicklung keinen erkennbaren Einfluß mehr, obwohl er weiterhin für Siemens tätig blieb. Als Vorsitzender des Halbleiterausschusses des Verbandes Deutscher Physikalischer Gesellschaften widmete er sich ab 1953 der Etablierung der neuen physikalischen Disziplin in der jungen Bundesrepublik und machte sich als Forschungsorganisator einen Namen."[120]

Haken kam mit Schottkys Eigenschaften gut zu Recht. Dafür sprechen zwei gemeinsame Arbeiten, die in den Jahren 1956 und 1958 erschienen[121]. Auch spannte Schottky Haken bei den Aktivitäten des Halbleiterausschusses des Verbandes Deutscher Physikalischer Gesellschaften ein, dessen Referate in einem jährlichen Sammelband unter der Herausgeberschaft von Schottky erschienen. Zu jedem Referat der Halbleiterprobleme schrieb dieser einen Kommentar, der oftmals länger als der Artikel selber war und auch den Erscheinungstermin der Bände verzögerte.[122] Es war in der Physikerszene daher so etwas wie ein Ritterschlag, als Schottky 1957 Haken beauftragte, für den vierten Band der Halbleiterprobleme einen Übersichtsartikel zum Thema „Der heutige Stand der Exitonenforschung in Halbleitern" zu verfassen[123].

In der Nachkriegszeit war die Teilnahme deutscher Wissenschaftler an ausländischen Konferenzen eher selten. Doch die stürmische Entwicklung der Halbleiterforschung erforderte eine Internationale Konferenz, die vom 29. Juni bis zum 3. Juli 1954 in Amsterdam abgehalten wurde. Haken war einer der wenigen teilnehmenden deutschen Festkörpertheoretiker. Er hielt einen Vortrag über

---

[119] Haken, 2005. S. 10-11.

[120] Serchinger, 2008. S. 572.

[121] H. Haken und W. Schottky, 'Allgemeine optische Auswahlregeln in periodischen Kristallgittern', *Zeitschrift für Physik,* 144 (1956). und H. Haken und W. Schottky, 'Die Behandlung des Exzitons nach der Vielelektronentheorie', *Zeitschrift für Physik/Chemie* NF 16 (1958).

[122] Madelung, 1999. S. 56.

[123] Hermann Haken, 'Der heutige Stand der Exzitonen-Forschung in Halbleitern', in *Halbleiterprobleme,* Hrsg. W. Schottky (1957), S. 1 - 48.

strahlungslose Übergänge in Festkörpern.[124] Eine weitere wichtige Konferenz war die „International Conference on Semiconductors and Phosphors“, die 1956 in Garmisch-Partenkirchen stattfand.[125] Hier traf er auch das erste Mal auf Ryoko Kubo[126], einen bedeutenden japanischen theoretischen Festkörperphysiker, mit dem ihn später eine jahrelange Freundschaft verband. Ebenfalls anwesend war der russisch-französische Forscher Serge Nikitine, der in Straßburg das Institut für Festkörperspektroskopie der Universität Strasburg leitete. Haken hatte ihn schon im Mai 1956 auf einer Konferenz über Luminiszenz in Paris[127] kennen gelernt. Er lud Haken jetzt nach Straßburg zu Vorträgen ein (1957), woraus sich später eine intensive und enge Zusammenarbeit ergab[128].

Neben der Forschungstätigkeit und dem Aufbau seines internationalen Ansehens in einem Netzwerk von Festkörperphysikern musste Haken natürlich auch an seine akademische Karriere denken. Die Überlegungen zur dynamischen Wechselwirkung der Exzitonen mit dem atomaren Festkörpergitter bildeten den Inhalt seiner Habilitationsschrift mit dem Titel „Zur Quantentheorie des Mehrelektrons im schwingenden Gitter“.[129] Ende des Sommers 1956 erhielt er in Erlangen die „venia legendi“ im Fach Theoretische Physik. Durch eine Sonderregelung wurde kurz darauf eine Privatdozentur für ihn ermöglicht, was natürlich mit erhöhten Vorlesungsverpflichtungen verbunden war. Wie jeder neue Dozent musste sich auch Haken erst einmal ein eigenes Vorlesungsprogramm und die damit verbundenen Unterlagen erarbeiten. Tabelle 2 gibt eine Übersicht über die Lehrtätigkeiten Hakens an der Universität Erlangen, soweit sie sich aus den Vorlesungsverzeichnissen nachvollziehen lassen. Die erste selbständige Vorlesung Hakens ist eine „Einführung in die Theorie des Atomkerns“ im SS 1957. Dabei ist jedoch zu bedenken, dass die Ernennung Hakens zum Privatdozenten so spät im September 1956 erfolgte, dass das Vorlesungsverzeichnis sicherlich schon im Druck war und somit möglicherweise eine von ihm im WS 1956/57 gehaltene Vorlesung nicht mehr hierin aufscheinen konnte.

---

[124] Hermann Haken, 'On the problem of radiationless transitions', *Physica,* 20 (1954).

[125] Hermann Haken, 'On the Theory of Excitons in Solids', *Journal of Physics and Chemistry of Solids,* 8 (1959). Hier Fußnote S. 167.

[126] H. Haken, private Mitteilung. Interview April 2011. Über Kubo (1920 - 1995) gibt es nur wenige biographische Artikel. So z. B. A. L. Kuzemsky, ‚Biography of Ryogo Kubo‘, unter http://theor.jinr.ru/~kuzemsky/rkubio.html, abgerufen am 19.03.2013 und der Nachruf in Physics Today durch M. Suzuki, 'Ryogo Kubo', *Physics Today,* 49 (1996).

[127] „La Luminiscence des corps anorganiques“, Paris. 21.Mai – 26.Mai 1956.

[128] Hermann Haken, 'Nachruf auf Professor Serge Nikitine', *Physikalische Blätter,* 42 (1986).

[129] Die Arbeit erschien in gekürzter Form in der Zeitschrift für Physik **146** (1956), 527 – 554.

Tabelle 2: Erwähnung von Hermann Haken im Vorlesungsverzeichnis der Universität Erlangen vom Wintersemester 1952/53 bis zum Wintersemester 1959/60

Erwähnung von Hermann Haken im Vorlesungsverzeichnis der Universität Erlangen[130] **Vom WS 1952/53 bis zum WS 1959/60**		
	Fakultät	**Vorlesungen**
WS 1952/53	Institut für Theoretische Physik: Vorstand : H. Volz Assistent: Dr. H. Haken	Volz: Ausgewählte Kapitel aus der Quantentheorie Hilsch, Mollwo, Volz: Kolloquium über neuere physikalische Arbeiten
SS 1953	(Wie vorstehend)	Volz: Ausgewählte Kapitel aus der Quantentheorie II Volz mit Ass. Haken: Übungen zur Quantentheorie Hilsch, Mollwo, Volz: Kolloquium über neuere physikalische Arbeiten
WS 1953/54	(Wie vorstehend)	Volz mit Ass. Haken: Quantentheoretische Übungsstunde (Einführung) NN., Mollwo, Volz: Kolloquium über neuere physikalische Arbeiten
SS 1954	(Wie vorstehend)	Volz mit Ass. Haken: Ausgewählte Übungen zur modernen theoretischen Physik NN., Fleischmann, Mollwo, Volz: Kolloquium über neuere physikalische Arbeiten (jedes folgende Semester in dieser Besetzung)
WS 1954/55	(Wie vorstehend)	Volz mit Ass. Haken: Übungen aus der Atomtheorie Volz: Seminar über neuere Ergebnisse der theoretischen Physik (fast jedes Semester)
SS 1955	(Wie vorstehend)	Volz (ohne Haken): Quantentheorie der Absorptions-, Emissions- und Streuvorgänge
WS 1955/56	(Wie vorstehend)	Volz mit Ass. Haken: Quantentheoretische Übungsstunde
SS 1956	(Wie vorstehend)	Volz mit Ass. Haken: Quantenmechanische Übungen mit besonderer Berücksichtigung der Kernphysik
WS 1956/57	(Wie vorstehend)	Volz mit Ass. Haken: Übungen zur Quantentheorie

[130] Universität Erlangen: „Personen- und Vorlesungsverzeichnis der Friedrich Alexander Universität Erlangen". Erlangen, Einzelbände der Semester von SS 1935 bis SS 1961.

SS 1957	(Wie vorstehend) Privatdozent Dr. H. Haken	Volz und Haken: : Seminar über neuere Ergebnisse der theoretischen Physik (fast jedes Semester) **Haken:** Einführung in die Theorie des Atomkerns
WS 1957/58	Institut für Theoretische Physik: Vorstand : H. Volz Assistent: Dr. W. Weidlich Privatdozent Dr. H. Haken	Volz und Haken: : Seminar über neuere Ergebnisse der theoretischen Physik **Haken**: Einführung in die Theorie des festen Körpers
SS 1958	(Wie vorstehend)	Volz und Haken: Quantenmechanische Übungsstunde **Haken:** Relativitätstheorie
WS 1958/59	(Wie vorstehend)	**Haken:** Quantentheorie Volz und Haken: Quantenmechanische Übungsstunde
SS 1959	(Wie vorstehend)	Volz mit Ass. Weidlich: Quantenmechanische Übungsstunde **Haken:** Mechanik mit Übungen
WS 1959/60	Institut für Theoretische Physik: Vorstand : H. Volz Assistent: NN Privatdozent Dr. H. Haken	(Haken in den USA)

Professor Dieter Fick, ein ehemaliger Schüler von Haken in Erlangen, erinnert sich, dass die „Quantenmechanische Übungsstunde", die er vier Semester lang bei Haken und Volz belegt hatte, oftmals nur drei Hörer hatte und fast ausschließlich von Haken abgehalten wurde.

> „Quantenmechanik wurde in der zweiten Hälfte der 50er Jahre in Erlangen 2-stündig nur alle 4 Semester gelesen. Haken war der einzige Dozent, der dies [in der neueren Form] lehrte."[131]

In den Jahren 1956 und 1957 kreisten die Forschungsarbeiten von Haken weiterhin um das Verhalten der Exzitonen bei niedrigen Temperaturen. Es war der Versuch, der Erklärung der Supraleitung näher zu kommen. Hierbei galt es die Wechselwirkung der Wannier-Exzitonen mit den dynamischen Gitterschwingungen im Grundzustand (also bei niedrigen Temperaturen) herauszuarbeiten. Bei den Berechnungen konnte man bei dem Exziton (also dem „Bindungszustand Elektron – Loch") einen kleinen oder großen Radius ansetzen, wodurch sich jeweils unterschiedliche Grenzwerte ergaben. Die Arbeitsweise von Haken wird in einem

[131] Private Mitteilung von Dieter Fick im Dezember 2010.

Artikel von 1957 deutlich, der zeigt, wie virtuos er auch neueste mathematische Methoden aufnahm und verarbeitete[132]:

> „[Es] ergeben sich als Spezialfälle die Ergebnisse der gewöhnlichen Störungsrechnung und eines Verfahrens von H.J.G. Meyer sowie bei kleinen Radien eine Verbesserung früherer Resultate des Verfassers [...] Für die Rechnung erweist es sich als bequem, das Feymannsche Variationsprinzip nicht in der ursprünglichen Formulierung mit Hilfe von Feynmans Wegintegralen zu benutzen, sondern eine Übersetzung in die geläufige Ausdrucksweise der Quantentheorie zu verwenden."

In diesen Arbeiten kam Haken der Lösung des Problems der Supraleitung sehr nahe. Er erinnerte sich im Interview[133]:

> „Nachträglich muß ich sagen, dass ich eine Dummheit damals gemacht habe: bevor die Arbeit von Cooper erschien, habe ich einen Artikel geschrieben, den ich eigentlich an [die Zeitschrift] *Nuovo Cimento* schicken wollte, wo auch eine andere Arbeit über Exzitonen[134] erschienen war, wo ich sagte, dass wenn die beiden Teilchen die gleiche Ladung haben, dann kommt es zu einer Anziehung. Insofern war ich auf der Spur von Cooper nur hatte ich erst einmal angenommen, dass diese gebundenen Teilchen sehr nahe beieinander sind, also quasi ein Exziton-Polaron bilden. Es gab auch eine Arbeit von Schafroth[135], der gezeigt hat, dass, wenn im Supraleiter Bosonen auftreten würden, dann könnte man die Bose-Einstein Kondensation fordern und damit die Supraleitung erklären. Deshalb dachte ich, wenn zwei Elektronen zusammen sind, dann hätte ich ja ein Boson und könnte so die Supraleitung erklären. Das eine Manko war, dass ich dachte, die Teilchen wären sehr nahe beieinander, während die Cooper-Paare ja relativ weit auseinander sind. Der andere Punkt war, dass ich nicht recht wußte, wie ich die Fermi-Statistik einbaue. Später habe ich das dann schon bemerkt, aber da war es zu spät.
> Interessant ist vielleicht auch noch: Bardeen arbeitete mit *General Electric* zusammen. Bei General Electric gab es einen deutschen Emigranten, Henry Ehrenreich[136]. Dieser hatte bei mir Sonderdrucke angefordert, das habe ich dann später festgestellt, über den Exzitonartikel. Bardeen hat also meine Arbeiten gekannt."

---

[132] Hermann Haken, 'Berechnung der Energie des Exzitonen-Grundzustandes im polaren Kristall nach einem neuen Variationsverfahren von Feynman .1.', *Zeitschrift für Physik,* **147** (1957).
[133] Interview mit H. Haken vom 21.09.2010, S. 12.
[134] Hermann Haken, 'Application of Feynmans New Variational Procedure to the Calculation of the Ground State Energy of Excitons', *Nuovo Cimento,* 4 (1956).
[135] Max Robert Schafroth (1923 - 1959), Schweizer Physiker, Schüler und Assistent von Wolfgang Pauli in Zürich.
[136] Henry Ehrenreich (1928 - 2008), deutsch-amerikanischer Physiker. 1955 bis 1963 Forscher bei General Electric Research Laboratories in Schenectady (NY), USA), anschließen Professor für Physik an der Harvard School for Engineering and Applied Sciences. Biographische Daten finden sich im Nachruf der Harvard University unter www.physics.harvard.edu/misc/ehrenreich.html, abgerufen am 19.03.2013.

Die sogenannte BCS – Theorie der Supraleitung (**B**ardeen – **C**ooper – **S**chriefer) wurde 1957 veröffentlicht und beschreibt die Kondensation der Elektronen bei niedrigen Temperaturen in „Cooper-Paare" (zwei Elektronen - wegen des Pauli'schen Ausschließungsprinzips - mit jeweils entgegengesetztem Spin), die durch eine kohärente quantenmechanische Wellenfunktion beschrieben werden konnten. Die Genannten erhielten hierfür 1972 den Nobelpreis für Physik.

Haken war also an der Front der Festkörpertheorie tätig und seine Arbeiten wurden auch im Ausland wahrgenommen. So hielt er im Mai 1957 und im April 1958 Vorträge über Festkörpertheorie am Straßburger Institut von Serge Nikitine[137]. Auch im Inland ergab sich eine Bewährungschance. Aufgrund einer temporären Vakanz wurde Haken vom 1. Mai 1958 bis zum 30. September 1958 mit der kommissarischen Vertretung der außerordentlichen Professur für Theoretische Physik an der Universität München betraut. Hier hielt er „eine sehr geschätzte Vorlesung über Elektrodynamik."[138] In seiner Münchener Zeit erreichte ihn ein wichtiger Brief[139]

> „der mich hellauf begeisterte. Prof. Herbert Fröhlich, der ja ein Idol vieler deutscher Festkörperphysiker – einschließlich von mir – war, schrieb mir, ob ich ihm einen meiner Mitarbeiter schicken könnte. Aus der Anrede und dem Inhalt schloss ich, dass Fröhlich mich für einen wohl etablierten Professor hielt. Ich schrieb ihm zurück, dass ich zwar keine Mitarbeiter hätte, da ich ja noch ein junger Dozent sei, dass ich aber gerne selbst zu ihm käme. So ging ich denn gemeinsam mit meiner Frau und meinen beiden damals noch kleinen Kindern nach Liverpool und hatte dort eine höchst interessante und anregende Zeit."

Der dazu notwendige Antrag von Haken[140] bei der Universität Erlangen zu einem dreimonatigem Aufenthalt bei Herbert Fröhlich in Liverpool an dessen „Department of Physics" wurde sowohl von Helmut Volz wie auch von Rudolf Fleischmann befürwortet, da im Wesentlichen die Semesterferien nach dem Wintersemester 1958/59 mit zwei Wochen vorher und nachher betroffen waren. Der Unterrichtsausfall konnte auch deshalb verkraftet werden, da die Assistentenstelle von Haken seit dem Wintersemester 1957/58 mit Wolfgang Weidlich, der aus Berlin nach Erlangen kam, besetzt worden war. Weidlich wurde später ein wichtiger und enger Mitarbeiter und Kollege von Haken in Stuttgart, (zu Weidlich siehe insbesondere Kapitel 4).

---

[137] Siehe Fußnote 21 eines Artikels, den Haken auf dem 8. Treffen der Société de Chimie Physique in Paris 1958 hielt Hermann Haken, 'Sur la Theorie des Excitons et leur Role dans les Transferts d'Energie a l'état solide', *Journal De Chimie Physique Et De Physico-Chimie Biologique,* 55 (1958).

[138] Siehe Gutachten Prof. Fritz Bopp zur Berufung Hakens an die TH Stuttgart 1960.

[139] Interview mit H. Haken vom 21.09.2010, S. 13.

[140] Antrag Haken vom 7. Januar 1959 (Personalakte Haken; Universitätsarchiv Stuttgart).

Die Anerkennung seiner wissenschaftlichen Leistung drückte sich für Haken auch in einer Einladung zur 3. Halbleiter-Konferenz aus, die im August 1958 in Rochester (USA) stattfand.

> „1958 erreicht mich auch noch eine andere Einladung, diesmal zu einer Tagung. Offenbar war man auch in den USA auf meine Arbeiten zur quantenfeldtheoretischen Behandlung des Exzitons aufmerksam geworden. Die Einladung stammte von John Bardeen, der eine Tagung über Festkörperphysik im Staate New York veranstaltete. John Bardeen (1908-1991) war damals schon ein berühmter Wissenschaftler. Er hatte in den 50er Jahren des 20. Jahrhunderts gemeinsam mit William Shockley (1910-1989) und Walter Brattain (1902-1987) den Transistor erfunden und dafür gemeinsam mit diesen später den Nobelpreis erhalten. Damals, Ende der 50er Jahre, reist man von Europa in die USA weniger mit dem Flugzeug als mit dem Schiff. Ich fuhr mit dem Zug nach Rotterdam und war, als ich im Hafen ankam, von der Größe der „New Amsterdam" schier erschlagen. Das Schiff war ja viel größer und höher als ein vielstöckiges Wohnhaus! In New York nahm mich gleich mein alter Freund Robert Pohl, genannt Bobby, in Empfang und fuhr mich dann mit seinem riesigen amerikanischen Auto, einem Buick, nach Ithaca, wo er an der Cornell Universität als Experimentalphysiker tätig war.[141]"

Die dritte Tagung über Halbleiter, die Nachfolgetagung von Amsterdam und Garmisch-Partenkirchen, diente Haken auch zur Vertiefung seiner internationalen Kontakte. Sein Referat trug den Titel „On the theory of exitons in solids"[142]. Bemerkenswert erscheint der Hinweis auf Hakens Beitrag im einleitenden Vortrag des Nobelpreisträgers John Bardeen. Auf der Konferenz trafen sich ca. 500 Teilnehmer, wovon allerdings nur 70 ausländische Wissenschaftler aus 14 Ländern anwesend waren. Haken traf hier Mel Lax, Serge Nikitine, Henry Ehrenreich, K. Kobayashi und Y. Toyozawa, die in seinem weiteren wissenschaftlichen Weg jeweils wichtige Rollen spielten.

Zurück in Erlangen wartete die Pflicht auf den jungen Dozenten. So hielt er im Sommersemester 1959 die Grundvorlesung über [theoretische] Mechanik (mit Übungen). Nur kurz darauf trugen seine Artikel über die Exitonen und der Aufenthalt in den USA Früchte. Zum einen erhielt seine wissenschaftliche Karriere einen großen Schub. Er wurde zu einem Probevortrag an die Technische Hochschule Stuttgart gebeten. Zum anderen erhielt er ehrenvolle Einladungen zu einer Gastprofessur an die *Cornell University* in Ithaca, New York, als „visiting professor" und an das Festkörperlaboratorium der General Electric Company in Schenectady. Schon wieder mußte er Volz und das Bayerische Staatsministerium

---

[141] Haken, 2005. S. 12.
[142] Haken, 1959.

um Beurlaubung bitten[143]. Und wieder unterstützte Helmut Volz seinen ehemaligen Assistenten:

> „da die zu erwartenden zahlreichen Anregungen hinsichtlich der modernsten Forschungsmethoden und der Einblick in das amerikanische Unterrichtswesen nach Rückkehr von Herrn Dr. Haken auch dem Erlanger Institut zugute kommen werden, möchte ich das vorstehende Gesuch warm befürworten und ausdrücklich das dienstliche Interesse an der Beurlaubung bestätigen."[144]

Haken reist Anfang September 1959 mit seiner Ehefrau Edith und seinen kleinen Kindern in die USA, diesmal aufgrund der Übernahme der Reisekosten durch *General Electric* in der 1. Klasse auf dem Transatlantikliner Hanseatic.[145] An der *Cornell University* lehrte damals der Nobelpreisträger Hans Bethe[146], ein Idol für Haken, hatte dieser als Sommerfeld-Schüler doch 1933 den berühmten Handbuchartikel über die „*Elektronentheorie der Metalle*" verfasst. Haken trug in dessen Seminar über seine Ergebnisse der Exzitonenforschung vor und wurde von Bethe auch privat nach Hause eingeladen.[147]

Obwohl Haken in dieser Zeit viele Eindrücke aufnahm, gestaltete sich der wissenschaftliche Ertrag eher gering: „irgendwie fühlte ich mich sehr müde und etwas Rechtes fiel mir nicht ein".[148] Vor Ort in den USA erreichte Haken dann auch eine Einladung als Gastforscher an das berühmte *Bell Telephone Laboratory*, was er als hohe Ehre empfand.

> „Dorthin eingeladen zu werden, galt als eine hohe Auszeichnung, denn diese Laboratorien waren weltweit führend auf dem Gebiet der Festkörperphysik. Ich war in die Theoriegruppe eingeladen, die bei Bell intern mit der Zahl 11 11 bezeichnet wurde. Sie wurde damals von Phil Anderson[149] geleitet, der später für

---

[143] Gesuch um Beurlaubung zum Wintersemester 1959/60 (Personalakte Haken; Universitätsarchiv Stuttgart).

[144] Stellungnahme Volz vom 15.7.1959 zum Gesuch von H. Haken (Personalakte Haken; Universitätsarchiv Stuttgart).

[145] Haken, 2005. S. 15.

[146] Hans Bethe (1906 - 2005), deutsch-US-amerikanischer Physiker, der 1962 den Nobelpreis für Physik für seine Erklärung der Energieerzeugung in Sternen erhielt. Galt als bedeutender Kenner der Theorie der Atomkerne und leitete die Theorieabteilung beim Bau der Atombombe in Los Alamos. Biographische Daten bei Gerald Brown, *Hans Bethe and his physics*, (2006). Siehe auch Silvan Schweber, *Nuclear Forces. The making of the physicist Hans Bethe*, (2012).

[147] Haken, 2005. S. 16

[148] Haken, 2005. S. 16

[149] Philip W. Anderson (geb. 1923), amerikanischer theoretischer Physiker. Erhielt 1977 den Nobelpreis für Physik. War von 1949 bis 1984 bei den Bell Laboratories, wo er von 1959 bis 1961 die theoretische Abteilung leitete. Autobiographische Daten finden sich bei der Nobelstiftung unter http://www.nobelprize.org/nobel_prizes/physics/laureates/1977/anderson.html, abgerufen am 20.03.2013. Zu seinem Wirken bei den Bell Laboratories siehe Jeremy Bernstein, *Three degrees above zero: Bell Laboratories in the information age*, (1987).

seine Arbeiten zum Metall-Isolator-Übergang den Nobelpreis erhalten sollte. Andere bekannte Physiker waren Conyers Herring und Melvin Lax. Besonders freute es mich, dass ich dort Gregory Wannier[150] kennen lernen konnte, der ja das Konzept des Wannier-Exzitons geschaffen hatte, ein Ausgangspunkt für meine damaligen Arbeiten, die mir dann wohl auch die Einladung zu Bell eingetragen haben.“[151]

Wieder musste Haken beim Ministerium und bei Volz vorstellig werden, denn eigentlich sollte er ja nach seinem Aufenthalt an der *Cornell University* wieder zurück nach Erlangen in den dortigen Lehrbetrieb kommen. So bat er kurz vor Weihnachten 1959 um die Verlängerung seines Urlaubes bis zum 31. Juli 1960[152] „zum Zwecke eines Forschungsaufenthaltes am Festkörperlaboratorium der *General Electric Co.* und der *Bell Telephone Co.* in USA“. Seinen Wunsch unterstützt er mit der Bemerkung:

> „Den mir von beiden Laboratorien gemachten Vorschlag, für ständig beizutreten, sowie den Vorschlag der Festkörpergruppe der Cornell-Universität, meine jetzige Gastprofessur zu verlängern, habe ich abgelehnt und ich werde meine Tätigkeit in den USA definitiv spätestens am 31.7.1960 beenden.“

Mit Schreiben vom 12. Januar 1960 unterstützte Volz, der inzwischen eine ordentliche Professur erhalten hatte, auch diesmal diesen Antrag seines abwesenden Kollegen und das Ministerium erteilte am 5. Februar seine Zustimmung.

Am 17. Mai 1960 trat dann eine für die Universität Erlangen unerwartete Wende ein. Wilhelm Specht als Dekan der Naturwissenschaftlichen Fakultät der Universität Erlangen informierte das Bayerische Staatsministerium, dass Hermann Haken eine Berufung auf den freiwerdenden Lehrstuhl für Theoretische Physik an der Technischen Hochschule Stuttgart (Lehrstuhl Prof. Erwin Fues) erhalten hatte. Die Berufungs-Verhandlungen zogen sich etwas hin und so informierte Haken das Staatsministerium erst am 9. November 1960 von seiner Berufung und bat um Entlassung aus dem Bayerischen Staatsdienst rückwirkend zum 31. August 1960.

Was bleibt am Ende dieser turbulenten Zeit festzuhalten?

---

[150] Gregory H. Wannier (1911 - 1983), schweizerisch-US-amerikanischer Physiker. Seit 1961 bis 1983 Professor an der University of Oregon. Eine kurze Übersicht zu Leben und Werk bietet Philip W. Anderson, 'Gregory Wannier', *Physics Today,* 37 (5) (1984).

[151] Haken, 2005., S. 18. Über Hakens Arbeiten während seiner Zeit bei den Bell Labs siehe das Kapitel über die Entwicklung der Lasertheorie.

[152] Gesuch um Verlängerung meiner Beurlaubung vom 22.12.1959 (Personalakte Haken; Universitätsarchiv Stuttgart).

Die Erlanger Jahre waren für Haken in mancherlei Hinsicht prägend. Zukunftsweisend war seine Bekanntschaft mit Walter Schottky und Eberhard Spenke, da ihn dies zu einer intensiven Beschäftigung mit der Quantenfeldtheorie des Festkörpers führte. Insbesondere gewann er ein solides Verständnis in der quantenmechanischen mathematischen Methode der sogenannten 2. Quantisierung. Haken habilitierte sich und Helmut Volz unterstützte ihn durch Freistellungen von der Lehre bei seinen Bemühungen um den Aufbau eines internationalen Netzwerkes von Festkörperphysikern, wobei die Person von Herbert Fröhlich in Liverpool großen Einfluss auf ihn ausübte. Außerhalb des wissenschaftlichen Forschungsbereiches waren natürlich das Kennenlernen und die Heirat mit seiner Frau Edith, sowie die Geburt seiner beiden Kinder, prägende Ereignisse.

4. Die Berufung auf den Lehrstuhl für Theoretische Physik an der TH Stuttgart

Anfang 1960 erreichte Hermann Haken der Ruf auf die ordentliche Professur des Lehrstuhls für Theoretische Physik an der Technischen Hochschule in Stuttgart. Das Ordinariat war vakant geworden durch die Emeritierung von Professor Erwin Fues, der diesen Lehrstuhl seit 1949 inne gehabt hatte.

Die *Technische Hochschule Stuttgart* wurde 1829 zunächst als Real- und Gewerbeschule gegründet und dann im Jahre 1876 durch die zunehmende Spezialisierung und Akademisierung in eine Technische Hochschule umgewandelt.[153] Sie erhielt im Jahre 1900 das Promotionsrecht für technische Disziplinen. Ein Schwerpunkt der Physik an der TH Stuttgart war die damals sogenannte „Kristallphysik", die wir heute als Festkörperphysik bezeichnen würden. Die experimentelle Seite wurde nach dem 2. Weltkrieg durch Hans Kneser und Heinz Pick vertreten, wobei letzterer ein Schüler von Robert Wichard Pohl in Göttingen war und somit enge Verbindungen zu den Pohl-Schülern Gudden und Hilsch in Erlangen besaß. Die Theoretische Physik wurde, nach kurzen Intermezzi durch Max Abraham und Erwin Schrödinger, insbesondere durch den Sommerfeld-Schüler Peter Paul Ewald aufgebaut, der dieses Ordinariat von 1921 bis 1937 führte. Danach musste er sich dem Druck des Nazi-Regimes beugen und emigrierte in die USA. Ewald hatte bedeutende Assistenten und Doktoranden. Dazu zählten Fritz London, Hans Bethe, Erwin Fues und Ulrich Dehlinger, alles ausgezeichnete Physiker und Pioniere auf dem Gebiet der Festkörpertheorie.

Dehlinger und Fues vertraten nach dem 2. Weltkrieg die Theoretische Physik in Stuttgart. Insgesamt gesehen hatte die *Technische Hochschule Stuttgart* also einen hervorragenden Ruf im Bereich der Festkörperphysik und konnte auf eine langjährige Tradition in der Theorie dieses Faches zurückblicken. Es verwundert daher nicht, dass Hermann Haken, der sich in den fünfziger Jahren einen Ruf als erfolgversprechender junger Festkörpertheoretiker erworben hatte[154] in die engere

[153] Zur Geschichte der TH Stuttgart siehe insbesondere Johannes (Hg.) Voigt, *Festschrift zum 150 jährigen Bestehen der Universität Stuttgart (Die Universität Stuttgart Band 2)*, (1979); Norbert Becker und Franz Quarthal, *Die Universität Stuttgart nach 1945. Geschichte, Entwicklungen, Persönlichkeiten. (zum 175. Juniläum der Universität)*, (2004). und Johannes Voigt, *Universität Stuttgart. Phasen ihrer Geschichte.*, (1981). Zur Situation der Physik Alfred Seeger, 'Sogar theoretische Physik kann praktisch sein ! - Ulrich Dehlinger', in *Die Universität Stuttgart nach 1945*, (2004). Und U. Dehlinger: „Theoretische Physik in Stuttgart 1919 – 1969". Unveröffentlichtes Manuskript. Universitätsarchiv Stuttgart. Nachlass Dehlinger. SN 33 Nr. 62.

[154] Siehe Interview W. Weidlich vom 18.1.2011, S. 9.

Wahl für die Nachfolge des emeritierten Erwin Fues kam. Allerdings gestaltete sich die Berufung nicht ganz problemlos, da auf der Vorschlagsliste neben dem drei Jahre jüngeren Dr. Wilhelm Brenig[155] vom Heisenberg'schen Max-Planck-Institut in München auch der Name des renommierten Professors Joseph Meixner aus Aachen stand. Meixner war Sommerfeldschüler und 1960 bereits 52 Jahre alt. Er war seit 1948 ordentlicher Professor an der *RWTH Aachen* und Mitherausgeber der Neuauflagen der berühmten Sommerfeld'schen Lehrbücher zur Theoretischen Physik. Die Meinungen über die Besetzung der Professur waren geteilt, da ein Teil der Kollegen „einen Herrn, der einen Kurs über das gesamte Gebiet der Theoretischen Physik lese"[156] wünschte, eine Erfahrung, die Haken nicht vorweisen konnte. In der Aussprache setzten sich insbesondere die Professoren Dehlinger und Pick für Haken ein. Sie hoben hervor „daß ein Mann gefunden würde, der das empirische Material der modernen Quantentheorie beherrsche. Dieses Spezialgebiet stehe hier zur Erörterung und es liege bei Dr. Haken in den besseren Händen." [157] Dies gab den Ausschlag. Dem Großen Senat der Technischen Hochschule wurde die Berufungsliste am 12. Januar 1960 vorgelegt mit Hermann Haken an erster Stelle. Darin wurde noch einmal hervorgehoben:

> „Dr. Haken gehört sicher in die erste Reihe der auf dem Gebiet der Festkörperphysik arbeitenden jungen theoretischen Physiker, insbesondere hat er sich durch seine Arbeiten über Excitonen in nichtmetallischen Kristallen ein internationales Ansehen erworben. Er ist der einzige deutsche Theoretiker, der die allgemeinen Methoden der quantenmechanischen Feldtheorie erfolgreich auf Festkörperprobleme anwendet. Diese beiden speziellen Arbeitsrichtungen würden die bisher in Stuttgart theore-tische behandelten Gebiete in erwünschter Weise ergänzen."[158]

Die Berufungsverhandlungen konnten im Laufe des Sommers erfolgreich abgeschlossen werden und Haken trat die Stelle zum 1. Oktober 1960 an. Dem Lehrstuhl standen dabei 2 planmäßige Assistentenstellen und zwei wissenschaftliche Hilfskraftstellen zur Verfügung. Als Besonderheit erwirkte Haken eine halbe Stelle für Gastprofessuren, da er die geistige und menschliche Bereicherung von ausländischen Fachleuten in den USA bei seinem Aufenthalt bei den *Bell Laboratories* sehr zu schätzen gelernt hatte. Auch wurde Hermann Haken schon für die Monate März und April 1961 eine Dienstreise nach Japan an das unter der Leitung des Nobelpreisträgers Y. Yukawa stehende „Institute for

---

[155] Geboren 1930, zum Zeitpunkt der Berufungsphase erst dreißig Jahre alt und noch nicht habilitiert.
[156] Protokoll der Sitzung des Großen Senats (Personalakte Haken, Universitätsarchiv Stuttgart).
[157] Siehe Fußnote 110.
[158] Antrag des Berufungsausschusses (Nachfolge Prof. Fues) an den Großen Senat der TH Stuttgart vom 12. Januar 1960. (Personalakte Haken, Universitätsarchiv Stuttgart).

Fundamental Physics“ in Kyoto bewilligt, da er diese Einladung bereits im Frühjahr 1960 erhalten und angenommen hatte. Die Diensträume seines Instituts befanden sich in der Azenbergstrasse 12, räumlich sehr beengt, so daß kleinere Seminare und Besprechungen im Dienstzimmer von Haken stattfanden, der die ersten Monate dort auch übernachtete.

Als Glücksgriff erwies sich die Wahl des ersten Assistenten. Hannes Risken (1934 – 1994) war sieben Jahre jünger als Haken und hatte in Aachen mit einem Thema zur Festkörperphysik unter dem Titel „Zur Theorie heißer Elektronen in Many Valley Halbleitern“ promoviert. Nach seinem 1959 an der RWTH Aachen abgelegten Diplom arbeitete er im Philips Zentrallaboratorium Aachen, während er parallel dazu seine Doktorarbeit schrieb. Der Kontakt zu Haken kam wahrscheinlich über den Leiter des Philips Labors in Eindhoven, Dr. H.J.G. Meyer zustande, zu dem Haken seit 1954 enge Verbindung hielt.[159] Risken wurde von Hakens Begeisterung für den Laser angesteckt und entwickelte sich, neben dem etwas später dazu stoßenden Wolfgang Weidlich, zum wichtigsten Mitglied der „Stuttgarter Laserschule“. Hermann Haken über Hannes Risken:

> „Dr. Hans [sic!] Risken joined my institute 1962. […] He was first interested in the calculation of cavity modes where he developed a new method, which allowed to find analytical expressions for the mode forms and in particular for the mode losses. His calculations are the most accurate known at present […] He then got involved with the problem of noise of lasers by the application of Fokker-Planck techniques. He was the first who derived the photon distribution in the threshold region. […] Dr. Risken is one of my best collaborators and I have already recommended him for professorships at other german universities. He is a very easy going fellow and it is always a great pleasure to cooperate with him.“[160]

---

[159] Hajo G. Meyer (geb. 1924), deutscher Physiker mit jüdischen Wurzeln. Nach Flucht nach Holland Deportation und Überlebender von Ausschwitz. Studierte nach dem Krieg Theoretische Physik und leitete später die Forschung bei der Firma Philips in den Niederlanden. Das persönliche Verhältnis zu Meyer beleuchtet folgendes Zitat aus dem Interview vom September 2010 „Es gab da eine Tagung in Amsterdam, meine erste internationale Tagung, zu der ich gefahren bin, und dort habe ich eine Arbeit vorgetragen über strahlungslose Übergänge. Das war ziemlich mathematisch. Es gab einen anderen Vortrag von Hajo Meyer, der auch über strahlungslose Übergänge geredet hat, aber mehr von einem realistischen Standpunkt aus. Anschließend habe ich mit ihm diskutiert. Das war schon bewegend, weil Meyer Jude war und als Sechzehnjähriger im deutschen KZ gewesen war. Er ist dann dank eines Wachmanns entkommen und hatte sich im KZ geschworen, nie wieder mit einem Deutschen zu reden. Ich war also der erste Deutsche, mit dem er wieder geredet hat und das hat ihn dann völlig geändert. Später haben wir uns häufiger getroffen und es wurde eine sehr enge Verbindung daraus. Wissenschaftlich war das eher nebensächlich, aber menschlich nicht.“ (Interview vom 21.9.2010; Archiv Haken; Universitätsarchiv Stuttgart, S. 11).

[160] ‚Letter of recommendation‘ von H. Haken für H. Risken vom 20.4.1967 (Deutsches Museum München, Archiv, Nachlass Hannes Risken NL 131).

Die wissenschaftliche Zusammenarbeit von Risken und Haken ist im folgenden Kapitel beschrieben. Zunächst war Risken mit einem Forschungsstipendium der Deutschen Forschungsgemeinschaft als wissenschaftlicher Mitarbeiter nach Stuttgart gekommen, wurde dann 1966 Assistent bei Haken, bei dem er mit dem Thema *„Zur Statistik des Laserlichtes"* 1967 habilitierte. Danach entwickelte er seine Forschungskarriere durch einen einjährigen Aufenthalt als Associate Professor am *Department of Electrical Engineering* an der *University of Minnesota* (USA), bevor es Haken 1969 gelang, Risken zunächst als Wissenschaftlichen Rat (H2) und dann als Abteilungsvosteher (H3) an das I. Institut für Theoretische Physik der (dann) Universität Stuttgart zurück zu holen. Aufgrund seiner international anerkannten Leistungen in der Anwendung der Fokker-Planck-Gleichung auf den Laser erhielt Risken 1971 einen Ruf auf die den Lehrstuhl für Theoretische Physik der neu-gegründeten Universität Ulm, den er annahm. Er lehrte dort von 1972 bis zu seinem frühzeitigen Tode im Jahre 1994[161].

Das Forschungsstipendium von Risken erlaubte es Haken seinen ehemaligen Kollegen aus Erlanger Zeit, Wolfgang Weidlich, auf eine Assistentenstelle zu berufen. Weidlich hatte sich zwischenzeitlich in Berlin bei seinem Lehrer Ludwig habilitiert. Durch den Weggang von Ludwig nach Marburg (1963) „war die Freie Universität in Berlin in der Theoretischen Physik geradezu verwaist. Ich war nun froh, das Angebot, nach Stuttgart zu gehen, zu bekommen."[162] Dies deckt sich mit der Sicht von Haken:

> „Herrn Weidlich kannte ich schon von einer gemeinsamen Assistentenzeit in Erlangen her. Er ging dann aber wieder zurück zu Professor Ludwig[163] nach Berlin. Anfang der sechziger Jahre war dann wohl nicht klar, wie dort seine weitere berufliche Zukunft aussieht. Ich hatte Gott sei Dank eine Assistentenstelle in Stuttgart frei und nachdem ich Herrn Weidlich als Wissenschaftler und auch als Mensch sehr schätzte, habe ich [19]63 ihm diese Stelle angeboten, die er dann auch angenommen hat.
> Im Zuge von Berufungs- und Erhaltungsvereinbarungen habe ich jeweils immer neue, bessere Stellen bekommen. Wobei ich mich immer bemühte, dass Herr Weidlich eine solche Stelle bekommt, gerade auch im Hinblick auf seine Habilitation."[164]

[161] W. Schleich und H. D. Vollmer, 'Zum Tode von Hannes Risken', *Physikalische Blätter,* 50 (1994).
[162] Interview mit Wolfgang Weidlich vom 18.1.2011. (Universitätsarchiv Stuttgart).
[163] Günther Ludwig (1918 - 2007), Professor für theoretische Physik an der Freien Universität Berlin von 1949 bis 1963, danach Ordinarius an der Universität Marburg.
[164] Interview Haken vom 16.11.2010, S. 6 (Universitätsarchiv Stuttgart; Archiv Haken).

Weidlich stellte eine bedeutende Verstärkung für Haken dar, da er sich in Berlin unter der Anleitung von Ludwig ebenfalls mit der Theorie der sogenannten 2. Quantisierung auseinandergesetzt hatte. Weidlich dazu:

> „Von 1959 bis [19]63 war ich dort [in Berlin] und habe die Zeit so gut wie möglich genutzt, auch mit axiomatischen Dingen der relativistischen Quantentheorie. Während Haken sich ja auch auskannte in der nichtrelativistischen Theorie […], mit der zweiten Quantisierung. Das kam ihm dann ja sehr zugute bei der Entwicklung der Lasertheorie.“[165]

In der Quantenmechanik gibt es zwei unterschiedliche Herangehensweisen, die letztlich zum selben Ziel führen: der Heisenberg-Ansatz mit Operatoren und der Schrödinger-Ansatz mit der Wellengleichung. Haken arbeitete gerne mit dem Heisenberg-Bild, während sich Weidlich intensiv mit dem Schrödinger-Ansatz und der dafür grundlegenden Mastergleichung beschäftigte. Zusammen mit Risken, der ein Experte der (aus der Mastergleichung abgeleiteten) Fokker-Planck-Gleichung wurde, stand in Stuttgart damit ein umfangreiches mathematisches Expertenwissen zur Lösung der anstehenden physikalischen Probleme zur Verfügung.

> „Wir [hatten] in meinem Dienstzimmer in der Azenbergstrasse ein Seminar. Weidlich und auch andere waren regelmäßige Teilnehmer an diesem Seminar. So kam dann unsere Zusammenarbeit zustande. Wir [Haken] verfolgten die Thematik der quantenmechanischen Langevin-Gleichungen, Herr Risken, der auch schon erwähnt worden ist, interpretierte diese Arbeiten halbklassisch mit der Fokker-Planck-Gleichung und Weidlich führte dann einen eigenen Aspekt ein mit der Dichtematrix-Gleichung oder, wie diese auch heißt, mit der Master-Gleichung.“[166]

Zwei weitere Entwicklungen beeinflussten die Situation für Haken Anfang der sechziger Jahre in Stuttgart: zum einen der starke Ausbau der Technischen Hochschule in Richtung einer „Voll“-Universität aufgrund der Empfehlungen des Wissenschaftsrates und die zeitgleich erfolgten Rufe auf Professuren an den Universitäten Bonn und Münster.

Ende der fünfziger Jahre verstärkten sich die Bemühungen der Politiker, das wissenschaftliche Bildungssystem auszubauen, um die internationale Wettbewerbsfähigkeit der Bundesrepublik Deutschland zu erhöhen. Dem 1957 gegründeten sogenannten *Wissenschaftsrat* wurde die Aufgabe gestellt, einen „Gesamtplan für die Förderung der Wissenschaften zu erarbeiten […] und hierbei die Schwerpunkte und Dringlichkeitsstufen zu erarbeiten“. Nach nur 3 Jahren erschien im Jahre 1960 der erste Band der „Empfehlungen des Wissenschaftsrates zum Ausbau der

---

[165] Interview Weidlich vom 18.1.2011, S. 10 (Universitätsarchiv Stuttgart; Archiv Haken).
[166] Interview Haken vom 16.11.2010, S. 6 (Universitätsarchiv Stuttgart; Archiv Haken).

wissenschaftlichen Einrichtungen", der sich mit den wissen-schaftlichen Hochschulen befasste. Akribisch wird für jede Universität und Technische Hochschule der IST-Zustand und der Bedarf aufgezeigt[167]. Die Empfehlungen des Wissenschaftsrates wurden in den Folgejahren überwiegend „Eins zu Eins" umgesetzt. Der Vorsitzende des Wissenschaftsrates Ludwig Raiser (1904 – 1980) konstatierte Anfang 1965, dass die Verwirklichung der Hochschulausbau-Empfehlungen „soweit sie den personellen Ausbau angeht, weitgehend abgeschlossen sei. Aufgrund der Haushaltpläne ergibt sich, dass von 1961 bis zum Haushaltsjahr 1964 einschließlich 1091 (1960 empfohlen: 1217) Lehrstühle, 2594 (1960 empfohlen: 2556) Stellen für den sogenannten Mittelbau [...] und 5145 (1960 empfohlen: 5557) Assistentenstellen neu geschaffen wurden."[168]

TH Stuttgart

Disziplin	Bestand 1960	Vom Wissenschaftsrat empfohlen
	Fakultät für Natur- und Geisteswissenschaften	
	Abteilung für Mathematik und Physik	
Mathematik	2 Ord. Mathematik 1 EO Mathematik 1 Ord. Darstellende Geometrie 1 EO Instrumentelle Mathematik	1 Ord. Mathematik 1 EO für Spezialrichtung der Mathematik
Physik	1 Ord. Theoretische Physik 1 Ord. Experimentalphysik 1 Ord. Physik 1 Ord. Angewandte Physik 1 Ord. — kw 131 GG — Kernphysik 1 EO Röntgentechnik 1 EO Festkörperphysik	1 Ord. Theoretische oder Experimentalphysik kw-Vermerk streichen

Abb. 2: Empfehlung der Anzahl Professuren in Mathematik und Physik laut Vorschlag des Wissenschaftsrates an der TH Stuttgart

[167] Wissenschaftsrat, *Empfehlungen zum Ausbau der Wissenschaftlichen Einrichtungen. Teil I: Wissenschaftliche Hochschulen*, (1960).

[168] Zitiert nach Olaf Bartz, *Der Wissenschaftsrat - Entwicklungslinien der Wissenschaftspolitik in der Bundesrepublik Deutschland 1957 - 2007*, (2007). S. 68

Für den Bereich Physik an der *Technischen Hochschule Stuttgart* ergab sich das obige Bild[169]:

Die Physik sollte um 2 Ordinariate vermehrt werden. Der Satz „kw-Vermerk streichen" [170] kam unmittelbar Weidlich zugute, denn der damalige Lehrstuhlinhaber, Professor Steinke, starb unerwartet im November 1963. Da diese Professur jetzt nicht wegfiel, sondern neu besetzt wurde, nutzte die Fakultät die Chance einer Neuausrichtung und suchte einen theoretischen Kernphysiker.

> „Der Grund hierfür ist in erster Linie der, dass das „Institut für Strahlenphysik" , das experimentelle Kernphysik betreibt, dringend einen theoretisch orientierten Kollegen braucht, mit dem es in enger Zusammenarbeit die geplanten Forschungsarbeiten, insbesondere am 4 MeV-Teilchenbeschleuniger, durchführen kann. [...] Neben der genannten Aufgabe, der Vertretung der theoretischen Kernphysik in Forschung und Lehre, soll der neue Lehrstuhlinhaber aber auch am Zyklus der theoretischen Kursvorlesungen mitwirken. Erwünscht war schliesslich, dass er nicht nur an seinem Spezialgebiet interessiert sein soll, sondern auch die Anliegen der in Stuttgart sehr stark vertretenen Festkörperphysik versteht."[171]

Bei dem an erster Stelle der Berufungsliste stehenden Wolfgang Weidlich wurde hervorgehoben:

> „Herr Weidlich behandelt [in seinen Arbeiten] vorwiegend die Anwendung der Quantenfeldtheorie auf Probleme der Kern- und Festkörperphysik, wobei die Beschäftigung mit der Theorie der Mehrkanalstreuung besonders bemerkenswert ist."

Und die Gutachter betonten

> „dass Herr Weidlich eine große Begabung für die mathematisch einwandfreie Darstellung physikalischer Zusammenhänge besitzt und dass diese dadurch bei ihm eine besondere Klarheit gewinnen
> [...] sein gutes Verständnis physikalischer Problemstellungen und sein beträchtliches Können bei der Handhabung schwieriger mathematischer Methoden."

Weidlich erhielt schließlich den Zuschlag. Im Rahmen einer internen Umorganisation wurde aus diesem Ordinariat dann schon 1966 das II. Institut für Theoretische Physik. Ergänzt wurde die Neuordnung durch das vom *Wissenschaftsrat* geforderte weitere Ordinariat für Theoretische oder Experimentelle Physik, das schließlich 1969 als 3. Theoretisches Institut mit Max Wagner, ebenfalls

[169] Wissenschaftsrat, 1960. S. 368.
[170] kw = „kann wegfallen".
[171] Berufungsvorschlag für die Besetzung des Lehrstuhls für Kernphysik vom 16.11.1965 (Universitätsarchiv Stuttgart; Bestand 54, Berufungen (1949-1969)).

einem Freund von Hermann Haken, besetzt wurde[172]. Zusammen mit Risken bot sich hier eine fruchtbare Konstellation befreundeter Wissenschaftler, die eine intensive und weitgehend reibungsfreie Forschungsatmosphäre ermöglichte.

Der Ausbau der Hochschulen aufgrund der Empfehlungen des Wissenschaftsrates führte bundesweit zu einer vermehrten Anzahl von Berufungen. So erhielt Hermann Haken Anfang 1963 kurz hintereinander Rufe auf Ordinariate für Theoretische Physik an die Universitäten Münster und danach Bonn. Unverzüglich trat das Kultusministerium von Baden-Württemberg in Bleibeverhandlungen ein, die im Dezember 1963 erfolgreich abgeschlossen werden konnten. Dabei erreichte Haken die Einrichtung einer weiteren Assistentenstelle, die im folgenden Jahr in eine Oberassistentenstelle angehoben werden sollte, sowie die Übernahme der Umzugskosten von Dr. Max Wagner aus den USA nach Stuttgart, falls dieser diese Stelle annehmen würde. Zudem wurden die Gelder für die Gastwissenschaftlerstelle nochmals bestätigt und zweckgebunden festgelegt.[173]

Gut zwei Jahre später erhielt Haken einen weiteren Ruf an die Technische Hochschule München, den er im Dezember 1966 dann endgültig ablehnte. In den Bleibeverhandlungen erreichte er die Einrichtung einer weiteren Akademischen Ratsstelle und die Schaffung einer Professur für Theoretische Festkörperspektroskopie. Letztere ermöglichte es ihm dann später, seinen Schüler Robert Graham für einige Jahre an der Universität Stuttgart zu halten, bevor dieser 1975 auf ein Ordinariat an der Universität Essen berufen wurde.[174]

Die Forschungsgebiete von Hermann Haken waren sehr umfangreich und umfassten die Bereiche Festkörperphysik mit dem Spezialgebiet der Exzitonen, Lasertheorie, Statistische Dynamik und Phasenübergangstheorie sowie die Synergetik in all ihren Facetten.

Die Beiträge Hakens zur Festkörperphysik während der Erlanger Jahre wurde im vorigen Kapitel bereits geschildert. Im Rahmen dieser Dissertation werden die weiteren Arbeiten in Stuttgart zur Exzitonentheorie nicht weiter behandelt, da hier der Schwerpunkt auf der Entwicklung hin zur Synergetik liegt. Es sei nur festgehalten, dass Haken seine aus der Erlanger Zeit stammenden Kontakte nach

---

[172] Max Wagner (geb. 1931) hatte in Stuttgart und an der Universität München Physik studiert. Nach einem zweijährigen Forschungsaufenthalt in den USA an der Cornell University und am IBM Research Center in Yorktown Heights habilitierte er sich nach seiner Rückkehr 1965 in Stuttgart für das Fach Theoretische Physik. (Pressemitteilung Nr.46/2001 der Universität Stuttgart und private Mitteilungen von Hermann Haken und Max Wagner).

[173] Erhaltungsvereinbarung vom 30.Juli 1963; Universitätsarchiv Stuttgart, Personalakte Haken.

[174] Erhaltungsvereinbarung vom 6. Dezember 1966; Universitätsarchiv Stuttgart, Personalakte Haken.

Straßburg zu Professor Serge Nikitine nicht nur aufrechterhielt, sondern noch weiter ausbaute. So war er von 1969 bis 1975 Assoziierter Professor für theoretische Festkörperphysik an der Universität Straßburg und hielt dort regelmäßig Vorlesungen.[175]

Die Arbeiten zur Lasertheorie behandelt ausführlich das nachfolgende Kapitel. Die Theorie der Phasenübergänge und die sich daraus entwickelnde Synergetik werden im Kapitel 6 besprochen. Die Vertiefung der Synergetik und ihre Anwendung auf die unterschiedlichsten Gebiete sind dann das Thema der nachfolgenden Kapitel.

Aufgrund seiner herausgehobenen Stellung in Stuttgart - Institutsgröße, Ausstattung und internationales Renommée -, sowie seiner 35jährigen Tätigkeit in Stuttgart bis zur Emeritierung im Jahre 1995, gingen eine große Anzahl von Schülern und Mitarbeitern aus dem Hakenschen Institut hervor. So konnten im Rahmen dieser Arbeit 88 Diplomanden bzw. Doktoranden, die von Haken betreut wurden, identifiziert werden. Ihre Namen und die Themen ihrer Arbeiten finden sich im Anhang 2 dieser Dissertation. Mindestens 18 seiner insgesamt 63 Doktoranden schlugen die wissenschaftliche Laufbahn ein und erhielten eine Professur.

[175] Siehe Vorlesungsunterlagen im Archiv Haken, Nr. 21.

5. Die Rolle Hermann Hakens und der Stuttgarter Schule bei der Entwicklung der Lasertheorie in den Jahren 1960 bis 1970

a. Allgemeine Einführung zur Geschichte des Lasers

Die Geschichte des Lasers ist in der Wissenschafts- und Technikgeschichte schon des Öfteren untersucht worden. Insbesondere aus Anlass des 25-jährigen Jubiläums der Realisierung des Lasers durch Theodore Maiman im Jahre 1960 wurden große Anstrengungen unternommen, die Entwicklungslinien nachzuzeichnen. Die bemerkenswerteste Aktivität entwickelte sich in der Zeit von 1982 bis 1988 durch das *Laser History Project* in den Vereinigten Staaten von Amerika. Gleich vier große wissenschaftliche Vereinigungen bündelten die Kräfte: die *American Physical Society*, das *Institute of Electrical and Electronics Engineer's Quantum Electronics and Applications Society*, das *Laser Institute of America* und die *Optical Society Society of America*. Sie befragten im Hinblick auf das anstehende Jubiläum die noch lebenden Zeitzeugen, um die historische Entwicklung zu dokumentieren. Mehr als 80 Interviews wurden durchgeführt und kulminierten schließlich in dem grundlegenden Werk von Joan Lisa Bromberg[176] „*The Laser in America*".

Wie der Titel schon aussagt, konzentriert sich Bromberg auf die Entwicklung in den Vereinigten Staaten, wo ja auch, zumindest in der Vorgeschichte, der Schwerpunkt des Entdeckungsprozesses, lag. Aufgrund der zwischenzeitlich vergebenen Nobelpreise für die Maser- und Laserforschung wurden auch einige russische Protagonisten befragt und deren Aussagen dokumentiert. Europäische und weltweite Entwicklungen spielten bei dem Projekt nur eine untergeordnete bis gar keine Rolle[177]. Noch vor der Veröffentlichung von Bromberg erschien das Buch des italienischen Physikers Mario Bertolotti „*Masers and Lasers – an historical Approach*"[178], dem er im Jahre 2005 eine erweiterte Fassung[179] folgen ließ. Die Bücher von Bertolotti sind stark an der experimentellen Entwicklung ausgerichtet, an der er selbst beteiligt war. Weitere Quellen zur historischen Entwicklung,

---

176 Joan Lisa Bromberg, *The Laser in America, 1950 - 1970*, (1991).

177 Die Unterlagen des Projektes werden als *Sources for the history of Laser (SHL)* in der Nils Bohr Library of the American Institute of Physics (AIP) in New York aufbewahrt.

178 Mario Bertolotti, *Masers and Lasers - An historical Approach*, (1983).

179 Mario Bertolotti, *History of the Laser*, (2005).

insbesondere Zeitschriftenartikel und Erinnerungen beteiligter Physiker, sind zahlreich.[180] Alle diese Quellen konzentrieren sich auf die technisch-experimentelle Entwicklung, theoretische Forschungen werden meist nur am Rande erwähnt.

Eine große Ausnahme bildet die Habilitationsschrift von Helmuth Albrecht „*Laserforschung in Deutschland 1960 – 1970*", in der er auch ausführlich die Entwicklung der Lasertheorie der Stuttgarter Schule um Hermann Haken aufzeigt.[181] Diese Darstellung wird in der vorliegenden Arbeit verfeinert und ergänzt, was durch weitere Interviews mit den Beteiligten und durch Einblicknahme in das Archiv von Hermann Haken ermöglicht wurde.

Bewertet man die oben genannten Quellen, so fällt auf, dass die Entwicklung von Maser und Laser, die sich vorwiegend in den USA vollzog, bis etwa Mitte der sechziger Jahre des vorigen Jahrhunderts ausführlich dargestellt wird. Was fehlt ist die Beschreibung der parallelen Entwicklungen in anderen Teilen der Welt, insbesondere in Europa (ausgenommen die Entwicklung in Deutschland durch Albrecht). Den Anwendungen des Lasers in der Forschung wird breiter Raum eingeräumt. Dafür wird den mindestens ebenso wichtigen Anwendungen in Medizin, Industrie und Technik kaum Aufmerksamkeit geschenkt. Bedenkt man den Einfluss der Lasertechnologie auf diese Bereiche, so kann das nur verwundern. Hier liegt noch ein breites Feld der historischen Forschung offen.

In der vorliegenden Arbeit wird die theoretische Seite des Lasers, ausgehend von der epochalen Arbeit von Townes und Schawlow 1958[182] beleuchtet. Insbesondere soll die Wettbewerbssituation zwischen der deutschen, sogenannten „Stuttgarter Schule" um Hermann Haken und den beiden wichtigen amerikanischen Theorieschulen um Willis Lamb jr. und Melvin Lax näher untersucht werden. Die Stuttgarter Schule wurde in den USA oftmals ignoriert und kämpfte lange um ihre Anerkennung. Dies hat insbesondere bei Hermann Haken zu einer Enttäuschung und gewissen Verbitterung geführt.

Wir zeichnen chronologisch anhand der Originalliteratur die Entwicklung nach und zeigen mögliche Gründe für diese zeitweise Nichtbeachtung auf.

---

[180] John Carroll, *Todesstrahlen? - Die Geschichte des Laser*, (1964). Ernst P. Fischer, *Laser*, (2010). M. Bertolotti, 'Twenty-five years of the laser - The European contribution to its development', *Optica Acta 32*, (1985). Charles M. Townes, *How the Laser happened*, (1999). Jeff Hecht, *Beam the race to make the laser*, (2005). Jost Lemmerich, *Zur Geschichte der Entwicklung des Lasers*, (1987). Joan L. Bromberg, 'The Birth of the Laser', *Physics Today*, (1988 (10)).

[181] Helmuth Albrecht, *Laserforschung in Deutschland 1960 - 1970*, (1997). Insbesondere Kapitel 3.2.2.

[182] Arthur Schawlow und Charles Townes, 'Infrared and Optical Masers', *Physical Review*, 112 (1958).

b. Die Entwicklung des Masers bis zur Realisierung des Lasers im Jahre 1960[183]

Der Nachweis und die Erzeugung elektromagnetischer Wellen durch Heinrich Hertz stellt eine der großen Entdeckungen der Physik des 19. Jahrhunderts dar. In den folgenden Jahrzehnten wurde durch die Entwicklung von Radio, Telefon und Fernsehen die wirtschaftliche und soziale Bedeutung der elektromagnetischen Wellen immer deutlicher. Dies führte dazu, dass sich sehr viele Forscher mit diesem Thema beschäftigten und sich insbesondere in den Ingenieurwissenschaften der Beruf der Elektroingenieure ausbildete.

Die durch schwingende Ladungen erzeugten elektromagnetischen Wellen sind weitgehend monochromatisch und kohärent, d.h. sie schwingen innerhalb eines sehr engen Frequenzbandes und sind in einiger Entfernung vom Sender „ebene Wellen". Die erzeugten Wellenlängen der elektromagnetischen Strahlung betrugen Anfang des 20. Jahrhunderts einige hundert Meter. Jede Abstrahlung und der Empfang elektromagnetischer Wellen wird stets durch „thermisches Rauschen" (abhängig von der Temperatur) und „quantenmechanisches Rauschen" (abhängig von der Photonenzahl) zum Teil stark (negativ) beeinflusst. Bei Messungen stellen sie aus Sicht des Ingenieurs und Wissenschaftlers unerwünschte Störungen dar. Aus dem steten Kampf um die Reinheit des Signals waren die Phänomene des Rauschens (engl. noise) und der Fluktuationen den mit diesem Thema beschäftigten Ingenieuren und Wissenschaftlern also sehr vertraut.

In den Jahren bis zum 2. Weltkrieg gelang es den Wissenschaftlern und Ingenieuren, durch technologische Fortschritte, immer kürzere Wellenlängen zu erzeugen, bis man schließlich im sog. Meter-Bereich ankam. Aufgrund des Phänomens der Beugung (elektromagnetische Wellen werden um Hindernisse „herumgeleitet") waren die Entwickler zunächst nicht besonders an kurzen Wellen interessiert, da man der Auffassung war, dass diese durch Hindernisse wie Häuser, Berge oder Wälder absorbiert oder reflektiert würden und sich dadurch scheinbar nicht über längere Entfernungen ausbreiten könnten. Als sich dies aber als Trugschluss herausstellte, wurde die Suche nach immer kürzeren Wellenlängen intensiviert.

---

[183] Die Darstellung in diesem Teil-Kapitel folgt im Wesentlichen den Büchern von Bertolotti, 1983. Bertolotti, 2005. Bromberg, 1991. Arthur L. Schawlow, 'From Maser to Laser', in *Impact of basic Research on technology,* (1973). Townes, 1999.

Der entscheidende Impuls kam durch die Eigenschaft elektromagnetischer Wellen, von metallischen Oberflächen abgelenkt, ja reflektiert zu werden. Das vom Sender ausgesandte und von einem Gegenstand reflektierte Signal konnte empfangen und analysiert werden. Allerdings hing die Genauigkeit der Entfernungsbestimmung von der Sendeleistung und der Wellenlänge der ausgestrahlten elektromagnetischen Welle entscheidend ab. Im Rahmen des II. Weltkrieges führte dies zu großen Anstrengungen in der Radar-Entwicklung, wobei es darum ging, immer kürzere Wellenlängen mit hoher Abstrahlleistung zu erzeugen, damit Flugzeuge oder Schiffe in größerer Entfernung immer präziser geortet werden konnten.

Die elektromagnetischen Wellen wurden in sog. Hohlraumresonatoren verstärkt, deren Dimensionen an die auszusendende Wellenlänge angepasst wurde. Die typischen Dimensionen lagen im Bereich von wenigen Zentimetern. Arthur Schawlow schrieb dazu[184]:

> „One of the requirements for building an electronic oscillator to generate such short electromagnetic waves is the resonator to tune it. For microwaves, which have length ranging from millimeters to centimeters, tuning is usually achieved with some kind of cavity resonator whose dimensions are comparable to the wavelength. When the desired wavelengths are a small fraction of a millimeter, construction of cavity resonances becomes a difficult task."

Sender und Empfängertechnik wurden immer mehr verfeinert. Vielleicht noch wichtiger ist die damit verbundene Tatsache, dass nach dem Ende des II. Weltkrieges viele Wissenschaftler mit Kenntnissen auf diesen Gebieten der Hochfrequenztechnik bereitstanden.

Einer dieser Wissenschaftler war Charles H. Townes. Geboren im Jahre 1915 im amerikanischen Bundesstaat South Carolina, studierte Townes Physik, wobei er 1939 am California Institute of Technology mit einer Arbeit über Kernspin und Isotopentrennung promovierte. Anschließend, die Vereinigten Staaten waren noch nicht in den II. Weltkrieg eingetreten, trat er eine Tätigkeit im Forschungslabor der *American Telephone and Telegraph Company (AT&T)* den berühmten *Bell Laboratories*, an, die damals in Lower Manhattan (New York) untergebracht waren. Im Zuge der vom Militär unterstützten Projekte wurde Townes mit Arbeiten zum Radar betraut[185]. Diesem Thema blieb er auch nach dem Kriegseintritt der USA im Dezember 1941 verbunden, so dass er nicht, wie viele seiner Kollegen, in die Entwicklung der Atombombe in Los Alamos eingebunden war.

---

[184] Schawlow, 1973. S. 115.
[185] Townes, 1999.

Nach dem Ende des II. Weltkrieges wandte sich Townes der Molekular-Mikrowellen-Spektroskopie zu, bei der er seine Erfahrungen aus der Radartechnik einsetzen konnte. Die Molekularstrahl-Spektroskopie war in den 30er Jahren durch Isidor Isaac Rabi[186] entwickelt worden. Sie erlaubt hochpräzise Messungen durch Resonanzphänomene, die durch Strahlungsübergänge von angeregten Molekularstrahlen in den Grundzustand ausgelöst werden. Rabi war es auch, der Townes 1948 eine Professur an der *Columbia University* (New York) anbot. Townes erinnerte sich[187]:

> "During the 12 years I was a full-time member of the department, in addition to Rabi, Kusch, and Lamb, other professors there included T. D. Lee, Steve Weinberg, Leon Lederman, Jack Steinberger, Jim Rainwater and Hideki Yukawa; all were to receive Nobel Prizes. Rabi was the only one so recognized when I arrived. Students during that period included Leon Cooper, Mel Schwartz, Val Fitch, Martin Perl and Arno Penzias, my doctoral student who, in 1965, was co-discoverer (with Robert Wilson) of the cosmic background radiation (CBR), the relic photons from the big bang. All these were also to receive Nobel Prizes. Hans Bethe and Murray Gell-Mann were visiting professors there before receiving their Nobel Prizes. Then there were the young postdocs: Aage Bohr, Carlo Rubbia and my postdoc and close associate, Arthur Schawlow, now Nobel laureates."

Für die weitere Entwicklung des Masers und Lasers sollte die Bekanntschaft mit Willis Lamb und Arthur Schawlow besondere Bedeutung erhalten.

Die gedankliche Hürde beim Vordringen in den Millimeter und sub-Millimeterbereich war die von der Radartechnik her praktizierte und gewohnte Hohlraumverstärkung der elektromagnetischen Welle. Es erschien unmöglich, so kleine Kavitäten mit der notwendigen Präzision zu konstruieren, um eine Verstärkungsleistung zu erzielen.

> "The main problem [...] was that generating millimeter waves by conventional means required a very small resonant cavity. Only a wavelength, or a small multiple of a wavelength, in size. Making precise, delicate parts about a millimeter across is not easy. And to generate significant power one would have to pump considerable power through it, which wasn't easy. It would have to be strong and able to cope with a lot of heat"[188].

[186] Isidor Isaac Rabi (1898 - 1988), amerikanischer Physiker österreichischer Herkunft. Erhielt im Jahre 1944 den Nobelpreis für Physik für die Entwicklung der Molekularstahl-Resonanz-Methode zur Messung der magnetischen Eigenschaften des Atomkerns.

[187] Townes, 1999. S. 48.

[188] Townes, 1999. S. 55.

Die Lösung des Problems ergab sich 18 Monate später am Rande einer Tagung. Townes schilderte diesen Moment in einem 1999 erschienenen Artikel[189]:

> "In musing over the problem and his frustration with it, he [Townes] suddenly realized that molecules could produce much more than thermal radiation intensities if they were not thermally distributed but had more molecules or atoms in an upper than in a lower state. Within about ten minutes he had invented such a system using a beam of ammonia and a cavity, and calculated that it seemed practical to get enough molecules to cross the threshold of oscillation. This meant that molecular-stimulated emission at a given radiation intensity would be greater than energy loss in the walls of the cavity".

Hatte man bisher stets die komplette Strahlung, also das gesamte Frequenzspektrum, verstärkt und anschließend eine einzelne Frequenz (bzw. einen kleinen Frequenzbereich) herausgefiltert, was einen hohen energetischen und apparativen Aufwand bewirkte, so sah der Ansatz von Townes die Verstärkung einer einzelnen Frequenz mittels induzierter Emission vor.

Das Prinzip sei im Folgenden kurz erläutert. Normalerweise befinden sich Atome im energetisch günstigsten Zustand, dem sogenannten Grundzustand. Führt man jetzt den Atomen Energie zu, so werden sie angeregt, andere Energiezustände als den energetisch günstigsten, einzunehmen. Diese Zustände sind aber nur kurzzeitig stabil und die Atome kehren wieder in den Grundzustand zurück, wobei sie ein Photon genau der Frequenz aussenden, die der Energiedifferenz der beiden Energiezustände entspricht. Neben rein elektronischen Anregungen gilt dies auch für Rotations- oder andere Schwingungszuständen von Molekülen, da ja auch dort elektrische Ladungen beschleunigt werden. Townes hatte sich im Rahmen seiner spektroskopischen Untersuchungen mit dem Ammoniak-Molekül beschäftigt. Dieses besteht aus 3 Wasserstoffatomen und einem Stickstoffatom, die einen pyramidenähnlichen Aufbau besitzen, wobei das Stickstoffatom an der Spitze der Pyramide sitzt. Aufgrund der Symmetrie der Anordnung „klappt" das Stickstoffatom von der oberen Position leicht in die untere Position um. Die Energiedifferenz dieser beiden Zustände entspricht einer Frequenz von 23,786 Gigahertz bzw. einer Wellenlänge von 1,25 cm.

[189] W. Lamb et al., 'Laser physics: Quantum controversy in action', *Reviews of Modern Physics* 71 (1999).

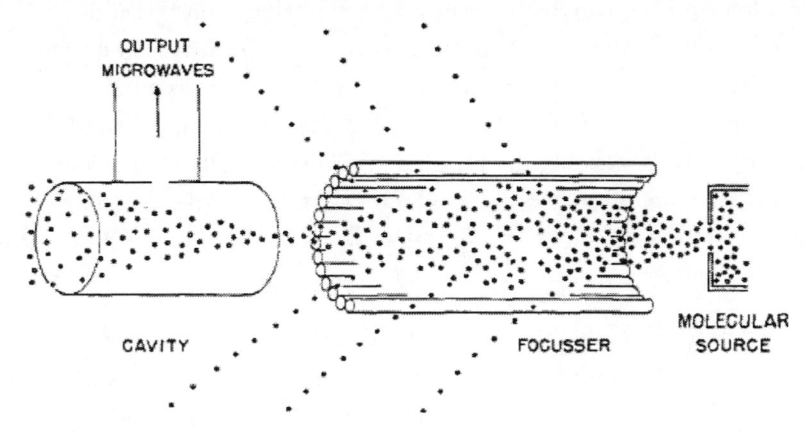

Abb. 3: Maser-Prinzip. (aus (Townes, 1972), S. 62)

Das Prinzip des Masers wird im obigen Bild illustriert. Ammoniak-Strahlen werden in einem Ofen erhitzt (angeregt) und treten durch eine enge Öffnung aus diesem aus. Durch geeignete Fokussierung werden sich im Grundzustand befindende Moleküle ausgelenkt, so dass nur angeregte Moleküle in den Hohlraumresonator eintreten. Dort baut sich durch induzierte Emission eine selbst verstärkte elektromagnetische Welle auf, die dann als Maserstrahl ausgekoppelt wird.

Beim Maser, wie auch beim Laser, spielt die induzierte Emission von Photonen die entscheidende Rolle. Das Prinzip der induzierten Emission hatte schon Albert Einstein 1916 beschrieben. Er veröffentlichte diese Gedanken zuerst unter dem Titel „Zur Theorie der Strahlung" in den eher unbekannten Mitteilungen der Physikalischen Gesellschaft Zürich [190], kurz darauf dann in der angesehenen Physikalischen Zeitschrift.

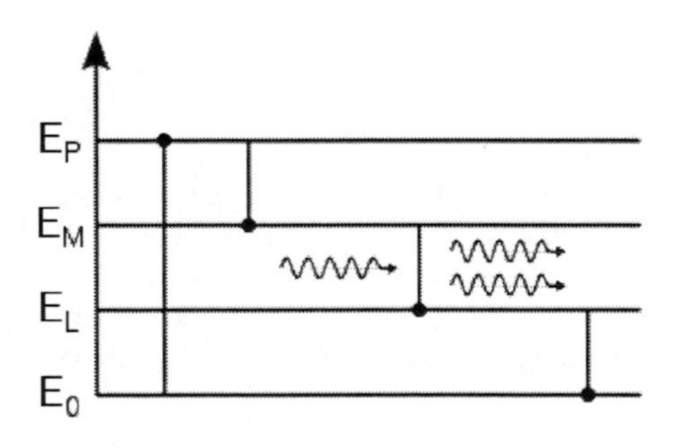

Abb. 4: Prinzip der induzierten Emission

[190] Mitteilungen der Physikalischen Gesellschaft Zürich Nr. 18 (1916) und Albert Einstein, 'Zur Quantentheorie der Strahlung', *Physikalische Zeitschrift,* 18 (1917).

Befindet sich ein Elektron in einem angeregten Zustand und wird dann ein Photon der passenden Frequenz zwischen angeregtem und Grundzustand eingestrahlt, so fällt das Elektron in den Grundzustand, unter Abgabe eines Photons der gleichen Frequenz wie das eingestrahlte Photon, zurück. Die Intensität dieser Frequenz wird also erhöht. Im Vergleich zur spontanen Emission ist entscheidend, dass das induzierte Photon nicht nur in der gleichen Richtung, sondern auch in der gleichen Phase wie das eingestrahlte Photon schwingt. Es wird also kohärente Strahlung erzeugt.

Es dauerte noch zweieinhalb Jahre ehe Townes 1954 mit Hilfe seiner Doktoranden James Gordon und Herbert Zeiger den ersten funktionsfähigen Maser präsentieren konnte[191]. Auf diese Arbeitsgruppe geht auch das Wort MASER als Akronym für **M**icrowave **A**mplification by **S**timulated **E**mission of **R**adiation zurück.

Ähnliche Ideen wie Townes hatten zu etwa der gleichen Zeit Nikolai Basov und Alexander Prokhorov vom Lebedev Institut in Moskau, deren Arbeiten aber zeitgleich in den USA aufgrund der Sprachbarriere nicht wahrgenommen wurden.[192]

In den folgenden Jahren florierte die Maser-Forschung. Sie erhielt einen zusätzlichen Antrieb, als es Prokhorov und Basov sowie Nicolas Bloembergen gelang, einen Festkörpermaser zu entwickeln.

Townes widmete sich erst wieder ab 1956 der Maser-Forschung. Vorher hatte er ein akademisches Forschungs-Freijahr (engl. sabbatical) genommen und zeitweise sowohl in Europa, bei Alfred Kastler in Paris, wie auch in Japan geforscht. Dabei erhielt er in Japan eine entscheidende Anregung, über die er in seinen wissenschaftlichen Memoiren berichtete[193]:

> "I settled down at the University of Tokyo,[…] As it happened, the faculty there included Koichi Shimoda, who had been a postdoc with me at Columbia and had participated in maser work.[…]
> Also on sabbatical there was another Columbia man, a biologist named Francis Ryan. We had known each other pretty well at Columbia. Naturally, we got to talking. He was studying an unusual paper by a British theoretical chemist, Charles Alfred Coulson, devoted to a treatment of microbial population growth. Coulson wanted to describe, quantitatively, the population fluctuations that occur when

[191] J.P. Gordon, H.J. Zeiger, und C.H. Townes, 'Molecular Microwave Oscillator and new Hyperfine Structure in the Microwave Spectrum of NH3', *Physical Review,* 95 (1954).

[192] Die Entwicklung dieser Arbeiten findet sich in Bertolotti, 1983., Bromberg, 1988 (10). Siehe auch Alexandr Prokhorov, 'Quantum Radiation', in *Nobel Lectures, Physics 1963 - 1970,* (1972), S. 110 - 116.

[193] Townes, 1999. S. 84.

microbes are both dying and multiplying at the same time. In his paper, Coulson presented and discussed the solutions to an equation that allowed for both the probability of microbe multiplication by division and also a probability of death.

I recognized immediately that this was exactly the kind of mathematical formulation we needed to understand some aspects of the maser, in which photons are both dying (being absorbed) and being born (stimulated into existence) simultaneously, as the result of the presence of other photons. To Coulson's expressions, I knew I had to add another term to account for the spontaneous appearance of photons in a maser—which contrasts with the fissioning of microbial parents—since for microbes there is no chance of spontaneously creating life! But the basic approach, devised for a problem in a field far removed from physics, seemed just what was needed for a precise theory of noise fluctuations and amplification in a maser."

Obwohl der Drang der Suche und Realisierung von kürzeren Wellenlängen bis hin zum sichtbaren Licht unter den Physikern weit verbreitet war, so schien es doch wenigstens drei Gründe zu geben, die gegen die Realisierung in diesen kurzen Wellenlängenbereich hinein sprachen. So nimmt die Rate der spontanen Emission von Energie in Molekülen mit der vierten Potenz der Frequenz zu. Will man also zu höheren und damit kürzeren Wellenlängen kommen, muss bei immer höheren Frequenzen eine weit überproportionale Energiezufuhr erfolgen, um die Besetzung der angeregten Zustände sicher zu stellen.

Daneben entspricht gemäß

$$E = h \cdot \nu = k \cdot T$$

(E = Energie; h = Planck'sches Wirkungsquantum; ν = Frequenz des Photons;
k = Boltzmann-Konstante; T = Temperatur)

eine hohe Frequenz auch einer hohen Temperatur, so dass bei Gasen - durch die Eigenbewegung der Moleküle - der Doppler-Effekt die Linienschärfe stark verbreitert. Und schließlich schien es nicht vorstellbar einen Hohlraumresonator in der Dimension von wenigen Mikron[194] herzustellen[195].

Nach seiner Rückkehr aus Japan sprach Townes mit seinem Schwager Schawlow[196] über die in Paris und Japan gemachten Erfahrungen. Schawlow arbeitete damals in den *Bell Laboratories* über das Thema der Supraleitung. Er überzeugte Townes, dass ein Hohlraumresonator dieser kleinen Dimensionen nicht benötigt würde, sondern

[194] Ein Mikron entspricht 1 Millionstel Meter.

[195] Lamb und andere, 1999.

[196] Art Schawlow hatte 1951 die jüngere Schwester von Townes geheiratet, die er während seiner Zeit als postdoc von Townes kennen- und lieben gelernt hatte.

dass man es mit dem aus der Optik wohlbekannten sog. Fabry-Perot-Interferometer (zwei planparallele Spiegel in größerem Abstand) probieren könne. In der Folgezeit arbeiteten beide Wissenschaftler an diesem Problem weiter. Durch Gespräche mit Kollegen und bei der Durchsicht der Literatur kamen sie zu dem Schluss, dass es auch andere Gruppen gab, die am Problem eines optischen Masers arbeiteten. Sie wussten, dass es noch einige Zeit benötigen würde, um den angedachten optischen Maser zu bauen, den sie mit Kaliumdampf realisieren wollten. Daher beschlossen sie, ihre bisherigen Überlegungen zu publizieren (nachdem die Bell Laboratories einen entsprechenden Patentantrag gestellt hatten).[197] Am 26. August 1958 reichten sie ihre Arbeit mit dem Titel „Infrared and optical Masers“ bei der Zeitschrift *Physical Review* ein, wo diese in der Ausgabe vom 15. Dezember erschien. Die Arbeit sollte mit mehr als 1000 Zitierungen zu den meistzitierten Arbeiten der Laserphysik gehören.[198]

Townes und Schawlow berechneten zunächst die Anzahl der Atome, die in einen angeregten Zustand gebracht („gepumpt“) werden müssten. Der gefundene Wert betrug ca. 100 Millionen[199] Atome was sie zu der Folgerung veranlasste „this number n is not impractically large“. Anschließend kalkulierten sie die notwendige Leistung, die dem System zugeführt werden muss und erklärten:

> „the input power required would be [...] 10 milliwatts. This amount of energy in an individual spectroscopic line is, fortunately, obtainable in electrical discharges”.

Sodann wendeten sie sich dem Problem des Hohlraumresonators mit seinen großen Dimensionen (im Vergleich zur Wellenlänge des Lichtes) zu und erläuterten[200]:

> „We shall consider now methods which deviate from those which are obvious extensions of the microwave or radio-frequency techniques for obtaining maser action. The large number of modes at infrared or optical frequencies which are present in any cavity of reasonable size poses problems because of the large amount of spontaneous emissions which they imply. [...] However, radiation from these various modes can be almost completely isolated by using the directional properties of wave propagation when the wavelength is short compared with important dimensions of the region in which the wave is propagated”.

Eine Berechnung für die Länge des Fabry-Perot Interferometers ergab schließlich einen Wert für den Spiegelabstand des Resonators von ca. 10 cm, was technisch

[197] Zum lange anhaltenden Patentstreit mit Gould siehe Hecht, 2005.
[198] Abgerufen im Science Citation Index am 28. Februar 2011.
[199] Schawlow und Townes, 1958. S. 1941.
[200] Schawlow und Townes, 1958. S. 1943.

leicht beherrschbar war. Die Veröffentlichung endete mit dem konkreten Beispiel einer experimentellen Anordnung mit Kaliumdampf und dessen atomaren und spektroskopischen Werten. Neben dem gasförmigen Kaliumdampf widmeten sie sich auch der Frage, ob man den optischen Maser mittels eines Festkörpers realisieren könne und bemerkten:

> „There are good many crystals, notably rare earth salts, which have spectra with sharp absorption lines [...]"
>
> [but]
>
> „the problem of populating the upper states does not have as obvious a solution in the solid case as in the gas".

In dieser richtungsweisenden Arbeit sind alle Elemente angesprochen, um einen optischen Maser (Laser) zu konstruieren. Die Tür wurde weit aufgestoßen. Dies realisierten auch sofort viele mit der Maser-Forschung befasste Wissenschaftler und ein Wettlauf zur Konstruktion des ersten funktionsfähigen Lasers setzte ein[201].

Nun findet der wissenschaftliche Austausch nicht nur in Publikationen statt. Wichtig ist vor allem der persönliche Austausch der Wissenschaftler, der auf Konferenzen, workshops und Gastvorträgen gepflegt wird. Um die neuen Entwicklungen zu diskutieren wurde im September 1959 die erste Konferenz mit dem Titel „*Quantum Electronics – Resonance Phenomena*" in der Shawanga Lodge, High View im Bundesstaat New York einberufen. Finanzielle Unterstützung erhielt sie vom amerikanischen *Office of Naval Research.* Charles Townes konnte als Tagungsleiter gewonnen werden. In der Vorbereitungsphase war die Konferenz noch mit der Maser-Thematik verknüpft. Doch die Möglichkeit eines optischen Masers (optischer Maser = Laser) nahm jetzt einen breiten Raum ein, insbesondere in den Gesprächen unter den Teilnehmern. Hierunter fand sich auch Theodore Maiman[202], der über „Temperature and concentration effects in a ruby maser" vortrug. Maiman war kein Außenseiter, sondern ein Schüler von Willis Lamb jr. Er arbeitete anschließend bei den *Hughes Laboratories* im kalifornischen Malibu. Natürlich war auch Schawlow anwesend, der unter dem Titel „Infrared and optical masers" noch einmal den Inhalt der gemeinsamen Veröffentlichung mit Townes vom Dezember des Vorjahres erläuterte. Die Teilnehmerliste der Konferenz weist 164 Einträge auf, wobei nur 18 Teilnehmer nicht aus den Vereinigten Staaten kamen. Die Sowjetunion war mit A. Barchukov, N. Basov, L. Kornienko und A.

[201] Siehe hierzu detailliert Bromberg, 1988 (10). Bromberg, 1991. Bertolotti, 1983. Hecht, 2005.

[202] Theodore H. Maiman (1927 - 2007), amerikanischer Physiker. Maiman promovierte bei Willis Lamb jr. Und ging später in die Industrie. Sein Leben schildert er in seiner Autobiografie Theodore H. Maiman, *The Laser Odyssey*, (2000). Es erscheint unverständlich, dass er für die Realisierung des ersten funktionsfähigen Lasers keinen Nobelpreis erhielt.

Prokhorov vertreten, während aus Deutschland nur die beiden Wissenschaftler Helmut Friedburg[203] von der Universität Karlsruhe und Christoph Schlier[204] von der Universität Bonn anwesend waren[205].

Nur gut 9 Monate nach Ablauf der Konferenz zeigte Theodore Maiman den Lasereffekt mittels eines dotierten Rubinkristalls[206]. Nach anfänglichen Zweifeln, ob der Effekt auch wirklich real sei, wurde das Experiment in den *Bell Laboratories* wiederholt und bestätigt. In kurzer Zeit konnte der Laser-Effekt noch im gleichen Jahr auch in einem Helium-Gas Laser[207] und, ein Jahr später, in Halbleitern[208] realisiert werden.

---

[203] Helmut Friedburg (1914 - 2007), deutscher Experimentalphysiker, Schüler von Wolfgang Paul, seit 1958 Professor an der TH Karlsruhe.

[204] Christoph Schlier, deutscher Physiker, promovierte 1956 in Bonn mit einer Arbeit zur Molekularstrahlphysik. Ab Anfang der sechziger Jahre Professor für Physik in Freiburg.

[205] Charles Townes, *Quantum electronics - A Symposium*, (1960).

[206] Theodore Maiman, 'Stimulated Optical Radiation in Ruby', *Nature,* 118 (1960).

[207] A. Javan, W. Bennett, und D. Herriott, 'Population Inversion and Continuous Optical Maser Oscillation in a Gas Discharge Containing a He-Ne Mixture', *Physical Review Letters,* 6 (1961).

[208] N. Basov, B. Vul, und Yu. Popov, 'Quantum-Mechanical Semiconductor Generators and Amplifiers of Electromagnetic Oscillations', *Zh. Eksp. Teor. Fiz.,* 37 (1959).

c. Die semiklassische Lasertheorie bis 1964

In der Zwischenzeit waren die Theoretiker auch nicht untätig geblieben. An vorderster Stelle ist hier der im Jahre 1913 geborene US-Amerikaner Willis Lamb jr. zu nennen[209]. Lamb war ein Schüler von Robert Oppenheimer, bei dem er im Jahre 1938 in Berkeley (Kalifornien) mit einer Arbeit zur Theorie der Emission von Röntgenstrahlung promoviert hatte. Er lieferte wichtige Beiträge sowohl zur experimentellen wie theoretischen Entwicklung der Quantentheorie. Im 2. Weltkrieg war er in der Radarforschung beschäftigt und forschte anschließend über die Spektroskopie des Wasserstoffatoms. Hier gelang ihm der Nachweis der energetischen Verschiebung der sogenannten 2s und 2p Niveaus der Elektronenbahnen im Wasserstoffatom. Dieser Effekt ist nur quantenmechanisch zu verstehen und er erhielt für diese Leistung im Jahre 1955 den Nobelpreis für Physik. Theodore Maiman, der 1960 den ersten Laser zum Leuchten brachte, war Anfang der fünfziger Jahre Doktorand bei Lamb, als dieser in Stanford lehrte.

Lamb hatte es zunächst schwer, in der amerikanischen Wissenschaftsszene Fuß zu fassen, wohl auch, weil er mit der deutschen Emigrantin Ursula Schäfer verheiratet war[210]. Obwohl Lamb ein mit dem Nobelpreis ausgezeichneter, anerkannter Physiker war, erhielt er zunächst keinen Ruf auf einen renommierten Physik-Lehrstuhl. So übernahm er 1956 eine Professur an der britischen *Oxford University*, wo er von 1956 bis 1962 lehrte. In dieser Zeit[211] „he pioneered the use of density matrix calculations", eine mathematische Technik, die ihm später bei der Formulierung der Lasertheorie überaus nützlich wurde.

Lamb's Zeit in Oxford kann im Nachhinein nicht als besonders zufriedenstellend bewertet werden, da er dort nicht einen einzigen Doktoranden gewinnen und auch keine Experimente durchführen konnte. Allerdings schrieb er in seiner Zeit in Oxford auch die einflussreiche, jedoch erst 1964 erschienene Arbeit „Theory of optical Masers"[212]. Vor deren Veröffentlichung, im Laufe des Jahres 1962,

---

[209] Willis Lamb jr. (1913 - 2008), US-amerikanischer theoretischer Physiker, der im Jahre 1955 den Nobelpreis für Physik für die Interpretation der Feinstruktur des Wasserstoffspektrums erhielt. Lamb war der größte wissenschaftliche Konkurrent, neben M. Lax, für Hermann Haken bei der Entwicklung der Lasertheorie. Er war mit ihm aber immer freundschaftlich verbunden. Zu Leben und Werk siehe L. Cohen, M. Scully, und R. Scully, 'Willis E. Lamb, Jr. 1913 - 2008', in *Biographical Memoir,* (2009).

[210] Dies dürften die Auswirkungen der berüchtigten „McCarthy-Ära" gewesen sein, in der viele Wissenschaftler „unamerikanischer" Umtriebe verdächtigt wurden. Am bekanntesten wurde der „Fall Oppenheimer".

[211] Cohen, Scully, und Scully, 2009. S. 9.

[212] Willis E. Lamb, 'Theory of optical masers', *Physical Review,* 134 (1964).

wechselte Lamb an die *Yale University*, wo er bis 1974 blieb. In diese Yale-Jahre fallen die wichtigen in dieser Arbeit behandelten Laser-Publikationen.

Lamb's in Oxford geschriebene Arbeit stellte eine Weiterentwicklung der bereits einige Jahre vorher, noch an der *Stanford University* in den Jahren 1954 bis 1956, entwickelten Masertheorie dar, die zunächst nur als Anhang einer Dissertation seines Stanford-Schülers J. C. Helmer publiziert wurde.[213] In erweiterter Form wurde sie schließlich 1960 veröffentlicht[214]. Sein späterer Schüler und Mitarbeiter Sargent III schrieb dazu:

> „The treatment [of the maser] utilized probability amplitudes for a two-level system and introduced the corresponding density matrix. It justified the popular rate equation method in appropriate limits and dealt with both weak- and strong-signal operation. Much of that maser theory applies directly to single-mode, homogeneously broadened laser operation."

Nach der Realisierung des Lasers durch Maiman arbeitete Lamb seine bisherige Masertheorie in eine semiklassische, mehrere Moden [Frequenzen] behandelnde Lasertheorie um. Diese erweiterte Theorie beinhaltete eine beliebige Verbreiterung der ausgesandten Frequenz aufgrund der „Doppler-Bewegung" der Atome. Dabei entdeckte er einen später nach ihm benannten Effekt, den „Lamb-Dip", einen Abfall der Intensität der Strahlung, wenn der Laser durch die Mitte der Frequenzlinie „durch"-gestimmt wird.

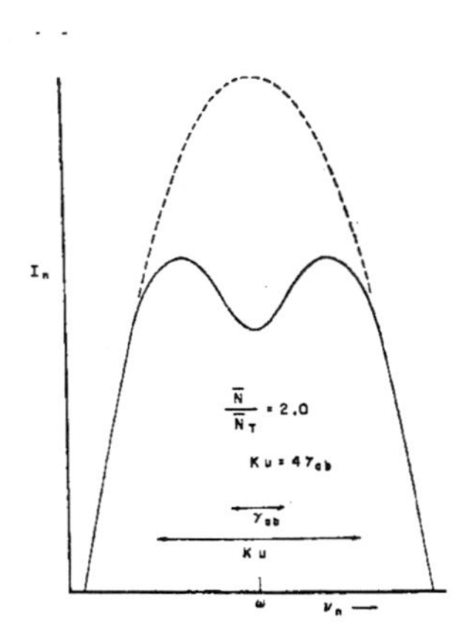

Abb. 5: Lamb-Dip. Typischer Abfall der Laser-Intensität in Abhängigkeit von der Frequenz (aus: (Lamb, 1964))

[213] Zitiert nach M. Sargent III, 'A Note on Semiclassical Laser Theory', *Optics Communications,* 11 (1974).
[214] Willis Lamb, 'Quantum Mechanical Amplifiers', in *Lectures in Theoretical Physics Vol. 2,* (1960).

Wie schon im Falle der Masertheorie veröffentlichte Lamb dieses Ergebnis seiner Rechnungen zunächst nicht in einer Fachzeitschrift, sondern er informierte schriftlich im Februar 1961 seine Bekannten W. Bennett[215] und Eli Javan, die bei den Bell-Laboratorien arbeiteten und bat sie, nach diesem Effekt zu suchen. Der Lamb-Dip wurde dann bald darauf im August 1962 durch diese Forscher und ihre Mitarbeiter nachgewiesen[216].

d. Die Rolle der Laser-Tagungen

Nach der Entdeckung des Laser-Effektes verlangte die Zunahme, vor allem der experimentellen Forschungen, eine zügige Neuauflage der ersten Quantum Electronics Konferenz. Diese fand vom 23. bis 25. März 1961 unter dem Titel „*Advances in Quantum Electronics*“ im kalifornischen Berkeley statt und zog bereits 448 Teilnehmer an, fast die dreifache Zahl der Teilnehmer, wie achtzehn Monate zuvor bei der Vorgängerkonferenz. [217] Wieder war die Tagung von den amerikanischen Forschern geprägt, die mit 436 Teilnehmern die überwältigende Anzahl stellte. Unter den zwölf nichtamerikanischen Teilnehmern waren nur zwei Deutsche, H. Friedburg von der Technischen Hochschule in Karlsruhe und G. Wiederhold von der Universität Jena. Als weiterer deutscher Physiker nahm Wolfgang Kaiser[218] an der Tagung teil, der jedoch damals Mitarbeiter der *Bell Laboratories* war. Die Berichte auf der Konferenz standen ganz im Zeichen der schnellen experimentellen Entwicklung. So stellte Ali Javan den ersten Helium-Gas Laser vor und Garrett, Kaiser und Wood berichteten über „Fluorescence and optical maser effects in CaF_2:Sm^{++}“. Es gab auch einen theoretischen Beitrag von W. Wagner und G. Birnbaum, die beide ebenfalls wie Theodore Maiman am *Hughes Research* Laboratory in Malibu (Kalifornien) arbeiteten, mit dem Titel „A steady

---

[215] W. R. Bennett, 'Gaseous Optical Masers', *Appl. Opt. Supplement,* 1 (1962).

[216] R. McFarlane, R. Bennett, und W. Lamb, 'Single Mode Tuning Dip in the Power Output of an He-Ne Optical Maser', *Appl. Phys. Lett.,* 2 (1963).; A. Szöke und A. Javan, 'Isotope Shift and Saturation Behaviour of the 1.15m Transition of Neon', *Phys. Rev. Letters,* 10 (1963).

[217] Die Proceedings erschienen noch im gleichen Jahr Jay Singer, *Advances in Quantum Electronics (=Proc. 2nd Quantum electronics Conf.),* (1961).

[218] Wolfgang Kaiser (geb. 1925), ist ein deutscher Experimentalphysiker, der wichtige Arbeiten zur Laser-Kurzzeitspektroskopie leistete. Er promovierte 1952 in Erlangen, wo er Hermann Haken kennen lernte. 1960 war er bei den Bell Laboratorien tätig, als sich Haken dort aufhielt. Haken bot ihm 1962 als Gastprofessor in Stuttgart die Möglichkeit zur Habilitation. Kurz danach, ab 1964 wurde Kaiser an die Münchener Technische Universität berufen, wo er im Jahre 1993 emeritiert wurde.

state Theory of the optical Maser“. In dieser halbklassischen Theorie verwiesen sie auf den Schawlow und Townes Artikel von 1958 und auf eine eigene Arbeit, die im Juli 1961 im *Journal of Applied Physics* erschien.[219]

Die nächste wichtige Konferenz wurde im Frühjahr 1962 in Heidelberg abgehalten[220]. Willis Lamb, der ja bis 1962 im britischen Oxford lehrte, bevor er an die Yale-Universität wechselte, nahm an dieser *„Konferenz über optisches Pumpen“* teil, die vom 26. – 28. April in Heidelberg zu Ehren von Hans Kopfermann stattfand. Auf dieser Konferenz begegnete Lamb das erste Mal dem Stuttgarter Professor für Theoretische Physik Hermann Haken, der bei der weiteren Entwicklung der Lasertheorie eine entscheidende Rolle spielen sollte. Hakens Beitrag auf der Heidelberger Konferenz trug den Titel „Theory of the laser and optical pumping“.[221]

Wie bereits geschildert war Haken nur zwei Jahre zuvor als Gastforscher (visiting associate professor) an der Cornell University in New York und – zeitgleich - im Forschungslaboratorium von General Electric in Schenectady tätig gewesen. Dabei hatte ihn auch eine Einladung an die renommierten Bell Laboratorien erreicht. Die damaligen Erlebnisse erinnerte er im Interview:

> „Ich war in der Gruppe eins eins eins eins, eleven eleven, das war die Gruppe, wo der Phil Anderson, der später den Nobelpreis bekam, der Head war. In der Gruppe war unter anderem auch Wannier, Festkörperphysiker, und auch Melvin Lax, der auch Festkörperphysiker war. Anderson war ja auch selbst Festkörperphysiker [...], das heißt, eigentlich war ich als Festkörpertheoretiker eingeladen. [...] Ich habe dann noch an der Exzitonengeschichte weitergearbeitet, aber dann habe ich eben gemerkt, viel interessanter ist der Laser. Da kam [...] Wolfgang Kaiser, das ist ein ganz guter Freund von mir, und dann haben wir eben diskutiert. Später auch mit Harry Frisch, ich habe ganze Nächte mit dem verbracht [lacht]. Ich habe auch eine Arbeit geschrieben, die über die erste Stufe der Lasertätigkeit ging, die habe ich aber nicht weiterverfolgt. Jedenfalls bin ich durch den Wolfgang Kaiser damit [Laser] vertraut gemacht worden.“[222]

Zurück in Stuttgart startete Haken ein ambitioniertes Programm zur Lasertheorie. Erste Ergebnisse einer semi-klassischen Theorie stellte er schon im Frühjahr 1962

[219] W. Wagner und G. Birnbaum, 'Theory of Quantum Oscillators in a multimode Cavity', *Journal of Applied Physics,* 32 (1961). Eingereicht am 1. Februar 1961.
[220] Die Konferenz wurde zu Ehren des 67. Geburtstages von Hans Kopfermann (1895 – 1963) veranstaltet.
[221] Ein gedruckter Konferenzbericht ist unseres Wissens nicht erschienen. Im Archiv Haken findet sich die Teilnehmerliste der Konferenz, die Namen der Referenten mit den angekündigten Vortragstiteln und ein kurzer Abstract zum Vortrag von H. Haken.
[222] Interview mit Herrmann Haken durch Klaus Hentschel und Bernd Kröger am 21.9.2010. (Haken-Archiv).

auf der oben genannten Konferenz in Heidelberg vor. In der Rückschau sah Haken das so:

> „Auf der Tagung war eben der Willis Lamb. Ich hielt dann einen Vortrag über ... schon über Laser, aber Lamb war nicht in meinem Vortrag, sondern ging einkaufen [lacht]. Aber später haben wir dann noch privat diskutiert, also noch im Rahmen der Tagung. Da habe ich ihm erzählt, was ich mache. Und er hat gesagt, ja er hätte das Gleiche gemacht. Das war über den Umweg ... wie man die spontane Emission behandeln kann und dann zeigte ich ihm meine Lasergleichung und dann sagte er, solche Gleichung habe er auch. Aber es gab einen Unterschied. Lamb hatte seine Theorie von vorneherein semi-klassisch genannt, weil er mit der Dichtematrix arbeitete und ich hatte sie quantentheoretisch genannt, mit Hilfe der zweiten Quantisierung.“[223]

Seine Ergebnisse veröffentlichte er unter dem Titel „Nonlinear Interaction of Laser Modes“. Sie erschien Anfang 1963 in der *Zeitschrift für Physik* (verfasst zusammen mit seinem Schüler Herwig Sauermann), wo sie am 11. Februar eingereicht worden war. Dabei zitierte Haken die Gespräche mit Lamb in Heidelberg:

> „Prof. W.E. Lamb, jr. has kindly informed one of us (H.H.) in a private discussion at Heidelberg, spring 1962, that he has derived similar equations for the gas laser.”

Auch Lamb erinnerte sich an dieses Treffen in Heidelberg mit den Worten:

> „I ran into Haken for the first time at Heidelberg. [...] I was pretty far along on the laser theory at that time, but I didn’t talk about it at the conference. I talked on something else. But there was a talk by Haken about laser theory, and it seemed to me that he had some very good ideas, and I was a little upset, [...] because it seemed to me, that Haken might very well be a serious competitor, which in fact he certainly has been.”[224]

In dieser Arbeit verwiesen Haken und Sauermann sowohl auf den Artikel von Schawlow und Townes wie auch auf Wagner und Birnbaum[225]. Als wichtigstes Ergebnis ihrer Arbeit hielten sie fest, dass es bei Berücksichtigung nichtlinearer Effekte es zu einer kleinen Verschiebung der Laserfrequenz kommt, wie sie auch in Gas-Laser-Experimenten beobachtet wurde:

> „the main result of our analysis will be, that an increased pumping rate supports also off-resonance modes and leads to a repulsion of frequencies“.[226]

---

[223] Interview mit Herrmann Haken durch Klaus Hentschel und Bernd Kröger am 21.9.2010. (Haken-Archiv).

[224] Interview von Willis Lamb jr. mit Joan Bromberg vom 7. März 1985 (AIP Niels Bohr Library & Archives. Call Number: OH 27491).

[225] Schawlow und Townes, 1958. Wagner und Birnbaum, 1961.

[226] H. Haken und H. Sauermann, 'Nonlinear Interaction of Laser Modes', *Zeitschrift für Physik,* 173 (1963). S. 262.

Der persönliche Austausch unter den führenden Theoretikern war zu dieser Zeit intensiv. Die theoretischen Ergebnisse wurden auch dringend benötigt, da die experimentellen Ergebnisse geradezu lawinenartig anschwollen. So stellte dann die 3. Internationale Konferenz über *„Quantum Electronics“* [227] mit mehr als 1000 Teilnehmern aus 15 Ländern ein wichtiges Ereignis dar. Veranstaltet wurde sie vom 11. – 15. Februar 1963 in Paris. Unter den Teilnehmern waren, auch wegen der geographischen Nähe, diesmal 74 Teilnehmer aus Deutschland. Aus Stuttgart waren Hermann Haken, Herwig Sauermann und R. K. Sun [ein Gastforscher] auf der Konferenz anwesend. Von deutschen Universitäten und Technischen Hochschulen stammten 31 Wissenschaftler, die Industrie war mit 25 Personen vertreten und von sonstigen Forschungsorganisationen waren 17 Teilnehmer entsandt.

Die Inhalte der Tagung verteilten sich auf folgende Bereiche[228]

- Theory of Coherence and Noise
- Optical Pumping and Magnetometers
- Molecular Beam Masers
- Gas Lasers
- Spectroscopy of solid state maser materials
- Solid State Masers
- Solid State Lasers
- Laser Modes and special techniques
- Non-Linear Optics
- Semiconductor and photon masers

Auffällig ist das Fehlen einer speziellen Abteilung für die Lasertheorie. Während der Tagung ergaben sich für Haken und Sauermann neue Erkenntnisse über den Forschungsstand in den Vereinigten Staaten. So fügten sie dann in der Korrekturlesephase des obigen Artikels[229] folgendes an[230]:

[227] P. Grivet und N. (eds.) Bloembergen, *Quantum electronics (=Proceedings of the third international Congress)*, (1964).

[228] Grivet und Bloembergen, 1964.

[229] Haken und Sauermann, 1963.

[230] Die Titel der Beiträge der in der Note erwähnten Arbeiten sind: N. Bloembergen: "Optique Non-Linéaire"; D.E. McCumber: "Unified Theory of Steady State Cavity Masers"; H. Statz, C. Tang: "Zeeman Effect and nonlinear Interactions between Oscillating Modes in Masers".

> "Note added in proof. After the present paper has been submitted for publication several talks (by W.E. Lamb, N. Bloembergen, D. McCumber, H. Statz) were given at the 3rd International Conference on Quantum Electronics, which consider the interaction of modes brought about by the nonlinear response of the atomic systems. From these papers the one of Lamb is most closely related with our present work, although the formalism and also the physical System are somewhat different from our case, Lamb treats moving atoms in gases with a Doppler broadened line, whereas we treat fixed atoms with a homogeneously broadened Lorentzian line. The two investigations give, however, similar results, for instance for the mode repulsion effect. On the other hand, Lamb's dipping effect has no analogue in our case. For a detailed comparison of results, however, the publication of Lamb's paper must be waited for.
> At the same Conference E. Snitzer reported results of Nd-doped glasses, which show additional modes appearing with higher pumping and also a repulsion of modes in good qualitative agreement with our analysis."

Es bleibt anzumerken, dass der mündliche Beitrag von Willis Lamb jr. zur Pariser Konferenz nicht in den Konferenzbänden abgedruckt wurde. Er erschien erst 1964 in der Zeitschrift Physical Review Band 231 mit Eingangsdatum vom 13. Januar 1964. Um sich gewisse Prioritätsansprüche zu sichern, schrieb Lamb damals:

> „The main results of the paper were reported at the Third International Conference on Quantum Electronics, Paris, February 1963. Lectures on some of the material were given at the 1963 Varenna Summer School."

Haken und Sauermann erweiterten schon vor dem Erscheinen des Lamb-Artikels ihre erste Arbeit mit einem weiteren Beitrag, den sie am 6. Juni 1963 zur Publikation einreichten [232]. Hierin betrachten sie Frequenzverschiebungen in Lasermoden, die sich aufgrund des nichtlinearen Verhaltens des aktiven Lasermaterials ergeben. Wieder verwiesen sie auch auf die Arbeit Lambs, die zu diesem Zeitpunkt noch nicht im Druck erschienen war, aber wohl als preprint zirkulierte.

Keine zwei Monate nach der großen Pariser Konferenz fand vom 16. – 19. April 1963 in New York ein weiteres "*Symposium on Optical Masers*" statt. Dessen Proceedings erschienen allerdings erst 1964.[233] Unter den 92 Autoren befanden sich nur zwei Deutsche (K. Gürs und R. Müller) vom Forschungslaboratorium der Firma Siemens und Halske. Die Mehrzahl der Anwesenden waren, nicht unerwartet, amerikanische Wissenschaftler. Aber auch japanische Forscher meldeten sich zu Wort, trugen aber ausschließlich über Experimente vor und lieferten

[231] Lamb, 1964.
[232] H. Haken und H. Sauermann, 'Frequency Shifts of Laser Modes in Solid State and Gaseous Systems', *Zeitschrift für Physik,* 176 (1963).
[233] Jerome Fox, *Optical Masers (=Proceedings of the Symposium on optical Masers),* (1964).

keine theoretischen Beiträge. Über Lasertheorie referierten: N. Bloembergen, E. Wolf, E.C.G. Sundarshan, P.A. Grivet, B. Lax (über „Semiconductor masers"), H.A. Haus und J.A. Mullen sowie G. Toraldo di Francia. Die Beiträge betrafen spezielle theoretische Aspekte, der Versuch einer umfassenden Theorie wie bei Lamb und Haken war nicht darunter.

Die Veranstaltungen und Kontakte verdichteten sich in den Jahren 1963 bis 1966 enorm. So veranstaltete die italienische physikalische Gesellschaft seit 1953 in der Villa Monastero in Varenna am Comer See ihre inzwischen berühmten Sommerschulen für Physik, die nach dem italienischen Nobelpreisträger Enrico Fermi benannt sind. Die XXXI-Sommerschule stand unter der Leitung von Charles Townes und ging vom 19. – 31. August unter dem Titel *„Quantum Electronics and Coherent Light"* über die Bühne[234]. Diese Veranstaltungen dienten vor allem dazu, wenigen ausgewählten jungen Wissenschaftlern die neuesten Theorien nahe zu bringen, sie also an die Forschungsfront zu führen und auch dazu, persönliche Bekanntschaften mit herausragenden Forschern zu knüpfen. Zu letzteren zählten auf dieser Sommerschule neben C. Townes vor allem W. Lamb, A. Schawlow, B. Lax, J. Gordon, N. Bloembergen, F. Arecchi und A. Javan. Hermann Haken war nicht unter den Vortragenden. Zu den rund 60 teilnehmenden Doktoranden und „post-docs" waren aus Stuttgart der Assistent Hakens, Hannes Risken und Hakens Doktorand und Mitautor Herwig Sauermann anwesend. Sauermann hatte auch Gelegenheit, über die mit Haken verfasste Lasertheorie vorzutragen[235]. So finden sich die Beiträge von Lamb „Theory of optical maser oscillators" und Haken/Sauermann „Theory of laser action in solid-state, gaseous and semi-conductor systems" in den Proceedings in unmittelbarer Reihenfolge. Es dürfte hier auch zu einem starken persönlichen Austausch zwischen Lamb, Risken und Sauermann gekommen sein.

Dieser Kontakt verstärkte sich, als im darauffolgenden Jahr 1964 eine weitere Sommerschule in Les Houches durchgeführt wurde, wieder unter Teilnahme von Lamb und Sauermann. Diese Sommerschulen *„Ecole d'eté de physique théorique Les Houches"* in unmittelbarer Nähe des Mont Blanc Massives wurden seit 1951 von der Universität Grenoble unter der Organisation der französischen Physikerin Cécile deWitt abgehalten und hatten ebenfalls den Zweck, junge europäische Wissen-

---

[234] Die Proceedings erschienen 1964: P. (ed.) Miles, *Quantum electronics and Coherent Light (=Proc. XXXI Int. School "Enrico Fermi")*, (1964).

[235] Haken und Sauermann zitierten die Arbeiten von Townes aus dem Jahre 1961; Townes in seinen Vorträgen verwies auf die Arbeit von Haken und Sauermann in der Zeitschrift für Physik **173** (1963),261.

schaftler an die internationale Forschung heranzuführen. Der Berichtsband zur Sommerschule weist keine Teilnehmerliste aus, die Anwesenheit von Herwig Sauermann lässt sich aber aus dem folgenden Zitat im Beitrag von Willis Lamb eindeutig ableiten[236]:

> "W. E. Lamb, Jr., Yale University: INTRODUCTION
> These lecture notes on the theory of optical masers were taken by Messrs. B. Decomps, M. Durand, B. Gyorffy and H. Sauermann, while assistance in their arrangement was given by Mme. A. Fouskova. For reasons mentioned below, the notes were not prepared in advance of the course, and I have not had sufficient opportunity to correct them. Because I declined to answer certain questions of an offensive nature, renewal of my passport was withheld by the U. S. Department of State. My lectures at the School were only made possible (on very short notice) by the Supreme Court decision in the case of Aptheker and Flynn vs. The Secretary of State."

Weitere Referenten waren Roy Glauber mit einer Seminarreihe „Optical Coherence and Photon Statistics", W. E. Lamb, der über "Theory of optical Maser" vortrug, während Ali Javan von den Bell Labs über "Gaseous Optical Maser" und N. Bloembergen über „Non-Linear Optics" referierten.

Hermann Haken verwies dann in seinem Aufsatz in der Zeitschrift für Physik vom 4. Juli 1964 darauf, dass der Inhalt des Artikels auf der Sommerschule in Les Houches durch seinen Doktoranden Herwig Sauermann vorgetragen wurde. Dies erscheint, aufgrund der Duplizität der Ereignisse mit dem Vorgehen auf der Sommerschule in Varenna im Jahr zuvor, nicht unwahrscheinlich[237]. Allerdings findet sich im Berichtsband der Sommerschule Les Houches hierfür aber kein Beleg; die Anwesenheit von H. Sauermann ist jedoch durch das Zitat von Lamb gesichert.

---

[236] C. deWitt, A. Blandin, und C. (eds.) Cohen-Tannoudji, *Quantum Optics and Electronics (Proc. Summerschool Les Houches 1964)*, (1965). S. 331. Auch hier wieder ein Hinweis auf die Probleme von Lamb mit den amerikanischen Behörden wegen „unamerikanischer" Umtriebe.

[237] Lamb bestätigt einen Vortrag von Sauermann in Les Houches in einem Interview mit Joan Bromberg vom 7. März 1985 (AIP Niels Bohr Library & Archives. Call Number: OH 27491).

e. Die vollquantisierte Lasertheorie

Die von Haken am 4. Juli 1964 bei der *Zeitschrift für Physik* eingereichte Arbeit „A Nonlinear Theory of Laser Noise and Coherence I“ stellte einen wesentlichen Schritt im Hinblick auf eine vollquantisierte Lasertheorie dar. In dieser nichtlinearen Theorie erläuterte Haken den entscheidenden Unterschied im Ausstrahlungsverhalten des Lasers unterhalb und oberhalb der Laser-Schwelle.[238]

> „In contrast to linear theories there exists a marked threshold. Below it the amplitude decreases after each excitation exponentially and the linewidth turns out to be identical with those of previous authors (for instance WAGNER and BIRNBAUM), if specialized to large cavity width. Above the threshold the light amplitude converges towards a stable value, whereas the phase undergoes some kind of undamped diffusion process”.

Um das Verhalten an der Laser-Schwelle (threshhold) zu erläutern, verwendete Haken die Analogie mit einem Potenzialbild.

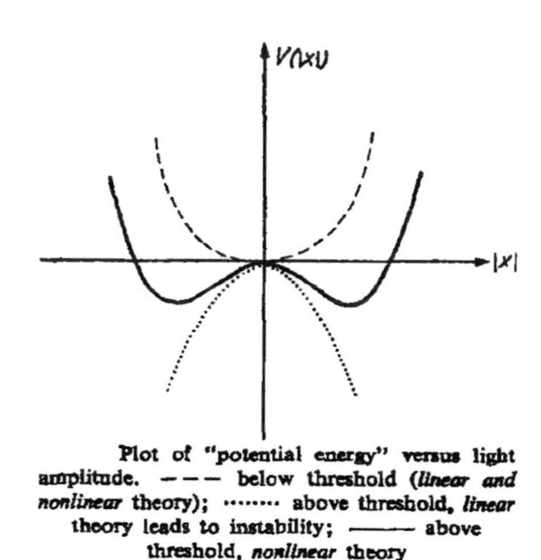

Plot of "potential energy" versus light amplitude. — — — below threshold (*linear and nonlinear* theory); ······· above threshold, *linear* theory leads to instability; ——— above threshold, *nonlinear* theory

Abb. 6: Potenzialverlauf unterhalb und oberhalb der Laserschwelle (aus (Haken, 1964))

Es zeigte sich hierbei, dass es bei einer nichtlinearen (Quanten-)Theorie oberhalb der Schwelle zwei stabile „Potenzial“-Minima gibt, während die lineare Theorie keine stabilen Werte zulässt. Da dieses Ergebnis stark vom energiezuführenden

---

[238] H. Haken, 'Nonlinear Theory of Laser Noise and Coherence .I.', *Zeitschrift für Physik,* **181** (1964). S. 96.

„Pumpprozess" abhängt, entsprach dieser Erkenntnis auch nichts Vergleichbares bei der bisherigen Masertheorie. So fasste Haken dann in den Schlussbemerkungen des Artikels nochmals zusammen:

> „The main objective of our paper was to bridge the gap between linear and nonlinear theories of laser action. As we have shown linear theories represent a very good approximation at small inversion. On the other hand there is a marked threshold beyond which the system behaves qualitatively very differently from below threshold, its amplitude oscillating around a stable value".

Dieser ersten Arbeit folgte am 22. September 1964, nur drei Monate später, eine weitere unter dem Titel „A Nonlinear Theory of Laser Noise and Coherence II"[239]. Haken konnte darin auf die inzwischen in der *Physical Review* erschienenen Arbeit von Willis Lamb[240] verweisen, eine ebenfalls nichtlineare Lasertheorie. Dieser zweite Artikel erweiterte die im Juli geschriebene erste Arbeit um die folgenden Aspekte:

- statt einer einzelnen Lasermode werden mehrere Lasermoden betrachtet,
- stehende Wellen werden behandelt und
- nicht vollständige Resonanz im Resonator berechnet.

Als Rauschquelle (noise source) wird der optische Übergang zwischen fluktuierenden atomaren Dipolen gewählt. Die verschiedenen Arten des „Rauschens", ob quantenmechanisch oder thermisch, waren ein Gegenstand der unterschiedlichen Herangehensweise der einzelnen Autoren. Sie verlangten jeweils eine andere Art der mathematischen Behandlung.

Eine weitere Gelegenheit, seine Theorie vorzustellen, ergab sich für Haken im Herbst desselben Jahres im schweizerischen Bern. Dort wurde vom 12. bis 15. Oktober 1964 ein internationales Symposium über *„Physik der Laser und deren Anwendungen"* abgehalten. Diese von der Schweizerischen Kommission für Licht- und Elektronenoptik und vom Institut für Angewandte Physik der Universität Bern initiierte und durchgeführte Veranstaltung zog über 250 Teilnehmer aus 22 Ländern an.[241] Individuelle Teilnehmernamen werden in den Proceedings nicht

---

[239] H. Haken, 'A Nonlinear Theory of Laser Noise and Coherence . Teil 2.', *Zeitschrift für Physik,* **182** (1965).

[240] Lamb, 1964.

[241] Siehe Vorwort der Proceedings, abgedruckt in der Zeitschrift für Angewandte Mathematik und Physik Band 16 (1965). K.P. Meyer, Brändli, H.P., Dändliker, R. (eds.), *Proceedings of the International Symposium on Laser-Physics and Applications (=Zs. f. angewandte Math. und Physik, 16 (1965), 1 - 184,* (1965).

angegeben. Aufgrund der Übersicht der gehaltenen Referate lässt sich aber eindeutig ableiten, dass es fast ausschließlich nicht-amerikanische Arbeiten sind, die präsentiert werden. Hermann Haken stellt seine „Nonlinear Theory of Noise and Coherence" im Rahmen der Sitzung „General Laser Physics" vor.

In den Jahren 1964 und 1965 entwickelte sich die Lasertheorie sehr dynamisch und es kam zu einem zeitlichen Wettlauf zwischen Hermann Haken und zwei amerikanischen Forschern, Willis Lamb jr. und Melvin Lax. Dabei intensivierten die bisherigen Exponenten Lamb und Haken ihre Bemühungen durch Heranziehung von Kollegen und Doktoranden, wobei insbesondere Hermann Haken etliche Mitstreiter um sich scharte. (Siehe auch Kapitel 5f) Neuer Mit-Wettbewerber war der amerikanische theoretische Physiker Melvin Lax von den *Bell Laboratories*, der sich bisher vor allem mit Phänomenen des Rauschens und der Kohärenz im klassischen und quantentheoretischen Bereich beschäftigt hatte und sich jetzt vermehrt der Anwendung dieser Gebiete auf den Laser zuwandte. Der Zusammenhang von Laser, Rauschen und Kohärenz ergibt sich aus der physikalischen Natur der Photonen und der atomaren Struktur der laseraktiven Stoffe (gasförmig, Festkörper, Halbleiter). Der Zusammenhang drückt sich ja auch schon im Titel der Arbeiten von Haken im Jahre 1964 aus.

Die Theorie der Kohärenz von elektromagnetischen Wellen war ebenso wie das Gebiet der Nichtlinearen Optik ein ebenfalls sehr aktives Forschungsgebiet. Hier haben die späteren Nobelpreisträger Roy Glauber (Kohärenz) und Nicolas Bloembergen (nichtlineare Optik) entscheidende Beiträge geliefert[242]. Da diese Bereiche aber nicht im Mittelpunkt der Entwicklung der Lasertheorie standen, sondern bestenfalls Rand- bzw. Teilbereiche beleuchteten, werden sie in dieser Arbeit nicht vertiefend verfolgt.

Wurde bis zu diesem Zeitpunkt die Laser-Theorie im Wesentlichen durch Willis Lamb und Hermann Haken bestimmt, so trat mit den Theoretikern um Melvin Lax und William Louisell aus den *Bell Laboratories* in Murray Hill bei New York eine weitere Forschergruppe hinzu.

Melvin „Mel" Lax war bereits seit zehn Jahren Mitglied der Wissenschaftlergruppe der *Bell Laboratories* und leitete von 1962 bis 1964 das dortige „Theoretical Physics

[242] Zu diesen Arbeiten siehe die Beiträge über die Nobel-Laureaten Roy Glauber in: Karl Grandin, ' Les Prix Nobel. The Nobel Prizes 2005', (2006). Und Nicolaas Bloembergen in: T. Frängsmyr, 'Nobel Lectures, Physics 1981-1990', (1993).

Department".[243] Haken und er hatten sich bereits 1958 auf einer Festkörpertagung in den USA kennen gelernt[244] und vertieften ihre Bekanntschaft 1960, als Haken, mit Lax zusammen, unter Philip Anderson in der Theorieabteilung als Gastforscher tätig war.

Lax wurde im Jahre 1922 in New York City geboren, wo er auch seine Jugend verbrachte. Bedingt durch den II. Weltkrieg promovierte er erst im Jahre 1947 am *Massachusetts Institute of Technology* und nahm dann eine Stelle an der *Syracuse University* (New York State) an, wo er bis 1955 blieb. In dieser Zeit fokussierte sich sein Forschungsinteresse auf die Festkörperphysik, die nach der Entdeckung des Transistors einen großen Aufschwung erlebte. Anders als W. Lamb und C. Townes, die von der Radar- und Mikrowellentechnik geprägt waren, zeigen sich mit der Konzentration auf die Festkörperphysik Parallelen zum wissenschaftlichen Werdegang von Hermann Haken. Die *Bell Laboratories* galten in den sechziger Jahren als das führende Industrieforschungslabor in der Festkörperphysik. So nimmt es nicht Wunder, dass Lax, als 1955 eine eigenständige Theorieabteilung bei den Bell Labs aufgebaut wurde, das Angebot, dorthin zu wechseln annahm und der erste fest angestellte Theoretiker wurde. Er blieb beruflich dem Laboratorium sein Leben lang verbunden, auch als er 1971 eine Professur am City College der *University of New York* annahm. Wie aus seinem Schriftenverzeichnis hervorgeht und im Nachruf beschrieben, hatte Mel Lax „a deep interest in random processes".[245] Dies führte ihn dazu, die Fluktuationen und das quantenmechanische Rauschen, die beim Laser auftreten, im Detail zu studieren. Nachdem er im Jahre 1964 die Leitung der Theorie-Division bei Bell abgegeben hatte, um sich wieder ganz der Forschung zu widmen, trat er zusammen mit seinen Kollegen J. P. Gordon und vor allem William H. Louisell[246] in den Forscherwettstreit um die Entwicklung der quantenmechanischen Lasertheorie ein. Im Laufe von 8 Jahren, von 1960 bis 1968, veröffentlichte Lax nicht weniger als 18 Arbeiten zu stochastischen Prozessen wie Rauschen (Noise) und Fluktuationen[247].

---

[243] Siehe J.L. Birman und H.Z. Cummins, *Melvin Lax, 1922 - 2002 (=Biographical Memoirs 87 of the National Academy of Sciences)*, (2005). Sowie S. (Hg.) Millman, *A History of Engineering and Science in the Bell System - Physical Sciences (1925 - 1980)*, (1983).

[244] Hermann Haken (private Mitteilung).

[245] Siehe Birman und Cummins, 2005.

[246] William H. Louisell wurde in Mobile (Alabama) im August 1924 geboren. Er studierte Physik an der University of Michigan, wo er 1953 auch promovierte. Danach wurde er Mitglied des "technical staff" der Bell Telephone Laboratories (Murray Hill, N. J.), wo er bis zur Übernahme einer Professur an der University of Southern California im Jahre 1967 blieb. (Quelle: Proceedings of the I.R.E. QE3 (1967), S. 97).

[247] Übersicht siehe Tabelle 3, Seite 92 und 93.

Ein Zusammentreffen der Vertreter der theoretischen Laserschulen ergab sich auf der 4. Internationalen Quanten-Elektronik Konferenz, die vom 28. Juni bis zum 30. Juni 1965 in San Juan, der Hauptstadt von Puerto Rico (einem US-amerikanischen Außenterritorium in der Karibik) abgehalten wurde. Die Proceedings[248] erschienen 1966 und wurden in der Folge immer wieder zitiert. Aufgrund des in den sechziger Jahren nur schwer erreichbaren Veranstaltungsortes war es eine stark von amerikanischen Teilnehmern dominierte Konferenz[249]. Von den insgesamt 257 Wissenschaftlern, die verzeichnet sind, stammen 222 aus den Vereinigten Staaten. Frankreich war mit 13 Teilnehmern und die damalige UdSSR mit sieben Teilnehmern vertreten. Aus Deutschland waren nur Hermann Haken von der Technischen Hochschule Stuttgart und Wolfgang Kaiser von der *Technischen Hochschule in München* vor Ort. Allein die *Bell Laboratories* in Murray Hill waren mit 25 Mitarbeitern anwesend, das MIT stellte nicht weniger als 15 Teilnehmer.

So verwunderte es nicht, dass die Lasertheorie und Theorie der Quantenelektronik fast ausschließlich von den Amerikanern vorgetragen wurde. Nur jeweils ein Vortrag kam aus England vom *Royal Radar Establishment* und beschäftigte sich mit „Photon-counting statistics" sowie vom Moskauer *Lebedev Institut* für Physik zum Thema „Dynamics of Two-mode operating Laser". Haken hielt auch einen Vortrag, der in den Konferenz-Proceedings allerdings nicht abgedruckt wurde.[250]

Die anderen Arbeiten verteilten sich auf die bekannten drei amerikanischen Theoriegruppen:

- Roy Glauber mit seinem Doktoranden Victor Korenman von der *Harvard University* in Cambridge (Mass.)
- J.P. Gordon, Melvin Lax und William H. Louisell von den *Bell Laboratories* in Murray Hill (New Jersey)
- Willis E. Lamb und Marvin O. Scully von der *Yale University* in New Haven (Connecticut)

Auf der Konferenz anwesend waren Roy Glauber, J. P. Gordon, Willis Lamb, Melvin Lax, William Louisell, Marvin Scully und Charles Townes. Haken hatte also

[248] P. Kelly, B. Lax, und P. (eds.) Tannenwald, *Proceedings of the Physics of Quantum Electronics Conference*, (1966).

[249] Hermann Haken erinnerte sich, dass er mit einem Frachtschiff den Atlantik überquerte, in Venezuela an Land ging und von dort nach San Juan flog. (Private Mitteilung).

[250] Laut Hermann Haken wurde der Abdruck verweigert, weil das Manuskript zu umfangreich gewesen sei. (Private Mitteilung).

Gelegenheit, während dieser drei Tage mit den amerikanischen Lasertheoretikern persönlich zu sprechen.

Melvin Lax hielt ein Referat mit dem Titel "Quantum Noise V: Phase Noise in a homogeneously Broadened Maser". Der Begriff „Maser" ist hier synonym zu sehen mit Laser, wie aus dem Artikel hervorgeht. Zur damaligen Zeit standen die Bell Lab Leute noch unter dem Eindruck des Patentstreites mit Gordon Gould[251]. Dieser hatte den Begriff Laser geprägt, während die Bell Lab Leute weiterhin mit dem Begriff „Optical Maser" arbeiteten. Im Abstract seines Konferenzbeitrages erklärte Lax[252]

> „Our result for the full width at half power above threshold:
>
> $$W = (\Delta\omega)^2 (h\omega_0/2P_{tr}) S(1 + \alpha^2)$$
>
> where P_{tr} is the transferred power, is an improvement over Lamb, Haken, and Korenman in three ways: $\Delta\omega$ (….) depends on both cavity and atomic widths; S (…) depends on both photon and atomic noise sources (….); and α (….) includes the effects of detuning."

Dabei verwies Lax in seinem Literaturverzeichnis auf die Arbeiten von Haken in der *Zeitschrift für Physik* Band 181 und Band 182 und dessen Artikel in Band dreizehn der *Physical Review Letters*, sowie auf eine im Erscheinen befindliche Arbeit von Risken. Willis Lamb wurde mit seinen Vorlesungen von 1964 in den Proceedings von Les Houches zitiert.

Bei der zeitlichen Reihenfolge und der Nummerierung der Artikel von Lax ist eine Besonderheit zu bedenken. Die in den Berichtsbänden einer Konferenz erscheinenden Artikel werden in der Regel im Nachhinein fertiggestellt. Sie durchlaufen zudem eine Korrekturphase, so dass der letzte redaktionelle Eingriff – und damit die Möglichkeit auf weitere neuere Arbeiten zu verweisen – oft mehrere Monate, zeitlich bis zu einem Jahr, später liegen kann, als es der Veranstaltungstermin der Konferenz war. So scheint es auch hier zu sein. Im Titel der veröffentlichten Arbeit und in der Nummerierung von Lax figuriert diese unter „Quantum Noise V". Die eigentlich zeitlich davor liegende Arbeit „Quantum Noise IV" erschien jedoch erst am 6. Mai 1966 und wurde erst am 16. November 1965 bei *Physical Review* eingereicht, also 5 Monate nach der Konferenz in San Juan.

[251] Siehe dazu Hecht, 2005.

[252] Melvin Lax, 'Quantum Noise V: Phase Noise in a Homogeneously Broadenend Maser', in *Proceedings of the Physics on Quantum electronic Conference,* Hrsg. P. et al. (eds.) Kelley (1966).

In dieser Arbeit „Quantum Noise IV. Quantum Theory of Noise Sources" behandelte Lax die Fluktuationen, wie Haken in der Stuttgarter Schule, mit Hilfe der Langevin-Gleichungen. In der selbst vorgenommenen Einordnung und Abgrenzung seiner Vorgehensweise erwähnte er kontrastierend die Arbeiten von Haken und Sauermann von 1963 und 1964 mit dem Hinweis:

> „Quantum noise sources have also been introduced into maser calculations in a heuristic way, or by methods similar to the pertubation techniques adopted here".

Es folgte in der Fußnote der Verweis auf Haken und Sauermann. Nach der Einreichung der Arbeit am 16. November 1965 und vor der Veröffentlichung im Mai 1966 wurde Lax dann gewahr, dass die Stuttgarter Forscher zwischenzeitlich auch nicht untätig gewesen waren. So kam es zu einer „Note added in proof":

> "After the completion of this manuscript (and after the results summarized in secs. 1 and 6 were presented at the 1965 Puerto Rico Conference) we have learned that several members of the Haken school have adopted a Markoffian approach closely related to our own. See H. Haken and W. Weidlich [Z. Physik 189, 1 (1966)]; C. Schmid and H.Risken [ibid. 189, 365 (1966)]. These papers treat the atomic fluctuations and lead to moments in agreement with ours. For the electromagnetic field, the noise sources are not derived by them but are taken from Senitzky— see, e.g., H. Sauermann, Z. Physik 189, 312(1966). Our procedure obtains the field noise sources by the same method as that used for the atomic noise sources, and moreover derives the independence of field and atomic sources."[253]

Die hier von Lax zitierten Arbeiten von Haken und Weidlich bzw. von Schmid und Weidlich wurden bei der *Zeitschrift für Physik* am 17. August 1965 bzw. am 7. September 1965 eingereicht. Die San Juan Konferenz endete am 30. Juni 1965. Es stellt sich daher die Frage, ob Haken und seine Mitarbeiter die dort vorgetragenen Ergebnisse von Lax „in Windeseile" in einen eigenen neuen Ansatz und Artikel umgesetzt haben oder ob diesen Arbeiten längere Vorarbeiten vorausgingen. Für letzteres spricht die nicht von Melvin Lax erwähnte Arbeit von Herwig Sauermann, die auch im Band 189 der *Zeitschrift für Physik* unter dem Titel „Quantenmechanische Behandlung des optischen Maser (Dissertation)" erschien.[254] Sie wurde am 17. September eingereicht und von Lax übersehen, da sie in deutscher Sprache verfasst war. Sauermann referierte darin den Entwicklungsgang seiner Arbeit noch einmal ausführlich:

---

[253] M. Lax: Quantum Noise IV. Hier S. 120-121.

[254] Herwig Sauermann, 'Quantenmechanische Behandlung des optischen Maser (Dissertation)', *Zs. für Physik,* 189 (1965).

> „In den letzten Jahren hat man die wesentlichen klassischen Eigenschaften des Lasers auf der Grundlage halbklassischer Theorien verstehen gelernt. [...] Diese Theorien, die die Atome des aktiven Materials durch eine Dichtematrix, die Amplituden der Laser-Schwingungen durch c-Zahlen beschreiben, können ihrer Natur nach einige wesentliche quantenmechanische Eigenschaften des Lasers nicht erfassen. Auf diese beziehen sich so entscheidende Fragen wie die nach der Linienbreite und den Intensitätsfluktuationen des ausgestrahlten Laserlichts. [...]
> In der Folgezeit hat Lamb den Einfluß der Fluktuationen des Resonators im Rahmen der halbklassischen Theorie untersucht, Haken hat eine nichtlineare quantenmechanische Theorie der Fluktuationen in Lasern entwickelt, die den Pumpvorgang explizit als stochastischen Prozeß einführt und in der Linienbreiten und Intensitätsschwankungen mit Hilfe eines Modells fluktuierender Dipole berechnet werden. Wir leiten hier im Unterschied zu Haken die Fluktuationen von spontaner Emission und Pumpprozeß von „first principles" ab und führen sie in quantenmechanisch exakter Weise völlig symmetrisch ein. Außerdem wird das thermische Rauschen des Resonators berücksichtigt. [...]"

Am Ende seiner Arbeit fügte Sauermann dann an:

> „* Nach Abschluß der vorliegenden Arbeit erhielt der Autor Kenntnis von einem Vortrag von M. Lax auf der Konferenz über Quantenelektronik in Puerto Rico, Juni 1965, in dem die Phasendiffusion einer Laserschwingung behandelt wurde. Soweit ein Vergleich mit unseren Resultaten möglich ist, scheinen die Ergebnisse im Wesentlichen übereinzustimmen."

Diese „Kenntnis" stammte mit Sicherheit von Hermann Haken, der natürlich seine Kollegen und Schüler nach seiner Rückkehr über die in San Juan vorgetragenen Arbeiten informierte. Allerdings wird aus dem obigen auch klar, dass eine Dissertation und die anderen Arbeiten nicht innerhalb so kurzer Zeit auf Anregung der Ergebnisse von Mel Lax hätten erarbeitet werden können, sondern eine lange Vorgeschichte in Stuttgart hatten (s. § 5f dieser Arbeit).

Die weiteren, später im Jahr 1966 im Berichtsband der San Juan Konferenz veröffentlichen Beiträge von Korenman, als auch von Scully und Lamb verweisen nicht auf vorherige Arbeiten der Stuttgarter Schule, sondern zitieren nur den Artikel von W. Lamb im Band 134 der *Physical Review* sowie die Vorlesungen Glaubers zur Kohärenz auf der Sommerschule in Les Houches.

Der Wettlauf zwischen Hermann Haken mit seinen Stuttgarter Kollegen und Melvin Lax setzte sich auch im Jahr 1966 fort. Lax reichte am 2. Mai 1966 eine Arbeit mit dem Titel „Quantum Noise VII: The Rate Equations and Amplitude Noise in Lasers" beim *IEEE Journal of Quantum Electronics* ein, der in einer revidierten Form am 24. Oktober 1966 angenommen wurde. Hermann Haken wiederum schickte am 21. Juni 1966 einen mit seinen Schülern und Mitarbeitern

V. Arzt, H. Risken, H. Sauermann Ch. Schmid und W. Weidlich verfassten grundlegenden Artikel „Quantum Theory of Noise in Gas and Solid State Lasers with an inhomogeneously broadened Line I“ an die *Zeitschrift für Physik*.

Tabelle 3: Arbeiten von Melvin Lax und Mitarbeitern zur Theorie des Lasers und der Fluktuationen

	Arbeiten von Melvin Lax und seiner Schule	
	Classical Noise	
I	M. Lax: „Fluctuations from the Nonequilibrium Steady State“, Rev. Mod. Phys. **32** (1960), S. 25	Januar 1960
II	M. Lax: „Influence of Trapping, Diffusion and Recombination on Carrier Concentration Fluctuations“, J. Phys. Chem. Solids **14** (1960), S. 248	
III	M. Lax: „Nonlinear Markoff Processes“, Rev. Mod. Phys. **38** (1966), S. 359	April 1966
IV	M. Lax: „Langevin Methods“, Rev. Mod. Phys. **38** (1966), S. 541	Juli 1966
V	M. Lax: „Noise in Self-Sustained Oscillators“, Phys. Rev. **160** (1967), S. 290	April 1966, Erschienen 23.2.1967
VI	M. Lax und R.D. Hempstead: „Self-Sustained Oscillators Near Threshold“, Phys. Rev. **161** (1967), S. 350	Erschienen 28.3.1967
	Quantum Noise Artikel	
Q0	M. Lax und D. R. Fredkin: „Oscillations of a Cavity Maser“ (unpublished)	
QI	M. Lax: „Generalized Mobility Theory“, Phys. Rev. **109** (1958), S. 1921	15.3.1958
QII	M. Lax: „Formal Theory of Quantum Fluctuations from a driven State“, Phys. Rev. **129** (1963), S. 2342	11.10.1962; Erschienen 1.3.1963
QIII	M. Lax: „Quantum Relaxation, the Shape of Lattice Absorption and Inelastic Neutron Scattering Lines“, J. Phys. Chem. Solids **25** (1964), S. 487	20.8.1963
QIV	M. Lax: „Quantum Noise: Quantum Theory of Noise Sources“, Phys. Rev. **145** (1966), S. 110	16.11.1965

QV	M. Lax: „Phase Noise in a Homogeneously Broadened Maser", in (Kelly, et al., 1966), S. 735	Juni 1965
QVI	M. Lax und D. R. Fredkin: „Moment Treatment of Maser Noise (unpublished)	
QVII	M. Lax: „The Rate Equations and Amplitude Noise in Lasers", IEEE Journal of Quantum electronics **QE 3** (1967), S. 37	2.5.66; Erschienen 24.10.1966
QVIII	H. Cheng und M. Lax: „Harmonic Oscillator Relaxation from Definite Quantum States", in Löwdin, P.O. (ed.) „Quantum Theory of the solid State". Academic Press. New York 1966.	
QIX	M. Lax und W.H. Louisell: „Quantum Fokker-Planck Solution for Laser Noise", IEEE Journal of Quantum electronics **QE3** (1967), S. 47	2.5.1967; Erschienen 12.11.1967
QX	M. Lax: „Density Matrix Treatment of Field and Population Difference Fluctuations", Phys. Rev. **157** (1967), S. 213	
QXI	M. Lax: „Multitime Correspondence Between Quantum and Classical Stochastic Processes", Phys. Rev. **172** (1968), S. 350	15.1.1968
QXII	M. Lax und W.H. Louisell: „Density Operator Treatment of Field and Population Fluctuations", Phys. Rev. **185** (1969), 568	
QXIII	M. Lax und H. Yuen: „Six-Classical-Variable Description of Quantum Laser Fluctuations", Phys. Rev. **172** (1968), S. 362	19.2.1968

Sowohl der Artikel von Lax wie der der Stuttgarter wurden erst deutlich nach der nächsten Quantum Electronic Conference veröffentlicht, die vom 12. bis 15. April 1966 in Phoenix, Arizona (USA) stattfand. Der wesentliche Inhalt der jeweiligen Beiträge wurde jedoch auf dieser Konferenz vorgetragen.

Von dieser Quantum Electronics Konferenz gibt es keine Proceedings in Buchform, wie bei den vorherigen Konferenzen. Viele Beiträge erschienen im 2. Band der neuen Zeitschrift „*IEEE Journal of Quantum Electronics* ***QE 2****(1966)*" in der jeweiligen April, August und September-Ausgabe. So findet sich das Programm der Konferenz im Aprilheft und für das Segment der allgemeinen Lasertheorie lesen wir[255]

[255] Siehe IEEE Journ. Quantum Electronics **QE 2** (1966, April), XIX (Sonderheft Konferenzprogramm).

„April 12, 1966: 8:00 p.m.
Session 3A: General Laser Theory
Pizzarro /A room

3A-1: Theory of Noise in Solid State, Gas and Semiconductor Lasers	*H. Haken*
3A-2: Quantum Noise and Amplitude Noise in Lasers	*M. Lax and W.H. Louisell"*

Beide Vorträge wurden also in einer Abendsitzung unmittelbar nacheinander abgehandelt. Im Vorfeld der Konferenz war es zu einer fachlichen Auseinandersetzung gekommen, die Lax in seinem Artikel Quantum Noise VII kommentierte[256]:

> „Haken has recently [Zs. f. Phys. 190 (1966), 327] questioned the validity of the shot noise treatment of intensity noise because he finds that the dominant noise source is the off-diagonal random force F_{12} rather than (say) F_{22}. As has been shown in QIV, and by Haken [Zs. f. Phys. 189 (1966),1] F_{22} appears in atomic rate equations and yields atomic shot noise."

Und später:

> "[...] the major source of noise in an optical laser is the off-diagonal atomic force F_{12}. [...] Haken now agrees with this viewpoint."

Dabei führte er in der Fußnote an: „private communication at Phoenix Conference on Quantum Electronics". Immerhin sprach man also miteinander.

Das nächste Aufeinandertreffen der beiden wettstreitenden Lasertheoretiker ergab sich dann nur vier Monate später im japanischen Kyoto. Dort führte das Institut für Theoretische Physik das *„Second Tokyo Summer Institute of Theoretical Physics"* durch.[257] Haken hielt seine Seminarvorträge unter dem Titel „Dynamics of Nonlinear Interaction between Radiation and Matter", während Melvin Lax für seine Vorlesungen den Titel „Quantum Theory of Noise in Masers and Lasers" gewählt hatte. Die Wahl der Vortragstitel erscheint nicht ganz zufällig, gibt sie doch den jeweils unterschiedlichen Ausgangspunkt und Zugang zur Lasertheorie wieder. Während Hermann Haken von der Dynamik des Vielkörpersystems

---

[256] Melvin Lax, 'Quantum Noise VII: The Rate Equations and Amplitude Noise in Lasers', *Ieee Journal of Quantum Electronics,* 3 (1967). S. 37 und S. 43 sowie S. 46.

[257] R. Kubo und H. Kamimura, *Dynamical Processes in Solid State Optics (1966 Tokyo Summer Lectures in Theoretical Physics),* (1967).

ausging war der Ausgangspunkt von Lax die Theorie des Rauschens und der Fluktuationen. Natürlich konvergieren im Laser beide Theorien letztendlich.

Nach der Tokyoter Veranstaltung im August 1966 kam es zum nächsten persönlichen Austausch der Lasertheoretiker im Rahmen der 42. Sommerschule „Enrico Fermi" zum Thema „*Quantum Optics*" vom 31. Juli 1967 bis zum 19. August 1967 in der Villa Monastero in Varenna am Comer See in Italien. Die Leitung der Sommerschule hatte Roy Glauber, der auch einige amerikanische Kollegen mitbrachte. Anwesend waren aus den USA neben Glauber auch Marlan Scully und William H. Louisell. Damit waren die drei amerikanischen „Schulen" vertreten. Hermann Haken war durch seine vorhergehende Krankheit und die Arbeiten am Handbuchartikel verhindert[258]. Aus Stuttgart waren dafür sein Kollege Wolfgang Weidlich mit seinen Doktoranden Fritz Haake und Heide Pelikan anwesend. Hartmut Haug und Karl Grob kamen vom Institut Haken. Grob hatte dort 1965 über die Theorie des stimulierten Raman-Effektes promoviert.

Die Mehrzahl der meist jüngeren Teilnehmer kam aus Italien, aber auch die anderen europäischen Länder waren gut vertreten. Insgesamt hatte die Sommerschule 91 Teilnehmer.

M. Scully hielt einen Vorlesungszyklus[259] zu „The Quantum Theory of a Laser". Darin bezog er sich explizit auf die anderen Vorträge von Glauber, Gordon, Haken, Louisell, Shen und Weidlich und führte folgende Referenzen an:

- V. Korenman: Phys. Rev. Lett. 14 (1965), 293
- M. Lax; W. Louisell: Journ. Quant. Elec. Q.E. 3 (1967), 47
- M. Lax: Phys. Rev. 157 (1967), 213
- C. Willis: Phys. Rev. 147 (1966), 406
- H. Haken: Zs. F. Phys. 190 (1966), 327
- H. Sauermann: Zs. F. Phys. 189 (1966), 312
- H. Risken, C. Schmid, W. Weidlich: Phys. Letters 20 (1966), 489
- J. Fleck Jr.: Phys. Rev. 149 (1966), 322
- J. Gordon: Phys. Rev. to be published (also 1967/68)

Y. R. Shen vom Physics Department des *Lawrence Radiation Laboratory* (USA) hielt einen Vortrag über "Quantum Theory of Nonlinear Optics", wobei er nur die Arbeiten von Lamb und Scully zitierte und die anderen nicht erwähnte.

---

[258] Siehe ausführlich S. 97 - 99 dieser Arbeit.

[259] Marvin Scully, 'The Quantum Theory of a Laser', in *Quantum Optics (Proc. Int. School "Enrico Fermi XLII),* (1969).

Roy Glauber, der diese Sommerschule leitete, erklärte die Schwierigkeiten nichtlinearer Theorien in seinem einleitenden Referat[260] „Coherence and quantum Detection“ und verwies auf die Arbeiten der Kollegen:

> „When the fundamental equations of motion become nonlinear however, as they necessarily do in the case of the laser, the problem of finding the density operator assumes greater proportions. A number of lectures of our school have been devoted to this problem; it is discussed from various standpoints by Scully, Haken, Weidlich, Louisell and Gordon.”

Interessant ist auch der Beitrag von H. A. Haus[261], einem Physiker vom MIT, der über die Messung des Signal zu Rausch-Verhältnisse berichtet. Dieser fasste die theoretische Situation wie folgt zusammen:

> “While the experimental work on the intensity Fluctuations of lasers was progressing, Glauber obtained a quantum-theoretical description of radiation from coherent sources, a description better suited to deal with laser-radiation. The quantum theory of the laser oscillator proceeded apace. Even though the fluctuations observed in experiments could be satisfactorily explained by a semi-classical theory the need for such a quantum theory existed and was successfullly met by several authors [27-34]. The understanding of the measurement itself advanced along with the theoretical developments on the description of optical radiation and the description of fluctuations in optical masers.”

In seinen Referenzen erwähnte er unter den Ziffern 27-34 die Arbeiten von Haken, Scully und Lamb, sowie Lax und Korenman.

Gordon und Louisell zitierten in ihren Vorträgen nur die eigenen Arbeiten (Bell-Lab-Team) und die im Erscheinen befindliche erste Arbeit von Scully und Lamb. Die Stuttgarter Arbeiten wurden ignoriert.

Haken und Weidlich schließlich, wobei ja nur Weidlich anwesend war, konnten die Früchte der Arbeiten am Laser Handbuch ernten. In ihrem umfangreichen Vortrag von 49 Druckseiten analysierten sie die gesamten Vorarbeiten der Theorie und gliederten diese in einzelne zu beschreibende Phänomene. Dabei wurde in den Referenzen auf sämtliche Arbeiten der Autoren der verschiedenen Laserschulen Bezug genommen[262].

> „At the 1963 Varenna summer school on the laser, two types of theories were presented. F. G. Gordon calculated the noise properties of the laser treating it as a

[260] Roy Glauber, 'Coherence and Quantum Detection', in *Quantum Optics (=Proc. Int. School "E.F. XLII)*, (1969). S. 32.
[261] H. A. Haus, 'The Measurement of G and its Signal-to-Noise Ratio.', in *Quantum Optics,* Hrsg. R. Glauber (1969). S. 112.
[262] Glauber, 1969. S. 630.

linear device and gave a qualitative discussion of the nonlinear region. Lamb, Haken and Sauermann, Grasjuk and Orajewskij neglected laser noise but treated the laser quantitatively as a nonlinear system. Nonlinearity plays a decisive role in the stability of laser modes. Their coexistence and so on. These nonlinear theories, however, predicted no laser action at all below a certain threshold, and an infinitely narrow line above threshold. Thus there was a need for a theory which interconnected both aspects, nonlinearity and noise. Because laser noise stems primarily from spontaneous emission. which is a typical quantum-mechanical effect, this theory also ought to be quantum-mechanical. Since 1964 three essentially equivalent methods were developed to achieve this goal, namely

a) the Heisenberg Operator equations with quantum-mechanical Langevin forces.
b) the density matrix equation for atoms and light field.
c) a (generalized) Fokker-Planck equation."

Nach der Auskunft von Weidlich und Haake[263] kam es während der drei Wochen am Comer See zu intensiven Gesprächen zwischen den Theoretikern. Dies führte sogar dazu, dass Fritz Haake nach seiner Promotion als postdoc zu Roy Glauber an die *Harvard University* wechselte und dort mit ihm gemeinsame Arbeiten publizierte.

Somit lässt sich feststellen, dass zu Ende des Jahres 1967 die führenden Vertreter der konkurrierenden Laserschulen kontinuierlich miteinander sprachen und sich in den jeweiligen Arbeiten korrekt zitierten. Andere amerikanische Physiker, die theoretisch oder experimentell in der Laserforschung arbeiteten, neigten weiterhin dazu, vorwiegend amerikanische Quellen zu zitieren.

Die Jahre 1966 bis 1968 sahen dann in einer Fülle von Artikeln die weitgehend endgültige Formulierung der quantenmechanischen Lasertheorie. Neben Haken mit der Stuttgarter Schule und Lax mit W. H. Louisell von den *Bell Laboratories* trat jetzt auch wieder Willis Lamb in Erscheinung, der allerdings in enger Zusammenarbeit mit seinem Doktoranden Marlan Scully publizierte.[264] Scully war im Jahr 1939 in Casper (Wyoming) in den Vereinigten Staaten geboren worden, war also erst 26 Jahre alt, als er 1965 bei Willis Lamb an der *Yale University* promovierte.[265]

In den jeweiligen Arbeiten der einzelnen Autorengruppen wurde dabei stets versucht, die jeweils anderen Forschergruppen korrekt zu zitieren, so dass wir auf eine Einzeldarstellung verzichten. Eine Übersicht der Publikationsstruktur mit der

---

[263] Private Mitteilung von Fritz Haake.

[264] W. Schleich, H. Walther, und W. Lamb, *Ode to a Quantum Physicist - A Festschrift in Honor of Marlan O. Scully*, (2000).

[265] M. Scully war neben seiner amerikanischen Professur an der University of Arizona für viele Jahre ab 1980 am Münchener MPI für Quantenoptik tätig.

zeitlichen Abfolge bietet die weiter unten aufgeführte Tabelle 4, die den Zeitraum von 1966 bis 1970 umfasst.

Bei einer inhaltlichen Bewertung der Schwerpunkte der einzelnen Beiträge folgen wir im Wesentlichen der Analyse von Haken in seinem Handbuchartikel[266] und dem Beitrag von Haken und Weidlich im Berichtsband der Varenna-Tagung, herausgegeben von Roy Glauber.

Der erste Schritt gelang 1964 Haken[267] mit der Langevin-Methode[268] (Heisenberg-Bild), als er den wesentlichen Unterschied zwischen dem Verhalten des Lasers unterhalb und oberhalb der Laserschwelle beschreiben konnte. Unterhalb der Schwelle verhält sich der Laser wie eine normale Lampe mit der zufälligen Ausstrahlung von Lichtwellenzügen aufgrund spontaner Emission verstärkt durch stimulierte Emission. Oberhalb der Schwelle ist der Laser ein sich selbst stabilisierender Oszillator mit einer stabilen c-Zahl Amplitude ergänzt um zusätzliche kleine Fluktuationen. Die Phase der Laserstrahlung unterlag weiterhin einer ungedämpften Diffusion.[269] Oberhalb der Laserschwelle lassen sich Phasen- und Amplitudenfluktuationen berechnen und es zeigt sich die Existenz von Resonanzen.[270] Die an der Schwelle durch die Theorie Hakens vorausgesagte Abnahme der Fluktuationen mit zunehmender Laserintensität[271] wurde durch drei unabhängige Experimente zeitnah bestätigt.[272]

Über den Ansatz der Dichtematrix (Schrödinger-Bild), der insbesondere von Weidlich und Haake sowie von Scully und Lamb verwendet wurde, lässt sich an der Laserschwelle insbesondere die Änderung in der Photon-Statistik berechnen[273].

---

[266] Hermann Haken, *Laser Theory (= Handbuch der Physik Band XXV/2c (S. Flügge (Hg.)),* (1970). Und Glauber, 1969.

[267] Hermann Haken, 'Theory of Coherence of Laser Light', *Physical Review Letters,* 13 (1964).

[268] Siehe auch Abb. 8 auf Seite 90.

[269] Haken, 1964.,S. 96; Lamb in deWitt, Blandin, und Cohen-Tannoudji, 1965. Lax in Kelly, Lax, und Tannenwald, 1966. S. 735; H. Haken und W. Weidlich, 'Quantum Noise Operators for N-Level System', *Zeitschrift für Physik,* 189 (1966). S. 1.

[270] Haken und Weidlich, 1966.

[271] Haken, 1964.

[272] J. Armstrong und A. Smith, 'Intensity Fluctuations in a GaaS Laser', *Physical Review Letters,* 14 (1965). F.T. Arecchi, A. Berné, und P. Bulamacchi, 'Higher Order Fluctuations in a Single-Mode Laser Field', *Physcal Review Letters,* 16 (1966). C. Freed und H. A. Haus, 'Measurement of Amplitude Noise in Optical Cavity Masers', *Apl. Physics Letters,* 6 (1965).

[273] W. Weidlich und F. Haake, 'Coherence-Properties of the Statistical Operator in a Laser Model', *Zs. für Physik,* 185 (1965). und W. Weidlich und F. Haake, 'Master-equation for the Statistical Operator of Solid State Laser', *Zs. für Physik,* 186 (1965). Scully und Lamb in Kelly, Lax, und Tannenwald, 1966. S. 759 und M. Scully und W. Lamb, 'Quantum theory of an optical maser', *Physical Review Letters,* 16

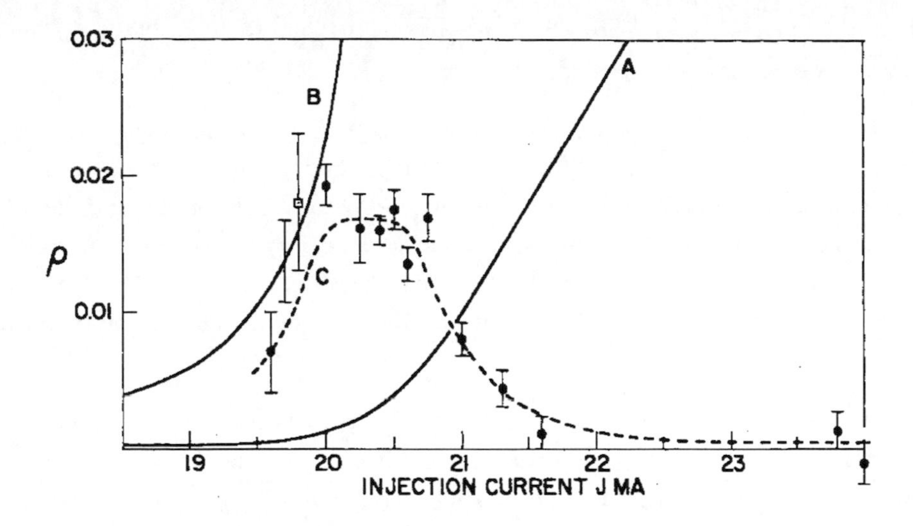

Abb. 7: Relative Intensitätsfluktuation ϱ für die stärkste mode versus Injektionsstrom J. (aus: (Armstrong and Smith, 1965)

Unterhalb der Laserschwelle gehorcht das Laserlicht der Bose-Einstein-Statistik, so dass die Varianz der Photonenverteilung gegeben ist durch

$$\Delta n^2 = n\,(n+1)$$

Deutlich oberhalb der Schwelle unterliegt sie einer Poisson-Verteilung und die Varianz ist

$$\Delta n^2 = n$$

Die dritte eingesetzte Lösungsmethode betrifft die Fokker-Planck-Gleichung, wie sie insbesondere von Hannes Risken in Stuttgart weiterentwickelt wurde. Neben dem klassischen Ansatz [274] wurde danach eine halbklassische Fokker-Planck-Gleichung mit quantenmechanisch definierten Dissipations- und

(1966). Melvin Lax, 'Quantum Noise. X. Density-Matrix Treatment of Field and Population-Difference Fluctuations', *Physical Review* 157 (1967); Lax, 1967. 213 ; W. Weidlich, H. Risken, und H. Haken, 'Quantummechanical Solutions of Laser Masterequation. Part I', *Zeitschrift für Physik,* 201 (1967).

[274] Hannes Risken, 'Distribution- and Correlation-Functions for a Laser Amplitude', *Zs. für Physik,* 186 (1965). Robert Hempstedt und M. Lax, 'Classical Noise. VI. Noise in Self-Sustained Oscillators near Threshold', *Physical Review A,* 161 (1967).

Fluktuationskoeffizienten entwickelt, die oberhalb der Laserschwelle durch einen Linearisierungsansatz gelöst werden konnte.[275]

Lax und Louisell konnten sodann eine c-Zahlen Fokker-Planck-Gleichung für das elektromagnetische Feld und dessen Fluktuationen ableiten.[276] Makroskopische Laservariable wie das Laserfeld, das kollektive atomare Dipolmoment und die totale Inversionsrate erarbeiteten dann schließlich die Stuttgarter sowohl im Fokker-Planck-Modell[277] wie auch in der Dichtematrix-Variante[278]. Auch J. P. Gordon von den Bell Labs trug eine solche Lösung im Rahmen der Varenna-Sommerschule vor.[279]

In der Tabelle 4 sind Einreichungs- und Erscheinungsdaten der wichtigsten Arbeiten zur quantenmechanischen Lasertheorie in zeitlicher Reihenfolge dargestellt. Es zeigt sich, dass die „Stuttgarter Schule" einen leichten zeitlichen Publikationsvorsprung hatte, der im weiteren Verlauf aber immer mehr zusammenschmolz. Zu berücksichtigen ist auch, dass die zeitliche Kenntnis der häufig vor der Publikation versandten „Preprints" sich im Nachhinein nicht mehr feststellen lässt.

Tabelle 4: Zeitliche Übersicht der Veröffentlichungsdaten der Publikationen zur quantenmechanischen Lasertheorie der drei Laserschulen von Hermann Haken, Willis Lamb und Melvin Lax

	Datum	H. Haken und Stuttgarter Schule	M. Lax und Mitarbeiter	W. Lamb und M. Scully
1	Eingereicht am 4.7. 1964	H. Haken: "A Nonlinear Theory of Laser Noise and Coherence I". Zs. für Physik **181** (1964), 96 - 124		

[275] H. Risken, Ch. Schmid, und W. Weidlich, 'Fokker-Planck equation, distribution and correlation functions for laser noise ', *Zs. für Physik,* 193 (1966). H. Risken, Ch. Schmid, und W. Weidlich, 'Quantum Fluctuations, Master Equation and Fokker-Planck Equation', *Zs. für Physik,* 193 (1966). Ebenfalls H. Risken, C. Schmid, und W. Weidlich, 'Fokker-Planck Equation, Distribution and Correlation Functions for Laser Noise', *Zs. für Physik,* 194 (1966); H. Risken, C. Schmid, und W. Weidlich, 'Fokker-Planck equation for atoms and light mode in a laser model with quantum mechanically determined dissipation and fluctuation coefficients ', *Physics Letters* 20 (1966).
[276] M. Lax und W. H. Louisell, 'Quantum Fokker-Planck Solution for Laser Noise', *IEEE Journal of Quantum electronics,* QE3 (1967).
[277] W. Weidlich, H. Risken, und H. Haken, 'Quantummechanical Solutions of the Laser Masterequation. II', *Zs. für Physik,* 204 (1967).
[278] Weidlich und Haake, 1965.
[279] Gordon: Quantum Theory of a simple Laser. In: Glauber, 1969. S. 743.

2	10. Oktober 1965	H. Haken: "Theory of Intensity and Phase Fluctuations of a Homogeneously Broadened Laser", Zs. f. Phys. **190** (1966), 327		
3	Eingereicht 21. Juni 1966	H. Haken et al.:"Quantum Theory of Noise in Gas and Solid State Lasers with an Inhomogeneously Broadened Line", Zs. für Physik **197** (1966), 207		
4	Eingereicht am 2.5.66; revidiert 24.10.1966; erschienen Januar 1967		M. Lax: „The Rate Equations and Amplitude Noise in Lasers", IEEE Journal of Quantum electronics **QE 3** (1967), S. 37	
5	Haken: eingereicht 14.2.1967 Scully: 9.2.1967	H. Haken, W. Weidlich, H. Risken:"Quantummechanical Solutions of the Laser Masterequation I", Zs. für Physik **201** (1967), 396 - 410		M. Scully, W. Lamb: „Quantum Theory of an Optical Maser. I. General Theory" (thesis Scully), Physical Review **159** (1967), 208
6	Lax: 2.5.1967; erschienen 12.11.1967 Haken: 3.5.1967;	H. Haken, W. Weidlich, H. Risken:"Quantummechanical Solutions of the Laser Masterequation II", Zs. für Physik **204** (1967), 223	M. Lax und W.H. Louisell: „QIX: Quantum Fokker-Planck Solution for Laser Noise", IEEE Journal of Quantum electronics **QE3** (1967), S. 47	
7	12.7.1966,revidiert 28.11.1966; publiziert 10.5.1967		M. Lax: „QX: Density Matrix Treatment of Field and Population Difference Fluctuations", Phys. Rev. **157**	

			(1967), S. 213	
8	eingereicht am 22.5.1967	H. Haken, H. Haug: "Theory of Noise in Semiconductor Laser Emission", Zs. für Physik **204** (1967), 262 – 275		
9	eingereicht am 30.5.1967	H. Haken et al.: "Theory of Laser Noise in the Phase Locking Region", Zs. für Physik **206** (1967), 369 - 393		
10	eingereicht am 10.7.1967	H. Haken, W. Weidlich, H. Risken: "Quantummechanical Solutions of the Laser Masterequation III", Zs. für Physik **206** (1967), 355		
11	Eingereicht 26.7.1967			M. Scully, W. Lamb: „Quantum Theory of an Optical Maser. II. Spectral Profile", Physical Review **166**(1968), 246
12	Eingereicht 31.1.1968			M. Scully, W. Lamb: „Quantum Theory of an Optical Maser. III. Theory of Photon Counting Statistics", Physical Review **179**(1969), 368
13	19.2.1968		M. Lax und H. Yuen: „QXIII: Six-Classical-Variable Description of Quantum Laser Fluctuations", Phys. Rev. **172** (1968), S. 362	
14	Eingereicht 6.4.1968	H. Haken, R. Graham: "Quantum Theory of Light Propagation in a Fluctuating Laser-Active Medium", Zs. für Physik **213** (1968), 420 -		

		450		
15	Eingereicht 4.5.1970			M. Scully, D. Kim, W. Lamb: „Quantum Theory of an Optical Maser. IV. Generalization to include Finite Temperature and Cavity detuning", Physical Review **A2** (1970),2529
16	Eingereicht 4.5.1970			M. Scully, D. Kim, W. Lamb: „Quantum Theory of an Optical Maser. V. Atomic Motion and recoil", Physical Review **A2** (1970),2529

f. Hermann Haken und die Stuttgarter Schule

Während Willis Lamb im Wesentlichen mit nur einem Doktoranden, Marlan Scully, und Melvin Lax mit zwei Kollegen, J.P. Gordon und W.H. Louisell an der Lasertheorie arbeiteten, gelang es Hermann Haken als neuem Ordinarius für Theoretische Physik an der *Technischen Hochschule* (später *Universität) Stuttgart* eine ganze Reihe von Kollegen, Doktoranden und Diplomanden in die Forschungsarbeiten einzubeziehen. Das führte dazu, dass die „Stuttgarter Laserschule" nahezu zeitgleich drei verschiedene Wege, die den Zugang zur Lasertheorie ermöglichen, beschreiten konnte. Es sind dies der Heisenberg-Ansatz mittels Langevin-Formalismus, der Schrödinger-Ansatz über die Dichtematrix-Gleichungen und der Weg über die Fokker-Planck-Gleichung. Die verschiedenen Wege stellte Haken in seiner grundlegenden Monographie[280] „Laser Theory" in einer synoptischen Übersicht dar, die wir in Abb. 6 (S. 91) wiedergeben.

Zunächst konnte Haken 1963 als ersten Assistenten Hannes Risken gewinnen. Dieser hatte in Aachen Physik studiert und dort 1962 mit einer Arbeit auf dem Gebiet der Festkörpertheorie „Zur Theorie heißer Elektronen in Many-Valley-Halbleitern" promoviert. Anschließend wechselte er im Rahmen eines DFG-Projektes nach Stuttgart, wo ihn Haken für das neue Gebiet der Lasertheorie begeistern konnte. Neben Wolfgang Weidlich wurde Risken zum wichtigsten Mitarbeiter Hakens in den Anfangsjahren seiner Stuttgarter Tätigkeit. Nachdem er in Stuttgart mit einer Arbeit „Zur Statistik des Laserlichtes" habilitiert hatte, nahm er im Jahre 1971 einen Ruf an die Universität Ulm an.[281]

1963 gab es mit Wolfgang Weidlich als Assistenten eine weitere wesentliche Verstärkung der Forschungstätigkeit in Stuttgart. Haken und Weidlich kannten sich bereits von der Universität Erlangen her, wo Weidlich nach der Habilitation von Haken und dessen Ernennung zum Privatdozenten seine Assistentenstelle übernommen hatte. 1959 ging Weidlich zwecks Promotion wieder zurück an seinen ursprünglichen Studienort Berlin und schloss diese 1962 mit einer Arbeit zur Quantenfeldtheorie ab.[282] Weidlichs wissenschaftlicher Lehrer, der theoretische Physiker Günther Ludwig, nahm kurz darauf, 1963, einen Ruf an die Universität Marburg an. Haken, der Weidlich fachlich und menschlich sehr schätzte und auf

[280] Haken, 1970.

[281] Zitiert nach Albrecht, 1997. S. 236, Fußnote 337 und Archiv-info des Deutschen Museums 1. Jg. Heft 1 (2000). Findbuch Nachlass Hannes Risken (1934-1994); Signatur NL 131.

[282] Wolfgang Weidlich: „Die inäquivalenten Darstellungen der kanonischen Vertauschungsrelationen in der Quantenfeldtheorie", Dissertation, FU Berlin 1962.

der Suche nach Mitstreitern war, nahm den Kontakt mit Weidlich auf. Haken erinnerte sich im Interview:

> „Herrn Weidlich kannte ich schon von einer gemeinsamen Assistentenzeit in Erlangen her. Er ging dann aber wieder zurück zu Professor Ludwig nach Berlin. Anfang der sechziger Jahre war dann wohl nicht klar, wie dort seine weitere berufliche Zukunft aussieht. Ich hatte Gott sei Dank eine Assistentenstelle in Stuttgart frei und nachdem ich Herrn Weidlich als Wissenschaftler und auch als Mensch sehr schätzte, habe ich [19]63 ihm diese Stelle angeboten, die er dann auch angenommen hat. [...]
> Er hat sich dann aber, mit Feuer und Flamme, in die Laserthematik eingearbeitet. Ich fing ja, von Amerika her kommend, 1960 hier an die Lasertheorie zu entwickeln und [...] hatten wir in meinem Dienstzimmer in der Azenbergstrasse ein Seminar. Weidlich und auch andere waren regelmäßige Teilnehmer an diesem Seminar. So kam dann unsere Zusammenarbeit zustande. Wir verfolgten die Thematik der quantenmechanischen Langevin-Gleichungen, Herr Risken, der auch schon erwähnt worden ist, interpretierte diese Arbeiten halbklassisch mit der Fokker-Planck-Gleichung und Weidlich führte dann einen eigenen Aspekt ein mit der Dichtematrix-Gleichung oder, wie diese auch heißt, mit der Master-Gleichung.“[283]

Haken war ja als Festkörpertheoretiker und Spezialist für Exzitonen an die TH Stuttgart geholt worden. So verwundert es nicht, dass die ersten Diplomanden auf diesem Gebiet arbeiteten.[284] Doch schon mit Herwig Sauermann (geb. 1938) konnte dann 1964 der erste Diplomand mit einem Thema aus der Laserphysik seine Prüfungen abschließen.[285] Die Zusammenarbeit mit Herwig Sauermann, der später bei Haken promovierte[286], bildete, wie im Kapitel 5d und 5e beschrieben, die Grundlage der Haken'schen Arbeiten über die halbklassischen Lasergleichungen. Sauermann war es ja auch, der auf den jeweiligen Sommerschulen in Varenna 1963 und Les Houches die Arbeiten der Stuttgarter Schule gegenüber den Amerikanern vertrat.

Im Jahre 1963 erhielt Haken zwei Rufe auf die Lehrstühle für Theoretische Physik an den Universitäten Münster und Bonn. Im Zuge der Bleibeverhandlungen, die

[283] Interview mit Hermann Haken am 16.11.2010, S. 6.

[284] Hartmut Haug:“ Zur Theorie der Linienform von Exzitonenabsorptionsspektren“, unv. Diplomarbeit TH Stuttgart 1963; Dieter Forster: „Theorie der Photon-Photon-Streuung in Kristallen“, unv. Diplomarbeit TH Stuttgart 1964; Roland Hübner: „Exzitonenspektrum in Cu2O mit und ohne äußere Felder“, unv. Diplomarbeit, TH Stuttgart 1964; Manfred Lang: „Der Zusammenhang zwischen Exziton und Plasmon in Isolatoren über einen gemeinsamen Grundzustand“, unv. Diplomarbeit TH Stuttgart 1965.

[285] Herwig Sauermann: „Zur Theorie des Lasers“, unv. Diplomarbeit TH Stuttgart 1964.

[286] Herwig Sauermann: „Theorie der Dissipation und Fluktuationen in einem Zwei-Niveau-System und ihre Anwendung auf den optischen Maser“, unv. Dissertation TH Stuttgart 1965; H. Sauermann, 'Dissipation und Fluktuationen in einem Zwei-Niveau-System (Dissertation)', *Zs. für Physik,* 188 (1965).

zum Jahresende abgeschlossen wurden, erreichte Haken es, dass die Mittel für wissenschaftliche Hilfskräfte (Diplomanden und Doktoranden) verdoppelt wurden und eine weitere permanente Assistentenstelle eingerichtet wurde.

Die bisherige Assistentenstelle wurde ab 1965 in eine Oberassistentenstelle umgewandelt und mit Risken besetzt. Zudem konnte Haken die Mittel für die Gastprofessorenstelle an einem Institut weiter aufstocken. Diese Gastprofessur war ihm eine Herzensangelegenheit.

Infiziert von seiner Erfahrung aus der Erlanger Zeit mit der Zusammenarbeit mit Walter Schottky und dessen Mitarbeitern am Siemens-Schuckert Forschungslaboratorium, sowie insbesondere den Eindrücken aus Amerika mit dem ständigen Austausch von Wissenschaft und Industrieforschung, war Haken der ständige Austausch mit anderen, an der Forschungsfront tätigen Wissenschaftlern, sehr wichtig. So hatte er schon in seinen Berufungsverhandlungen 1960 durchgesetzt, dass ihm Mittel für eine halbjährige Gastprofessur zugestanden wurden (was sehr ungewöhnlich war). Diese wurden 1963 dann auf 27.000 DM jährlich erhöht. So konnte er bis 1963 mit Prof. R. Haag von der *University of Illinois* und Prof. Y. Toyozawa von der *University of Tokyo*, sowie seinem Freund Wolfgang Kaiser renommierte Wissenschaftler nach Stuttgart einladen.

Kaiser, der zu den Pionieren der experimentellen Laserforschung an den Bell Laboratories zählte, nutzte in Absprache mit Haken und der Fakultät die Zeit, um seine Habilitation abzuschließen. Er wurde danach unmittelbar auf einen Lehrstuhl für Experimentalphysik an die *Technische Hochschule München* berufen. Hierzu Haken in einem Interview:

> „Er [Wolfgang Kaiser] hat auch in dem halben Jahr, wo er da war [als Gastprofessor], gleich zwei wichtige Arbeiten gemacht. Er hatte gleich zwei Diplomanden[287], das war ganz toll. Und dann hielt er einen Vortrag auf der Physikertagung. Da war Maier-Leibnitz[288] aus München, der hörte den Vortrag von Kaiser; der hat Kaiser dann gleich nach München geholt.“[289]

[287] Dieter Pohl: „Einige Untersuchungen über die Ausstrahlungseigenschaften von Festkörperlasern", unv. Diplomarbeit TH Stuttgart 1964.

[288] Heinz Maier-Leibnitz (1911 -2000), einflussreicher deutscher Kernphysiker und langjähriger Präsident der Deutschen Forschungsgemeinschaft. Inhabers des Lehrstuhls für Technische Physik an der Technischen Universität München. Emeritierung 1974.

[289] Interview H. Haken am 21.9.2010, hier S. 23.

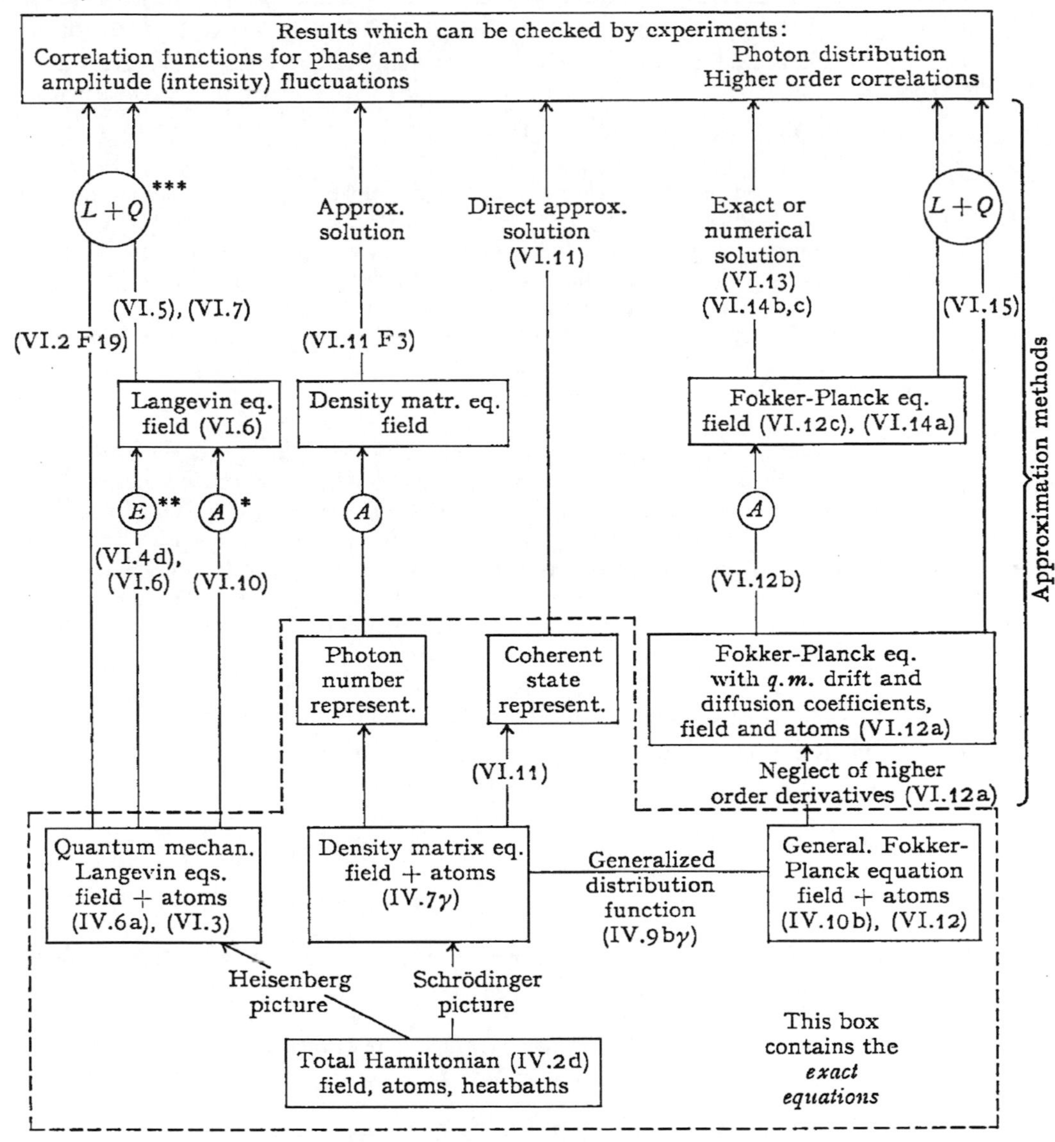

* *A* : adiabatic elimination of atomic variables.

** *E*: exact elimination of atomic variables.

Abb. 8: Darstellung der mathematischen Abhängigkeiten und Entwicklungswege in der quantisierten Lasertheorie. Alle 3 Wege wurden in der Stuttgarter Schule beschritten: Haken wählte meist den Heisenberg-Ansatz (Langevin-Gleichungen; Weidlich beschritt den Weg über die Dichtematrix bzw. Mastergleichung (Schrödinger-Bild); Risken wählte den Fokker-Planck – Ansatz. (aus (Haken, 1970).

Die Erhöhung der Mittel erlaubte es Haken, seine Forschungsarbeiten gezielt auszubauen. Mit Christhard Schmid, Robert Graham und Fritz Haake sowie Robert Hübner wurden neue fähige Diplomanden und Doktoranden gewonnen, die das Team um Haken, Risken und Weidlich verstärkten. Haken forcierte jetzt mit diesen Mitarbeitern den Ausbau der Arbeiten in Richtung auf eine vollquantisierte Lasertheorie. Wolfgang Weidlich erinnerte sich:

> „Ich hatte ja vorher mit der relativistischen Quantentheorie gearbeitet und zwar mit der zweiten Quantisierung – das war ja wichtig – dass man z.B. nicht bei der Dirac-Gleichung stehen blieb, sondern wusste, wie man übergeht zur 2. Quantisierung. Und dann hat man sofort das Vielteilchensystem drin. Das ist notwendig, wenn man echte Erweiterungen machen will. Also, die relativistische Art kannte ich schon vorher und nun war es eigentlich hier bei Haken sehr schön kennen zu lernen, dass er zum einen auch die zweite Quantisierung voll beherrschte. Vielleicht mehr im Sinne von Heitler.
>
> [...] das wusste Haken alles und er hatte sozusagen den Schlüssel, den meiner Meinung nach die Amerikaner in dem Sinne nicht hatten, um nun den Laser vorzunehmen und dann, mit der 2. Quantisierung, mit Erzeugungs- und Vernichtungsoperatoren, zu quantisieren. Einerseits die Atome, andererseits die Photonen – da ist ja die Relativistik schon von vornherein drin – und die Wechselwirkung dazwischen. Und auf einmal - im Heisenberg-Bild weiß man, wie man die Dynamik einführt - waren dann die Gleichungen da. Von heutiger Sicht aus gesehen war das ein „straight forward" Verfahren."[290]

Von 1963 bis 1970 publizierte die Stuttgarter Schule 58 Arbeiten zur Lasertheorie und verwandten Gebieten. Die Übersicht in Tabelle 5 zeigt die große Bandbreite der Arbeiten.

Tabelle 5: Verzeichnis der Arbeiten zur Laserphysik der Stuttgarter Schule 1963 – 1970

Nr.	Jahr	Autoren	Titel und Veröffentlichung
1	1963	H.Haken, H. Sauermann	„Nonlinear Interactions of Laser Modes ". Zs. für Physik **173** (1963), 261 - 275
2	1963	H.Haken, H. Sauermann	"Frequency shifts of Laser Modes". Zs. für Physik **176** (1963), 47 - 62
3	1963	H. Haken, E. Haken	"Zur Theorie des Halbleiterlasers". Zs. für Physik **176** (1963), 421-428
4	1964	H. Risken	"Calculation of laser modes in an active Perot-Fabry-Interferometer." Zeitschrift für Physik **180** (1964), 150-169
5	1964	H. Haken	"A Nonlinear Theory of Laser Noise and Coherence I". Zs.

[290] Interview mit W. Weidlich am 18.1.2011, hier S. 12.

			für Physik **181** (1964), 96 - 124
6	1964	H. Haken, H. Sauermann	“Theory of laser action in solid-state, gaseous and semiconductor systems”. in: (Miles, P.A. Hrsg.) Quantum electronics and coherent light, Proc. Int. Summerschool "Enrico Fermi" XXXI (1964), S. 111 - 155
7	1964	H. Haken	“Theory of Coherence of Laser Light”. Phys. Rev. Lett. **13** (1964), 329
8	1964	H. Haken, E. Abate	„Exakte Behandlung eines Laser-Modells“. Zs. für Naturforschung **19a** (1964), 857
9	1965	H. Haken	“A Nonlinear Theory of Laser Noise and Coherence II.” Zs. für Physik **182** (1965), 346 - 359
10	1965	W. Weidlich, F. Haake	“Coherence-properties of the Statistical Operator in a laser model”, Zeitschrift für Physik **185** (1965), 30-47
11	1965	H. Haken, Der Agobian, M. Pauthier	„Theory of Laser Cascades“.Phys. Rev. **140** (1965), A 437
12	1965	W. Weidlich, F. Haake	“Master-equation for the Statistical Operator of solid State laser”, Zeitschrift für Physik **186** (1965), 203-221
13	1965	H. Haken	„Der heutige Stand der Theorie des Halbleiterlasers“. Advances in Solid State Physics **4** (1965), 1 - 26
14	1965	H. Sauermann	„Dissipation und Fluktuationen in einem Zwei-Niveau-System“. Zeitschrift für Physik **188** (1965), 480-505
15	1966	H. Haken, W. Weidlich	“Quantum Noise Operators for the N-Level-System”. Zs. für Physik **189** (1966), 1 - 9
16	1966	H. Haken	“Theory of Noise in solid state, gas and semiconductor lasers”. IEEE Journ. of Quantum electronics **QE 2** (1966), 19
17	1966	H. Sauermann	„Quantenmechanische Behandlung des optischen Masers.“ Zeitschrift für Physik **189** (1966), 312-334
18	1966	C. Schmid, H. Risken	“The Fokker-Planck equation for quantum noise of the AZ-level System .” Zeitschrift für Physik **189** (1966), 365-384
19	1966	H. Haken	“Theory of Intensity and Phase Fluctuations of a Homogeneously Broadened Laser”. Zs. für Physik **190** (1966), 327
20	1966	H. Risken	“Correlation function of the amplitude and of the intensity fluctuation for a laser model near threshold.” Zeitschrift für

			Physik **191** (1966), 302-312
21	1966	H. Risken, C. Schmid, W. Weidlich	„Quantum fluctuations, master equation and Fokker-Planck equation." Zeitschrift für Physik **193** (1966), 37-51
22	1966	H. Risken, C. Schmid , W. Weidlich	„Fokker-Planck equation. Distribution and correlation functions for laser noise". Zeitschrift für Physik **194** (1966), 337
23		H. Haken, V. Arzt, H. Risken, H. Sauermann, Ch. Schmid and W. Weidlich	"Quantum Theory of Noise in Gas and Solid State Lasers with an Inhomogeneously Broadened Line". Zs. für Physik **197** (1966), 207
24	1967	R. Bonifacio, F. Haake	"Quantum mechanical masterequation and Fokker-Planck equation for the damped harmonic oscillator". Zeitschrift für Physik **200** (1967), 526-540
25	1967	H. Risken, H. D. Vollmer	"The influence of higher order contributions to the correlation function of the intensity fluctuation in a Laser near threshold." Zeitschrift für Physik **201** (1967), 323-330
26	1967	H. Haken, W. Weidlich, H. Risken	"Quantummechanical Solutions of the Laser Masterequation I". Zs. für Physik **201** (1967), 396 - 410
27	1967	H. Haken, W. Weidlich, H. Risken	"Quantummechanical Solutions of the Laser Masterequation. II". Zs. für Physik **204** (1967), 223
28	1967	H. Risken , H. D. Vollmer	"The transient Solution of the laser Fokker-Planck equation." Zeitschrift für Physik **204** (1967), 240-253
29	1967	H. Haken, H. Haug	"Theory of Noise in Semiconductor Laser Emission". Zs. für Physik **204** (1967), 262 - 275
30	1967	H. Haken, W. Weidlich	"A theorem on the calculation of multi-time-correlation functions by the single-time density matrix". Zs. f. Physik **205** (1967), 96 - 102
31	1967	H. Haken, W. Weidlich, H. Risken	"Quantummechanical Solutions of the Laser Masterequation. III". Zs. für Physik **206** (1967), 355 - 368
32	1967	H. Haken	"Dynamics of Nonlinear Interaction between Radiation and Matter". In: "Dynamical Processes in Solid State Optics" (ed. R. Kubo and H. Kamimura), Syodabo, Tokyo and W.A. Benjamin, Inc. New York , S. 168 - 194
33	1967	H. Haken, H. Sauermann, Ch.	"Theory of Laser Noise in the Phase Locking Region". Zs. für Physik **206** (1967), 369 - 393

		Schmid, H.D. Vollmer	
34	1968	H. Haken, R. Graham	“Theory of Quantum Fluctuations of Parametric Oscillator”. IEEE Journ. of Quantum Electronics **QE4** (1968), 345
35	1968	H. Haken, M. Pauthier	“Nonlinear Theory of Multimode Action in Loss Modulated Lasers”. IEEE J. of Quantum Electronics **QE4** (1968), 454
36	1968	H. Haken, R. Graham	“The Quantum Fluctuations of the Optical Parametric Oscillator. I”. Zs. für Physik **210** (1968), 276 - 302
37	1968	R. Graham	“The quantum-fluctuations of the optical parametric oscillator II “. Zeitschrift für Physik **210** (1968), 319-336
38	1968	H. Haken	“Exact Stationary Solution of a Fokker-Planck Equation for Multimode Laser Action”. Physics Letters, **27A** (1968), 190
39	1968	R. Graham	“Photon statistics of the optical parametric oscillator including the threshold region. Transient and steady State Solution”. Zeitschrift für Physik **211** (1968), 469-482
40	1968	H. Haken	“Exact generalized Fokker-Planck equation for Arbitrary Dissipative Quantum Systems”. Physics Letters **A28** (1968), 286
41	1968	H. Haken, R. Graham, F. Haake, W. Weidlich	“Quantum Mechanical Correlation Functions for the Eletromagnetic Field and Quasi-Probability Distribution Functions”. Zs. für Physik **213** (1968), 21 - 32
42	1968	H. Haken, R. Graham	“Quantum Theory of Light Propagation in a Fluctuating Laser-Active Medium”. Zs. für Physik **213** (1968), 420 - 450
43	1968	K. Kaufmann, W. Weidlich	”Mode interaction in a spatially inhomogeneous laser”. Zeitschrift für Physik **217** (1968), 113-127
44	1969	H. Haken	“Exact Stationary Solution of a Fokker-Planck Equation for Multimode Laser Action Including Phase Locking”. Zs. für Physik **219** (1969), 246 - 268
45	1969	H. Haken, R. Graham	“Analysis of Quantum field statistics in Laser media by means of functional stochastic equations”. Physics Letters **A29** (1969), 530
46	1969	H. Haken	“Exact Generalized Fokker-Planck equation for Arbitrary Dissipative and Nondissipative Quantum Systems”. Zs. für Physik **219** (1969), 411 - 433
47	1969	F. Haake	“On a non-Markoffian master equation I. Derivation and general discussion”. Zeitschrift für Physik **223** (1969), 353-

48	1969	F. Haake	„On a non-Markoffian master equation. Application to the damped oscillator." Zeitschrift für Physik **223** (1969), 364-377
49	1969	F. Haake	„Non-Markoffian effects in the laser". Zeitschrift für Physik **227** (1969), 179-194
50	1970	H. Haken	"Theory of Multimode Effects including Noise in Semiconductor lasers". IEEE J. of Quantum Electronics **QE6** (1970) , 325
51	1970	H. Haken, R. Graham	"Functional Fokker-Planck Treatment of Electromagnetic Field Propagation in a Thermal Medium". Zs. für Physik **234** (1970), 193 - 206
52	1970	H. Haken, R. Graham	"Functional Quantum Statistics of Light Propagation in a Two-Level System". Zs. für Physik **235** (1970), 166 - 180
53	1970	H. Haken, R. Graham, W. Weidlich	"Flux Equilibria in Quantum Systems far away from Thermal Equilibrium". Physics Letters **32A** (1970), 129
54	1970	H. Haken	„Laserlicht - Ein neues Beispiel für eine Phasenumwandlung?". Schottky's Festkörperprobleme **X**, Pergamon, Vieweg 1970, S. 351 - 365
55	1970	H. Haken, R. Graham	"Laserlight - First Example of a Second-Order Phase Transition Far Away from Thermal Equilibrium". Zs. für Physik **237** (1970), 31 - 46
56	1970	H. Haken	"Laser Theory". Handbuch der Physik (Flügge, S. Hg.) Band XXV/2C. Springer,Berlin New York 1970.
57	1970	H. Haken, R. Graham	"Microscopic Reversibility, Stability and Onsager Relations in Systems far from Thermal Equilibrium". Physics Letters **33A** (1970), 335
58	1970	H. Haken	"Quantum Fluctuations in Nonlinear Optics". Opto-Electronics **2** (1970), 161 - 167

Im Jahr 1965 übernahm Hermann Haken die Aufgabe, für die Neuauflage des renommierten *Handbuch für Physik* einen Band über Lasertheorie zu schreiben. Der Anspruch von Haken war es, eine umfassende Darstellung aller Grundlagen der Lasertheorie in den Stufen „Ratengleichungen – Halbklassische Theorie – Quantenmechanische Lasertheorie“ unter Hinzuziehung der Originalarbeiten zu entwickeln.

Dies stellte sich als ein sehr zeit- und kräfteraubendes Unterfangen heraus und beanspruchte Haken und seine Mitarbeiter in den Jahren 1966 und 1967 sehr. Weidlich erinnerte sich nachträglich:

> „Um den Band verantwortungsbewusst zu verfassen, bestellte Hermann Haken die Kartei über die inzwischen erschienenen Originalarbeiten über den Laser. Sie umfasste inzwischen 6.000 Arbeiten, und monatlich kamen etwa 100 dazu. Das haut natürlich auch den Stärksten (fast) um!

Trotz Beschränkung auf das Wichtigste, wozu seine eigenen Arbeiten und die der Stuttgarter Laserschule gehörten, darunter etwa 25 Doktorarbeiten, hörte er beim Schreiben des Buches nicht auf seine Frau und trank Nacht für Nacht zuviel Kaffee, bis sich eine „vegetative Dystonie“, der vornehme Ausdruck für „Erschöpfung“, einstellte. Aber seine starke Natur und die erholsame Umgebung des Schwarzwaldes machten es möglich: Hermann Haken erholte sich ziemlich schnell!“[291]

Die „Kartei über die Originalarbeiten“ umfasste vor allem vier Werke: Den Sammelband “*Laser Literature“ – A permuted Bibliography 1958 – 1966*“ von Edward Ashburn[292], dessen Inhalt in sechs Veröffentlichungen im „*Journal of the Optical Society of America*“ in der Zeit vom Mai 1963 bis zum Januar 1967 erschienen waren; die „*Laser Abstracts*“ von A. Kamal[293], „*The Laser Literature–An Annotated Guide*“ von K. Tomiyasu[294], sowie das Buch „*Laser – Lichtverstärker und –Oszillatoren*“ von Dieter. Röss.[295]

---

[291] W. Weidlich in seiner „Laudatio inofficialis. Unveröffentlichtes Manuskript anlässlich des 80. Geburtstages von Hermann Haken. (Archiv Haken).

[292] Edward Ashburn, *Laser Literature - A permuted Bibliography 1958 - 1966*, (1967).

[293] A. Kamal, *Laser Abstracts*, (1964).

[294] Kiyo Tomiyasu, *The Laser Literature - an annotated guide*, (1968).

[295] Dieter Röss, *Laser - Lichtverstärker und -Oszillatoren (incl. Bibliographie mit 3140 Einträgen)*, (1966).

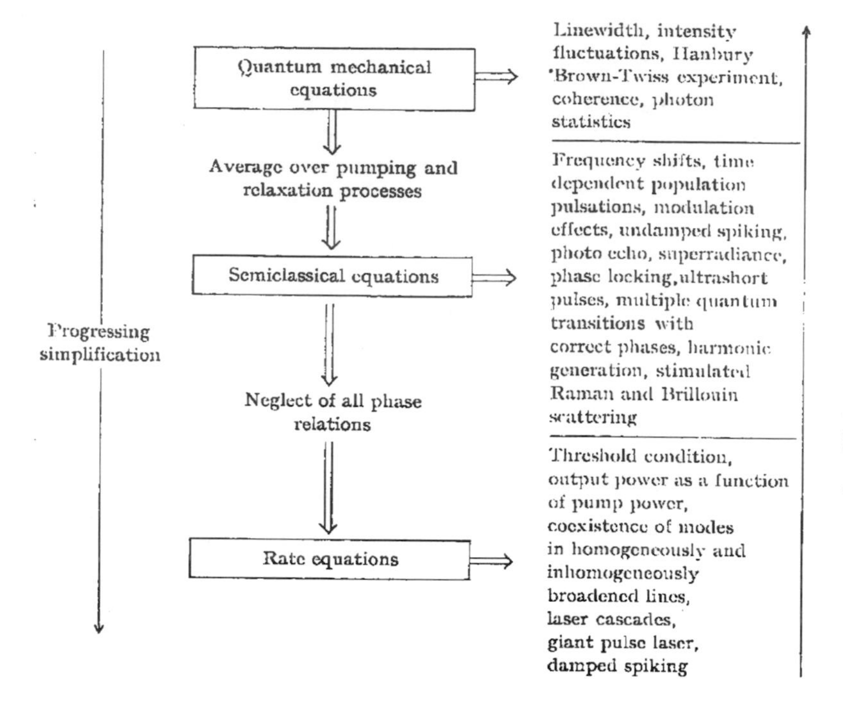

Abb. 9: Hakens Übersicht über den Zusammenhang der verschiedenen Exaktheit der Theorieansätze und die damit jeweils berechenbaren, messbaren Effekte.[296]

Während Haken am Handbuch arbeitete erreichte ihn ein Ruf auf den Lehrstuhl für Theoretische Physik der Universität München.[297] Die Bleibeverhandlungen ermöglichten es ihm, sein Institut personell und finanziell weiter auszubauen. Neben einer weiteren Akademischen Ratsstelle und erhöhten Mitteln für die Gastprofessur konnte eine neue Professur für Theoretische Festkörperspektroskopie mit zwei Assistenten eingerichtet werden. Zur selben Zeit, im Sommer 1966, wurde aufgrund der Hochschulreform ein zweiter Lehrstuhl für Theoretische Physik an der TH Stuttgart eingerichtet, auf den Wolfgang Weidlich berufen wurde. Durch diese positiven Veränderungen wurde Haken in die Lage versetzt, seine besonders befähigten Mitarbeiter wie Risken, Graham, Haake,

[296] Haken, 1970. S. 8.
[297] Personalakte Hermann Haken; Universität Stuttgart.

Sauermann und Weidlich mit angemessenen Stellen zu versorgen und sie so an sein Institut zu binden.

Die vielfältigen Aktivitäten in diesem Jahr forderten schließlich ihren Tribut. Neben den aufreibenden Berufungsverhandlungen war Haken ja, neben seinen Vorlesungen, im April auf der 4. Quantum Electronics Konferenz in Arizona (USA) gewesen, hatte dann im August in Japan Vorlesungen gehalten und stürzte sich anschließend auf die Arbeiten am Handbuch für Physik. Dies überstieg schließlich seine körperlichen Kräfte. Im Winter 1966 musste er eine mehrwöchige „Zwangspause" einlegen und konnte deshalb das Manuskript nicht vollständig fertig stellen.

Um das Handbuch-Manuskript abzuschließen, beantragte Haken für das Sommersemester 1967 ein Freisemester.

> „Hiermit bitte ich, mir für das kommende Sommersemester ein Forschungsfreisemester bei Fortzahlung der vollen Bezüge zu gewähren. [...] Ich habe seit September 1960 meinen Lehrstuhl an der Technischen Hochschule Stuttgart inne und bisher trotz mehrerer Angebote auf auswärtige Gastprofessuren noch keinen Gebrauch von dem Forschungsfreisemester gemacht. Ich bin nun seit einiger Zeit damit beschäftigt, einen Handbuchartikel über den Laser abzufassen und habe hierbei durch meine starke Inanspruchnahme den mit dem Verlag vereinbarten Termin bei weitem überschritten. Außerdem bin ich bei meinen Forschungen über den Laser ebenfalls stark in Verzug geraten. Aus beiden Gründen bin ich dringend darauf angewiesen, mich im Sommersemester ausschließlich diesem Handbuchartikel und diesen Arbeiten widmen zu können."[298]

Dieser Antrag wurde vom zuständigen Leiter der Abteilung für Mathematik und Physik unterstützend an den Dekan der Fakultät für Natur- und Geisteswissenschaften weitergeleitet, wobei dieser ergänzte:

> „Herr Haken hat es zwar ausdrücklich vermieden, als Begründung für seinen Antrag seine Krankheit ins Feld zuführen. Jedoch sollte man bei dessen Beurteilung auch berücksichtigen, daß Herr Haken in diesem Semester einen schweren Zusammenbruch infolge Kreislaufstörungen und Überarbeitung erlitt, von dem er sich noch nicht ganz erholt hat."[299]

Nachdem der Antrag zunächst abgelehnt wurde, gab man dem Ersuchen nach einer erneuten Intervention von W. Weidlich schließlich statt.[300]

Sofort nach seiner Rekonvaleszenz im Frühjahr 1967 arbeitete Haken dann zunächst mit Weidlich und Risken an dem grundlegenden Artikel *„Quantum-*

---

[298] Schreiben an die TH Stuttgart vom 8.2.1967; Personalakte Haken.

[299] Schreiben vom 16.2.1967; Personalakte Haken.

[300] Schreiben von W. Weidlich an Reg. Dir. Kammerer vom 10.4.1967; Personalakte Haken.

mechanical Solutions of the Laser Masterequation", der in drei Folgen im selben Jahr in der *Zeitschrift für Physik* erschien.

1967 erschienen auch die Arbeiten von Melvin Lax sowie von Marlan Scully und Willis Lamb, womit sich eine erste Konsolidierungsphase in der quantisierten Lasertheorie andeutete, die schließlich im Jahre 1968 erreicht wurde.

g. Die Synopse der Lasertheorie in Buchform ca. 1970

Wie wir im vorigen Kapitel zeigen konnten, lagen die wesentlichen Ergebnisse der quantenmechanischen Lasertheorie Mitte des Jahres 1968 vor. Hermann Haken hatte das Manuskript für das Handbuch „*Laser Theory*" endgültig im Februar 1969 fertig gestellt. Die krankheitsbedingte Verzögerung hatte auch etwas Gutes: so konnte er noch die neuesten Entwicklungen der Jahre 1967 und 1968 einarbeiten:

> „The main part of the present article had been completed in 1966, when I became ill. I have used the delay to include a number of topics which have developed in the meantime, e.g. the Fokker-Planck equation referring to quantum systems and the theory of ultrashort pulses."[301]

Das Manuskript für das Laser-Handbuch war jedoch im Wesentlichen schon Anfang 1967 fertig. Dies bestätigte auch Robert Graham, der die Situation in einem Interview schilderte:

> „Als ich Diplomarbeit machte [im Ws 1966/1967], da wurde Haken ja schwer krank. ... Der[Handbuch – Artikel Laser Theory] lag in einer ersten Fassung – also so grob abgezogen – schon vor, damit konnte ich sozusagen anfangen. Das hat er [Haken] mir gegeben, schon als ich die Diplomarbeit anfing. Da musste ich mich natürlich erst ein bisschen „durchackern". Das war das Erste, was ich da gelernt habe[302]".

Schon etwas vorher hatte sich Melvin Lax aus dem Rennen verabschiedet. Die erste große Zusammenfassung seines Werkes findet sich in den „*Brandeis Lectures on Statistical Physics, Phase Transition und Superfluidity*" von 1968.[303] Diese Sommerschule in Theoretischer Physik wurde im Juni und Juli 1966 an der *Brandeis University* in Waltham/Boston (Massachusetts) durchgeführt. In seinem mehr als 200 seitigen „Artikel" fasst Lax die Ergebnisse seiner sechs „noise"- und bis dahin - zwölf

[301] Haken, 1970. Vorwort.

[302] Interview mit Robert Graham am 29.3.2011 in Essen. (Archiv Haken (Universitätsarchiv Stuttgart)).

[303] Melvin Lax, 'Fluctuations and Coherence Phenomena in classical and quantum physics', in *Statistical Physics, Phase Transition and Superfluidity Vol. 2,* (1968).

Artikel „on quantum-noise" zusammen.[304] Da der jüngste Literaturnachweis sich auf den Band 172 der *Physical Review* bezieht, der erst im Januar 1968 erschien, kann das Manuskript nicht vor diesem Datum abgeschlossen worden sein. In seinem Vergleich mit den konkurrierenden Schulen kommt Lax zu einem moderierenden Fazit[305]:

> „Lamb and Scully made a calculation of the density matrix field + atoms and adiabatically eliminated the atoms at the start. [...] When our equation [...] is translated into an equation for the density matrix [...] we find (see for example QX) complete agreement with corresponding equations of Scully and Lamb. [...] Haken and coworkers have introduced a quantum Langevin procedure similar to ours. However, they proceeded to introduce a classical Fokker-Planck equation which ignores the commutators. [...] Risken repeated this work for the lowest four modes obtaining results in excellent agreement with ours.
> In summary, no disagreements seem to remain, in the discussion of noise and coherence in masers [optical masers = laser]. Our work, moreover, provides a bridge between the Lamb-Scully and Haken treatments."

Dieser umfangreiche Review-Artikel stellt so etwas wie ein Vermächtnis von Lax auf dem Gebiet der Fluktuation und der Kohärenz dar, denn er wandte sich anschließend wieder vermehrt Problemen des Phononentransportes in der Festkörperphysik zu. Dieses Gebiet wurde experimentell ausführlich bei den *Bell Laboratories* bearbeitet und besaß für die Halbleiterphysik große Bedeutung. Lax nahm dann, nachdem er 16 Jahre bei den *Bell Labs* tätig gewesen war, 1971 einen Ruf auf einen Professur am *City College* der *New York City University* an.

Seinem langjähriger Mitarbeiter William H. Louisell blieb es vorbehalten, die Ergebnisse ihrer gemeinsamen Arbeit in einer Monographie, die 1973 erschien, festzuhalten[306]. Im Vorwort des Werkes mit dem Titel "*Quantum Statistical Properties of Radiation*" schrieb er:

> „The invention of the laser was directly responsible for a tremendous development in the field of nonequilibrium quantum statistical mechanics. Although many people have made important contributions, W. E. Lamb, Jr., of Yale University, H. Haken of the Technische Hochschule in Stuttgart, Germany, and M. Lax of Bell Telephone Laboratories and City College of New York and their collaborators have been the trail blazers."

Als letztes Buch erschien dann ein Jahr später (1974), das zusammenfassende Werk von Lamb, Scully und Sargent III mit dem Titel „*Laser Physics*"[307]. Als Lehrbuch

---

[304] Siehe Übersicht der Artikel von M. Lax zu diesem Thema auf S. 78 und 79 dieser Arbeit.
[305] Lax, 1968. S. 295-296.
[306] William H. Louisell, *Quantum statistical properties of radiation*, (1973).
[307] M. Sargent III, M. Scully, und W. Lamb, *Laser Physics*, (1974).

konzipiert gewann es vor allem im englischsprachigen Raum große Bedeutung. Es erlebte innerhalb von drei Jahren drei Auflagen und gilt insbesondere in Amerika als das Standardwerk zur Lasertheorie. Anders als Haken in seinem Handbuch geben die Autoren nur wenige Verweise auf die Originalliteratur, um das Lehrbuch für Studenten nicht zu überfrachten. Dies begründeten sie im Vorwort:

> „[...] The laser theory discussed in this book tends to follow the approaches of the Lamb school. Parallel work of the Bell Telephone Laboratories group has been presented in the book by W. H.Louisell, "Quantum Statistical Properties of Radiation", (John Wiley & Sons, New York, 1973), while H. Haken's contribution, "Laser Theory," in Encyclopedia of Physics, Vol. XXV/2c, edited by S. Flügge, Springer-Verlag, Berlin, 1970; also Chap. 23 in Laser Handbook, gives a very complete account of the Stuttgart work.
> In keeping with the text format, no uniform attempt is made to assign credit to the original papers."

Neben diesen drei umfassenden Monographien der führenden Lasertheoretiker war schon im Jahre 1972 mit der Herausgabe des mehrbändigen „*Laser Handbook*" begonnen worden[308]. Dieses Werk, das auf eine Anregung von Hermann Haken zurückging,[309] versuchte sowohl theoretische wie auch experimentelle Fakten rund um den Laser umfassend zu behandeln. Haken schrieb dabei den Artikel „The Theory of coherence, noise and photon statistics of laser light" während Sargent III und Scully die „Theory of Laser Operation" behandelten.

Die Anerkennung der Leistungen Hakens und der Stuttgarter Schule durch die Amerikaner drückte sich nicht zuletzt darin aus, dass Haken in das Programm-Komitee der im Jahre 1973 abgehaltenen 3. Rochester-Konferenz "*Coherence and Quantum Optics*" aufgenommen wurde. Diesem gehörten, neben anderen, auch Nicolas Bloembergen und Melvin Lax an.

---

[308] F. Arecchi und E. (eds.) Schulz-Dubois, *Laser Handbook* (1972).
[309] Arecchi und Schulz-Dubois, 1972. Vol. 1 Seite XI.

h. Zusammenfassung der Arbeiten zur Lasertheorie

Die Geschichte der Entwicklung der Lasertheorie ist bisher nicht im Detail nachgezeichnet worden. In den beiden umfangreicheren vorliegenden Gesamtdarstellungen der Geschichte des Lasers von Bromberg und Bertolotti[310] wird sie nahezu vollkommen ausgeklammert. Nicht nur, dass Hermann Haken und die Stuttgarter Schule mit keinem Wort erwähnt werden, auch die amerikanischen Theoretiker wie Lax, Louisell und Scully werden ignoriert. Nach diesen Darstellungen entwickelte sich der Laser rein experimentell, unabhängig von theoretischen Überlegungen. Das kann natürlich nicht so gewesen sein, da viele Lasereffekte nur quantenmechanisch zu verstehen sind und insbesondere bei Präzisionsmessungen in der Spektroskopie eine entscheidende Rolle spielen.

Wie wir gesehen haben geht auch der lapidare Hinweis von Bertolotti in seiner Arbeit von 1983:[311]

> „ Later, in 1966, Lamb et al. finally established the quantum theory of lasers"

völlig in die Irre.

Führt man sich die zeitliche Entwicklung der Lasertheorie, wie wir sie in der vorliegenden Arbeit aufgezeichnet haben, noch einmal im Zeitraffer vor Augen, so zeigen sich vier unterschiedliche Stufen.

Die wichtigen und wesentlichen Vorarbeiten wurden in der Maserforschung insbesondere von Townes und Schawlow sowie den russischen Physikern Basov und Prokhorov geprägt. Den entscheidenden Anstoß, sowohl theoretisch wie experimentell, gaben dabei Townes und Schawlow mit ihrer grundlegenden Arbeit von 1958.[312] Nach dem Nachweis des Laser-Effektes durch Theodore Maiman und der nachfolgenden Bestätigung an verschiedenen Laboratorien konzentrierten sich die theoretischen Bemühungen zunächst auf klassische Ratengleichungen, wobei die jeweilige Besetzungsdichte der Atomniveaus eine zentrale Rolle spielte.

In den Jahren 1962 bis 1964 entwickelten Willis Lamb jr. und Hermann Haken unabhängig voneinander und nahezu zeitgleich eine semi-klassische Lasertheorie, die anschließend auf verschiedenen Konferenzen und „Sommerschulen" bekannt gemacht und diskutiert wurden.

---

[310] Bromberg, 1991. Bertolotti, 2005.
[311] Bertolotti, 1983. S. 238.
[312] Schawlow und Townes, 1958. (Schawlow, et al., 1958).

Einen entscheidenden Schritt hin zur vollquantisierten Lasertheorie unternahm 1964 dann Hermann Haken, der auf den wichtigen Unterschied im Ausstrahlungsverhaltens eines Lasers unterhalb und oberhalb der Laserschwelle hinwies und diesen erklären konnte. Mit seinen Kollegen und Schülern untersuchte Haken dann in dichter Folge die verschiedenen Aspekte des Laserverhaltens insbesondere an und oberhalb der Schwelle und deren Auswirkungen auf Linienbreite, Fluktuationen und Photonenzahl.

In diesen zeitlichen Wettbewerb eingebunden waren die Bell Lab Theoretiker Melvin Lax und William Louisell, die in den Jahren zuvor wichtige Beiträge zur Theorie des Rauschens (*noise*) und der Fluktuationen geleistet hatten und diese jetzt auf den Laser anwandten, wo sie besondere Bedeutung erlangten. Parallel dazu entwickelten sich die Gebiete der nichtlinearen Optik durch Nicolas Bloembergen und Emil Wolf und seinen Kollegen an der *Rochester University* sowie die Theorie der kohärenten Strahlung, die ganz entscheidend durch Roy Glauber vorangebracht wurde. In den siebziger und achtziger Jahren konvergierten diese Bemühungen, da die mathematischen Methoden zur Beschreibung dieser quantenmechanischen stochastischen Effekte sich sehr ähnlich sind und zum Gebiet der nichtlinearen Quantenoptik zusammenflossen.

Analysiert man die zeitliche Abfolge, wie wir dies auf den Seiten 85 bis 87 dokumentiert haben, so wird die von Hermann Haken gemachte Aussage verständlich:

> „Es war damals schon ein harter Konkurrenzkampf ... Aber man muß wirklich deutlich sagen, und darauf sind wir nach wie vor stolz, dass wir in Stuttgart immer die Ersten waren, die die Theorien veröffentlicht haben, was die Amerikaner nicht so gerne oder gar nicht anerkennen.“[313]

Die Stuttgarter Schule um Haken, Risken und Weidlich publizierte stets einige Monate vor den konkurrierenden amerikanischen Gruppen, wobei es allerdings oft zwischen Einreichung eines Artikels, dessen Revision und der letztendlichen Veröffentlichung zu zeitlichen Überschneidungen kam.

[313] Zitiert nach Albrecht, 1997. S. 241.

Vollends einzigartig an der Stuttgarter theoretischen Laserschule war allerdings die Breite der Behandlung der Lasertheorie in den drei möglichen Ansätzen nach dem Heisenberg-Modell, der Dichte-Matrix oder Master equation und mit der Fokker-Planck Gleichung. Dies ist sicher auf das ungewöhnliche Zusammentreffen dreier Physiker wie Haken, der aus der Exzitonenforschung der Festkörperphysik kam, Weidlich, der das mathematische Handwerkszeug der grundlagengeprägten quantisierten Quantenelektrodynamik aus Berlin mitbrachte und Risken, dessen Spezialgebiet die Fokker-Planck Gleichung wurde, zurück zu führen. Etwas Vergleichbares gab es in Amerika nicht.

Fragen wir uns, warum diese Forschungen und Ergebnisse der Stuttgarter Schule um Haken in der Folgezeit in ihrer Breite nicht so wahrgenommen wurden, so sind wir auf Vermutungen angewiesen. Ein nicht zu unterschätzender Faktor dürfte die zusammenfassende Publikationsform gewesen sein. Haken veröffentlichte seine ausführliche und gewissenhaft zitierende Übersicht in einem Band der Neuauflage des „*Handbuch der Physik*". Solche Handbücher sind in der Regel teuer und stehen in Bibliotheken normalerweise nicht für Ausleihen zur Verfügung. Sie sind damit für Studenten eher schwer zugänglich, jedenfalls lernt man als Student nicht danach. Scully, Sargent III und Lamb publizierten ein Werk in englischer Sprache, das ausdrücklich für die Lehre konzipiert wurde, wodurch sie eine große Verbreitung fanden. Obwohl sie im Vorwort korrekt auf die anderen Theorieschulen hinwiesen, ging diese Erkenntnis bei den Nutzern des Buches im Laufe des Studiums wohl verloren.

Betrachtet man die Originalliteratur, so fällt auf, dass in den Anfangsjahren in einer maßgeblichen amerikanischen Bibliographie die *Zeitschrift für Physik* nicht erfasst und somit die darin enthaltenen Artikel auch nicht zitiert wurden.

Dabei bildeten die Arbeiten von Kiyo Tomiyasu [314] die Grundlage für fünf umfassende Bibliographien, die von 1965 bis 1967 im wichtigen „*IEEE Journal of Quantum Electronics*" abgedruckt wurden. Forscher, die sich hiermit über die Entwicklung der Laserforschung auf den Laufenden hielten, bekamen somit die Entwicklungen in Stuttgart nicht mit.

[314] Tomiyasu, 1968.

In Fachkreisen wurden die Arbeiten von Haken und seinen Mitstreitern ab Anfang der siebziger Jahre aber sehr wohl wahrgenommen, was sich nicht zuletzt auch in der Vielzahl der Berufungen der Schüler auf Lehrstühle für Theoretische Physik niederschlug.

Insbesondere Fritz Haake und Robert Graham leisteten über die Jahre bedeutende Beiträge zur Quantenoptik und Stochastik, wofür Graham die höchste Auszeichnung der *Deutschen Physikalischen Gesellschaft*, die Max Planck Medaille[315] verliehen wurde.

Für Hermann Haken stellte die Lasertheorie eine entscheidende Weichenstellung für sein weiteres Forschungsprogramm dar. Die Erkenntnis, dass sich beim Laser das Ausstrahlungsverhalten unterhalb und oberhalb der Laserschwelle grundlegend unterschied, führte ihn Ende der sechziger Jahre zur Erkenntnis, dass der Laser ein paradigmatisches Beispiel für einen Phasenübergang darstellt[316].

Dies führte ihn zur intensiven Beschäftigung mit der Theorie selbstorganisierender Prozesse fern ab vom thermodynamischen Gleichgewicht, wie sie in der Natur häufig vorkommen und er begründete die „neue Wissenschaft" der Lehre von der Synergetik, einem Kunstwort, das soviel wie „Lehre vom Zusammenwirken" bedeutet.

Aber auch hier galt stets, dass der „Laser – trailblazer of synergetics" war, wie er es auf einem Vortrag auf der 4. Rochesterkonferenz im Jahre 1977 nannte[317].

---

[315] Haken hatte die Max Planck Medaille bereits 1990 erhalten.

[316] R. Graham und H. Haken, 'Laserlight - First Example of a Second-Order Transition Far Away from Thermal Equilibrium', *Zeitschrift für Physik,* 237 (1970).

[317] in:L. Mandel und E. Wolf, *Coherence and Quantum Optics (=Proc. of the 4th Rochester Conference),* (1978). S. 49 - 62.

5. Anfangsjahre der Synergetik: 1970 – 1978

Mit der Erarbeitung des Rohmanuskriptes des Bandes „*Laser Theory*“ für das Handbuch der Physik hatte sich Hermann Haken körperlich übernommen. Dies führte im Wintersemester 1966/67 zu einem krankhaften Erschöpfungszustand, so dass er für einige Wochen seinen Lehrverpflichtungen nicht nachkommen konnte. Zwar erholte er sich relativ schnell in der Kurklinik Bühlerhöhe bei Baden-Baden[318], aber es schien ihm ratsam, nach sechs intensiven Forschungsjahren, ein Freisemester zur Fertigstellung des Buches zu beantragen. In dieser Zeit kam es zu einem ersten intensiveren Kontakt Hakens außerhalb der Festkörper- und Laserphysik, der nicht ohne Einfluß auf seine weiteren Forschungen bleiben sollte. Es ging bei diesen Veranstaltungen um die Frage des Erklärungs-Zusammenhanges zwischen der Physik und der Biologie; einer Frage mit langer philosophischer Tradition.

5.a Die Versailler Konferenzen von 1967 bis 1979

Die später sogenannten „Versailler Konferenzen“ wurden von dem französischen Arzt Maurice Marois[319] und dem französischen Adeligen Francois de Clermont-Tonnerre begründet, wobei Marois die treibende Kraft war. Ausgangspunkt war im Jahre 1960 die Errichtung des *Institut de la Vie*[320], das sich zum Ziel gesetzt hatte[321]

1. To stimulate the interest of scientifical, philosophical, spiritual and political circles, the interest of statemen and other persons of responsibility in labour and economic fields, and the interest of the public in general in the problems raised by the maintenance and the development of Life, and primarily, of human Life.

2. To conduct research and study, and to facilitate exchanges of ideas concerning the problems of life between persons of different disciplines and cultures, to promote a scientific approach of all the

[318] Hermann Haken, private Mitteilung.

[319] Maurice Marois (1922 – 2004), französischer Arzt. Begründer des *Institut de la Vie*. Biographische Daten und Überblick über sein Werk finden sich im Internet unter http://www.mauricemarois.net/Textes/biographie/index.html, abgerufen am 20.03.2013.

[320] Maurice Marois, *Institut de la Vie - Documents pour l'histoire*, (1998).

[321] Maurice Marois, *Documents for History - Life and Human Destiny*, (1997). S. 35.

questions concerning life and to analyse their implications in economic, ethical and educational fields.

3. To prepare and present all kinds of studies or suggestions in relation with the aims of the institution, and to help Governments, international institutions, private associations or all organizations concerned, in order to contribute to the maintenance and development of life and mankind.

Diese, aus heutiger Sicht, etwas hochtrabenden Ziele sollten vor allem durch internationale Konferenzen verfolgt werden. Allerdings fehlte Marois noch ein „zündendes“ Thema, das er benötigte, um die von ihm so umworbenen „hochkarätigen“ Wissenschaftler anzuziehen. Dieses Thema fand Marois eher zufällig während einer Konferenz im Tiroler Kurort Alpbach, als er Herbert Fröhlich und dessen Frau Fanchon Fröhlich traf. Die Begegnung wird vom Biografen Herbert Fröhlichs wie folgt geschildert[322]:

> "Around 1965, Fröhlich and his wife were in Alpbach (Austrian Tyrol), where she was attending a Conference on science and life, while he indulged his love of mountain-climbing. Quite by chance, she there met Maurice Marois, a professor of Medicine at the Sorbonne and founder in1960 (together with Francois de Clermont-Tonnerre) of l'Institut de la Vie in Paris, and duly embarked on a discussion of the relation of physics to life, casually telling him that her husband was a famous theoretical physicist to whom she later introduced him.
> Keen to pursue the contact, Marois suggested that they meet in Paris, where, during a lunch, Fröhlich's wife happened to mention that, according to Wigner, 'life' was impossible from the point of view of quantum mechanics. At this, Marois became excited, and asked Fröhlich what could be done to bridge the gap between physics and biology. At the time, he was rather reluctant to get involved, since not only had he never really been interested in this question, but also, because he was then immersed in pure theoretical physics from which he did not wish to be deflected. Marois, however, persisted and eventually Fröhlich agreed to help organize what was to be the first of many successfull international Conferences on theoretical physics and biology that were to be held, under the auspices of l'Institut de la Vie, at the Trianon Palace Hotel in Versailles. These conferences which continued, biennially, until 1988, were attended by highly eminent physicists and biologists, including such people as Onsager, Prigogine, Crick, Edelman, Cooper and Wigner himself."

Die Versailler Konferenzen des *Institut de la Vie* hatten das Oberthema: "*From Theoretical Physics to Biology*". Sie sollten das Gespräch unter Biologen, Chemikern und theoretischen Physikern ermöglichen und fördern. Es ging darum die Frage zu klären, ob sich das Leben rein aus den Gesetzen der Physik erklären lässt oder ob dabei andere Gesichtspunkte mit ins Spiel kommen.

---

[322] Hyland, 2006.

Diese Debatte war natürlich nicht neu und beschäftigte die Menschen schon seit vielen Jahrhunderten. Sie hat tiefreichende philosophische, theologische und naturwissenschaftliche Aspekte. Dahinter verbergen sich Fragen wie die nach einem schöpferischen Gott, ob dem Menschen eine Sonderrolle in der Natur zukommt, die Auseinandersetzung um Charles Darwin und seine Lehre und nicht zuletzt die Frage nach einem „Deus ex machina". Für viele Naturwissenschaftler wurde die Diskussion im vorigen Jahrhundert durch ein 1944 erschienenes Buch eines der Schöpfer der Quantentheorie, des Wiener Physikers Erwin Schrödinger, neu belebt. In seinem Werk „*What is life?*"[323] vertritt dieser die Auffassung, dass die Gesetze der Naturwissenschaften ausreichen, um das Phänomen des Lebens auf der Erde zu erklären.

> „Die grosse, wichtige und sehr viel erörterte Frage lautet: Wie können die Vorgänge in Raum und Zeit, welche innerhalb der räumlichen Begrenzung eines lebenden Organismus vor sich gehen, durch die Physik und die Chemie erklärt werden?
> ...
> Das offensichtliche Unvermögen der heutigen Physik und Chemie, solche Vorgänge zu erklären, ist durchaus kein Grund, um zu bezweifeln, dass sie durch diese Wissenschaften erklärt werden können."

Schrödingers Buch veranlasste nach dem zweiten Weltkrieg viele Naturwissenschaftler, sich ernsthaft mit dieser Frage zu beschäftigen, was die Gebiete der Biophysik und der Biochemie enorm befruchtete. Einen großen Schritt vorwärts stellte für diese Bemühungen die Entdeckung der Triple-Helix Formation der DNS und der Aufbau der Gene als Grundbausteine des Lebens durch Francis Crick und Charles Watson im Jahre 1953 dar. Dennoch blieben viele Zweifel, da die DNS und erst Recht eine biologische Zelle hochkomplexe Systeme mit eng ineinander verzahnten dynamischen Beziehungen sind, deren erstes Zustandekommen sich niemand vorstellen konnte. Der ungarisch-amerikanische theoretische Physiker Eugene P. Wigner, der 1963 den Physik-Nobelpreis erhielt, behandelte die Frage in einem 1961 erschienenen Beitrag mit dem Titel „*The probability of the existence of a self-reproducing unit*"[324]. Darin kam er zu dem Schluß, dass die Wahrscheinlichkeit unendlich klein sei, dass sich so viele Teile „spontan" zu einem geordneten Ganzen zusammenschließen können. Vor diesem Hintergrund ist die obige Aussage von Franchon Fröhlich zu Maurice Marois in Alpbach zu verstehen, dass [nach Wigner] aus der Sicht der Quantenmechanik das Leben unmöglich [unwahrscheinlich] sei.

---

[323] Erwin Schrödinger, *What is life?*, (1944). Hier S. 10 der deutschen Ausgabe.
[324] E.P. Wigner, 'The probability of the existence of a self-reproducing unit', in *The Logic of Personal Knowledge*, (1961).

Das Programmkomitee für die erste, vom 26. bis 30. Juni 1967 in Paris abgehaltene Konferenz bestand aus nur fünf Personen: den Physikern Herbert Fröhlich, Léon Rosenfeld[325], André Lichnerowicz[326] sowie dem Biologe Pierre-Paul Grassé[327] und dem Arzt Maurice Marois. Insgesamt 72 Teilnehmer, darunter acht Nobelpreisträger, widmeten sich Themen wie „dissipativen Systemen", „Nichtgleichgewichtsthermodynamik", „Information in der Biologie und Physiologischen Mechanismen und ihrer theoretischen Beschreibung".

Hermann Haken kam seine langjährige Bekanntschaft mit Herbert Fröhlich zugute und so wurde er schon zu dieser ersten Konferenz eingeladen. Ebenfalls eine wichtige Rolle spielte der belgisch-russische Chemiker Ilya Prigogine[328], der auf dem Gebiet der nichtlinearen Thermodynamik und der dissipativen Strukturen arbeitete. Er hielt den einführenden Vortrag „Structure, Dissipation and Life". Prigogine hatte in Brüssel Chemie studiert und befasste sich zeitlebens mit der Frage, wie Systeme, die sich nicht im thermodynamischen Gleichgewicht befinden, theoretisch beschrieben werden können. Dabei interessierte ihn insbesondere die Frage, welche Rolle die Irreversibilität (die Nichtumkehrbarkeit) eines Vorganges in der Natur spielt[329]. Er prägte den Begriff der „dissipativen Systeme" für Vorgänge, die zu stabilen Situationen in Systemen führen, denen Energie und Stoffe zu- und abgeführt werden. Es sind diese Systeme, für die Ludwig von Bertalanffy das Wort vom Fließgleichgewicht prägte. Auch der Laser ist ein solches dissipatives System[330]. Prigogine entwickelte ein Theorem „der minimalen Entropie-Produktion". Hiermit versuchte er die klassische Thermodynamik auf Systeme anzuwenden, die sich nicht im Gleichgewicht befinden.[331]

In der abschließenden Diskussion, die den Vorträgen des ersten Konferenztages folgte, stellte Hermann Haken den Teilnehmern den Laser als ein System fern ab

---

[325] Léon Rosenfeld (1904 - 1974), war ein belgischer theoretischer Physiker, der eng mit Nils Bohr zusammen arbeitete. Langjähriger Herausgeber der führenden Fachzeitschrift Nuclear Physics und damit sehr gut „vernetzt" in der physikalischen Fachwelt.

[326] André Lichnerowicz (1915 - 1998), französischer Mathematiker und Physiker, Professor am College de France und Mitglied der Akademie der Wissenschaften.

[327] Pierre-Paul Grassé (1895 - 1985), französischer Biologe, Professor für Zoologie an der Universität Paris und im Jahr 1967 Président de L'Académie des Sciences.

[328] Ilya Prigogine (1917 - 2003), russisch-belgischer Chemiker, der eine Professur an der Université Libre in Brüssel und ab 1967 an der Universität von Texas in Austin innehatte. 1977 Nobelpreis für Chemie für seine Arbeiten über dissipative Systeme.

[329] In den Grundgleichungen der Physik sind alle Vorgänge prinzipiell zeitlich umkehrbar.

[330] Ein Vergleich der Dissipationstheorie von Prigogine mit den Arbeiten von Hermann Haken zur Synergetik wird im Kapitel 9d der vorliegenden Arbeit näher beleuchtet.

[331] Ilya Prigogine, *Introduction to Thermodynamics of Irreversible Processes*, (1955). Siehe auch Ilya Prigogine, *Non-Equilibrium statistical Mechanics*, (1962).

vom thermodynamischen Gleichgewicht vor, das einen Übergang von völliger Unordnung zu völliger Ordnung zeigt. Er wies nach, dass das Lichtfeld sich durch ein Potenzial der Form

$$V = - \text{const}'' \cdot \frac{1}{2} |b|^2 + \text{const}''' \cdot \left\{ \frac{1}{4} |b|^4 \right\}; \quad \text{const}'' = \sigma_0 \cdot \text{const} - \chi$$

beschreiben lässt, wobei σ_0 ein Mass für die Pumpstärke (die zugeführte Energie) ist. Graphisch dargestellt ergab sich für das Potential die Form

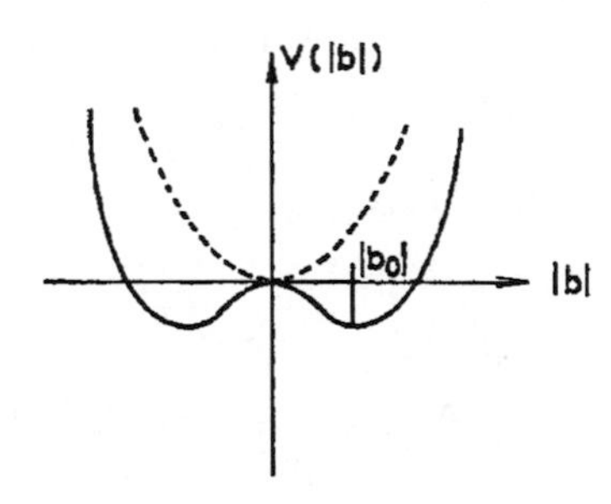

Abb. 10: Potentialfunktion des Lasers unterhalb und oberhalb der Laserschwelle

Dieses Bild war Haken natürlich durch seine Arbeiten aus den Jahren 1964 wohl vertraut, für die meisten anwesenden Wissenschaftler musste es aber neu sein. Der wichtige Punkt war, dass durch Zuführung <u>ungeordneter</u> Energie sich oberhalb eines bestimmten Wertes (der Laserschwelle), ein stabiler, <u>geordneter</u> Zustand einstellt.

Haken folgerte[332]:

> „If σ_0 is small, the potential looks like the dotted line [... the lightfield] performs a damped oscillation. On the other hand, if the parameter σ_0 becomes bigger and bigger we find the potential given by the solid line. That would mean that the lightfield is now stabilized at a certain value b_0. This is a case of more complete order."

Auf dieser Konferenz im Jahre 1967 lernte Hermann Haken auch den Göttinger Physiker Manfred Eigen kennen, der am dortigen Max Planck Institut für biophysikalische Chemie forschte. Eigen erhielt im Herbst dieses Jahres den

[332] Maurice Marois, 'Theoretical Physics and Biology (Proc. of the first Intern. Conference, Versailles 26 - 30 June 1967)', (1969). S. 94 – 97.

Nobelpreis für Chemie für seine Untersuchungen zu extrem schnell ablaufenden chemischen Reaktionen. Manfred Eigen wurde zu einem wichtigen Gesprächspartner für Haken und zwischen den beiden Forschern entwickelte sich eine lebenslange Freundschaft. Mit seinem neuen Status als Nobelpreisträger wurde Manfred Eigen von Marois und Fröhlich natürlich sofort in das Organisationskomitee für die zweite Konferenz gewählt, die im Jahre 1969, ebenfalls in Versailles, stattfand. Das Organisationskomitee erfuhr dabei eine deutliche Erweiterung. Waren es 1967 noch fünf Personen, so umfasste es jetzt bereits 24 Mitglieder[333], die sich jeweils im Vorfeld trafen und die Teilnehmer- und Rednerliste besprachen. Anhand der Liste wird das Bemühen von Marois deutlich, sich mit möglichst „reputierten" Wissenschaftlern zu umgeben, um den Stellenwert der Konferenz und damit des *Institut de la Vie* zu erhöhen.

Nach der erfolgreichen ersten Konferenz erreichte Marois es, dass die Konferenz zum Thema „*Theoretical Physics and Biology*" im Zweijahresrhythmus abgehalten werden konnte. Dies gelang acht Mal bis zum Jahr 1981. Danach verringerte sich die Frequenz und die beiden letzten Tagungen zu diesem Thema fanden 1984 und 1988 statt[334]. Hermann Haken nahm an allen ersten neun Tagungen teil, nur die zehnte ließ er aus, da das Themenspektrum sich zu weit von seinen eigenen Interessen entfernt hatte.

Auf den ersten Konferenzen waren Ilya Prigogine und Manfred Eigen die dominierenden Köpfe. Sie hielten jeweils grundlegende Vorträge und/oder leiteten Vortrags-Sitzungen. Die Themen von Eigen war die Behandlung der Phasen der frühen Evolution: „Alkali ion carriers: specificity, architecture and mechanisms" (zusammen mit Ruth Winkler; 2. Versailler Konferenz)[335], „Introduction to The first steps of Evolution and the nature of life" (3. Versailler Konferenz), „The origin of biological information" (4. Versailler Konferenz). Prigogine und seine

---

[333] Maurice Marois, *Documents pour l'histoire - Tome II Les Grandes Conférences internationales: Problèmes de vie*, (1997). S. 28. Das Organisationskomitee der 2. Konferenz: P. Auger (F), S. Bennett (USA), S.E. Bresler (USSR), G. Careri (I), E. Cohen (USA), A. Cournand (USA), M. Eigen (D), A. Fessard (F), H. Fröhlich (GB), A. Katchalsky (ISR), M. Kotani (JPN), R. Kubo (JPN), A. Lichnerovicz (F), H. Longuet-Higgins (GB), P. Löwdin (SWE), F. Lynen (D), O. Maaloe (DK), M. Marois (F), K. Mendelssohn (GB), R. Mulliken (USA), I. Prigogine (B), L. Rosenfeld (DK), S. Sobolev (USSR), A. Szent-Gyorgyi (USA).

[334] Marois, 1997. Zu den ersten vier Konferenzen sind Konferenzbände erschienen: Marois, 1969. Maurice Marois, 'From Theoretical Physics to Biology (Proc. of the second Intern. Conf., 30. June - 5 July 1969)', (1971). Maurice Marois, 'From theoretical Physics to biology (Proc. of the third Intern. Conf., Juni 21 - 26 1971)', (1973). Maurice Marois, 'From theoretical physics to biology (Proc. of the fourth Intern. Conf., 28. mai - 2 juin 1973)', (1976).

[335] M. Eigen und R. Winkler, 'Alkali ion carriers: specificity, architecture and mechanisms', in *Proc. of the Second Int. Conference on theoretical physics and Biology,* (1971).

Brüsseler Mitarbeiter referierten über „Dissipative structures in biological systems" (2. Konferenz), „Fluctuations and the Mechanism of Instabilities" (mit G. Nicolis, 3. Konferenz), "Models for cellular communication" (mit G. Nicolis und R. Lefever, 4. Konferenz).

Wie aus den Tagungsbänden hervorgeht, nahm Haken lebhaft an den Diskussionen teil. Schließlich erhielt er Gelegenheit auf der dritten Konferenz im Jahre 1971 selbst vorzutragen. Der Titel seines Referates „Cooperative Phenomena far from thermal equilibrium" fügte sich thematisch in eine Reihe mit anderen Veröffentlichungen aus diesen Jahren.[336] Das Wort Synergetik wurde von ihm hierbei noch nicht benutzt. Die von Haken verwendeten Formeln für die Selbstorganisation des Laser-Effektes verblüfften Manfred Eigen[337]:

> „Ich habe ihn [Haken] jedoch zuerst in Paris kennen gelernt [...]: Ich hatte einen Vortrag, nach seinem und war ein bisschen zu spät gekommen... und dann habe ich über meine Sachen gesprochen und wollte die Gleichungen anschreiben und sagte dann „die steht ja schon da, wie kommt die denn hier hin?" [Interviewer: ... die Ratengleichung...] Ja, zwar die Haken'sche, aber die war sehr ähnlich, nämlich der autokatalytische Term."

Die Stimulation durch solche Ereignisse dürfte für Haken von großer Bedeutung gewesen sein. Seine Bekanntschaft mit Manfred Eigen vertiefte sich über die Jahre immer mehr. So war er dann über mehr als fünfundzwanzig Jahre lang regelmäßiger Teilnehmer der von Eigen jeweils im Januar eines jeden Jahres im schweizerischen Skiort Klosters durchgeführten vierzehntägigen „Winterseminare" zu Fragen der Molekular- und Evolutionsbiologie.

Der Einfluss der Versailler Konferenzen auf die Entwicklung von Hermann Hakens Ideen zur Synergetik lässt sich nur schwer abschätzen. Gerade in den Anfangsjahren bis ca. 1975 wurden Fragen thematisiert, die sich in späteren Jahren (wenn auch in einem anderen Kontext) bei den von Haken veranstalteten Elmau-Konferenzen wiederfinden. Ein Vergleich der ersten drei Versailler Konferenzen mit den Themen der ersten Elmau-Konferenz soll dies erhellen[338]:

---

[336] Hermann Haken, *Cooperative Effects - Progress in Synergetics*, (1974). H. Haken und M. Wagner, *Cooperative Phenomena (Festschrift Herbert Fröhlich)*, (1973).

[337] Interview mit Manfred Eigen und Ruthild Winkler-Oswatitsch am 24.5.2011 in Göttingen, S. 6 (Archiv Haken; Universitätsarchiv Stuttgart).

[338] Übersetzungen der ursprünglich französisch bzw. englisch abgefassten Themen durch den Autor.

Versailles 1967:
Theoretische Konzepte: statistische Mechanik, dissipative Strukturen, Neurokybernetik; Physikalische Chemie des Lebens, Nichtgleichgewichts-thermodynamik; Information in der Biologie; Physiologische Mechanismen.

Versailles 1969:
Ordnung in Systemen; Strukturen und die Aufrechterhaltung des Lebens; Selbstorganisation; Dissipative Strukturen in der Biologie; Mutationen und Evolutionsprozesse; Information und Biologische Systeme; Speicherung von Information im Zentralnervensystem.

Versailles 1971:
Physikalische Aspekte der Ordnung in biologischen Systemen; die ersten Schritte der Evolution und die Natur des Lebens; Systeme zum Erkennen und der Wiedererkennung; Systeme der sensoriellen Analyse; neurophysiologische Aspekte des Sehens.

Elmau 1972:
Mathematische und physikalische Konzepte für kooperative Phänomene; Instabilitäten und phasenübergangsähnliche Phänomene in Systemen fern vom thermodynamischen Gleichgewicht; Biochemische Kinetik und Populationsdynamik; Biologische Strukturen; generelle Strukturen.

In den Anfangsjahren ging es also in Versailles sehr stark um Phänomene der Selbstorganisation und um Fragen der Thermodynamik fern ab vom Gleichgewicht. Später entwickelte sich die Thematik immer mehr in Richtung biologischer Spezialfragen [339], die Hermann Haken nicht mehr so im Detail interessieren konnten, da bei ihm physikalische Fragestellungen in den siebziger und Anfang der achtziger Jahre im Vordergrund standen.[340] Andererseits waren neben den thematischen Anregungen die menschlichen Kontakte der Versailler Konferenzen von unschätzbarem Wert. Es ergab sich hier ein Netzwerk von Beziehungen, das sich positiv auf die Haken'schen Arbeiten zur Synergetik auswirken sollte. So kamen im Verlauf der Zeit nicht weniger als 37 Teilnehmer der Versailler Konferenzen auch zu den Elmauer-Konferenzen von Haken, was die intensive Wechselwirkung und den gedanklichen Austausch dieser beiden Veranstaltungsreihen verdeutlicht[341].

---

[339] Z.B. die Themen der Versailler Konferenz von 1977: „Proteine und kleine Moleküle: Struktur, Katalyse und Dynamik; Proteine und Lipide in den Membranen; Antigene und Antikörpererkennung in Zellen; Die Entwicklung von Synapsen; Modifikation von Synapsen".
[340] Siehe die Kapitel über die ELMAU-Konferenzen: 6d, 6h, 7d, 7e und 8a.
[341] Liste der Teilnehmer an beiden Veranstaltungsreihen: siehe Anhang 5 dieser Arbeit.

5.b Die Begründung der Synergetik – Analogien – Phasenübergänge

Wenden wir uns jetzt den Entwicklungen zu, die Hermann Haken zum Jahreswechsel 1969/70 dazu veranlassten, das Forschungsgebiet der Synergetik zu kreieren. Ausgangspunkt waren natürlich die Arbeiten zur Lasertheorie. So hatte das Phänomen der Laserschwelle Haken von Beginn besonders fasziniert. Eine genaue Untersuchung der mathematischen Struktur an diesem Punkt veranlasste ihn dann zur Voraussage, dass der Laser ein völlig unterschiedliches Verhalten unterhalb und oberhalb der Schwelle zeigt, was kurz danach experimentell bestätigt wurde. Bei seinen theoretischen Betrachtungen führte er ein Potenzial ein, dessen Verlauf sich mit der Stärke der Pumpenergie veränderte. Dabei kam es an der Laserschwelle zu einem Symmetriebruch und es ergaben sich oberhalb der Schwelle neue Energieminima, die einen stabilen Zustand erlaubten.

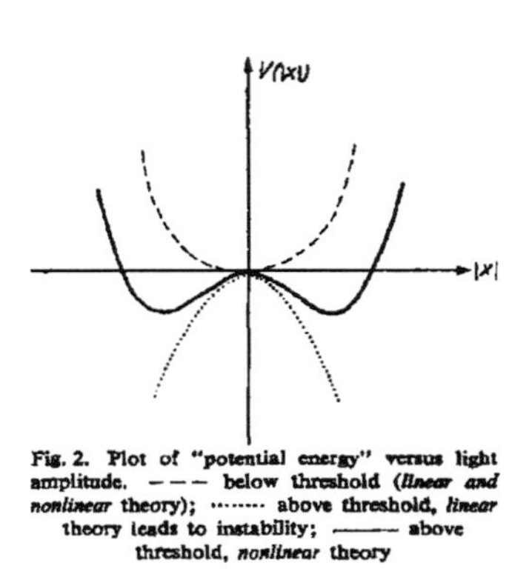

Fig. 2. Plot of "potential energy" versus light amplitude. – – – below threshold (*linear and nonlinear* theory); ········ above threshold, *linear* theory leads to instability; ——— above threshold, *nonlinear* theory

Abb. 11: Potenzialverlauf unterhalb und oberhalb der Laserschwelle (aus (Haken, 1964))

Solche Symmetriebrüche treten auch bei Phasenübergängen auf und sind den Physikern von der Landau-Theorie des Ferromagnetismus her wohlbekannt.

Bei der quantenmechanischen Betrachtung eines Lasers mit unendlich vielen Freiheitsgraden kam der Doktorand Hakens, Robert Graham, in seiner Dissertation im Jahre 1969 auf eine Formel, deren Struktur beide stark an die Supraleitungstheorie von Ginzburg-Landau erinnerte.

Robert Graham dazu in der Rückschau[342]:

> „Da war eben das Besondere, dass man nicht von vorne herein einen Resonator hat, sondern, dass man sagt: wir stellen uns vor, ein Lasermedium wird gepumpt [Energie zugeführt] und allein durch den Lichtverstärkungs-Faktor, den man damit erreicht, kommt es zur Laser-Tätigkeit. Und dass man das Ganze auch als räumlich ausgedehnt behandelt und nicht nur in diskreten Moden denkt und rechnet, sondern das Licht als kontinuierliches raum-zeitliches Feld behandelt.
> Das war gerade für diese Phasenübergangsanalogie sehr aufschlussreich, denn damals war die am besten verstandene Phasenübergangstheorie ja die Ginzburg-Landau-Theorie vom Supraleiter. Als ich diesen Zugang beim Laser mit den räumlich ausgedehnten propagierenden Feldern durchführte, ergab sich, dass man auf ein Wahrscheinlichkeits-Funktional geführt wird, das so eine Ginzburg-Landau-Form hat, wie man sie von der Ginzburg-Landau-Theorie her kennt. Insofern war das aufschlussreich."

Noch vor der Veröffentlichung der Ergebnisse in der *Zeitschrift für Physik* stellte Haken die Resultate auf der Frühjahrstagung der Sektion Festkörperphysik der *Deutschen Physikalischen Gesellschaft* im Frühjahr 1970 in Freudenstadt[343] vor. Haken und Graham fanden folgende strukturelle Analogie der Gleichungen

Lasergleichung:

$$f = N \exp\left(-\frac{B}{Q}\right)$$

$$B = \int \left\{ \alpha |E(x)|^2 + \beta |E(x)|^4 + \gamma \left| \left(\frac{d}{dx} - i\frac{\omega_0}{c}\right) E(x) \right|^2 \right\} dx$$

Ginzburg-Landau theory of superconductivity

$$f = N \exp\left(-\frac{F}{kT}\right)$$

$$F = \int \left\{ \alpha |\psi(x)|^2 + \beta |\psi(x)|^4 + \frac{1}{2m} \left| \left(V - \frac{2ei}{c}A\right) \psi(x) \right|^2 \right\} d^3x$$

Abb. 12: Vergleich der mathematischen Struktur des Lasers mit der Grundgleichung der Ginzburg-Landau Theorie der Supraleitung

[342] Interview mit Robert Graham vom 29.3.2011, S. 10.

[343] Die Tagung fand vom 6.-11. April statt. Siehe Hermann Haken, 'Laserlicht - ein neues Beispiel für eine Phasenumwandlung?', in *Festkörperprobleme,* Hrsg. W. Schottky (1970), S. 351 - 365.

Auf diesen Punkt angesprochen merkte Hermann Haken an[344]:

> „Als Graham und ich uns diesen Ausdruck näher ansahen, fühlten wir uns stark an die Supraleitungstheorie von Ginzburg-Landau erinnert. In der Supraleitungstheorie kann man, wie überhaupt in der Thermodynamik, die Wahrscheinlichkeit, bestimmte Konfigurationen [der Paarwellenfunktion] anzutreffen, mit Hilfe der freien Energie wiedergeben. Der Ausdruck von Ginzburg-Landau hat nun folgende Form: Ein quadratisches Glied, ein Glied in 4. Ordnung und ein Glied mit einer räumlichen Ableitung. [...] Ein Vergleich unseres Ausdrucks für den Laser und des Ausdrucks von Ginzburg-Landau zeigt eine völlige Analogie. Selbst das Vektorpotential A ist hier im Eindimensionalen durch die Konstante ω_0 vertreten. Wir stellen also fest, daß der Laser die gleichen statistischen Eigenschaften an der Phasengrenze wie der Supraleiter haben muß."

Was ist nun das Besondere daran? Alle Phasenumwandlungen, die man bis dahin in der Physik betrachtet hatte, zum Beispiel der Phasenübergang von fester Phase zu flüssiger Phase (Eis zu Wasser), der Übergang beim Ferromagnetismus oder bei der Supraleitung sind Übergänge, bei dem sich das System im thermischen Gleichgewicht befindet.[345] Dies ist beim Laser, der ja ein System fern ab vom thermischen Gleichgewicht ist, nicht der Fall. Nun ist der Bruch der Symmetrie nicht das einzige Merkmal eines Phasenüberganges, sondern es kommen wesentliche andere Faktoren mit ins Spiel. Dessen waren sich Haken und Graham auch voll bewusst[346]:

> „Obwohl es sich beim Laserlicht um ein System weit außerhalb des thermischen Gleichgewichts handelt, finden wir an der Laserschwelle alle Charakteristika eines Phasen-Übergangs vor: gebrochene Symmetrie, Instabilität eines „hard modes", kritische Fluktuationen, Wiederherstellung der Symmetrie durch Anregungen, off-diagonal long range order, Existenz eines Ordnungsparameters. Die Wahrscheinlichkeitsverteilung für die elektrische Feldstärke des Laserlichts hat eine völlig analoge Form wie diejenige für die Paarwellenfunktion der Ginzburg-Landau Theorie der Supraleitung. Damit ist erwiesen, daß Laserlicht an der Schwelle einen Phasenübergang 2. Ordnung erleidet."

Die Analogie zwischen dem Einsetzen des Lasereffektes an der Laserschwelle und einem Phasenübergang 2. Ordnung wurde zur gleichen Zeit und unabhängig von den Stuttgartern auch von Marvin Scully und Vittorio deGiorgio bemerkt[347]. In einem der durchgeführten Interview erwähnte Hermann Haken allerdings, dass auf der Sommerschule 1967 in Varenna, an der Marvin Scully und Vittorio deGiorgio teilnahmen, Wolfgang Weidlich ihr Konzept des Symmetriebruches vorgetragen

---

[344] Haken, 1970. S. 362.

[345] Haken, 1970. S. 352.

[346] Haken, 1970. S. 351.

[347] M. Scully und V. deGiorgio, 'Analogy between the Laser Threshold Region and a Second-Order Phase Transition', *Physical Review* A2 (1970). Diese hatten ihren Beitrag am 29. Dezember 1969 eingereicht, er wurde allerdings erst im Oktoberheft 1970 veröffentlicht.

habe und, möglicherweise, Scully und deGiorgio dies im „Hinterkopf" gehabt haben könnten.[348]

Das Thema der Phasenübergänge stand zu diesem Zeitpunkt als ungelöstes theoretisches Problem durchaus im Interesse größerer Physikerkreise. So trug der Marburger Theoretiker Siegfried Grossmann auf der DPG-Frühjahrstagung 1969 in München über „Analytische Eigenschaften thermodynamischer Funktionen und Phasenübergänge" vor. Dabei behandelte er Systeme in unmittelbarer Nähe der kritischen Punkte, wo der Phasenübergang einsetzt, aber nicht unmittelbar an diesem Punkt. Im Juni 1969 nahm Haken dann an der 2. Versailler Konferenz teil und im Herbst desselben Jahres[349] waren die „Phasenübergänge" auch Thema eines Plenarvortrages von H. Thomas, der damals am IBM-Laboratorium in Zürich arbeitete.[350] Auf dieser DPG-Jahrestagung nahm die Stuttgarter Theorieschule eine prominente Rolle ein. Während Haken einen Plenarvortrag zur „Nichtlinearen Optik" hielt, trug Hannes Risken über „Ultrakurze Impulse" vor und Robert Graham referierte die Ergebnisse seiner Doktorarbeit „Theorie des parametrischen Oszillators".

Diese aktuelle Thematik und die Ergebnisse in der Doktorarbeit seines Schülers Graham bewogen Hermann Haken dazu eine Vorlesung mit dem Titel „Fließgleichgewichte, Phasenübergänge und Fluktuationen in Quantensystemen weit weg vom thermischen Gleichgewicht" im Wintersemester 1969/70 und im Sommersemester 1970 abzuhalten.[351] In dieser Vorlesung verwendete Haken den Namen Synergetik zum ersten Mal. Zu dieser Namensfindung erzählte Haken folgende Anekdote[352]:

> „Ich hatte im Wörterbuch meines Vaters, der ja auch griechisch gelernt hatte, nachgeguckt und ein anderes Wort „Symkamnetik", das hieß „sich abmühen" [gefunden…] Ich dachte, dass sei ganz gut. Aber später hieß es dann, dass heißt

[348] Interview mit Hermann Haken vom 20. April 2011, S. 4/5.

[349] Die 34. Physikertagung fand vom 29. September bis zum 4. Oktober 1969 in Salzburg statt.

[350] Später war H. Thomas dann Professor für Theoretische Physik der Universität Frankfurt.

[351] Siehe Fußnote im Artikel H. Haken und R. Graham, 'Synergetik - die Lehre vom Zusammenwirken', *Umschau* 6 (März) (1971). „Der vorliegende Artikel basiert auf einer von den Autoren an der Universität Stuttgart im Sommersemester 1970 gehaltenen Vorlesung."

[352] Interview Hermann Haken vom 21.09.2010, S. 28; Archiv Haken. Haken benutzte seit 1972 bei Veröffentlichungen in englischer Sprache auch das Wort „synergetics". Da auch der amerikanische Architekt Buckminster Fuller im Jahr 1975 ein umfassendes Buch über geometrische Formen in der Architektur publizierte, führte dies oftmals zu Verwirrungen. Besonders bei der Stichwortsuche müssen die Begriffe auseinander gehalten werden, da sie inhaltlich völlig verschiedene Sachverhalte bezeichnen. So definiert Fuller: „Synergetics promulgates a system of mensuration employing 60-degree vectorial coordination comprehensive to both physics and chemistry, and both to arithmetic and geometry, in rational whole numbers." (§200.01) Siehe auch R. Buckminster Fuller, *Synergetics - explorations in the geometry of thinking* (1975).

> auch „miteinander schlafen“ […] und damit war es dann … Mit dieser großartigen Idee bin ich dann zu meinem Freund Hans Christoph Wolf [gegangen], der ja auf die Latina ging und dort griechisch gelernt hatte und hab es mit ihm diskutiert. Er meinte dann, Symkamnetik sei doch kein schönes Wort, er würde doch lieber Synergetik vorschlagen. Das Wort verdanke ich also dem Herrn Wolf, eben gemeinsam. Ich suchte schon ein Wort, aber ich war auf dem Holzweg mit der Synkamnetik.“

Der Plan der Vorlesung und Teile der Vorlesungsnotizen haben sich im Archiv Haken erhalten. Die Vorlsesung ist in zwölf Kapitel untergliedert, wobei einzelnen Abschnitte den Referenten Haken (H) und Graham (G) zugeordnet sind.[353] Eine Transkription der handschriftlichen Notizen lautet

§ 1. Voraussetzungen und Plan	(H)
§ 2. Klassisch: Langevin – Fokker-Planck	(H)
§ 3. Quantenmechanisch: Dichtematrixgleichung	(G)
a) elementar	
b) Agyres u. Kelley	
§ 4. Quasiverteilungsfunktion	(H)
§ 5. Q.[uanten]M.[echanisch] Fokker-Planck: Bose	(G)
§ 6. Q.[uanten]M.[echanisch] „ „ : beliebige	(G)
§ 7. Fliessgleichgewichte, Definition	(H)
§ 8. Bedingungen für Fliessgleichgewichte	(H)
§ 9. Phasenübergänge und deren Klassifizierung	(G)
§ 10. Laser, Parametrische Prozesse	(H,G)
§ 11. Biologische Prozesse	(G,H)
§ 12. Ordnungshierarchien	(H,G)

Anhand des Vorlesungsschemas ist ersichtlich, dass wir es hier zunächst in den §1 - §9 mit einer theoretischen Vorlesung aus der statistischen Physik zu tun haben, die von „ersten Prinzipien“ ausgeht, also mit den elementaren Bestandteilen eines quantenmechanischen Systems, seien es Photonen, Elektronen oder Moleküle. Erst nachdem die Gleichungssysteme und Lösungsansätze ermittelt wurden, werden in den §10 - §12 Anwendungsfälle in der makroskopischen Welt diskutiert. Es dürfte an dieser Stelle gewesen sein, dass Hermann Haken das Wort „Synergetik“ in die Vorlesung einführte.[354]

---

[353] Ob die Vorlesung dann auch von den entsprechenden Referenten in dieser Reihenfolge gehalten wurde lässt sich nicht mehr rekonstruieren.

[354] Die angeführten Vorlesungen finden sich nicht unter diesem Titel in den Vorlesungsverzeichnissen der TH Stuttgart. Dort sind im WS 69/70 von Haken die Vorlesungen *„Quantenfeldtheoretische Methoden in der Festkörperphysik II (mit Übungen)“* angekündigt und ein Seminar über *„Energietransport in biologischen Systemen“*, zusammen mit den Kollegen W. Weidlich und M.

Noch während dieses Vorlesungszyklus und nach der Frühjahrstagung in Freudenstadt im April 1970 erweiterten Graham und Haken, zusammen mit ihrem Kollegen Weidlich, das Konzept des Phasenüberganges und betrachteten mathematisch das System, nachdem es den Phasenübergang vollzogen hat. Weidlich machte Haken darauf aufmerksam, dass der stationäre Zustand in einem offenen System fern ab vom thermodynamischen Gleichgewicht (mit Energiezufuhr und –Abfluss) schon vor einiger Zeit durch den Biologen Ludwig von Bertalanffy (1901 - 1972) mit dem Begriff des „Fliessgleichgewichtes" bezeichnet worden war. In einer im Mai 1970 bei den *Physics Letters* eingereichten Arbeit mit dem Titel „Flux Equilibria in Quantum Systems far Away from Thermal Equilibrium" beschrieben die drei Autoren ihre Motivation zu diesem Ansatz[355]:

> "The concept of flux equilibria ("Fliessgleichgewichte") was originally coined by a biologist [1]. Recently it was applied by Weidlich to nuclear reactions [2]. This concept applies to the following situations: A system, in particular a quantum system, is coupled to reservoirs at different temperatures, so that there is a flux of energy through it. This energy flux may cause new stable configurations of the system, which are not present in complete thermal equilibrium. By studying specific examples, e.g. the laser, we have found [3] that there may be several different stable configurations which are quite analogous to the well known phases of systems in thermal equilibrium [4]. It is even possible to study the analogue of phase-transitions [5]."

Und dann, zum Schluss des Artikels:

> "We expect further applications not only to active devices in solid state physics (e.g. the Gunn oscillator), but also in astrophysics and biology."

Für Haken muss die Situation wie ein "Aha-Erlebnis" gewesen sein. Seine bereits 1964 durchgeführten Überlegungen zum Symmetriebruch beim Laser und die Suche nach Mechanismen zum Erzeugen neuer („emergenter") , stabiler Zustände

---

Wagner. Im Sommersemester 1970 lautet das Seminar etwas anders „Energieübertragung in physikalischen und biologischen Systemen", ebenfalls zusammen mit den vorgenannten Kollegen. Der Name von Robert Graham taucht noch nicht auf. Es scheint hier eine Divergenz zwischen den im Vorfeld gedruckten Vorlesungsverzeichnissen und den tatsächlich abgehaltenen Vorlesungen gegeben zu haben. Sowohl Hermann Haken wie auch Robert Graham bestätigten auf Nachfrage, dass die oben zitierte Vorlesung zu den „Fließgleichgewichten..." gehalten wurde.

[355] R. Graham, H. Haken, und W. Weidlich, 'Flux Equilibria in Quantum Systems Far Away from Thermal Equilibrium', *Physics Letters,* A 32 (1970). Die Verweise sind [1]L. v. Bertalanffy, Theoretische Biologie, Bd. 1 und 2 (Berlin 1932 und 1942). [2] W. Weidlich, Z. Physik 222 (1969) 403. [3] R. Graham and H. Haken, Z. Physik 213 (1968) 429; [4] D. Ter Haar, Elements of thermostatistics, (Holt, Rinehart and Winston, New York, London 1969); [5] R. Graham, to be published.

bei Systemen fern ab vom thermodynamischen Gleichgewicht, wie sie in der Biologie die Regel sind, konnten hier auf „natürliche“ Weise vereinigt werden und erfuhren eine solide mathematische Begründung. Damit deutete sich eine Lösung der Themen an, die auf den Versailler Konferenzen 1967 und 1969 behandelt wurden: wie die theoretische Physik zur Erklärung von Vorgängen in der Biologie herangezogen werden konnte.

Gleichzeitig öffnete sich ein Weg, wie aus einer ungeordneten, statistisch zu beschreibenden Bewegung von vielen einzelnen Teilen ein neuer, geordneter Zustand entstehen kann.

Diesen Weg galt es nun weiter zu verfolgen und mathematisch auszuarbeiten. In schneller Folge erschienen weitere Arbeiten[356], die die Zusammenhänge zwischen Thermodynamik und der Statistik der zugrunde liegenden mikroskopischen Systeme noch klarer herausarbeiteten:

> “The inseparable connection between macroscopic thermodynamics and microscopic statistical theories is a very old and extremely successful branch of physical study. Outstanding marking points in the development of this connection are e.g. Boltzmann’s proof of the H-theorem, Onsager’s theory of microscopic reversibility and the many sophisticated mathematical devices, which allow to bridge the broad gap between the microscopic and the macroscopic theory. [...]
> This [Laser-]theory is based on a microscopic Hamiltonian and it is worked out by extensive use and even new development of quantum statistical methods. It came as a big surprise to many physicists, however, that many of the central results of this theory could be consistently explained and understood in terms of a purely macroscopic, thermodynamic theory: the Landau theory of phase transitions.
> One of the difficulties to fully accept this connection between laser theory and Landau theory comes from the fact that the Landau theory is based on the analytical properties of a thermodynamic potential, which can only be defined in a thermodynamic equilibrium, whereas such an equilibrium cannot be invoked for a laser, even if it is in a stationary state. [...]
> Nevertheless the analogue of a thermodynamic potential could be explicitly constructed for the laser case.
> ...Nevertheless the connection between “thermodynamic potentials” and probability densities turned out to be the same in both theories. This seemed to indicate that there should exist some basic physical properties, which systems far from thermal equilibrium like the laser and systems in thermal equilibrium should have in common.”

[356] R. Graham und H. Haken, 'Generalized Thermodynamic Potential for Markoff Systems in Detailed Balance and Far from Thermal Equilibrium', *Zeitschrift für Physik,* 243 (1971). S. 290 eingereicht am 6. Januar 1971 und R. Graham und H. Haken, 'Fluctuations and Stability of Stationary Non-Equilibrium Systems in Detailed Balance', *Zeitschrift für Physik,* 245 (1971). S. 151 und 152).

Das Vorhandensein einer "Potentialkondition" ist zentral für die Anwendung der Ergebnisse der bekannten Landau-Theorie der Thermodynamik. Graham und Haken fanden, zu ihrer eigenen Verblüffung, eine Lösung[357]:

> „Recently, we found the unexpectedly simple answer to this question: Within the framework of a Fokker-Planck equation the potential conditions in their most general form are equivalent to the condition of detailed balance."

Bei Betrachtungen von irreversiblen Systemen fern ab vom thermodynamischen Gleichgewicht lassen sich also die bekannten Methoden der Gleichgewichts-Thermodynamik anwenden, wenn man nachweisen kann, dass das System im „detaillierten Gleichgewicht" (detailed balance) ist. Auf eine solche Beziehung hatte zur selben Zeit auch der IBM-Physiker Rolf Landauer hingewiesen.[358]

Nur zwei Monate später formulierten Graham und Haken ihre Theorie weiter mathematisch aus. Sie erläuterten in der am 23. März 1971 eingereichte Arbeit „Fluctuations and Stability of Stationary Non-Equilibrium Systems in Detailed Balance":

> "In our work we have abandoned the usual procedure of irreversible thermodynamics, to start from equilibrium and look for approximations, valid in its vicinity. Instead we used as a starting point the stationary state of a system which may be very far from equilibrium. Our basic assumption was that this stationary state has the property of detailed balance."

Mit diesem Weg ist es also möglich, Systeme fern ab vom thermodynamischen Gleichgewicht zu beschreiben, unter Einbeziehung der Methoden der „klassischen" Thermodynamik. Die, wie beim Laser zu beobachtenden, Symmetrie-brechenden Übergänge gibt es in vielen anderen Bereichen der Physik. Graham und Haken zitieren den Gunn-Effekt, die Datenverarbeitung und die Hydrodynamik, sowie Beispiele in anderen Wissenschaftsbereichen wie in der Chemie und der Biologie. Für Haken als mathematisch orientiertem Physiker war damit die verbindende Bedingung gefunden, nach der er nun suchen musste:

Finde Systeme fern ab vom thermodynamischen Gleichgewicht, die sich im detaillierten Gleichgewicht befinden, und in denen Phasenübergänge stattfinden.

[357] Graham und Haken, 1971. S. 291.

[358] Zitat nach Graham und Haken, 1971. Fußnote 8 auf S. 291: "A relation between the validity of detailed balance and the existence of a thermodynamic potential was conjectured by Landauer, R.: IBM Research RC 2960, 1970."

c. Der UMSCHAU-Artikel von 1970

Hermann Haken drängte es nun, diese Thematik und die gefundenen Querverbindungen zu anderen Bereichen einem größeren Leserkreis nahe zu bringen. Er überraschte seinen Koautor Robert Graham mit einem Manuskript für die populärwissenschaftliche Zeitschrift *Umschau in Wissenschaft und Technik* aus dem Umschau Verlag in Frankfurt. Nach der Erinnerung von Robert Graham wählte er diese auf einen breiten Lerserkreis zielende Zeitschrift, „weil es ihm klar geworden war, dass die wichtigste Auswirkung dieser Ideen möglicherweise nicht nur in der Physik, sondern vielmehr in anderen Feldern wie Chemie, Biologie oder Ökologie liegen könnte, um nur ein paar zu benennen.“ [359] Und im Interview ergänzte Graham dann:

> „Den [Umschau-Artikel] hat aber im Wesentlichen Haken geschrieben. Also, den hat er mir eines Tages gezeigt, „wie wäre es denn, wenn wir so etwas machen“? Da hatte er mich sogar noch als ersten Autor auf seinem getippten Manuskript drauf. Aber ich habe das dann umgestellt, weil ich dachte „nee, das ist ja wirklich seine Idee gewesen diesen Artikel zu schreiben“. Der Artikel gibt schon allgemeine Dinge wider, die für mich damals nicht so neu waren.“[360]

Graham arbeitete damals an seiner Habilitationsschrift, die sich mit dem Thema der „Theorie von Nichtgleichgewichtssystemen in stationären Zuständen“ beschäftigte.

Im Umschau-Artikel unter dem Titel „Synergetik – die Lehre vom Zusammenwirken“ vom März 1971 verwendete Haken zum ersten Mal das Wort Synergetik in einem gedruckten Aufsatz. Seine Beweggründe hierfür brachte er in der Einführung des Artikels klar zum Ausdruck[361]:

> „In der letzten Zeit hat sich eine neue Forschungsrichtung entwickelt, die es gestattet, Erscheinungen in ganz verschiedenen Gebieten, wie Physik, Chemie, Biologie und sogar Soziologie, unter einem gemeinsamen Gesichtspunkt zu behandeln. In der Tat gelingt es hier, überraschende gemeinsame Gesetzmäßigkeiten etwa zwischen folgenden Problemen aufzudecken: Welchen Regeln gehorcht das Laserlicht, die Struktur eines Waldes, die Bildung eines Enzyms, die Entstehung des Lebens, die Entwicklung der Sprache? Das gemeinsame Problem, um das es sich hierbei handelt, ist folgendes: Obwohl die Untersuchungsobjekte, z. B, in der Physik ein Körper oder in der Biologie eine Zelle, aus sehr vielen Untersystemen bestehen, so wirken sie doch nach außen hin als ein charakteristisches Ganzes, dessen Eigenschaften meist nicht einfach durch

[359] Robert Graham, 'Contributions of Hermann Haken to our understanding of Coherence and Selforganization in Nature', in *Lasers and Synergetics,* Hrsg. R. Graham und A. Wunderlin (1987), S. 2 - 13. S. 4 (Übersetzung aus dem Englischen durch den Autor).

[360] Interview mit Robert Graham vom 29.3.2011, S. 14 (Universitätsarchiv Stuttgart (Archiv Haken)).

[361] Haken und Graham, 1971. S. 191.

eine zufällige Überlagerung der Untersysteme zustande kommen. [...] Da eine Reihe von Ordnungen oder Ordnungszuständen in der Physik am besten erforscht sind, liegt es nahe, mit diesen zu beginnen. Wir betonen aber, daß wir in keiner Weise versuchen, die Biologie oder gar die Soziologie auf die Physik zurückzuführen. Es ist lediglich so, daß die relativ einfachen Erscheinungen der Physik uns inspirieren können, Begriffe und Methoden zu entwickeln, die auch in anderen Gebieten wesentlich neue Einblicke gewähren."

Haken erläuterte zunächst die Phänomene des Phasenübergangs bei physikalischen Systemen im thermodynamischen Gleichgewicht mittels des Beispiels der Supraleitung und des Ferromagnetismus. Danach zeigte er anhand seines Paradebeispiels des Lasers, dass auch Systeme fern ab vom thermodynamischen Gleichgewicht Phasenübergänge zeigen. Nach diesen grundlegenden Argumentationen wagte er schließlich den Sprung hinüber zu den Gebieten der Chemie und der Ökologie, wie nachfolgende Tabelle aus der Originalarbeit zeigt[362]

Abstraktion	Verwirklichung		
	1. Beispiel	2. Beispiel	3. Beispiel
Gebiet	Physik	Ökologie	Chemie
Gesamtsystem	Laser	Wald	System von verschiedenen Molekülen
Untersystem	Atom	Baum	Molekül
Teilnahmezeit am Prozeß	zwischen Anregung und Ausstrahlung	Lebenszeit des Baumes	Reaktionszeit
statistische Prozesse	Anregung, spontane Ausstrahlung	Aufgehen des Samens, Absterben des Baumes	zufällige Erzeugung
Ordnungsparameter	Lichtfeld	Dichte der Bäume	Dichte der Moleküle
äußerer Parameter	elektr. Strom	z. B. Klima	Druck, Temperatur, Energiezufuhr (Licht, energiereiche Moleküle)

Abb. 13: Beispiele für die Verwirklichung von abstrakten Begriffsbildungen der Synergetik im Umschau Artikel von 1971

[362] Haken und Graham, 1971. S. 194 Abb. 3.

Hermann Haken wurde zu diesem Ansatz durch eine völlig neue Entwicklung in der Biologie nachhaltig bestätigt. Hiervon hatte er zuerst in einem Vortrag Manfred Eigens in Göttingen im Dezember 1970 erfahren[363]. Eigen hatte dabei ein Modell präsentiert, das einen autokatalytischen Zyklus in der präbiotischen Molekularbiologie enthielt, mit dem er wichtige Schritte der Selbstorganisation von Materie und die Evolution biologischer Makromoleküle erklären konnte. Dies sollte sich als ein entscheidender Schritt zur möglichen Erklärung der Entstehung von Leben aus unbelebter Materie herauskristallisieren. Haken konnte nun zeigen, dass die kinetischen Gleichungen der autokatalytischen Selbstorganisation der Moleküle und seine Gleichungen für den Laser dieselbe allgemeine Struktur besitzen[364].

$$\frac{dn_j}{dt} = n_j(\alpha_j - \beta_j) + F_j(t)$$
$$j = 1, \ldots, N$$

Physik: Laser, n_j: Zahl der Lichtteilchen in Richtung j,

Chemie / Molekularbiologie } autokatalytische Reaktion — n_j: Zahl der Moleküle der Sorte j

---

in allen Fällen: α_j Erzeugungsrate, β_j Verlustrate, $F_j(t)$ zufällige Entstehungsrate,
α_j, β_j können selbst noch von $n_1, \ldots, n_N$ abhängen

Abb. 14: Beispiele von Bilanzgleichungen in Physik, Chemie und Biologie

Er fuhr dann fort:

> „In unserer Interpretation wären die Untersysteme die einzelnen Molekülgruppen, die Ordnungsparameter [...]. Als „Filter" wirkt die Differenz von Erzeugungs- und Vernichtungsrate (*Eigens* „Wertfunktion"). Die Evolution erscheint hier als ein Zusammenwirken von systematischer Auslese, beschrieben durch ($\alpha_j - \beta_j$), und Zufallsereignissen, beschrieben durch F_j.
> [...]
> Natürlich ist die Evolutionstheorie nicht auf Moleküle beschränkt, sondern gilt gleichermaßen für Lebewesen – insofern ergibt sich die Möglichkeit einer Mathematisierung der Darwinschen Vorstellungen."

[363] Im Oktober 1971 dann in der Zeitschrift Naturwissenschaften veröffentlicht Manfred Eigen, 'Selforganization of matter and the evolution of biological macromolecules.', *Naturwissenschaften,* 58 (1971). (eingereicht im Mai 1971).
[364] Haken und Graham, 1971. S. 194 Abb. 4.

Aus seiner Sicht zeigte sich hier die Verbindung zwischen unbelebter und belebter Natur in mathematisch erfassbarer Weise. Eine Behandlung bislang völlig disparater Erscheinung schien nun möglich. So beschloß er diesen Artikel mit den optimistischen Worten[365]:

> „Zusammenfassend können wir also sagen, daß eine Vielzahl von völlig verschiedenen Erscheinungen mit Hilfe einiger weniger Begriffe von einem einheitlichen Gesichtspunkt aus betrachtet werden kann. Die geheimnisvollen Ordnungsprinzipien, die das Zusammenwirken der einzelnen Teile eines großen Systems regieren, erweisen sich als von den Untersystemen geschaffene Regelkreise. Überraschend abrupte Änderungen in diesen Ordnungsprinzipien werden hervorgerufen durch Phasenübergänge. Ein Weg zu einer mathematischen Erfassung dieser Vorgänge erscheint damit geöffnet."

Haken hatte sich, für diese aus seiner Sicht „revolutionären" Thesen, auf eine Menge Kritik und Anregungen eingestellt. Aber was geschah? – Nichts![366]

[365] Haken und Graham, 1971. S. 195.
[366] Private Mitteilung von Hermann Haken.

d. Die erste ELMAU-Synergetik Konferenz von 1972

Angeregt durch die Versailler Konferenzen und die Physikertagungen der DPG plante Hermann Haken im Winter 1971/72 die Durchführung einer eigenen Tagung zum Thema der Synergetik. Nachdem er einen Zuschuss vom bayerischen Kultusministerium erhalten hatte[367], wählte er als Tagungsort das in Bayern liegende Schloss Elmau, das zur damaligen Zeit noch kein Nobelhotel war. Ziel und Zweck dieser Tagung formulierte Haken sehr eindeutig im Vorwort des Tagungsbandes, der 1973 erschien[368]:

> At a first glance the reader of this book might be puzzled by the variety of its topics which range from phase-transition-like phenomena of chemical reactions, lasers and electrical currents to biological systems, like neuron networks and membranes, to population dynamics and sociology. When looking more closely at the different subjects, the reader will recognize, however, that this book deals with one main problem: the behavior of systems which are composed of many elements of one or a few kinds. We are sure the reader will be surprised in the same way as the participants of a recent Symposium on synergetics, who recognized that such systems have amazingly common features. Though the subsystems (e. g. electrons, cells, human beings) are quite different in nature, their joint action is governed by only a few principles which lead to strikingly similar phenomena. ....Though the articles of this book are based on invited papers given at the first International Symposium on Synergetics at Schloß Elmau from April 30 to May 6, 1972, it differs from usual conference proceedings in a distinct way. The authors and subjects were chosen from the very beginning so that finally a well organized total book arises."

In diesem Zitat werden zwei Fakten hervorgehoben, auf die Hermann Haken auch später immer sehr großen Wert legte. Zum einen waren seine Tagungen von Anfang an stets interdisziplinär angelegt. Er suchte Analogien in den verschiedensten Wissenschaftsbereichen und beschränkte sich nicht zum Beispiel auf die Physik oder die Chemie oder die Biologie. Zum anderen waren die Referenten auf seinen Elmau-Konferenzen und die durch sie vorgetragenen Themen jeweils von ihm persönlich ausgesucht, wodurch die Chance auf einen umfassenden Überblick über den jeweiligen Forschungsstand eines Gebietes gegeben war. Eine Erläuterung sei noch angefügt: wenn im Folgenden von den Teilnehmern an den ELMAU-Konferenzen die Rede ist, so sind damit immer die Vortrags-Referenten gemeint. In der Regel handelte es sich regelmäßig um die

[367] Interview H. Haken vom 21.9.2010. S. 30.

[368] Hermann Haken, *Synergetics - Cooperative Phenomena in Multicomponent Systems (=Proc. Conf. Schloß Elmau 1972),* (1973).

zwanzig Personen. Die Tagungen hatten jedoch jeweils ca. 80 Teilnehmer, die jedoch nicht in den Proceedings erwähnt werden.[369]

Da diese erste ELMAU-Tagung als der eigentliche Startpunkt der Synergetik-Aktivitäten von Hermann Haken gelten kann, analysieren wir im Folgenden die Teilnehmerstruktur und die Inhalte genauer. Die Herkunft der Vortragenden speiste sich aus fünf Quellen:

- Teilnehmer der Versailler Konferenzen[370]
- Referenten kürzlich abgehaltener Tagungen der Deutschen Physikalischen Gesellschaft[371]
- Japanische Festkörpertheoretiker, die über stochastische Probleme von Vielkörpersystemen arbeiteten[372]
- Wissenschaftler, die über Phasenübergänge gearbeitet haben[373]
- Mitarbeiter und Schüler der Stuttgarter Theorieschule[374]

Die Referenten der Versailler Konferenzen stellten die größte und sicher renommierteste Tagungsgruppe. Auffällig ist die große Anzahl der mathematisch-theoretisch arbeitenden Teilnehmer. Haken gliederte das Symposium in die ihn damals am meisten interessierenden Bereiche:

- Mathematische und physikalische Konzepte für kooperative Systeme
- Instabilitäten und Phasenübergangs-artige Phänomene in physikalischen Systemen fern ab vom Thermodynamischen Gleichgewicht
- Biochemische Kinetik und Populationsdynamik
- Biologische Strukturen
- Generelle Strukturen

In seinem Einführungsvortrag (der im Buch aber natürlich erst nach Vorliegen der anderen Beiträge, also im Juni/Juli 1972 geschrieben wurde) konzentrierte er sich

---

[369] Leider haben sich die Teilnehmerlisten weder im Archiv Haken noch bei der *Stiftung Volkswagen*, die später diese Tagungen finanziell förderten, erhalten. Einzig eine Teilnehmerliste zur Tagung von 1981 ließ sich bei der *Stiftung Volkswagen* auffinden. Hieraus geht hervor, dass diese Tagung 25 Vortragende hatte und 75 Teilnehmer. (Kopie im Archiv Haken (Universitätsarchiv Stuttgart)).

[370] H.Fröhlich, B. Julesz, R. Kubo, R. Lefèver, T. Matsubara, W. Reichardt, H.R. Wilson (über J.D. Cowan?), H. Kuhn (über M. Eigen?), E.W. Montroll.

[371] R. Landauer, H. Thomas, W. Reichardt, F. Schlögl.

[372] H. Mori, K. Tomita, F. Yonezawa.

[373] L. Kadanoff, G. Adam, (Empfehlungen von W. Weidlich?).

[374] M. Wagner, R. Graham, W. Weidlich.

auf die Analogien bei den verschiedenen Systemen mit Phasenübergängen und die dabei auftretenden Ordnungsparameter

Tabelle 6 : Von Haken verglichene synergetische Systeme auf der ersten ELMAU-Konferenz und deren Ordnungsparameter

Science	**System**	**Subsystem**	**Orderparameter**
Physics	ferromagnet	Elementary magnets (spin)	Mean field
	superconductor	Electron spin	Pair wavefunction
	laser	Atoms	Lightfield or photon number
Chemistry	Chemical ensembles	Molecules	Number of molecules
Biology	Biological clocks	Molecules	Number of molecules
	Neural network	Neurons	Pulserate
Ecology	Group of animals	Individual animal	Number of animals
	Forest	Individual plants	Density of plants
Sociology	Society	Human beings	Number of people of given opinion

Das von Haken aus der Landau-Theorie übernommene und auf Systeme fern vom thermischen Gleichgewicht erweiterte Ordnungsparameter-Konzept hat eine Besonderheit. Es ermöglicht von der Vielzahl der beitragenden Subsysteme, seien es Elektronen, Moleküle oder Neuronen zu abstrahieren und sich auf einen oder wenige Parameter zu konzentrieren, die das makroskopische Verhalten des Gesamtsystems beschreiben, wie es klassisch die Temperatur bei einem Gas oder einer Flüssigkeit tut. In seiner Einführung behandelte Haken anschließend die mathematische Formulierung der Ordnungsparameter. Dabei führte er zwei Beispiele an, die er bisher in Publikationen noch nicht ausführlich dargestellt hatte: zum einen das berühmte Beispiel zur Populationsdynamik mit einem Räuber und einer Beute, wie es zuerst von Alfred Lotka[375] (1880 - 1949) und Vito Volterra[376] (1860 - 1940) formuliert wurde. Hierbei kommt es zu einem oszillatorischen Zustand zwischen Räuber-Population und Beute-Population. Derartige Oszilla-

[375] Alfred J. Lotka, *Elements of Physical Biology (Nachdruck als: Elements of Mathematical Biology)*, (1925 (Nachdruck 1956)).
[376] Vito Volterra, *Lécon sur la Théorie Mathematique de la lutte pour la vie,* (1931).

tionen werden auch in autokatalytischen Reaktionen und in biologischen Uhren beobachtet. Das zweite Beispiel betraf die sogenannte Zhabotinsky-Reaktion,[377,378] ein selbsterregtes oszillatorisches chemisches System mit Farbumschlag, das insbesondere von Ilya Prigogine und seinen Mitarbeitern untersucht wurde. Mathematisch gesehen kommt es hier jeweils auf die „Besetzungszahlen“ innerhalb des Systems an. Diese Strukturen liegen in vielen Gebieten vor, so dass unterschiedlichste Anwendungsfälle mit dem gleichen Formalismus behandelt werden können.

Haken wandte sich sodann dem Phänomen des Symmetriebruches bei Phasenübergängen an der jeweiligen Schwelle zu und führte dazu sein bekanntes Laserbeispiel an. Dieses Phänomen diente ihm zur Einordnung anderer Konferenz-Beiträge[379]:

> “A very similar problem occurs for the parametric oscillators and the tunnel diode which has been treated by Landauer in the connection with the theory of the computing process (see his article).Because „symmetry breaking instabilities“ play an important role in synergetics, we mention a few further examples: Molecules which differ only in one property, e. g. optical dichroism, but having identical a, ß, and F, or DNA or RNA, which differ by the arrangement of their constituents, but again having the same production factors a etc. Another example is provided by molecules, whose concentration is space dependent. In the broken symmetry case e.g. s p a t i a l l y - p e r i o d i c molecule concentrations may occur. Such systems and related ones have been studied in detail by Prigogine and coworkers and were called “dissipative structures” (see also the article of Prigogine and Lefever in this book). Analogies with respect to instabilities include a large variety of systems, e. g. plasmas [14], or current instabilities (see Thomas' article). A further example is provided by different states of interstellar matter [15]. Instabilities (or multi-stability) of exactly the same type as treated here are also found in visual perception (see the article by Reichardt) and in sociological models (see Weidlich's contribution). The ingenious experiments by Julesz are a challenge for a similar interpretation and considerable progress has been achieved in the model of neural networks by Wilson and Cowan”.

[377] Anatol M. Zhaboutinsky, 'Periodic processes of the oxidation of malonic acid in solution', *Biofizika,* 9 (1964). Zur Geschichte der Belousov-Zhabotinsky-Reaktion siehe A. M. Zhabotinsky, 'A History of Chemical Oscillations and Waves', *Chaos,* 1 (1991). Ebenfalls A. T. Winfree, 'The Prehistory of the Belousov-Zhabotinsky Oscillator', *Journal of Chemical Education,* 61.

[378] V. Vavilin, A. M. Zhabotinsky, und A. Zaikin, ' Effect of Ultraviolet Radiation on the Oscillating Oxidation Reaction of Malonic Acid Derivatives', *Russ. J. Phys. Chem.,* 42 (1968).

[379] Haken, 1973. S. 16/17.

Im Vergleich zur ersten Synergetik-Veröffentlichung vom Frühjahr 1971 in der Zeitschrift *Umschau* ergaben sich also folgende thematische Erweiterungen: neben den dort angeführten Beispielen des Ferromagnetismus, der Supraleitung, dem Laser und allgemeinen Systemen in der Chemie, insbesondere der Theorie der Selbstorganisation von biologischen Makromolekülen nach Manfred Eigen, sowie des Phänomens der Meinungsbildung in einer Gesellschaft (nach Wolfgang Weidlich) traten jetzt die Themen

- Strominstabilitäten (Gunn-Effekt)
- Kooperative Prozesse in der Datenverarbeitung
- Populationsdynamik nach Lotka-Volterra
- Die Belousov-Zhabotinsky-Reaktion (chemische Oszillationen)
- Mustererkennung des Sehsystems
- Kooperative Phänomene in Nervensystemen
- Andere biologische kooperative Systeme

Für Haken sehr wichtig traten ergänzend zu diesen konkreten, beobachtbaren Effekten weitere theoretische Beiträge zur statistischen Theorie der Phasenübergänge.

Die Tagung war ein großer Erfolg für Hermann Haken:

> „am Schluß sagten gerade die Japaner, da waren vier da, sie seien also skeptisch gekommen, was das werden solle. Aber nachdem sie mich kannten, haben sie gesagt, kommen wir doch. Am Ende haben sie gesagt, „jetzt haben wir verstanden, dass es eine sinnvolle Sache ist". Das war die Quintessenz der Tagung."

Rolf Landauer, einer der Vortragenden und Wissenschaftler bei der Computerfirma IBM, äußert sich zu einem späteren Zeitpunkt ebenfalls sehr lobend über diese Tagung[380]:

> „Hermann Haken in 1972 had the first interdisciplinary meeting [...]
> Interdisciplinary meetings existed before then, but they typically had a high component of flaky stuff. Probably not everything presented at Haken's session in 1972 has stood up, but all of it was serious and represented real intellectual depth and effort.

[380] Rolf Landauer, 'Poor Signal to Noise Ratio in Science', in *Dynamic Patterns in Complex Systems,* (1988). S. 392.

Participation was a breath-taking experience for me; for the first time I found myself among people with comparable interests and a comparable sense of values. I was no longer an orphan! And the meeting had another earmark of a good conference: The conference had broad representation in its selection of speakers; it was not dominated by the organizer and his close associates."

Angeregt durch diese positive Aussagen und Stimmungen auf der Konferenz suchte Haken jetzt nach Möglichkeiten, weitere Tagungen dieser Art zu veranstalten. Dies gelang jedoch nicht sofort. Schließlich ergab sich die Möglichkeit hierzu durch die ab 1976 einsetzende großzügige Förderung der Synergetik durch die *Stiftung Volkswagenwerk*. (Siehe hierzu die Darstellung im Kapitel 7b).

In der Rückschau sah Haken in der Konferenz den Beginn einer neuen interdisziplinären Zusammenarbeit, die wegweisend auch auf andere Bereiche ausstrahlte:

> „Zum anderen beobachten wir eine ausgesprochene Trendwende. Während es noch bis vor nicht allzu langer Zeit erschien, als würde die Wissenschaft in immer mehr Teilbereiche zerfallen, die voneinander kaum oder gar nicht mehr Notiz nehmen, so sehen wir heute das Sprießen vieler Tagungen und Zeitschriften, die zum Ziel haben, nach Verbindungen zwischen den Wissenschaften im Sinne der Synergetik, d.h. nach tiefgreifenden gemeinsamen Gesetzmäßigkeiten, zu suchen. Ich glaube schon sagen zu können, daß die Synergetik-Tagung vor 25 Jahren eine der ersten, wenn nicht sogar die erste war, die dieses Ziel, gemeinsame Gesetzmäßigkeiten aufzuspüren, verfolgte.[381]

Auch wenn vieles für diese Bewertung spricht, so sollten doch die Haken damals unbekannt gewesenen und früher anzusiedelnden Aktivitäten der Gruppen um Ludwig von Bertalanffy und Heinz von Foerster nicht unerwähnt bleiben[382].

---

[381] Hermann Haken, 'Synergetik: Vergangenheit, Gegenwart, Zukunft', in *Komplexe Systeme und nichtlineare Dynamik in Natur und Gesellschaft. Komplexitätsforschung in Deutschland auf dem Weg ins nächste Jahrhundert,* Hrsg. K. Mainzer (1999), S. 30 - 48.

[382] Siehe zum Beispiel die interdisziplinäre Konferenz „Self-Organizing Systems" des Jahres 1959. Im Vorwort begründen die Herausgeber die Notwendigkeit einer solchen Konferenz. Sie schreiben „On the one hand the psychologist, the embryologist, the neurophysiologist and others involved in the life sciences were attempting to understand the self-organizing properties of biological systems, while mathematicians, engineers, and physical scientists were attemping to design artificial systems which could exhibit self-organizing properties. Accordingly, the Information Systems Branch of the Office of Naval Research together with Armour Research Foundation, decided to sponsor a conference enabling the workers in the many disciplines involved to meet together and discuss their research activities and to explore common problems, mutual interests, and similar directions of research." Marshall Yovits und Scott Cameron, 'Self-Organizing Systems - Proceedings of an Interdisciplinary Conference', (1960). Eine zweite Konferenz wurde im Jahre 1962 abgehalten. M. Yovits, G. Jacobi, und G. Goldstein, 'Self-Organizing Systems 1962', (1962).

e. Die Entdeckung einer gemeinsamen mathematischen Basis: Laser – Bénard-Effekt – Brüsselator

Eine weitere Gelegenheit seine Gedanken zur Synergetik weiter zu verbreiten ergab sich für Hermann Haken aus Anlass der Emeritierung seine Freundes und Kollegen Herbert Fröhlich. Unter dem Titel „*Cooperative Phenomena*“ gaben Haken und Max Wagner 1973 eine Festschrift im Springer Verlag heraus, die namhafte Autoren versammelte. Wie üblich spiegelte die Festschrift die große wissenschaftliche Breite der Forschungen von Herbert Fröhlich wider. Die Artikel ordneten sich in die Bereiche „Quasi-particles and their interactions; Superconductivity and superfluidity; Dielectric Theory; Reduced density matrices; Phase Transitions; Manybody Effects und Synergetic Systems sowie Biographical and Scientific Reminiscences“ ein.

Haken nutzte also die Chance ein Kapitel "*Synergetics*" einzuflechten, wobei er diesem, außer einem eigenen Artikel, auch Beiträge von I. Prigogine, M. Wagner, G. Careri, B. Holland und C.B. Wilson zuordnete.[383] Inhaltlich stellte sein Beitrag „Synergetics – Towards a new Discipline“ eine nur leicht modifizierte Fassung seines einführenden Referates zur ELMAU Tagung 1972 dar, dessen gedruckte Fassung ebenfalls Anfang 1973 erschien. Hierbei betonte Haken die Beschreibung der Lasergleichungen in Hinblick auf ihre Selektions-Funktion, was wohl durch die Diskussionen auf den Winterseminaren von Manfred Eigen angeregt worden war.

Neben diesen bereits vorher veröffentlichten Themen blitzte noch eine neue Gedankenverbindung kurz auf. Der französische Chemiker und Nobelpreisträger Jacques Monod, ebenfalls Teilnehmer der Versailler Konferenzen, hatte im Jahr 1970 ein einflußreiches und sofort kontrovers diskutiertes Buch mit dem Titel[384] „*Le hasard et la necessité*“[385] publiziert. Monod vertrat in seinem Buch die Ansicht, dass die Entstehung des Lebens aufgrund eines extrem unwahrscheinlichen, aber letzlich doch eingetretenen Zufalls, entstanden war. Anschließend habe sich das Leben dann naturgesetzlich fortgesetzt. Im Vorwort der deutschen Ausgabe schrieb Manfred Eigen dazu[386]:

> „[die] „Notwendigkeit“ tritt gleichberechtigt neben den „Zufall“, sobald für ein Ereignis eine Wahrscheinlichkeitsverteilung existiert und diese sich – wie in der

---

[383] Haken und Wagner, 1973.

[384] Jacques Monod, *Le hasard et la necessité* (1970).

[385] (der deutsche Titel lautete „Zufall und Notwendigkeit und erschien bereits 1971).

[386] Jacques Monod, *Zufall und Notwendigkeit*, (1971). S. XIV-XV.

> Physik makroskopischer Systeme – durch *große Zahlen* beschreiben läßt. Der Titel dieses Buches bringt diese Gleichberechtigung eindeutig zum Ausdruck. Monod muß aber den „Zufall" stärker betonen, da die „Notwendigkeit" ja ohnehin jedermann gern zu akzeptieren bereit ist. [...]
> Damit verschwindet die tiefe Zäsur zwischen der unbelebten Welt und der Biosphäre, der Philosophie, Weltanschauungen und Religion so große Bedeutung zugemessen haben. Die Entstehung des Lebens, also die Entwicklung vom Makromolekül zum Mikroorganismus, ist nur ein Schritt unter vielen, wie etwa vom Elementarteilchen zum Atom, vom Atom zum Molekül... „

Haken griff diesen Gedanken auf. Eine seiner besonderen Stärken war es ja, neue Entwicklungen verwandter Forschungsrichtungen daraufhin abzuprüfen, ob sich Analogien in seinem Forschungsbereich und hier besonders bei seinem Musterbeispiel - dem Laser – finden lassen. Dies war bei der von ihm und Graham gefundenen Analogie zwischen Lasergleichung und den Ginzburg-Landau Gleichungen der Supraleitung der Fall, es war auch der Fall bei der Analogie zwischen Lasergleichung und der Wertefunktion der Eigen'schen Selektionstheorie. Haken betrachtete nun die Gleichung für den Ordnungsparameter des Single Mode Lasers, die in seiner Schreibweise lautet

$$dE/dt = \alpha' E - \beta' |E|^2 E + F(t)$$

wobei α' den ungesättigten Gewinn, β' die Sättigungskonstante, E die Feldamplitude und F(t) den Fluktuationsterm darstellt. Diese Gleichung besteht aus zwei Termen. Der erste Ausdruck beschreibt die Wechselwirkung des Lichtfeldes mit den Elektronen des Lasermediums. Der zweite Term beschreibt die nicht zu vermeidende spontane Emission der angeregten Elektronen, ein quanten-mechanischer Effekt. Und so folgerte er[387]:

> [This equation] "is one of the simplest examples, but very instructive of the interplay between fluctuating forces [...] and systematic forces [...] or, in Monod's words, of the interplay between "chance and necessity"".

Der Gedanke dieses Wechselspiels, der ja ein Wechselspiel von Zufall und (mathematisch gesehen) Auswahlregeln darstellt, findet sich später auch in der grundlegenden zusammenfassenden Darstellung der Synergetik von Haken aus dem Jahre 1977 wieder.[388]

In der Art der vorliegenden Darstellung mag der Eindruck entstehen, dass Hermann Haken in den Jahren 1971 bis 1973 vorwiegend mit den Themen des Phasenüberganges und der Synergetik beschäftigt war. Dieser Eindruck wäre aber

---

[387] Haken und Wagner, 1973. S. 269.
[388] Haken, 1977.

falsch. Gerade in dieser Zeit war Haken stark in seine Kooperation mit Serge Nikitine (1904 - 1986) und der *Universität Straßburg* zur Theorie der Exzitonen in Festkörpern eingebunden. Er hielt dort mehrere Vorlesungen in französischer Sprache, von denen sich einzelne Manuskripte in seinem Archiv erhalten haben. Diese Arbeiten sind auch in Zusammenhang mit der Herausgabe des Buches „*Quantenfeldtheorie des Festkörpers*“ zu sehen, das im Jahre 1973[389] erschien. Wir können festhalten, dass die Forschungstätigkeit des von ihm geleiteten Institutes sich zu dieser Zeit einerseits auf die Lasertheorie und statistische Mechanik und andererseits auf die Festkörpertheorie konzentrierte. So erschienen von 1971 bis 1974 nicht weniger als siebzehn Arbeiten zur Festkörperphysik (Haken als Autor bzw. Mitautor) und von 1971 bis 1977 wurden am Institut elf Diplom- und Doktorarbeiten zu diesen Forschungsgebieten veröffentlicht. Die Synergetik war im Ausbildungs- und Forschungsbereich des Institutes noch nicht angekommen, sondern stellte eine spezielle Domäne von Hermann Haken dar.

Kontakte zu italienischen Kollegen pflegte Hermann Haken aufgrund der engen Kooperationen bei den Laserforschungen schon seit vielen Jahren. Insbesondere zu den Mailänder Wissenschaftlern Rodolfo Bonifacio und Tito Arecchi (geb. 1933) gab es, auch über die Sommerschulen “Enrico Fermi” am Comer See, bereits seit den sechziger Jahren enge Verbindungen. In der Lasertheorie beschäftigte Anfang der siebziger Jahre, neben dem Thema der kurzen und ultrakurzen Laserpulse sowie der Forschung zur Kohärenz der Lichtwelle vor allem das Thema der „Superradiance“ („Superstrahlung“) die Theoretiker. Hierunter versteht man die kollektive Aussendung von Strahlung, nachdem vorher die Atome eine kohärente Anregung erfahren hatten. Insbesondere Bonifacio arbeitete über diesen kooperativen Quanteneffekt.[390] Zu den jährlichen herausragenden Aktivitäten der italienischen Physiker gehörte die Durchführung von Sommerschulen nicht nur am Comer See, sondern auch am 1963 in Erice auf Sizilien gegründeten „Centro Ettore Majorana“, die unter Leitung des Physikers Antonio Zicchici standen. Neben dem Thema der Elementarteilchenphysik wurde dort jährlich eine „*Summer-School on Quantum Electronics*“ abgehalten, in die Arecchi im Jahre 1974 einen Vorlesungszyklus zu Fragen der „Cooperative effects in multi-component systems“ einbrachte, deren Leitung er Rodolfo Bonifacio und Hermann Haken übertrug. Haken übernahm auch die Herausgabe des Berichtsbandes dieser Sommerschule[391], der noch im selben Jahr erschien.

---

[389] Hermann Haken, *Quantentheorie des Festkörpers*, (1973).
[390] R. Bonifacio, 'Quantum Statistical theory of superradiation', *Physical Review*, A4 (1971).
[391] Haken, 1974.

Neben einer Sektion zum Thema „Quantenoptik“ den die italienischen Physiker Arecchi, Bonifacio und Narducchi zusammen mit Roy Glauber, Fritz Haake und E. Courtens vom IBM Laboratorium in Zürich bestritten, finden wir im Vorlesungszyklus, der sich dem Thema „Kooperative Phänomene“ widmet, fast ausschließlich Teilnehmer der ersten ELMAU-Konferenz von 1972 wieder. Es sind dies L. Kadanoff, F. Schlögl, H. Thomas, M. Wagner, B. Julesz, H.R. Wilson, H. Fröhlich und W. Weidlich. Anstelle von R. Lefever wurde Prigogines Brüsseler Schule durch G. Nicolis vertreten. Nur zwei Referenten, P. G. de Gennes[392] und G. Brettschneider[393] stießen neu dazu. So verwundert es nicht, dass nur wenige neue Gesichtspunkte vorgetragen wurden. Die Tagung diente vielmehr dazu, die 1972 begonnene Diskussion fortzusetzen und zu vertiefen. Haken ging in seinem Referat, das deutlich mathematisch ausgearbeitet war, auf die bisher bekannten Analogien zu den Phasenübergängen und der Ginzburg-Landau Theorie ein und breitete das Ordnungsparameterkonzept mathematisch fundiert aus. Als einen neuen Aspekt betrachtete er die kürzlich gefundene Analogie zwischen dem Laser und der Bénard-Instabilität.

Haken war auf das Bénard-Phänomen der Hydrodynamik durch die Lektüre des 1971 erschienen Buches von Glansdorff und Prigogine[394] aufmerksam geworden, die diese Strukturbildung ausführlich behandelt hatten. Worum geht es beim Bénard-Phänomen? Der französische Chemiker Henri Bénard (1874 - 1939) hatte schon im Jahre 1900 entdeckt[395], dass sich in einer Flüssigkeit, wenn sie von unten erhitzt wird, dynamisch stabile Strukturen ausbilden. Dies haben schon viele Hausfrauen beim Kochen gesehen, ohne weiter über den Effekt nachzudenken.

---

[392] Vom College de France. Er berichtete über “Gravitational instabilities of liquid crystals”.

[393] Von der Siemens AG aus München. Er trug über „Cooperative Phenomena in telephony“ vor, ein Themenbereich, der auf der ersten Elmau-Konferenz analog durch den IBM-Physiker Rolf Landauer vertreten wurde.

[394] P. Glansdorff und I. Prigogine, *Thermodynamic Theory of Structure, Stability and Fluctuations*, (1971).

[395] Henri Bénard, 'Les tourbillions cellulaires dans une nappe liquide transportant de la chaleur par convection en régime permanent', *Ann. Chimie Phys.*, 23 (1901). und Henri Bénard, 'Les tourbillons cellulaires dans une nappe liquide', *Rev. Géneral des Sciences Pures et Appl.*, 11 (1900).

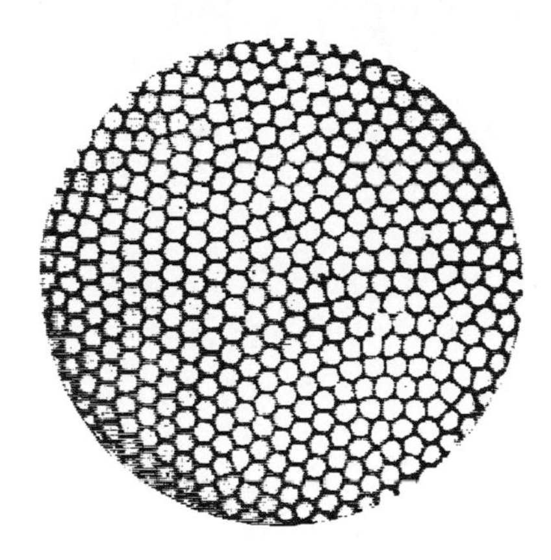

Abb. 15: Zellstruktur der Bénard-Instabilität (Bénard-Rollen)[396]

Hierzu der Mitarbeiter Hakens, Robert Graham, in einem 1973 erschienenen Artikel[397]:

> „The Bénard convection instability [...] is probably the simplest nontrivial example of an instability in fluid dynamics. By the same token, the appearance of convection cells at the Bénard point is also a very clear-cut example of a "dissipative structure". Such structures are well known to appear in many systems if they are driven by some external force into a nonlineare domaine far from thermal equilibrium. The very abrupt appearance of dissipative structures, like convection cells, [...] has sometimes been compared to phase transitions in equilibrium systems."

Die Bénard-Instabilität ist eine typische dissipative Struktur, d.h. es wird auf der einen Seite Wärme (Energie) zugeführt und auf der anderen Seite durch Konvektion und Wärmestrahlung wieder abgeführt. Ein analoges Verhalten zeigt der Laser: hier wird Energie zugeführt durch das „Pumpen" (elektrisch oder optisch) und Energie wird abgeführt durch den Laserstrahl und die Erwärmung der Kavität. Haken sah diese Analogie natürlich sofort und prüfte zusammen mit Robert Graham, ob die für den Laser aufgestellten mathe-matischen Werkzeuge auch für die Bénard-Instabilität gelten würden. In zwei Arbeiten vom Sommer 1973 konnten sie eine thermodynamische Potenzial-funktion ableiten, die die Stabilität, die Fluktuationen und die Dynamik des Systems in der Nähe der

[396] Bild aus S. Chandrasekhar, *Hydrodynamic and Hydromagnetic Stability*, (1961).

[397] Robert Graham, 'Generalized Thermodynamic Potential for the Convection Instability', *Physical Review Letters,* 31 (1973). S. 1479

Instabilitätsschwelle beschreiben. Verwendete Methodik und die Lösung der Gleichungen funktionierten analog zur Laser-theorie:

> „In the Bénard and Taylor problem the conditions are fulfilled for our theorem [...] on the exact solution of the Fokker-Planck equation (which was originally developed for applications to laser theory)."[398]

So konnte Haken also auf der Sommerschule in Erice folgende Analogien zwischen dem Laser und der Bénard Instabilität aufzeigen:

Tabelle 7: Analogien im Verhalten eines Lasers und der Bénard Instabilität (aus (Haken, 1974), S. 19)

	Laser	**Bénard instability**
external parameter	pump strength (or inversion d_o	Temperature gradient (Rayleigh number R)
instability at	d_c	R_c
behaviour below d_c, R_c	No stimulated emission, averaged field zero	No motion, averaged velocity zero
Behavior at d_c, R_c	One (or several) field modes get unstable (depending on geometry) Soft mode (critical slowing down) Critical fluctuations Principle of detailed balance holds	One or several modes get unstable (depending in geometry) Soft mode (critical slowing down) Critical fluctuations Principle of detailed balance holds
Behaviour above d_c, R_c	Stabilization of "unstable modes" via damped modes	

Graham und Haken hatten damit bereits ein weiteres Phänomen dissipativer Strukturen gefunden, der sich ebenfalls mit dem Synergetik-Ansatz beschreiben ließ.

Das Thema der Phasenübergänge und der Nichtgleichgewichtsthermodynamik beherrschte auch die Frühjahrstagung der Deutschen Physikalischen Gesellschaft in Freudenstadt Anfang April 1974. Eingeladene Hauptvorträge hielten H. Thomas aus Basel, der über „Strukturelle Phasenübergänge" sprach und Paul Glansdorff aus Brüssel, der über „Nonlinear Thermodynamics" referierte.[399] Nicht weniger als drei Fachsitzungen befassten sich mit der Theorie der Phasenübergänge und weitere zwei Sitzungen waren dem Thema „Nichtgleichgewichtsthermodynamik und

---

[398] Hermann Haken, 'Stability and Fluctuations of Multimode Configurations near Convection Instability', *Physics Letters A,* A 46 (1973). S.193.

[399] Siehe Verhandlungen der Deutschen Physikalischen Gesellschaft, Reihe VI Band 9 (1974) (Physik Verlag Weinheim).

stochastische Theorien“ gewidmet. Haken dominierte die theoretischen Sitzungen und hielt allein drei Vorträge, die in engem Zusammenhang standen. Zunächst behandelte er das Thema der „Stabilität und Fluktuationen von Vielteilchenkonfigurationen im nichtlinearen Bereich der Konvektionsinstabilität“, ein altes Problem der Turbulenz-Theorie. Er generalisierte dann den Lösungsansatz und sprach im zweiten Vortrag über die „Verallgemeinerte Langevin-Gleichung für Systeme außerhalb des thermodynamischen Gleichgewichtes“ und zeigte im dritten Vortrag die „Exakte stationäre Lösung der Mastergleichung für Systeme außerhalb des thermischen Gleichgewichtes in detaillierter Bilanz“ auf. Im Rahmen dieser Tagung dürfte Haken auch mit Glansdorff gesprochen haben, der ja drei Jahre zuvor (im Jahre 1971) zusammen mit Ilya Prigogine das einflußreiche Buch „*Thermodynamic Theory of Structure, Stability and Fluctuation*“[400] veröffentlicht hatte. Die sogenannte Brüsseler Schule um Prigogine und Glansdorff stellte sich immer mehr als die größte wissenschaftliche Konkurrenz zu Haken im Bereich der Theorie der dissipativen Systeme heraus.

Eine weitere Vertiefung der Thematik ergab sich nur wenige Wochen später auf dem Symposium „On cooperative Phenomena in Equilibrium and Nonequilibrium“, das vom 16. bis 21. September 1974 im Kloster Gars am Inn in Bayern im Rahmen einer Sommerschule der *Deutschen Physikalischen Gesellschaft* abgehalten wurde[401]. Veranstalter war Friedrich Schlögl, Ordinarius für Theoretische Physik an der *RWTH Aachen*, der in der *Deutschen Physikalischen Gesellschaft* den Fachausschuß Thermodynamik und Statistische Mechanik leitete. Schlögl hielt engen Kontakt zur Gruppe um Ilya Prigogine an der Freien Universität Brüssel und hatte von dort Grégoire Nicolis und René Lefever als Vortragende eingeladen. Aus Stuttgart nahmen Haken und Weidlich teil. Unter den Referenten finden wir auch Rolf Landauer, J.S. Nicolis, E. W. Montroll, S. Grossmann und H. Thomas wieder, die[402] ebenfalls auf der ELMAU-Konferenz 1972 anwesend waren.

Während Hermann Haken bisher vorwiegend seine Ergebnisse zur Synergetik auf Tagungen vertreten hatte, sah er jetzt die Zeit reif, die Ergebnisse zusammenfassend in einer großen Übersicht zu publizieren. So schrieb er zum Zeitpunkt der Sommerschule in Erice auch schon an einem grundlegenden und umfangreichen Artikel, der im darauffolgenden Jahr 1975 unter dem Titel „Cooperative Phenomena in Systems far from Thermal Equilibrium and in non-physical Systems“ im

[400] Glansdorff und Prigogine, 1971.

[401] Von diesem Symposium ist kein Tagungsband erschienen. Eine Einladung zu diesem Symposium mit den vorgesehenen Rednern fand sich im Archiv Haken.

[402] Bis auf J.S. Nicolis.

Januarheft der angesehen amerikanischen Fachzeitschrift *Review of Modern Physics*[403] erschien. Mit einem Umfang von über 50 Druckseiten stellte dieser Artikel die Ergebnisse der Forschungen kooperativen Verhaltens in Systemen fern ab vom thermodynamischen Gleichgewicht umfassend sowohl mathematisch wie auch an Beispielen vor. Anders als die *Zeitschrift für Physik*, die zu diesem Zeitpunkt sowohl englischsprachige wie deutschsprachige Artikel enthielt und nicht überall auf der Welt von den Wissenschaftlern gelesen wurde, ist die Zeitschrift *Review of Modern Physics* eine unverzichtbare Literatur für Physiker und wird in nahezu jeder wissenschaftlichen Bibliothek auf der Welt geführt. Die Bedeutung dieses Artikels wird auch an den über 650 Zitierungen[404] deutlich, der zweithöchste Wert, den eine Arbeit von Hermann Haken je erzielte.

Ziel der Arbeit war es, in den Worten Hakens, durch Beispiele aus verschiedenen Bereichen zu zeigen, wie Subsysteme wirken, um Ordnung auf einer makroskopischen Skala zu erzeugen sowie diejenigen mathematischen Konzepte zu entwickeln, die diesen unterschiedlichen Systemen gemeinsam sind.[405] Die von ihm gewählten und im Einzelnen mathematisch durchformulierten Beispiele sind die uns bekannten: der Laser mit seinen Instabilitäten als paradigmatisches Beispiel, die nichtlineare Optik, die Gunn-Instabilität der Tunneldioden, die chemische Oszillationen verursachende Belousov-Zhabotinsky-Reaktion, Instabilitäten in der Hydrodynamik, insbesondere die Bénard und Taylor-Instabilität, interagierende soziale Gruppen und neuronale Netzwerke.

Im zweiten Teil der Arbeit entwickelte Haken den mathematischen Apparat der stochastischen Mechanik und zeigte die verschiedenen Ansätze (Langevin-Gleichung, Dichtematrix-Ansatz, Fokker-Planck-Gleichung) mit deren bisher bekannten Lösungen für wichtige Spezialfälle. Beim Lesen dieses mathematischen Apparates fühlt man sich stark an das Handbuch „*Laser Theory*" von Hermann Haken aus dem Jahr 1967/70[406] erinnert, wo diese Darstellung zur Lösung der Laserproblematik im Detail ausgeführt wurde. Des Weiteren weist er ausführlich auf die von ihm und Graham vor kurzem gefundene Analogie zu Phasenübergängen hin, die Systeme fern ab vom thermodynamischen Gleichgewicht aufweisen können, wobei das Auftauchen von Ordnungsparametern und kritische Fluktuationen am Übergangspunkt (der Schwelle) eine zentrale Rolle spielen.

---

[403] Hermann Haken, 'Cooperative Phenomena in Systems Far from Thermal Equilibrium and in Nonphysical Systems', *Reviews of Modern Physics,* 47 (1975).

[404] Abgerufen im Science Citation Index am 8. Juni 2011.

[405] Haken, 1975. S. 68.

[406] s. Abbildung 8, S. 85.

„This concept of order parameter also sheds new light on the problem of self-organization: the subsystems themselves create fictitious or real quantities which via feedback loops organize the behavior of the subsystems."

Haken wies dann dezidiert darauf hin, dass eine korrekte Behandlung der vorgestellten Beispiele nur durch einen statistischen (stochastischen) Ansatz erfolgen könne und man nicht mit Mittelwerten operieren dürfe. Benutze man Mittelwerte, dann würden die Fluktuationen „heraus gemittelt". Diese Fluktuationen spielten aber eine zentrale Rolle, sobald man den Schwellenwert erreicht. An diesem Punkt treten zudem nichtlineare Phänomene auf, so dass alle „linearen" mathematischen Ansätze am Phasenübergangspunkt scheitern müssten. Hiermit hebt sich Haken vom Ansatz der Brüsseler Schule von Prigogine und Glansdorff ab, was er auch ausdrücklich formulierte[407]:

"In conclusion, a word should be said of the relation of the approach presented in this article to approaches made within irreversible thermodynamics, or to still more advanced thermodynamical approaches like that by Glansdorff and Prigogine. In our approach we start from stochastic equations of motion either for microscopic systems or for systems described by order parameters. The thermodynamic approach begins with the assumption that there exists local thermodynamic equilibrium; this allows us to define quantities like entropy, so that the principle of excess entropy production (Glansdorff and Prigogine) can be applied. While this principle proves to be a useful tool in the "linear regime" its applicability to the "phase-transition" region which requires a truly nonlinear treatment seems to require further investigation."

Das Thema der chemischen Oszillationen, wie sie sich in der Belousov-Zhabotinsky-Reaktion zeigt, war in der Chemie zu einem wichtigen, aktuellen Forschungsgegenstand geworden, nicht zuletzt durch ein sogenanntes „Faraday-Symposium", das von der *Royal Institution* unter dem Titel *„The Physical Chemistry of Oscillatory Processes"* 1974 in London veranstaltet wurde[408] Unter den Teilnehmern befanden sich von der Brüsseler Schule neben Ilya Prigogine und G. Nicolis auch Agnes Babloyantz und René Lefever, aus Deutschland nahmen Friedrich Busse (geb. 1936), Benno Hess (1922 - 2002) und Otto Rössler (geb. 1940) teil. Haken hatte seinen jungen Mitarbeiter Arne Wunderlin geschickt.

Noch während der Arbeiten am Artikel für die *Review of Modern Physics* wuchs also in Haken die Erkenntnis, dass er mit der Thematik der Phasenübergänge fern ab vom

[407] Haken, 1975. S. 69.

[408] The Royal Institution, 'Faraday Symposium - The Physical Chemistry of Oscillatory Processes', (1974). Unter 'Teilnehmerverzeichnis'. Zur Geschichte der Oszillationen in der Chemie siehe auch J. J. Tyson und M. L. Kagan, 'Spatiotemporal Organization in Biological and Chemical Systems: Historical Review', in *From Chemical to Biological Organization,* Hrsg. M. Markus, S. C. Müller, und G. Nicolis (1988), S. 14 - 21.

thermodynamischen Gleichgewicht und der von ihm so bezeichneten Synergetik ein ergiebiges Forschungsfeld gefunden hatte. Es drängte ihn, die dafür notwendigen mathematisch-physikalischen Theorien auszuarbeiten, und so beantragte er im November 1974 zum zweiten Mal für das Sommersemester 1975 ein Forschungsfreisemester bei der Kultusbehörde des Landes Baden-Württemberg. Sein Ziel war „die Entwicklung allgemeiner Methoden zur Behandlung kooperativer Phänomene“.[409]

In den beiden Monaten zwischen Antrag und Bewilligung des Freisemesters gelang ihm ein wichtiger Durchbruch: in Anwendung des synergetischen Ansatzes konnte er eine Theorie zur Lösung der Frage der chemischen Oszillationen präsentieren. Er reichte nur wenige Tage nach Erscheinen des umfangreichen Artikels in der „*Review of Modern Physics*“ am 3. Februar 1975 eine Arbeit bei der Zeitschrift für Physik ein. Unter dem Titel „Statistical Physics of Bifurcation, Spatial Structures, and Fluctuations of Chemical-Reactions“ [410] löste sie mit der Methode der Ordnungsparameter das Problem der chemischen Oszillationen, wie sie von Nicolis, Lefever und Prigogine behandelt wurden. Der Bezug zu den Arbeiten der Brüsseler Forscher war ihm wichtig, wie auch aus dem wenige Tage vorher, am 22. Januar 1975 bei der Zeitschrift *Physics Letters* eingereichten Beitrag „Statistical Physics of a chemical reaction Model“hervorgeht. Hier heißt es im „Abstract“[411]:

> „We give a nonlinear theory of fluctuations at chemical instabilities using the Prigogine-Lefever-Nicolis model. Our results apply to arbitrary dimensions, a mode-continuum and temporal oscillations. Striking analogies to laser phase transitions and hydrodynamic instabilities are found.”

Der sogenannte „Brüsselator“[412] behandelte die chemische Reaktion

$$A \rightarrow X$$
$$B + X \rightarrow Y + D$$
$$2X + Y \rightarrow 3X$$
$$X \rightarrow E$$

Dabei stellen A und B Stoffe dar, die stetig von Außen zugeführt und konstant gehalten werden (dissipatives System), währende die Reaktanten X und Y räumlich

[409] Antrag Forschungsfreisemester durch Hermann Haken vom 6.11.1974 und Bewilligung vom 27.1.1975 (Personalakte Haken; Universitätsarchiv Stuttgart).
[410] Hermann Haken, 'Statistical Physics of Bifurcation, Spatial Structures and Fluctuations of Chemical Reactions', *Zeitschrift für Physik,* B20 (1975).
[411] Hermann Haken, 'Statistical Physics of a Chemical-Reaction Model', *Physics Letters A,* A 51 (1975).
[412] Benannt nach der l'Université libre de Bruxelles, der Universität, an der Prigogine und seine Kollegen forschten.

und zeitlich variabel sind. Der“ Brüsselator“ handelt also von zwei chemischen Stoffen (Molekülsorten), die zeitliche und räumliche Strukturen wie in der verwandten Belousov-Zhabotinsky-Reaktion zeigen. Diese Strukturen werden gesteuert durch die Konzentration anderer Reaktanten, die in den „Reaktor“ (d.h. das Gefäß, in dem die Lösungen gemischt werden) eingeführt werden. Der Konzentrationswert des jeweiligen Stoffes übernimmt damit, in der Notation von Haken, die Rolle des Ordnungsparameters. Ist der betreffende Konzentrationswert kleiner als ein kritischer „Schwellwert“, so zeigt das System keine Struktur. An der Schwelle wird das System instabil und bei größeren Konzentrationen ergibt sich eine „Bifurkation“, d.h. das System oszilliert zwischen zwei Zustandswerten hin und her. Bisherige theoretische Lösungsversuche konnten die Reaktion am Schwellwert nicht beschreiben oder bezogen die am Schwellwert auftretenden bedeutenden Fluktuationen nicht in ihre Rechnungen ein. Dies gelang jedoch Haken, der seinen in der Laserphysik gefundenen Ansatz verwendete[413]:

> “In our paper we give a novel approach to the bifurcation problem which includes fluctuations and thus seems promising to replace hitherto used bifurcation theory. As an explicit example we treat the Prigogine-Lefever-Nicolis model […], which we incidentally generalize to two and three dimensions and to a mode continuum. [… Es folgt dann die mathematische Darstellung der Lösungsgleichungen].The stationary solution of it [der Gleichungen] is the well known Ginzburg-Landau functional of the theory of superconductivity and of the continuous mode laser. This allows us to interpret the present chemical instability as a quasi-phase transition including symmetry-breaking (bifurcation).”

Quasi in einem Nebensatz gab Haken dann auch noch eine mathematische Lösung für die Bénard-Instabilität[414]:

> „Here we just mention that in a thin layer, the solutions of […] are identical to those of the hexagonal Bénard cells or rolls in hydrodynamics.”

Haken arbeitete diese Theorie dann weiter exakt aus und publizierte sie ausführlich im folgenden Band der *Zeitschrift für Physik* unter dem Titel „Generalized Ginzburg-Landau Equations for Phase Transition-like Phenomena in Lasers, Nonlinear Optics, Hydrodynamics and Chemical Reactions.“ Diese doch auf den ersten

[413] Hermann Haken, 'Statistical Physics of Bifurcation, Spatial Structures, and Fluctuations of Chemical-Reactions', *Zeitschrift für Physik B,* 20 (1975). S. 414.

[414] Haken, 1975. S. 414. Haken hatte die entsprechenden Gleichungen und deren Lösungen schon zwei Jahre zuvor in einem Artikel in den Physics Letters gegeben. Siehe auch Haken, 1973.

Blick sehr unterschiedlichen Gebiete konnten alle mit demselben Formalismus behandelt werden.[415]

> „The recently found close analogies between the continuous mode laser, the Bénard instability, and chemical instabilities with respect to their phase transition-like behavior are shown to have a common root. We start from equations of motion containing fluctuations. We first assume external parameters permitting only stable solutions and linearize the equations, which define a set of modes. When the external parameters are changed the modes getting unstable are taken as order parameters. Since their relaxation time tends to infinity the damped modes can be eliminated adiabatically leaving us with set of nonlinear coupled order parameter equations resembling the time dependent Ginzburg-Landau equations with fluctuating forces. In two and three dimensions additional terms occur which allow for e.g. hexagonal spatial structures. [...]
> Our procedure has immediate applications to the Taylor instability, to various chemical reaction models, to the parametric oscillator in nonlinear optics and to some biological models. Furthermore, it allows us to treat analytically the onset of laser pulses, higher instabilities in the Bénard and Taylor problems and chemical oscillations including fluctuations."

Mit dem Ordnungsparameter-Ansatz und dem verallgemeinerten Ginzburg-Landau Formalismus konnte Haken also das Phasenübergangsverhalten so unterschiedlicher Phänomene wie die Taylor-Instabilitäten der Hydrodynamik, chemische Reaktionsmodelle, den sog. Parametrischen Oszillator der nichtlinearen Quantenoptik und einige biologische Modelle analytisch lösen. Dies gab ihm die Gewißheit, auf dem richtigen Weg zu sein.

Zum Schluss der hier besprochenen Arbeit verwies Haken dann in einer Fußnote auf eine weitere enge Analogie zwischen der Beschreibung des Lasers und von Flüssigkeiten, die aus der formalen Identität mit den sogenannten "Lorenz-Gleichungen" der atmosphärischen Physik und denen des Einmoden-Lasers bestehen.

[415] Hermann Haken, 'Generalized Ginzburg-Landau Equations for Phase Transition-Like Phenomena in Lasers, Nonlinear Optics, Hydrodynamics and Chemical-Reactions', *Zeitschrift für Physik B,* 21 (1975). S. 105.

f. Die Lorenz – Gleichungen

Die Lorenz-Gleichungen[416] leiteten einen Paradigmenwechsel in vielen Bereichen der Natur- und Geisteswissenschaften des 20. Jahrhunderts ein. Sie waren einer der Ausgangspunkte für die Chaostheorie, die ab den 1980er Jahren in vielen Bereichen zu einer neuen Betrachtungsweise von Naturvorgängen führte.[417] Edward Lorenz ist auch der Schöpfer des Wortes vom „Schmetterlingseffekt“, der inzwischen zum Allgemeingut geworden ist. Um zu verstehen, welch wichtige Bedeutung die Analogie zwischen den Lorenz-Gleichungen und den Lösungen der Laser-Gleichungen hat, müssen wir die Genese der Lorenz-Gleichungen kurz erläutern.

Edward N. Lorenz wurde im Jahre 1917 in West Hartford (Conneticut) geboren und studierte Mathematik und Meteorologie an der *Harvard University* und am *Massachusetts Institute of Technology (MIT)*. Durch den Kriegseintritt der USA im Jahre 1941 wurden die jungen Meteorologen am MIT verstärkt mit der Problematik der Wettervorhersage beschäftigt, die für die Kriegsführung eine wichtige Rolle spielte.[418] Für Lorenz war dies der Ausgangspunkt seiner Forschungen, deren Richtung er sein Leben lang beibehielt. Die Modellierung der Atmosphäre und ihrer Wechselwirkung mit der Erdoberfläche und den Ozeanen, der Einfluss der Winde und vieler anderer Parameter gehört zum Bereich der dynamischen Meteorologie. Mit Hilfe eines großen Satzes von Differentialgleichungen und ausgehend von meteorologischen Messwerten als Anfangswerten versucht man, anhand bekannter physikalischer Gesetzmäßigkeiten, die weitere Entwicklung des Wettergeschehens zu berechnen. Bis in die sechziger Jahre hinein ging man von der Annahme aus, dass, da die Differentialgleichungen und die physikalischen Gesetze deterministisch waren, auch die weitere Entwicklung der Startwerte vorhersagbar (deterministisch) sein sollte. Natürlich stellt die Atmosphäre ein riesiges physikalisches System dar. Luft ist ja ein Gas, das aus einer unvorstellbaren Menge von Atomen besteht. Man muss also, um überhaupt etwas berechnen zu können, mit Mittelwerten wie der Lufttemperatur, der Windgeschwindigkeit, der Wärmekapazität etc. arbeiten. Auch die Anzahl der Meßpunkte ist entscheidend. Schon um ein Gitternetz über die Erdoberfläche zu legen, das in der horizontalen Ausdehnung 100 km und in der vertikalen Ausdehnung 2 km Knotenweite besitzt, wären mehr als eine Million Meßpunkte nötig. Ohne leistungsfähige Computer, die

[416] Edward N. Lorenz, 'Deterministic Nonperiodic Flow', *Journ. Atmosph. Sciences,* 20 (1963).
[417] David Aubin und Amy Delmedico, 'Writing the History of Dynamical Systems and Chaos: Longue Durée and Revolution, Disciplines and Culture', *Historia Mathematica* 29 (2002).
[418] Edward N. Lorenz, 'Irregularity: a fundamental property of the atmosphere', *Tellus,* 36A (1984).

in den sechziger Jahren des 20. Jahrhunderts noch nicht zur Verfügung standen, ist die Lösung eines solchen mathematischen Problems hoffnungslos. Meteorologen arbeiteten und arbeiten daher mit reduzierten Modellen aus wenigen Gleichungssystemen. Dabei tauchte schon früh die Frage auf, mit wie weit man die Gleichungs-Systeme vereinfachen und reduzieren könnte, um überhaupt noch sinnvoll interpretierbare Ergebnisse zu erhalten. Lorenz beschäftigte sich viele Jahre mit dem Problem und arbeitete zunächst mit einem System, das aus dreizehn Differenzialgleichungen bestand. Anfang der sechziger Jahre reduzierte er diese weiter, bis er bei drei nichtlinearen Gleichungen mit nur drei Freiheitsgraden angelangt war, mit denen er den großräumigen Energietransport von Luftwirbeln in der Atmosphäre simulierte.[419] Dies waren die deterministischen Gleichungen:

$$\frac{dX}{dt} = -\sigma X + \sigma Y,$$

$$\frac{dY}{dt} = -XZ + rX - Y,$$

$$\frac{dZ}{dt} = XY - bZ$$

X, Y und Z stellen ein Maß für die Konvektion und den Temperaturgradienten der Luftmassen dar. Die Konstanten σ, r und b enthalten die sog. Prandtl Zahl und die Rayleigh-Konstante. [420] Lorenz erwartete, dass diese deterministischen Gleichungen sich stabil entwickeln würden, da ja jeder Berechnungsschritt sich aus dem vorherigen ergab. Zu seiner Überraschung konnte er aber keine stabilen Lösungen finden. Zudem reagierten die Gleichungen sehr empfindlich auf die gewählten Anfangswerte. Für seine Berechnungen hatte Lorenz einen Royal McBee LGP-30 Computer[421] zur Verfügung, der für jeden Berechnungsschritt der drei Werte X, Y und Z ca. 1 Sekunde benötigte. Wollte Lorenz also 6.000 Zyklen dieses einfachen Systems berechnen, so benötigte er dafür 100 Minuten. So konnte es nicht ausbleiben, dass die Auswertung manchmal unterbrochen wurde. Lorenz erinnerte sich:

> „I stopped the computer, typed in the old state [outprinted numbers of the former run], and set the computer running again. Upon returning after an hour, I

[419] Lorenz, 1963.

[420] Prandtl-Zahl und Rayleigh-Konstanten sind materialspezifische Größen aus der Turbulenztheorie von Gasen und Flüssigkeiten.

[421] Ein in den Jahren 1957 bis Anfang der sechziger Jahre hergestellter schrankgroßer Computer der Royal McBee Corporation aus Port Chester (N.Y.). Kosten ca. 40.000 Dollar (zitiert nach http://webdocs.cs.ualberta.ca/~smillie/ComputerAndMe/Part19.html, abgerufen am 19.01.2012.

found that the solution was quit different from the one, which the computer had previously produced."[422]

Wie er bald herausfand, rechnete der Computer intern mit sechs Stellen, die Werte auf dem Papierausdruck waren aus Platzgründen aber nur dreistellig. Änderungen im Bereich eines zehntel Promilles eines Ausgangswertes führten zu exponentiell unterschiedlichen Endwerten.

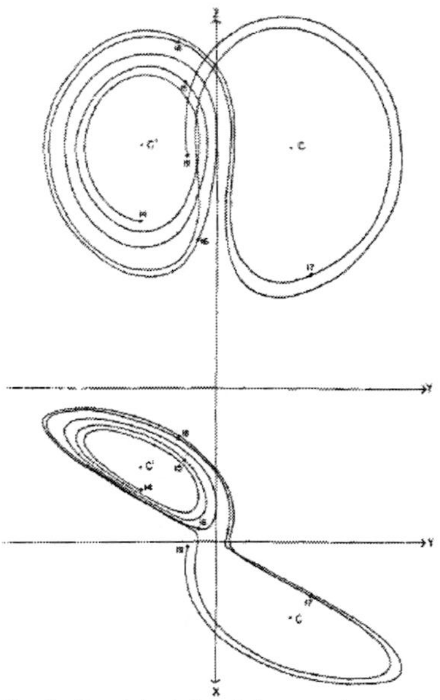

FIG. 2. Numerical solution of the convection equations. Projections on the X-Y-plane and the Y-Z-plane in phase space of the segment of the trajectory extending from iteration 1400 to iteration 1900. Numerals "14," "15," etc., denote positions at iterations 1400, 1500, etc. States of steady convection are denoted by C and C'.

Abb. 16: Darstellung der numerischen Lösungen für den sog. Lorenz-Attraktor (aus (Lorenz, 1963))

Zudem stellte Lorenz fest, daß sich keine periodischen (sich wiederholenden) Lösungen ergaben. Daher der Titel seines Artikels „Deterministic non-periodic flow". Trug man die Lösungen für X, Y und Z in einem Phasenraum auf, wie es bei Mathematikern für dynamische Systeme üblich ist, so ergab sich ein sehr komplexes Bild. Die Mathematiker Ruelle und Takens, die die Arbeit von Lorenz Anfang der siebziger Jahre „wiederentdeckten", gaben ihm den später berühmten Namen *„seltsamer Attraktor"*.[423] Lorenz kam aufgrund dieser Analyse zu dem Schluß,

[422] Edward Lorenz, 'On the prevalence of aperiodicity in simple systems', in *Global analysis (Lecture Notes in Mathematics 755)*, (1979). S. 105.

[423] David Ruelle und Floris Takens, 'On the nature of turbulence', *Comm. Math. Physics*, 20 (1971). Ein Attraktor ist in der Sprache der Theorie Dynamischer Systeme diejenige Untermenge des

dass langfristige Wettervorhersagen nicht möglich seien, da die Anfangswerte immer nur mit einer endlichen Präzision gemessen und in die Rechnungen eingegeben werden können.

Als Hermann Haken auf die Lorenz'schen Arbeiten aufmerksam wurde, ergab sich für ihn folgende Analogie: die drei Variablen im reduzierte Gleichungssystem einer aus nahezu unendlich vielen Luftteilchen bestehende Atmosphäre könnten Ordnungsparametern entsprechen. Und wie Haken beim Laser gefunden hatte, so zeigte Lorenz, dass bei Variation der Parameter sein Gleichungssystem mehrere „Phasenübergänge" durchlief, bevor es in den irregulären, nichtperiodischen Zustand überging. Dann würden die Variablen des Lorenzschen Gleichungssystems den Ordnungsparametern entsprechen, während die Luftmoleküle das dynamische Untersystem bildete. Es lag also nahe, zu sehen, ob die Lasergleichungen in modifizierter Form auch für das hydrodynamische System von Lorenz anwendbar waren.

Haken arbeitete diese Analogie innerhalb weniger Tage aus und reichte seinen Artikel schon am 10. April bei der Zeitschrift *Physics Letters* ein, wo dieser bereits am 19. Mai erschien.[424] In der Arbeit wandte Haken wiederum seine neue Methodik an und zeigte, dass die Lorenz-Instabilität in Flüssigkeiten identisch mit den Gleichungen für den Ein-Modenlaser beschrieben werden können. Ausgangspunkt seiner Überlegungen war der Artikel von J.B. McLaughlin und Paul C. Martin, der im November 1974 in den *Physical Review Letters* erschienen war.[425] McLaughlin und Martin studierten die Entwicklung der Turbulenz in einem Gas mit einer niedrigen Prandtl-Zahl, wie sie für Luft typisch ist[426]. Ihr Ziel war es, den Übergang zu nichtperiodischen Fluktuationen in einem idealen thermischen Konvektionssystem zu beschreiben. Sie bezogen sich dabei auf einen eher abstrakten mathematischen Ansatz, den Ruelle und Takens in eben jener Arbeit geleistet hatten, in dem sie auch das Wort vom „seltsamen Attraktor" prägten.[427] Die Entstehung von Turbulenz in Gasen und Flüssigkeiten wird geprägt von zwei dimensionslosen Konstanten. Der Prandtl-Zahl als Maß für das Verhältnis von kinematischer

Phasenraums, den die Lösungen des Systems in ihrem zeitlichen Verlauf nicht mehr verlassen. Einfachstes Beispiel für ein stabiles System ist ein Punkt im Phasenraum, auf den alle Lösungen konvergieren, egal von welchem Punkt aus das System startet.

[424] Hermann Haken, 'Analogy between Higher Instabilities in Fluids and Lasers', *Physics Letters A,* 53 (1975).

[425] J.B. McLaughlin und P.C. Martin, 'Transition to Turbulence of a Statically, Stressed Fluid', *Physical Review Letters,* 33 (1974).

[426] Prandtl-Zahl von Luft ca. 0,72.

[427] S. Fußnote 357.

Viskosität zur Temperatur-Leitfähigkeit des betrachteten Materials und der Rayleigh-Zahl für die Wärmeübertragung in einem Fluid. [428] Bei unendlicher Ausdehnung des Fluids gilt

für die Rayleight-Zahl $R \equiv g \epsilon H^3 \frac{\Delta T}{\kappa \nu}$ und

für die Prandtl-Zahl $\sigma \equiv \nu / \kappa$

Dabei bezeichnet g die Gravitationskonstante, ϵ den Wärmeexpansions-Koeffizient, H die Dicke der Flüssigkeitsschicht, ΔT die Temperaturdifferenz innerhalb der Flüssigkeitsschicht, $\varkappa$ die Temperatur-Leitfähigkeit und ν die kinematische Viskosität.

McLaughlin und Martin konnten nun zeigen, dass für genügend große Reynoldzahlen R Instabilitäten entstehen. Diese Übergänge hängen von der Prandtl-Zahl ab, wobei es für niedrige σ zunächst einen Übergang zu wellenförmigen Konvektionsrollen gibt, wie man sie auch bei Wolkenformationen beobachten kann. Erhöht man R, so ergeben sich weitere Übergänge, die schließlich zu einer nichtperiodischen Bewegung führen. Bei höheren σ zeigten McLaughlin und Martin, dass sich eine Abhängigkeit vom Hopf'schen Bifurkationstheorem ergab. Diese hat zwei Lösungen. Bei einer sogenannten invertierten Bifurkation ist der Grenzzyklus (limit cycle) instabil und führt zu Instabilitäten. Dies war der Fall, den Edward Lorenz aufgezeigt hatte. McLaughlin und Martin bemerkten:

> „The three-mode model of time dependence in high-Prandl number convection, which was studied by Lorenz (Lorenz, 1963), is an example of inverted bifurcation. In this model there is an immediate transition to a complicated, nonperiodic motion."[429]

Für normale Bifurkationen hatten schon Ruelle und Takens eine qualitative Antwort vorgeschlagen: es sollten eine Reihe von Instabilitäten auftreten und ab der vierten Instabilität sollte die Bewegung chaotisch werden und auf einen *„seltsamen Attraktor"* zulaufen.

Haken griff diesen Ansatz, der die Phasenübergänge mit der Bifurkationstheorie verknüpfte, auf. Er sah hier ein weiteres System, dessen Struktur er mit Hilfe des für die Synergetik entwickelten mathematischen Apparates beschreiben konnte. Wenn es wirklich gemeinsame Wurzeln für diese nichtlinearen Systeme fern ab

[428] Fluid = Gas oder Flüssigkeit.
[429] McLaughlin und Martin, 1974. S. 1190.

vom thermodynamischen Gleichgewicht gab, dann mussten sich die mathematischen Strukturen aufeinander abbilden lassen. Er hatte Erfolg. Die analoge Form der Gleichungen zeigt die folgende Abbildung

Lorenz - Functions	**Laser -Functions**
$\xi = \sigma\eta - \sigma\xi$	$E = \kappa P - \kappa E$
$\eta = \xi\zeta - \eta$	$P = \gamma ED - \gamma P$
$\zeta = b(r - \zeta) - \xi\eta$	$D = \gamma(\Lambda + 1) - \gamma D - \gamma\Lambda EP$

Identitätsbedingungen

$t \rightarrow t'\sigma/\kappa$, $E \rightarrow \alpha\xi$, wobei $\alpha = [b(r-1)]^{-1/2}$, $r > 1$

$P \rightarrow \alpha\eta$, $D \rightarrow \zeta$, $\gamma = \kappa b/\sigma$, $\gamma = \kappa/\sigma$, $\Lambda = r - 1$

Abb. 17: Identität der mathematischen Struktur der Lorenz'schen Strömungsgleichungen und des Einmodenlasers (aus (Haken, 1975))

Die Lorenz-Gleichungen wurden zu dem Paradigma der Chaostheorie. Auch Haken erkannte das Besondere des Gleichungssystems und folgerte:

> „The most important result is that spiking occurs randomly though the equations are completely deterministic“.[430]

Es handelt sich um einen Fall des sogenannten "deterministischen Chaos".

Die Fertigstellung dieser Arbeit war für Haken so wichtig, dass er nicht an der Frühjahrstagung der DPG in 1975 in Münster teilnahm. Dort gab es wieder drei Fachsitzungen über Phasenübergänge und eine Sitzung zum Thema der Nichtgleichgewichtsvorgänge. Haken verpasste auch den eingeladenen Vortrag von Leo P. Kadanoff, der über „Renormalization Group and critical phenomena“ sprach. Er kannte die Gedanken von Kadanoff aber über dessen Teilnahme an der ersten Elmau-Konferenz 1972 und der Sommerschule in Erice 1974. Eine andere Konferenz konnte Haken aber nicht versäumen: die Budapester Konferenz im

---

[430] Haken, 1975.

Denn er repräsentierte von 1972 bis 1978 die Interessen der Deutschen Physiker im Ausschuss für Statistische Physik der IUPAP. Auf der Konferenz hatte er Gelegenheit mit Kenneth G. Wilson zu sprechen, der über seine vor wenigen Jahren entwickelte Renormalisierungstheorie vortrug, die ihm dann 1982 den Nobelpreis einbrachte. Auf dieser Tagung hielt der britische Physiker Paul C. Martin ein Referat über die Theorie und Experimente zum Einsetzen von Turbulenz, während Hermann Haken über die „Statistical Theory of Selforganizing Structures" sprach.[431]

Auffällig ist, dass in diesem internationalen Kreis von auf dem Gebiet der Statistischen Physik arbeitenden Physikern Haken in seinem Vortrag das Wort Synergetik vermied; es kommt nur in einem Literaturverweis in der gedruckten Fassung des Vortrages vor.

Dennoch war das Jahr 1975 für Haken ein Wendepunkt in seiner Forschungsarbeit. Durch die oben aufgezeigten Arbeiten geriet die Synergetik massiv in den Fokus seines Forschungsinteresses, die Arbeiten zur Festkörperphysik und zum Laser wurden dagegen nachrangig, auch wenn er in den folgenden Jahren, oft zusammen mit seinen Schülern, noch wichtige Beiträge zu diesen Gebieten leisten sollte. Die Verlagerung seiner Tätigkeit hin zur Synergetik wird auch deutlich, wenn wir die Publikationsliste von Haken in Hinblick auf die Themengebieten analysieren.

---

[431] L. Pal, 'Statistical Physics - Proceedings of the International Conference', (1975).

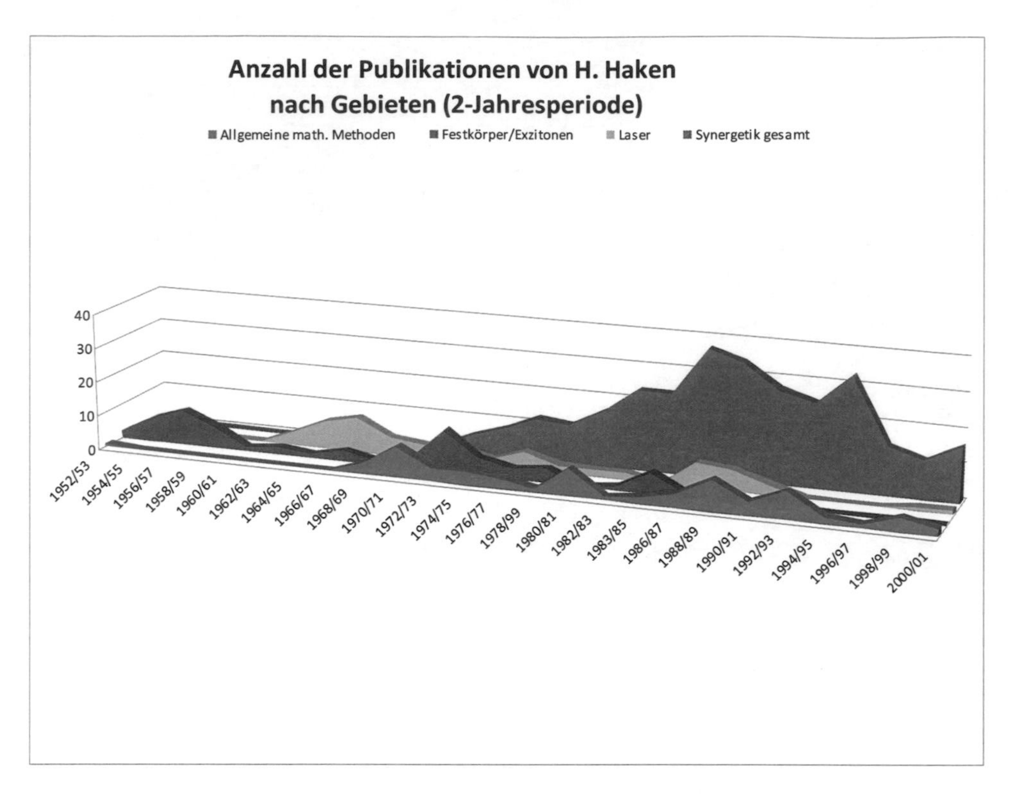

Abb. 18: Anzahl der Publikationen von Hermann Haken im 2-Jahresrhythmus nach Fachgebieten (Arbeiten nach 1980 in den Gebieten Festkörper und Laser sind zumeist Kooperation mit Schülern bei Veröffentlichung von Ergebnissen aus deren Diplom und Doktorarbeiten)

Es zeigt sich deutlich, dass ab den Jahren 1975/6 Haken sich immer mehr und ab 1980 nahezu vollständig, der Synergetik zuwandte.

Wie nicht anders zu erwarten ergibt sich ein ähnliches Ergbnis, wenn man als anderes Maß die Thematik der am Lehrstuhl Haken veröffentlichten Diplom- und Doktorarbeiten aufzeigt. Erwartungsgemäß folgt die Vergabe von Diplom- und Doktorarbeiten dem Interesse des Lehrstuhlinhabers mit einem kleinen Zeitverzug, wobei die „alten“ Themen noch eine zeitlang „auslaufen“. Hierbei ist zu beachten, dass die Vorlaufzeit in der Regel für eine Diplomarbeit ca. 1 – 2 Jahre und für eine Doktorarbeit ca. 3 – 5 Jahre bis zur Veröffentlichung beträgt.

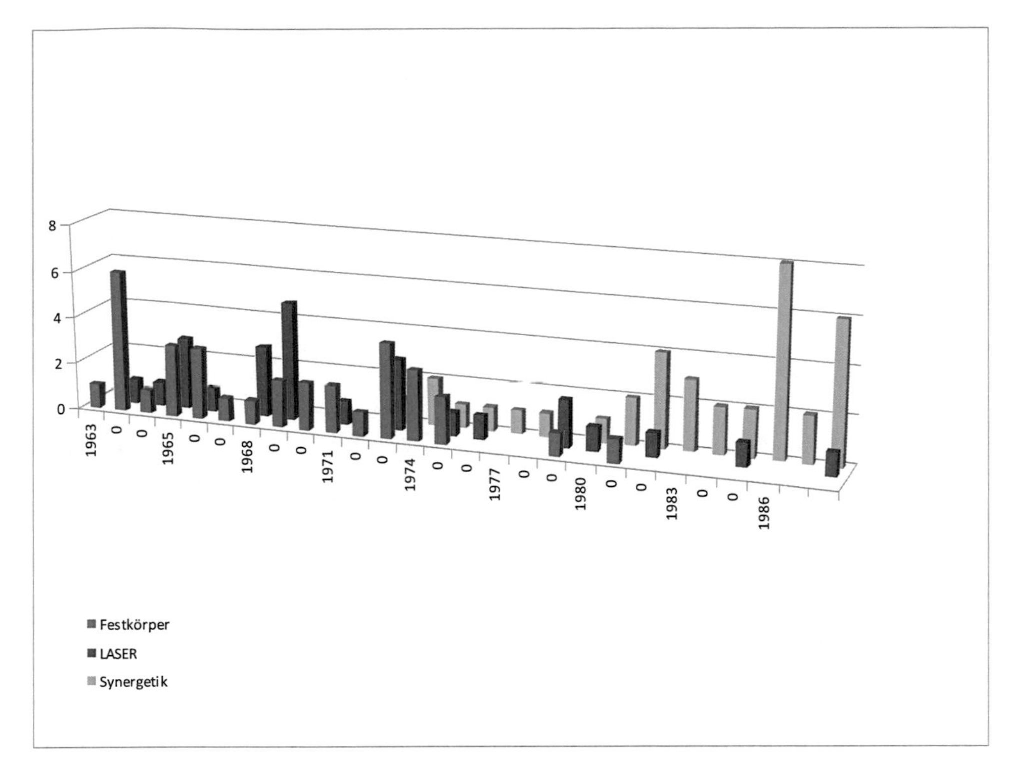

Abb. 19: Themen der Diplom- und Doktorarbeiten am Lehrstuhl Haken nach Jahr des Abschlusses. (man beachte die jeweilige „Vorlaufzeit" von 1 – 5 Jahren)

Auch in dieser Übersicht kommt der Wandel in der Thematik der vergebenen Arbeiten ab Mitte der siebziger Jahre prägnant zum Ausdruck.

Haken fokussierte also sein Forschungsprogramm Ende 1975 neu. Die Themen der Phasenübergänge in nichtlinearen Systemen fern ab vom thermodynamischen Gleichgewicht, die Renormierungstheorie und die Theorie der dissipativen Systeme waren hochaktuelle Forschungsgebiete. Aber Haken benötigte Unterstützung, da seine bis dahin in der Lasertheorie und Quantenoptik erfahrenen und wichtigsten Mitstreiter Wolfgang Weidlich, Robert Graham und Hannes Risken aufgrund eigener Professuren nicht mehr zur Verfügung standen[432]. Und es gab eine Anfrage des Springer-Verlages, den Inhalt des Artikels über Kooperative Phänomene, der Anfang des Jahres in der Zeitschrift *Review of Modern Physics* erschienen war, in Buchform zu publizieren.

[432] Robert Graham erhielt im Jahre 1974 einen Ruf auf die Professur für Theoretische Physik an die Gesamthochschule/Universität Essen, den er 1975 annahm. Hannes Risken war bereits 1972 als Professor für Theoretische Physik an die neugegründete Universität Ulm berufen worden.

Vor diesem Hintergrund stellte er im Herbst 1975 bei der *Stiftung Volkswagenwerk* einen Antrag auf Unterstützung für das Forschungsgebiet der „Synergetik", der im Frühjahr 1976 bewilligt wurde.[433] Mit diesem zunächst auf 4 Jahre angelegten Forschungsprogramm konnte er seinen Forschungen einen breiteren Rahmen geben. Die finanziellen Mittel ermöglichten es ihm zum einen neue Mitarbeiter einzustellen und er konnte eine weitere Tagung zur Synergetik in Angriff nehmen. Zunächst war es jedoch vorrangig sein Basiswerk zur Synergetik, das 1977 unter dem Titel „*Synergetics – An Introduction*" im Springer-Verlag in Berlin erschien, fertigstellen.

Die Aktualität der Nichtlinearen Thermodynamik fern ab von thermischen Gleichgewicht spiegelte sich auch in der Themenbreite auf der im April abgehaltenen Frühjahrstagung 1976 der Deutschen Physikalischen Gesellschaft in Freudenstadt wieder. Innerhalb der Sektion Statistische Physik und Thermodynamik gab es nicht weniger als vier Sitzungen zu Phasenübergängen und drei Vortragsreihen zum Thema der Nichtgleichgewichtsvorgänge. Arne Wunderlin vom Lehrstuhl Haken, der später sein wichtigster Mitarbeiter wurde, hielt einen Vortrag zu „Symmetriebrechenden Instabilitäten in Systemen weg vom thermischen Gleichgewicht".

Zu diesem Zeitpunkt erreichte Haken auch die Nachricht, dass ihm der Max Born Preis der *Deutschen Physikalischen Gesellschaft* für das Jahr 1976 verliehen worden war, die erste bedeutende Auszeichnung, der noch viele andere folgen sollten.[434] Der Max Born Preis wurde 1972 in Gedenken an den deutschen theoretischen Physiker Max Born, einen der Väter der Quantenmechanik, von der *DPG* und dem Londoner *Institute of Physics* gestiftet.[435] Laut Begründung des Preiskomitees erhielt Haken den Preis „für seine hervorragenden Beiträge über Exzitonenzustände in Festkörpern sowie für richtungsweisende Arbeiten zur Quantenoptik, insbesondere zur Theorie des Lasers".[436] Die Synergetik konnte noch keine Erwähnung finden, da sie bis dahin von Haken noch nicht nachhaltig öffentlich vertreten worden war.

---

[433] Siehe insbesondere das Kapitel 7b über die Stiftung Volkswagenwerk.

[434] Siehe Anhang 6 (Liste der Auszeichnungen und Ehrungen von Hermann Haken).

[435] Der Preis wird jährlich abwechselnd einem deutschen und britischen Physiker zuerkannt. Haken war der zweite deutsche Preisträger nach Walter Greiner, Professor für Theoretische Physik der Universität Frankfurt. (s. Liste der Preisträger: Max Born Preis. Deutsche Physikalische Gesellschaft).

[436] Verhandlungen der DPG **11** (6.Reihe)(1976), S. S5 (Ehrungen). Der Preis wurde übrigens auf Vorschlag des Britischen Institutes of Physics am 4. Mai 1976 in London an Haken verliehen. Man darf vermuten, dass Herbert Fröhlich die treibende Kraft dahinter war.

g. Das Buch Synergetics von 1977

Hatte Hermann Haken bis dahin oftmals von „Kooperativen Phänomenen" gesprochen und das Wort Synergetik eher vermieden, so nahm er die Bewilligung seines Forschungsprogramms durch die Stiftung Volkswagenwerk zum Anlass, mittels eines Lehrbuchs das Thema und das Wort der Synergetik offensiv in der Wissenschaftlergemeinde zu vertreten. Allerdings gestaltete sich die „Überarbeitung" des Artikels aus dem Jahre 1975 in der *Review of Modern Physics* als schwierig und Haken entschied sich für einen vollständig neuen, didaktischeren Ansatz.

Sein Buch mit dem Titel *„Synergetics – An Introduction, Nonequilibrium Phase Transitions and Self-Organization in Physics, Chemistry and Biology"* erschien 1977 im Springer Verlag und erlebte in kurzer Folge bis 1983 drei Auflagen[437]. Arne Wunderlin, der Mitarbeiter von Hermann Haken in Stuttgart, übersetzte das Buch 1981 ins Deutsche, wobei ein Kapitel über die inzwischen aktuelle Chaos-Theorie hinzugefügt wurde. Auch dieses Werk erlebte bis 1990 drei Auflagen[438]. Das Buch wurde, trotz seiner darin enthaltenen Mathematik, zu dem Grundlagenwerk der Synergetik und wird deshalb in seinem Aufbau im Folgenden kurz skizziert.

Im Vorwort der Monographie legte Hermann Haken nochmals die ihn treibende Motivation für die Beschäftigung mit diesem Thema ausführlich dar:

> „The spontaneous formation of well organized structures out of germs or even out of Chaos is one of the most fascinating phenomena and most challenging problems scientists are confronted with. Such phenomena are an experience of our daily life when we observe the growth of plants and animals. Thinking of much larger timescales, scientists are led into the problems of evolution, and, ultimately, of the origin of living matter. When we try to explain or understand in some sense these extremely complex biological phenomena it is a natural question, whether processes of self-organization may be found in much simpler systems of the unanimated world.
>
> In recent years it has become more and more evident that there exist numerous examples in physical and chemical systems where well organized spatial, temporal, or spatio-temporal structures arise out of chaotic states. Furthermore, as in living

[437] Haken, 1977.

[438] Es ist auffällig, dass Zitate dieses Werkes von Hermann Haken aus dem englischsprachigen Raum sich fast immer auf dessen dritte Auflage von 1983 beziehen. Wahrscheinlich war die erste Auflage im angelsächsischen Raum in den Bibliotheken nicht mehr zu finden. Zudem dürfte es auch mit dem Anfang der achtziger Jahre exponentiell gewachsenem Interesse an der Chaostheorie zusammen hängen, die Haken in der 2. Auflage der *„Synergetics – An Introduction"* aus dem Jahre 1978 das erste Mal behandelte.

organisms, the functioning of these systems can be maintained only by a flux of energy (and matter) through them. In contrast to man-made machines, [...] these structures develop spontaneously—they are self-organizing."

Anders als zum Beispiel im Buch von Glansdorff und Prigogine[439], die von der Thermodynamik ausgehen, entwickelt Haken seine Vorgehensweise „*ab initio*" mit den Methoden der Statistischen Mechanik, ohne Einschränkungen und Voraussetzungen. Den Aufbau des Buches stellte er wie folgt graphisch dar[440]

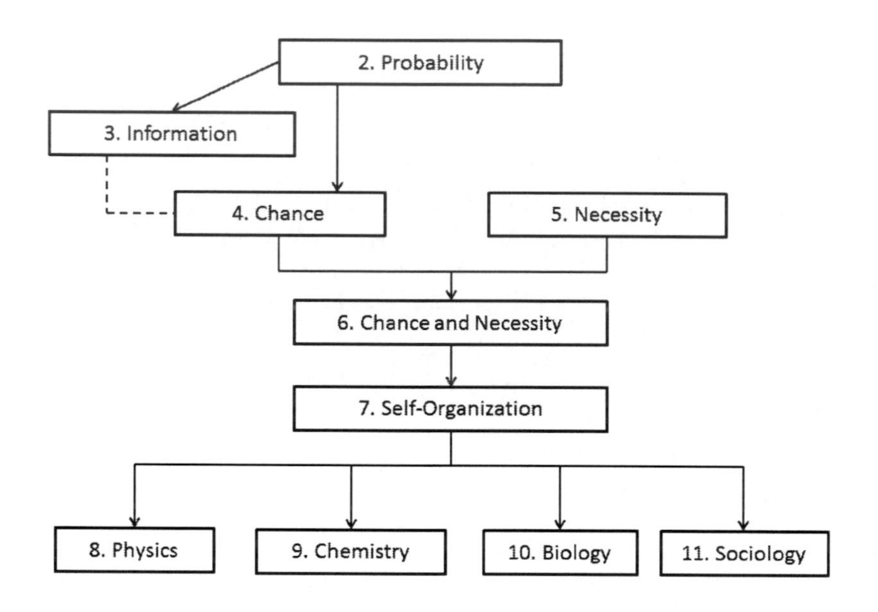

Abb. 20: Logischer Aufbau des Buches „Synergetics – an Introduction" nach Kapiteln (aus (Haken, 1977)

Kennzeichnend für die logische und systematische Vorgehensweise von Haken ist der Gedankengang, der dem Aufbau des Buches zugrunde liegt. Wenn über ein System nur wenig oder nichts bekannt ist, so kann man es mit den Mitteln der Wahrscheinlichkeits-theorie behandeln, die deshalb am Anfang der Überlegungen steht. Über die Anwendung grundlegender Konzepte der Informationstheorie kam Haken sodann auf die Gleichungen der Thermodynamik zu sprechen und leitete den Begriff der Entropie ab. Danach „gehen wir dann zu dynamischen Prozessen über. Dabei beginnen wir mit einfachen Beispielen für Prozesse, die durch zufällige

[439] Glansdorff und Prigogine, 1971.
[440] Haken, 1977. S. 16.

Ereignisse ausgelöst werden. [...] Nach der Abhandlung des „Zufalls" gehen wir zur „Notwendigkeit" über, wobei wir völlig deterministische Bewegungen untersuchen".[441] Hierbei bezieht sich Haken explizit auf das 1971 erschienene Werk des Biologen und Nobelpreisträgers Jacques Monod[442], den er auf den Versailler Konferenzen getroffen hatte und dessen Überlegungen ihm von seinen Diskussionen mit Manfred Eigen vertraut waren. Den Begriff der Notwendigkeit verknüpfte Haken dann mit deterministischen Kräften, wie sie zum Beispiel durch die Newtonsche Mechanik beschrieben wird. Der Zufall kommt durch thermische oder quantenmechanische Fluktuationen ins Spiel, das, was beim Laser oder in der Nachrichtentechnik als „Rauschen" (noise) bezeichnet wird.

Das zentrale Kapitel des Buches ist dasjenige über die Selbstorganisation. Um dieses Phänomen herauszuarbeiten bedurfte es eines gewissen Aufwandes an Mathematik. Es wurden die Gleichungen betrachtet, „bei denen sich die Wirkung (der Effekt), die wir mittels einer Größe q beschreiben, während kleiner Zeitintervalle Δ t um einen Wert proportional zu Δ t und zur Größe F, der Ursache, ändert." [443] Unter Hinzufügung einer äußeren Kraft F gilt für ein gedämpftes System als einfachste Gleichung

$$dq/dt = -\gamma q + F(t) \qquad (1)$$

die Lösung hierfür kann geschrieben werden als

$$q(t) = \int_0^t e^{-\gamma(t-\tau)} F(\tau) d\tau \qquad (2)$$

Für den Fall, dass das System *„instantan"* reagiert, d.h. q(t) hängt nur von F(t) ab, können wir setzen

$$F(t) = \alpha e^{-\delta t} \qquad (3)$$ mit der Lösung

$$q(t) = \frac{\alpha}{\gamma - \delta} (e^{-\delta t} - e^{-\gamma t}) \qquad (4)$$

Jetzt folgt der entscheidende Schritt für die sogenannte *„adiabatische Näherung"*. Unter der Prämisse, dass $\gamma \gg \delta$ (die Zeitkonstante von γ wesentlich größer ist als die Zeitkonstante von δ), ergibt sich die Lösung von (4) zu

$$q(t) \approx \frac{\alpha}{\gamma} e^{-\delta t} \equiv \frac{1}{\gamma} F(t) \qquad (5)$$

---

[441] Zitiert nach der ersten Auflage der deutschen Übersetzung von 1982, S. 16.
[442] Monod, 1971.
[443] Hermann Haken, *Synergetik - Eine Einführung*, (1982). S. 208

und Haken fuhr fort „die Zeitkonstante des Systems $t_0 = 1/\gamma$ muß sehr viel kürzer sein als die Zeitkonstante $t' = 1/\delta$, die den Befehlen zugeordnet ist."

Dieser einfachste Fall wurde dann von Haken in verallgemeinerter Form dargestellt, worauf wir hier aber verzichten. Er betrachtete dann ein System, dass nur aus einem Untersystem und nur einer angreifenden Kraft besteht. Es ergibt sich das Gleichungspaar

$$dq_1/dt = -\gamma_1 q_1 - \alpha q_1 q_2, \qquad (6)$$

$$dq_2/dt = -\gamma_2 q_2 + b q_1^2 \qquad (7)$$

Ist jetzt $\gamma_2 \gg \gamma_1$ so lässt sich (7) näherungsweise lösen ($dq_2/dt \approx 0$) und man erhält

$$q_2(t) \approx \gamma_2^{-1}\, b\, q_1^2(t) \qquad (8)$$

Haken dazu: „Gleichung (8) besagt, daß das System (7) dem System (6) unmittelbar folgt. Man spricht auch von *Versklavung* von (7) durch (6). Das versklavte System wirkt aber auf das System (6) zurück."[444] (8) eingesetzt in (6) ergibt

$$dq_1/dt = -\gamma_1 q_1 - ab/\gamma_2\, q_1^3 \qquad (9)$$

Dies ist eine fundamentale Gleichung für das Verhalten vieler synergetischer Systeme. Sie hat zwei völlig verschiedene Lösungen, je nachdem, ob γ_1 größer oder kleiner 0 ist.

Für $\gamma_1 > 0$ gilt $q_1 = 0$ und (wegen (8)) auch $q_2 = 0$.

Wie die folgende Grafik zeigt, sieht das Bild für $\gamma_1 < 0$ aber völlig anders aus:

[444] Haken, 1982. S. 211.

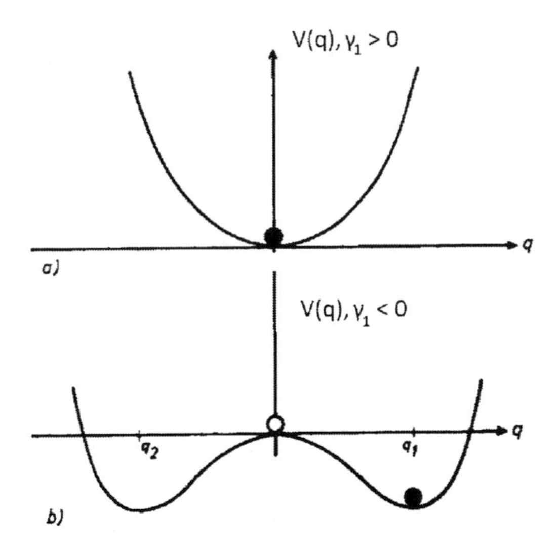

Abb. 21: Darstellung des Potenzialverlaufes für Gleichung (9) in Abhängigkeit vom Wert von γ

Haken dazu[445]:

> „Ist andererseits $\gamma_1 < 0$ dann lautet die stationäre Lösung
>
> $$q_1 = \pm\,(|\gamma_1|\gamma_2 / ab)^{1/2}$$
>
> und wegen (8) auch $q_2 \neq 0$. Das System, das aus zwei Untersystemen (6) und (7) besteht, hat also intern entschieden, eine endliche Größe q_2 zu erzeugen; es tritt mithin eine nichtverschwindende Wirkung auf. Da $q_1 = 0$ oder $q_1 \neq 0$ ein Maß dafür ist, ob eine Wirkung auftritt oder nicht […] beschreibt q_1 den Grad der Ordnung. Dies ist der Grund, warum wir q_1 als „Ordnungsparameter" bezeichnen. Ganz allgemein werden wir Variable […] als Ordnungsparater bezeichnen, wenn sie Untersysteme versklaven."

Betrachtet man nicht nur ein System, das aus einem Untersystem, sondern aus vielen Untersystemen besteht, so führt das zu einem stabilisierenden Rückkopplungsverhalten. Es gibt dann nicht nur einen Ordnungsparameter, sondern mehrere, die wiederum in einen Wettbewerb treten und das letztliche „Output"-Verhalten des Gesamtsystems bestimmen.

[445] Haken, 1982. S. 212.

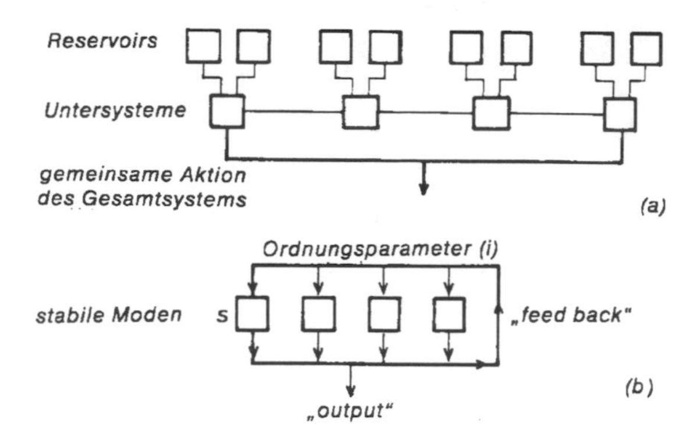

Abb. 22: Selbstorganisatorische Rückwirkung eines synergetischen Systems

Eine wichtige Rolle spielen hierbei die Fluktuationen. Denn wenn ein System sich zum Beispiel wie in Abb. 22b im instabilen Zustand q=0 befindet, bedarf es einer Fluktuation, damit es entweder das linke oder rechte Potenzialminimum erreicht. Nun ist das Potenzial in Abb. 21 natürlich das nahezu einfachste eindimensionale Potenzial. Die Rolle der Fluktuationen wird noch deutlicher, wenn man andere Potenziale in Betracht zieht, wie in den beiden folgenden Darstellungen abgebildet.[446]

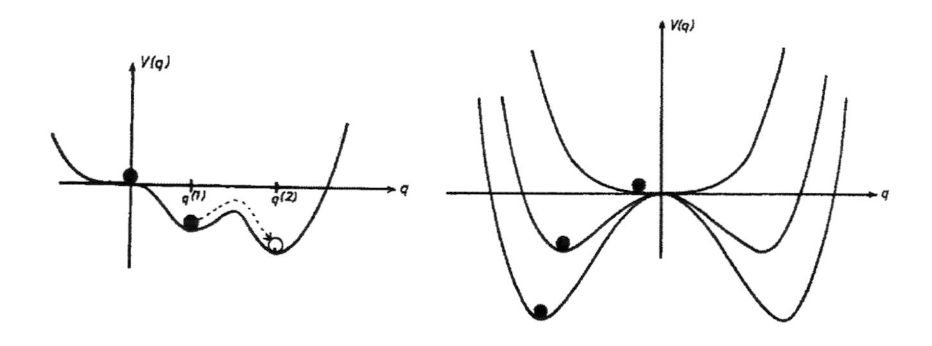

Abb. 23: Potenzialformen, die eine Änderung in wechselnde stabile Zustände erlauben. Für den Wechsel sind Fluktuationen notwendig. Die rechte Konfiguration geht auf einen Vorschlag des deutsch-amerikanische Physikers Rolf Landauer zurück, der bei IBM in den USA arbeitete und dies schon 1962 als Modell eines schaltbaren elektronischen Gerätes mittels Deformierung eines angelegten Potenzials vorschlug.[447]

[446] Haken, 1977. S. 200-201.

[447] Rolf Landauer, 'Fluctuations in Bistable Tunnel Diode Circuits', *Journal of Applied Physics,* 33 (1962).

Erst nach diesen sieben Kapiteln in seinem Buch behandelt Haken schließlich die in der Natur vorkommenden realen Systemen in der Physik, der Chemie und der Biologie. Dies zeigt, wie wichtig ihm die solide mathematische Begründung des Selbstorganisationsphänomens war.

Das beobachtete Verhalten der unterschiedlichen Systeme beruhte auf der mathematisch beschreibbaren Struktur von Ordnungsparameter und Versklavung - aufgrund unterschiedlicher Zeitstruktur der stabilen und instabilen Moden - und war damit weit mehr als eine formale Analogie.

Haken behandelte in den abschließenden Kapiteln ausführlich den Laser, besprach die in diesem System vorkommenden Mehrfachinstabilitäten, die zu ultrakurzen Laserpulsen führen, leitete dann zu den Instabilitäten der Hydrodynamik über (Bénard- und Taylor-Konvektion) und erwähnte noch kurz die Gunn-Instabilität elektrischer Schaltkreise.

Bei den chemischen Systemen untersuchte er explizit dynamische Systeme mit Diffusion bestehend aus zwei bzw. drei chemischen Komponenten, den sog. Brüsselator und den Oregonator[448]. Aus dem Themenbereich der Biologie wurden die Bereiche Populationsdynamik, das Jäger-Beute-System (Lotka-Volterra), Evolutionsprozesse und die Morphogenese jeweils kurz angesprochen. Ein abschließendes Kapitel von nur vier Seiten besprach ein stochastisches Modell aus der Soziologie, die Änderung der öffentlichen Meinung, nach den Arbeiten seines Kollegen Wolfgang Weidlich.

Da sich die chemischen, biologischen und soziologischen Arbeiten auf die Forschungen und Ergebnisse anderer Wissenschaftler stützten, referiert Haken diese nur in Grundzügen und verwies im Wesentlichen auf die Beiträge dieser Forscher in den bisherigen Sammelbänden zur Synergetik. Sie dienten ihm nur als Beispiele für die erfolgreiche Anwendung des von ihm herausgearbeiteten Ansatzes zur Behandlung solcher stochastischer Vielkörperprobleme. Es sind Beispiele für den Übergang von ungeordneten, instabilen Zuständen zu geordneten, stabilen Zuständen. Der Aufbau des Buches ähnelt stark der von Haken mit Graham 1969/70 in Stuttgart gehaltenen Vorlesung. Vielkörperprobleme werden mit Hilfe der Methoden der Statistischen Mechanik behandelt und im Bereich fern ab vom

[448] Der Oregonator ist ein Modell zur Beschreibung oszillierender chemischer Reaktionen, in Anlehnung an die Belousov-Zhabotinsky-Reaktion. Er hat drei Variable chemische Komponenten, ander als der Brüsselator, der nur zwei variable Komponenten hat. R. J. Field, E. Körös, und R. M. Noyes, 'Oscillations in chemical systems. II. Thorough analysis of temporal oscillation in the bromate-cerium-malonic acid system', *J. Am. Chem. Soc. 94(25),* (1972).

thermodynamischen Gleichgewicht einer Lösung zugeführt. Die zunächst gefundene Analogie zwischen dem Laser und der Supraleitung wird auf viele andere Anwendungsfälle transponiert, wobei sich zeigt, dass damit die unterschiedlichsten Systeme in bis dato völlig getrennten Wissenschaftsgebieten behandelt werden können.

Anzumerken ist, dass in dem Buch, dessen Manuskript im November 1976 abgeschlossen wurde, noch kein expliziter Verweis auf die sich in dieser Zeit herausbildende „Chaostheorie“ vorkommt. Dies sollte sich jedoch schnell ändern. Da die erste Auflage des Werkes in weniger als einem Jahr ausverkauft war, erschien schon 1978 eine erweiterte zweite Auflage[449]. Die Dynamik auf diesem Gebiet wird daran deutlich, dass Haken jetzt drei maßgebliche Erweiterungen durchführte.

> „I have added a whole new chapter on the fascinating and rapidly growing field of chaos dealing with irregular motion caused by deterministic forces. This kind of phenomenon is presently found in quite diverse fields ranging from physics to biology. Furthermore I have included a section on the analytical treatment of a morphogenetic model using the order parameter concept developed in this book. Among the further additions, there is now a complete description of the onset of ultrashort laser pulses.“[450]

Insbesondere die rasante Entwicklung der Chaostheorie lässt sich in diesem Zeitraum gut verfolgen. (Siehe hierzu insbesondere Kapitel 7e dieser Arbeit)

Diese Thematik beschäftigte Haken auch auf der zweiten ELMAU-Konferenz, die er im Mai 1977, kurz nach Fertigstellung seines Buches, durchführte.

---

[449] Das Buch wurde auch ins Russische (1980), Chinesische (1982, 1984[2]) und ins Ungarische (1984) übersetzt. Eine deutsche Ausgabe (übersetzt von seinem Mitarbeiter Arne Wunderlin) erschien 1982 und erlebte 1983 und 1990 weitere Auflagen.

[450] Haken, 1977. Hier 2. Auflage 1978 (abgeschlossen Juli 1978), Vorwort.

h. Die 2. ELMAU-Tagung im Mai 1977

In der Zusammensetzung der Referenten und den Themen dieser Tagung zeigen sich die Veränderungen in den Forschungsschwerpunkten bei dissipativen Systemen fern ab vom thermodynamischen Gleichgewicht, die sich seit der ersten ELMAU-Tagung im April 1972 ergeben hatten.

Tabelle 8: Themenübersicht der zweiten Synergetik-Tagung 1977 in ELMAU

Themenübersicht ELMAU 1977
Generelle Konzepte (inclusive Katastrophentheorie)
Bifurkationstheorie
Instabilitäten in der Dynamik von Flüssigkeiten
Solitonen
Nichtgleichgewichts- Phasenübergänge in chemischen Reaktionen
Chemische Wellen und Turbulenz (inclusive des Begriffes Chaos im Vortrag von O. Rössler)
Morphogenese
Biologische Strukturen
Generelle Strukturen (inclusive Themen der Wirtschaft, Soziologie und Linguistik)

Haken nahm die aktuellen mathematischen Konzepte der Katastrophentheorie und der Bifurkationstheorie mit in das Tagungsprogramm auf, da diese wichtig sind für Systeme, in denen es zu Symmetriebrüchen kommt. Insbesondere die Bifurkationstheorie sollte sich als Einstieg in das sich jetzt explosionsartig entwickelnde Gebiet der Chaosforschung erweisen. So wird explizit im Beitrag des Tübinger Biochemiker Otto Rössler mit dem Titel „Continuous Chaos“ eine Übersicht über die im Mai 1977 bekannten unterschiedlichen Formen des Chaos (in deterministischen Systemen) gegeben.

Neben der hochaktuellen Chaosforschung ist eine weitere Aufgliederung und Spezialisierung des synergetischen Forschungsgebietes zu bemerken. Die einzelnen Anwendungen in den Gebieten der Physik, Chemie, Biologie (und Neurologie) werden jeweils in speziellen Sitzungen vorgestellt und diskutiert.

Ein weiteres Faktum fällt ins Auge. Anders als in den Jahren 1973 und 1974 mit den Tagungen und Büchern zu den Themen *„Cooperative Phenomena"* und *„Cooperative Effects"* gibt es auf der 2. ELMAU Konferenz fast ausschließlich „neue Gesichter". So finden sich in der Liste der Referenten nur zwei Teilnehmer der ersten Synergetik- Konferenz von 1972 wieder[451]. Dies deutet darauf hin, dass sich die Anzahl der Wissenschaftler und Universitäten, die sich mit diesen Nichtgleichgewichtsphänomenen beschäftigen, in den vergangenen Jahren deutlich erhöht hatte, es sich also um ein ein aktuelles Forschungsgebiet handelte und dass Haken sich bemühte, über neue Wissenschaftskollegen weitere Anregungen für die Synergetik zu gewinnen.

Einen Höhepunkt der Tagung stellte die Anwesenheit zweier bedeutender französischer Forscher dar: Alfred Kastler[452] und René Thom. Kastler hatte im Jahre 1966 den Physik-Nobelpreis für das sogenannte „optische Pumpen" von Atomen erhalten. Dieses Verfahren war eine der Voraussetzungen für die Laserforschung, die Hermann Haken besonders am Herzen lag. Mit René Thom konnte Haken den Erfinder der mathematischen „Katastrophentheorie"[453] für einen Vortrag gewinnen. Hinter dem Wort von der Katastrophentheorie verbirgt sich die mathematische Theorie differenzierbarer Abbildungen und führt auf die Klassifikation unstetiger, sprunghafter Veränderungen von bestimmten dynamischen Systemen. Die Katastrophentheorie untersucht das Verzweigungs-Verhalten der Lösungen dieser Abbildungen (Bifurkationen) bei Variation der Parameter und ist damit eine wichtige Grundlage zur mathematischen Behandlung der Chaostheorie. Anders als die dynamische Theorie der Synergetik ist die Katastrophentheorie aber eine statische Theorie.

Neuere Ergebnisse zur Bifurkationstheorie wurden von Klaus Kirchgässner, Daniel Joseph (geb. 1929) und David H. Sattinger (geb. 1939) vorgetragen. Kirchgässner (1931 – 2011) war Kollege von Haken im mathematischen Institut der *Universität Stuttgart* und hat bedeutende Forschungen zur Bifurkationstheorie geleistet, darunter das Theorem von der *"spatial center-manifold reduction"*. Daniel Joseph war Professor an der *University of Minnesota* und beschäftigte sich mit der

[451] Herbert Fröhlich und Hans Kuhn.

[452] Alfred Kastler (1902 - 1984), französischer Physiker, der 1966 den Nobelpreis für Physik erhielt. Biographische Daten finden sich bei Guy Perny, 'Centenaire de la Naissance de L'Humaniste alsacien Alfred Kastler (1902 - 1984): Aspects de son oeuvre', in *Annuaire,* (2003), S. 149 - 155.

[453] René Thom, *Stabilité structurelle et morphogénèse*, (1972). Siehe auch David Aubin, 'Forms of Explanations in the Catastrophe Theory of René Thom: Topology, Morphogenesis, and Structuralism', in *Growing Explanations: Historical Perspective on recent science,* Hrsg. M. N. Wise (2004), S. 95 - 130.

Stabilitätstheorie in Flüssigkeiten. [454] Dritter im Bunde war der amerikanische Mathematiker David Sattinger, der an der *University of Minnesota* lehrte. Er hatte im Jahre 1973 ein grundlegendes Werk über Stabilitäts- und Bifurkationstheorie geschrieben.[455]

Einen breiten Raum nahmen die Nichtgleichgewichts-Phasenübergänge in chemischen Reaktionen und das Auftreten von Turbulenzen ein. Haken war es gelungen vier Forscher aus Polen, Israel, Frankreich und Japan zu diesem Thema zu gewinnen. Einen Überblicksvortrag zur chemischen Turbulenz hielt der Tübinger Biochemiker Otto E. Rössler, der zusätzlich auch über das Auftreten von deterministischem Chaos sprach. Auffällig ist allerdings auf dieser Tagung das Fehlen von Teilnehmern der Brüsseler Schule um Ilya Prigogine, der im selben Jahr noch den Nobelpreis für Chemie für seine Beiträge zur Erforschung dissipativer Systeme erhalten sollte. Dies war allerdings Mai 1977 noch nicht bekannt, da die Namen der Nobel-Preisträger immer erst Anfang Oktober veröffentlicht werden.

Die Biologie wurde auf dieser zweiten ELMAU-Konferenz durch Hans Kuhn (1919 – 2012) vom *MPI für biophysikalische Chemie* in Göttingen und Hans Meinhardt (geb. 1938) vom *MPI für Entwicklungsbiologie* in Tübingen vertreten. Sie waren langjährige Bekannte von Haken. Das trifft auch auf den amerikanischen Mathematiker Jack D. Cowan (geb. 1933) zu, den Haken von den Versailler Konferenzen zur Biologie und Physik kannte, wo dieser, wie Haken, zu den regelmäßigsten Teilnehmern zählte. Das Thema seines Vortrages war „Neurosynergetics", womit er einen Anstoß für Hakens spätere Beschäftigung mit dem Gehirn als synergetischem System gab.

[454] Er schrieb später ein Lehrbuch über die Stabilitäts- und Bifurkationstheorie. Daniel Joseph, *Elementary Stability and Bifurcation Theory*, (1980).
[455] David Sattinger, *Topics in Stability and Bifurcation Theory*, (1973).

7. Die Ausbreitung der Synergetik: Die Jahre von 1978 bis 1987

a. Synergetik: „Spreading the word"

Mit den im Mai 1977 in Elmau behandelten Themen definierten sich für Haken die wichtigsten Forschungsthemen seiner Arbeit in den kommenden zehn Jahren.

Nur einen Monat nach dieser zweiten ELMAU-Konferenz finden wir Hermann Haken auf einer Tagung in den USA wieder, der sogenannten 4. Rochesterkonferenz[456]. Es handelte sich um sein „altes Heimatgebiet" die Quantenoptik. Haken nutzte die Gelegenheit, um von seinem Spezialgebiet der Laserphysik zu seinem neuen Schwerpunkt „zu verzweigen". Sein Vortrag trug den programmatischen Titel „The Laser – Trailblazer of Synergetics".[457] Auf seine anwesenden Kollegen musste dieser Vortrag zunächst verwirrend wirken, da sie sich ja vornehmlich mit den hochaktuellen Gebieten der Laserphysik und der Nichtlinearen Optik beschäftigten. Geschickt an diese Thematik anknüpfend beschrieb Haken eingangs das Ziel seines Referates

> „I want to discuss how a thorough theoretical study oft he laser process has led us to understand basic mechanisms of self-organization in physics, chemistry, biology and other sciences"[458]

Als Beispiele für diese Selbstorganisationseffekte außerhalb der Physik führte er die Bénard-Instabilität, die Belousov-Zhabotinsky-Reaktion und den Gunn-Effekt in Halbleiter-Schaltkreisen an. Dazu leitete er in seinem Vortrag zunächst wiederum die Einmoden-Lasergleichung her und verwies dann unter Verwendung der adiabatischen Näherungstechnik (slaving priciple) auf die von ihm gefundene Äquivalenz der Lasergleichung mit den Lorenz-Gleichungen

> „Some time ago Lorenz developed a model of turbulence including 3 variables. We have found that [...] the Lorenz equations are equivalent to those of a single mode laser. Though Lorenz' equations are completely deterministic their solutions show a completely irregular behavior as if

[456] Die 4. Rochester Konferenz fand vom 8. – 10. Juni 1977 an der University of Rochester unter der Leitung von Leonard Mandel und Emil Wolf statt. Mandel und Wolf, 1978.

[457] Hermann Haken, 'The Laser - Trailblazer of Synergetics', in *Coherence and Quantum Optics IV - Proceedings of the Fourth Rochester Conferenz 1977,* (1978), S. 49 - 62.

[458] Haken, 1978. S. 49.

caused by a stochastic process. **The laser, when pumped high enough, is the first realistic system obeying Lorenz' equations.**" [459]

Der Verweis und die Analogie auf die Lorenz'sche Theorie erfolgte sicherlich nicht zufällig, entwickelte sich doch hier rasant das Gebiet des deterministischen Chaos, das großes wissenschaftliches und außerwissenschaftliches Interesse auf sich zog.

Im weiteren Verlauf fasste Haken dann die wesentlichen Grundideen und Vorgehensweisen der Synergetik exemplarisch zusammen. Unter speziellen Bedingungen können vorhandene Systeme, wenn sich externe Parameter verändern, instabil werden und sich durch Fluktuationen in andere stabile Zustände weiterentwickeln. Dabei zeigte er folgendes Schema

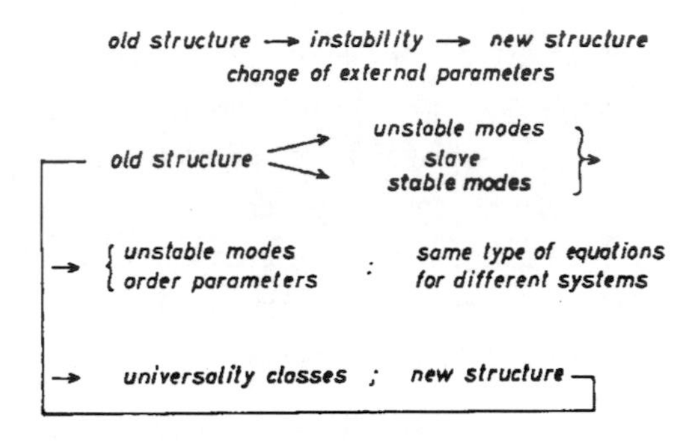

Abb. 24:Hakens Schaubild zur Verdeutlichung des Überganges von einer „alten" Struktur" zu einer stabilen „neuen" Struktur (aus (Haken, 1978))

Uns sind diese Beschreibungen mittlerweile vertraut. Bemerkenswert ist am Vortrag auf der 4. Rochester-Konferenz, dass Haken hier zum ersten Mal die Idee und das Wort der Synergetik einem größeren Kreise von Physikern in den USA vorstellt[460] und nicht mehr das allgemeinere Wort von „kooperativen Phänomenen" verwendete.

Dass Haken die Lorenz-Gleichungen auf der vierten Rochester-Konferenz so hervorhob ist sicherlich kein Zufall, da er sich ja bereits seit zwei Jahren intensiv mit der Verbindung von Phasenübergängen und Bifurkationen beschäftigte. Auch hatte er wenig Tage vor der Konferenz, zusammen mit seinem Assistenten Arne Wunderlin, einen wichtigen Artikel zu diesem Thema an die Zeitschrift *Physics Letters* geschickt, der dort am 9. Juni 1977 eintraf. Unter dem Titel „New Interpre-

[459] Haken, 1978. S. 59 (Hervorhebung durch BK).
[460] Die Konferenz wurde von ca. 300 Physikern besucht.

tation and Size of Strange Attractor of the Lorenz model of Turbulence“[461] gaben sie eine anschauliche Erklärung für das irreguläre Verhalten des Lorenz-Attraktors.

Die Bifurkationstheorie als ein Weg in das deterministische Chaos war auch das zentrale Thema einer Konferenz, die Anfang November 1977 in New York durch die dortige Akademie der Wissenschaften abgehalten wurde.[462] Mitveranstalter war der Tübinger Biochemiker Otto E. Rössler, der im Mai auf der 2. ELMAU Konferenz erstmals über Chaostheorie vorgetragen hatte. Das Inhaltsverzeichnis des Tagungsbandes liest sich wie eine der Gliederungen der ELMAU-Konferenzen von Hermann Haken. So wurden die Referate unter folgenden Oberbegriffen rubriziert: Bifurkationstheorie in „Mathematics, Biology, Chemistry and Chemical Engineering, Physics, Ecology, Economics, Engineering, Experiment and Simulation“. Unter den Referenten finden sich nicht weniger als sechs Vortragende, die auf der fünf Monate zuvor abgehaltenen zweiten ELMAU-Konferenz ebenfalls referiert hatten.[463] Auch Hermann Haken war nach New York gereist, wo er auf weitere, ihm bekannte Wissenschaftler, traf.[464]

In seinem Vortrag unter dem Titel „Synergetics and Bifurcation Theory“ wies Haken auf die enge inhaltliche Verwandschaft der Synergetik mit der Bifurkationstheorie hin:

> „Synergetics is a rather new field of interdisciplinary research related to mathematics, physics, astrophysics, electrical and mechanical engineering, chemistry, biology, ecology and possibly to other disciplines. It studies the self-organized behavior of complex systems (composed of many sub-systems) and focuses its attention to those phenomena where dramatic changes of macroscopic patterns or functions occur owing to the cooperation of subsystems. […] In the course of this research program it more and more transpired that bifurcation theory plays a crucial role.”[465]

Anhand des Lasers diskutierte Haken dann die verschiedenen Bifurkations-Stufen dieses Systems vom Einsetzen der Lasertätigkeit bis hin zum Laser-Chaos und verdeutlicht dies in der folgenden Abbildung

[461] Hermann Haken und Arne Wunderlin, 'New Interpretation and size of strange attractor of the Lorenz model of turbulence', *Physics Letters,* 133 (1977).
[462] *"Bifurcation Theory and its Applications in Scientific Disciplines",* 31.10.1977 – 4.11.1977. Tagungsberichte, veröffentlicht in den *Annals of the New York Academy of Sciences 316 (1979).*
[463] D.H. Sattinger, D. Joseph, H. Meinhardt, O.E. Rössler, H. Haken, H. Swinney.
[464] R. Landauer, G. Nicolis, B. Hess, M. Herschkowitz-Kaufman, D. Ruelle, W. Gardiner.
[465] Okan Gurel und Otto Rössler, 'Bifurcation theory and its applications in scientific disciplines', (1977). und Hermann Haken, 'Synergetics and Bifurcation Theory', *Annals of the New York Academy of Sciences,* 316 (1979). S. 357.

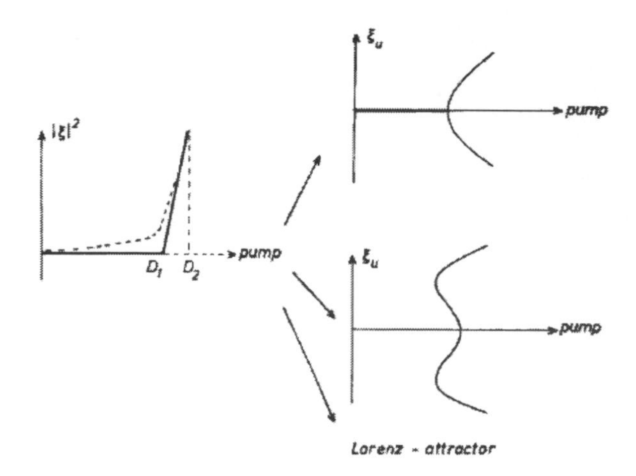

Abb. 25: Bifurkationsschema des Einmoden-Laser in Abhängigkeit von der Pumpstärke. Die erste Schwelle bezeichnet die einsetzende Lasertätigkeit; die zweite Laserschwelle gibt Anlass für Laserpulse und noch höhere Pumpleistung führt zu „chaotischem Verhalten“ und dem „seltsamen“ Lorenz-Attraktor.[466]

Die Bedingungen für dieses Bifurkationsschema stellte Haken anhand der Lasergleichungen dar

$$\frac{\partial E}{\partial t} + c\frac{\partial E}{\partial x} + \kappa E = \alpha P,$$

$$\frac{\partial P}{\partial t} + \gamma P = \beta E D,$$

$$\frac{\partial D}{\partial t} = \gamma''(D_0 - D) + \delta E P,$$

Hierbei bezeichnet E die elektrische Feldstärke, P die Polarisation des Feldes, D den Inversionsfaktor des 2-Stufen Lasers (raum-zeitliche Funktionen), c ist die Lichtgeschwindigkeit, γ und γ“ Dämpfungskonstanten, D_o hängt von der Pumpleistung ab.

[466] Haken, 1979. S. 369.

Haken schrieb dann[467]:

> „Whether bifurcation is normal or leads to the Lorenz attractor depends on the relative size of $\varkappa$, γ and γ'': bifurcation or inverted bifurcation if $\varkappa < \gamma + \gamma''$, Lorenz attractor if $\varkappa > \gamma + \gamma''$."

Wieder einmal hatte der Laser sich als ein Modellsystem bewährt. In diesem Fall war er ein Beispiel für eine Bifurkationshierarchie in einem exakt berechenbaren physikalischen Anwendungsfall.

Hermann Haken war in dieser Zeit aber natürlich nicht nur mit den Themen Synergetik und Bifurkationstheorie beschäftigt. Als Hochschullehrer hatte er ja noch seine Lehrverpflichtungen zu erfüllen, auch wenn ihn dabei seine Kollegen nachhaltig unterstützten und entlasteten. In Anspielung auf seine häufigen Abwesenheiten von Stuttgart aus Anlass von Vorträgen und Konferenzen bezeichnete ihn sein Kollege Hans-Christian Wolf einmal in einer leicht verzweifelt humorigen Anekdote als „Herrmann Haken ist unser bestbezahlter Gast-professor."[468] Allerdings waren die Vorlesungen von Haken sehr beliebt, da sie sehr systematisch aufgebaut waren. Auch hatte sein Laserbeitrag zum *Handbuch der Physik* großen Eindruck hinterlassen. Da es jedoch in englischer Sprache erschienen war und im Rahmen der Handbuchreihe keine große Verbreitung fand, reift in ihm der Entschluss, ein Lehrbuch der Optik mit Schwerpunkt Laser für Studierende zu schreiben. Als daher Heinz Maier-Leibnitz (1911 – 2000), der Präsident der *Deutschen Forschungsgemeinschaft*, mit dem Anliegen an ihn herantrat, ein dreiteiliges Lehrbuch „*Licht und Materie*" zu schreiben, ergriff er diese Gelegenheit und bat die Universität und das Kultusministerium um ein Forschungsfreijahr[469]. Es wurde genehmigt, was umso leichter fiel, da das *Bundesministerium für Bildung und Wissenschaft* einen Vertreter bezahlte.[470] Haken war also vom 1. April 1978 bis zum März 1979 von den Lehr- und Prüfungsverpflichtungen befreit.

Neben dem Schreiben des Lehrbuches nutzte Hermann Haken das Forschungs-freijahr aktiv zur der Verbreitung seiner Ideen. Er nahm an fünf großen

[467] Haken, 1979. S. 370.

[468] W. Weidlich in seiner „Laudatio inofficialis. Unveröffentlichtes Manuskript anlässlich des 80. Geburtstages von Hermann Haken. (Archiv Haken).

[469] Schreiben von H. Haken an die Universität vom 17.11.1977 (Personalakte Haken; Universitätsarchiv Stuttgart). Das Buch *Licht und Materie Band 1 – Elemente der Quantenoptik* erschien 1979. Hermann Haken, *Licht und Materie Band 1: Elemente der Quantenoptik*, (1979 (2. Aufl. 1989)).

[470] Schreiben des Kultusministeriums vom 10.7.1978 (Personalakte Haken; Universitätsarchiv Stuttgart).

Konferenzen teil und begann den von ihm gewählten Namen Synergetik in Vorträgen und Veröffentlichungen zu einer Marke aufzubauen.

Eine erste Gelegenheit hierzu ergab sich im Mai 1978 während eines Symposiums anlässlich der Verleihung der Ehrendoktorwürde an René Thom (1923 – 2002), den Begründer der Katastrophentheorie, durch die Universität Tübingen. Haken sprach über „Synergetics and a new approach to bifurcation theory", also dieselbe Thematik, die er im Herbst 1977 in New York besprochen hatte. Thom war ja auch von Haken eingeladener Gastredner während der zweiten ELMAU Konferenz im Frühjahr 1977 gewesen.

Es folgte einen Monat später die Teilnahme als Referent an der *„International School of Statistical Mechanics"*, die vom 11.-23. Juni 1978 unter dem Thema *„Stochastic Processes in Nonlinear Mechanics"* in Sitges bei Barcelona abgehalten wurde [471]. Wiederum nur einen Monat später treffen wir Hermann Haken in Japan an, wo er vom 10. Juli bis 14. Juli am Oji-Seminar *„Nonlinear Nonequilibrium Statistical Mechanics"* teilnahm. Diese Konferenz beendete ein fünf Jahre andauerndes Forschungsprogramm gleichen Namens und bot sozusagen einen *„State of the Art"* Zustandsbericht zur Thematik der Nichtgleichgewichts-Thermodynamik. Unter den Teilnehmern fanden sich viele führende Wissenschaftler dieser Forschungsrichtung. Aus den USA waren u.a. Paul C. Martin, Günter Ahlers, Harold L. Swinney, R.M. Noyes und R. Zwanzig, aus Europa Gregoire Nicolis, David Ruelle Friedrich Schlögl, Hermann Haken und aus Japan Ryoku Kubo, H. Mori und T. Shimizu anwesend. Haken nutzte die Chance, in seinem mit „Synergetics. Some recent trends and developments" betitelten Vortrag, den Begriff der Synergetik seinen Kollegen nahe zu bringen.

> „Synergetics deals with systems composed of many subsystems such as atoms, molecules, photons, cells, etc. It studies how the cooperation of subsystems can bring about spatial, temporal or functional structures on a macroscopic scale. [...] I first sketch generalized Ginsburg-Landau equations which I derived some years ago and which mainly serve to treat nonequilibrium phase transitions starting from homogeneous quiescent states. I then show how the order parameter concept and slaving principle can be extended so to treat bifurcation and nonequilibrium phase transitions starting from limit cycles or quasiperiodic flows in inhomogeneous media."[472]

[471] Auch sein ehemaliger Schüler Robert Graham, jetzt Professor in Essen, war als Referent geladen. Ebenfalls anwesend war Arne Wunderlin vom Stuttgarter Lehrstuhl.

[472] Hermann Haken, 'Synergetics: Some recent trends and developments', *Suppl. of the Report of Progress of Theoretical Physics* 64 (1978). S. 21.

Damit stellte er diesem Kreis von Mathematikern und Physikern die Arbeit seiner letzten vier Jahre vor, falls diese sein im vergangenen Jahre erschienenes Buch *„Synergetics – An introduction“* noch nicht zur Kenntnis genommen haben sollten. Besonderen Wert legte er auf die Verbindung zur Statistischen Physik. Hier könne man, aus seiner Sicht, drei Stufen feststellen: erstens habe sich die Thermodynamik mit Boltzmann aus der statistischen Physik herausgebildet, die in Systemen im thermodynamischen Gleichgewicht gelte. Die zweite Stufe sei die Theorie der irreversiblen Prozesse, die zu einer Theorie der irreversiblen Thermodynamik führte. Hier verwies er auf Arbeiten von Kubo und Onsager. Die dritte Problemgruppe bestehe in Problemen in Systemen fern ab vom thermodynamischen Gleichgewicht, wo neue qualitative Phänomene, zum Beispiel neue Arten von Phasenübergängen wie beim Laser, erscheinen würden. Diese Probleme würden augenblicklich durch die Statistische Physik bearbeitet. Und hier würde die Synergetik ansetzen, die nach gemeinsamen mathematischen Strukturen an den Phasenübergängen suche, wo qualitativ neue Phänomene auftreten würden.

> „This field focuses its attention on those situations where self-organized cooperation of the subsystems brings about qualitative changes of the total system on a macroscopic scale.”[473]

Da es bei den meisten Systemen aufgrund der ungeheuer großen Anzahl an Untersystemen (Atome, Zellen, Photonen u.ä.) hoffnungslos sei, mit dem einzelnen Subsystem zu rechnen, komme es, wie in der klassischen Thermodynamik darauf an, mit beobachtbaren Größen zu arbeiten. Diese seien aber gerade die Ordnungsparameter. Allerdings, so fuhr er fort:

> “this is, however, not possible in a straightforward manner and indeed there is nowadays wide-spread agreement between the experts that the method of thermodynamics or irreversible thermodynamics (but not statistical physics) are not sufficient to treat this new field.”[474]

Mit dieser Aussage hob sich Haken klar vom Ansatz der Brüsseler Schule um Glansdorff und Prigogine ab, die genau diesen Weg der irreversiblen Thermodynamik beschritten.

Zum Schluss seines Referates stellte Haken auch noch eine Verbindung zum deterministischen Chaos her, saßen doch mit Paul C. Martin und David Ruelle wichtige Vertreter dieser Forschungsrichtung unter den Zuhörern.

---

[473] Haken, 1978. S. 22.
[474] s. Fußnote 402.

„More recently we have also considered chaos, i.e. irregular motion produced by deterministic equations. Again there exist classes of phenomena which are governed by the same type of equations but which refer to lasers, models of turbulence, the earth magnetic field, chemical reactions etc."[475]

Mit seinem Beitrag hatte Haken die Synergetik mit drei wichtigen zeitgenössischen physikalischen Forschungsgebieten verknüpft: der Theorie der statistischen Physik, der Theorie der Phasenübergänge und der sich gerade entwickelnden Theorie des deterministischen Chaos.

Kaum zurück in Europa, führte ihn sein Weg im September des Jahres 1978 nach Bordeaux, wo er an der Konferenz *„Far from Equilibrium Instabilities and Structures"* teilnahm. Auch dort traf er wieder auf Referenten der Kyoto-Tagung vom Juli desselben Jahres.[476] Diese Konferenz wurde von den französischen Chemikern Alphonse Pacault[477] und Christian Vidal veranstaltet. Pacault hatte neben seiner Professur an der Universität Bordeaux, die er 1950 übernahm, im Jahre 1965 auch noch das Forschungsinstitut „Paul Pascal" gegründet, das sich auf die Untersuchung chemischer Oszillationen und die Musterbildung in chemischen Systemen spezialisierte. Damit stellte dieses von Pacault geleitete Institut auf dem Gebiet der chemischen Oszillationeneine eine unmittelbare Konkurrenz zur Brüsseler Schule um Ilya Prigogine dar. Haken hielt engen Kontakt zu den französischen Forschern aus Bordeaux, die auch in den Jahren bis 1982 stets an den durch Haken veranstalteten ELMAU-Konferenzen teilnahmen. Haken, der Pacault bereits im Vorjahr zur zweiten ELMAUer Synergetik-Konferenz eingeladen hatte, sorgte nun dafür, dass die Proceedings der Bordeaux-Konferenz als dritter Band der im Springer-Verlag publizierten Reihe *Springer Series in Synergetics* erschien. Da sich die Tagung schwerpunktmäßig den chemischen Instabilitäten widmete, waren auch die Brüsseler Forscher prominent vertreten. Neben Paul Glansdorff und Gregoire Nicolis (den Haken gerade in Japan getroffen hatte) waren von belgischer Seite auch René Lefever, M. Kaufman-Herrschkowitz und W. Horsthemke anwesend. Diese massive Präsenz ist nicht verwunderlich, stand die Brüsseler Schule doch aktuell nach der Verleihung des Chemie-Nobelpreises an Ilya Prigogine im Jahre 1977 im Mittelpunkt des Interesses. Aus Deutschland kamen der Dortmunder Biochemiker Benno Hess, den Haken seit vielen Jahren von den jährlichen

---

[475] Haken, 1978. S. 32.

[476] R.M. Noyes, G. Nicolis, M. Suzuki.

[477] Alphonse Pacault (1918 - 2008), französischer Chemiker der 1946 bei Paul Pascal in Paris promovierte. Seit 1950 Professor an der Universität Bordeaux. Das von ihm 1965 gegründete Institut Paul Pascal gehört zu den Instituten des Centre National des Recherches Scientificques (C.N.R.S.). Er war Mitglied der französischen Ehrenlegion und Mitglied des französischen Ordens pour le Mérite. (www.crpp-bordeaux.crns.fr/annexes-crpp/images/bis18-pacault.pdf; abgerufen am 26.1.2012).

Winterseminaren von Manfred Eigen her kannte und der Tübinger Physikochemiker Otto Rössler, den Haken zu dieser Zeit über Mittel der Volkswagenstiftung förderte. Japan war mit M. Suzuki vertreten, die USA unter anderem mit R.M. Noyes, beide ebenfalls Teilnehmer des gerade erst im Juli zu Ende gegangenen Oji-Seminars in Kyoto.

Den Höhepunkt dieses Tagungsmarathons des Jahres 1978 stellte sicherlich die in Brüssel vom 20. – 24. November veranstaltete XVII. Solvay Konferenz dar. Unter der Leitung des damaligen Direktors des europäischen Kernforschungszentrums CERN in Genf, Leon van Hove, versammelten sich 74 Forscher aus sechzehn Ländern zum Thema „*Order and Fluctuations in Equilibrium and Non-Equilibrium Statistical Mechanics*". Die Thematik und der Ort sind sicherlich kein Zufall, sondern sind als Anerkennung für den im Vorjahr an Ilya Prigogine vergebenen Nobelpreis für Chemie zu verstehen. Die Solvay-Konferenzen spielen in der Geschichte der Physik des 20. Jahrhunderts eine herausragende Rolle, waren dort doch in den zwanziger und dreißiger Jahren die Grundlagen der Quantenmechanik diskutiert und herausgearbeitet worden.[478] Auch wenn die Teilnehmerzahl an den Solvay-Konferenzen nicht mehr so strikt limitiert war wie in den Anfangsjahren, so galt die Einladung zu diesen Konferenzen immer noch als eine besondere Auszeichnung. Die Stuttgarter Schule war mit Hermann Haken und Robert Graham vertreten.

Ziel der Konferenz war es, in den Worten der Veranstalter:

> „To provide an account on different areas of physics where transitions to ordered behavior occur and to reveal the similarities and the differences in the concepts and techniques involved in the discussion of these problems."

Und sie fuhren fort:

> "[...] the theory of nonequilibrium phenomena has led to the discovery of a new type of nonequilibrium state showing ordered behavior, namely the dissipative structures. Nonequilibrium phase transitions are being intensively studied both from the macroscopic point of view (bifurcation theoretic analyses) and from the point of view of fluctuations."[479]

---

[478] Zur Geschichte der Solvay-Konferenzen siehe J. Mehra, *The Solvay Conferences on Physics*, (1975). Und P. Marage und G. (Hrsg.) Wallenborn, *The Solvay Councils and the Birth of modern Physics (=Science Networks - Historical Studies Vol. 22)*, (1999). Diese beiden Abhandlungen konzentrieren sich auf die Solvay-Konferenzen bis Ende der dreißiger Jahre. Eine detaillierte Geschichte der Solvay Konferenzen nach dem II. Weltkrieg fehlt allerdings noch.

[479] G. Nicolis, G. Dewel, und J.W. Turner, *Order and Fluctuations in Equilibrium and Non-Equilibrium Statistical Mechanics*, (1981)., S. XVII.

Ilya Prigogine sprach zum Thema „Entropy, Time and Kinetic Description", was weniger mit neuen geordneten Zuständen zu tun hatte als mit der Frage nach der Irreversibilität der Zeit. Robert Graham, zu diesem Zeitpunkt seit drei Jahren Professor in Essen, referierte über „Onset of Cooperative Behavior in Nonequilibrium Steady States." Auffällig ist, dass das Wort Synergetik im Titel seines Vortrages nicht erscheint. Auch im gesamten Vortragstext kommt das Wort Synergetik nur im Literaturverzeichnis vor.[480] Dies ist ein Hinweis darauf, dass das Wort Synergetik Ende 1978, trotz der im Jahr zuvor erfolgten Veröffentlichung des Buches von Hermann Haken gleichen Titels, noch nicht in den allgemeinen wissenschaftlichen Sprachgebrauch eingeflossen war.[481] Das allgemeinere Wort von den „Kooperativen Phänomenen" herrschte noch vor.

In den Jahren 1977 und 1978 lässt sich somit ein sehr enger Austausch unter den Forschern feststellen, die an den Themen der Phasenübergängen und der Instabilitäten fern ab vom thermodynamischen Gleichgewicht arbeiteten. Insbesondere die Vertreter der Stuttgarter und der Brüsseler Schulen um Hermann Haken, Paul Glansdorff und Ilya Prigogine begegneten sich quasi im Zweimonats-Rhythmus.

Diese extrem hohe Konferenzdichte weist auch auf eine intensive Forschungs-Förderung durch staatliche Stellen und andere Institutionen hin. Auch Hakens Arbeiten wurden ja seit dem Jahr 1976 durch die Stiftung Volkswagenwerk unterstützt, was ihm insbesondere die Durchführung der zweiten ELMAU-Konferenz 1977 und die Abfassung und Publikation seines Grundlagenwerkes „*Synergetics – an Introduction*" im selben Jahr ermöglichte. Ende 1978 neigte sich der Förderzeitraum dem Ende zu und drohte auszulaufen. Haken stellte, was nicht unüblich war, deshalb im Dezember 1978 einen Antrag auf Verlängerung um ein Jahr, was auch genehmigt wurde.

Zu Hakens Überraschung wurde er seitens der *Stiftung Volkswagenwerk* wenige Wochen nach seinem Verlängerungswunsch aufgefordert, eine Skizze für ein längerfristiges Forschungsprogramm zur Synergetik vorzulegen.

[480] Robert Graham, 'Onset of Cooperative Behavior in Nonequilibrium Steady States', in *Order and Fluctuations in Equilibrium and Non-Equilibrium Statistical Mechanics,* Hrsg. G. Nicolis, G. Dewel, und J.W. (Hrsg.) Turner (1981), S. 235 - 288. S. 272.

[481] Eine Meinungsverschiedenheit zwischen Graham und seinem Lehrer Haken sollte hieraus aber nicht abgeleitet werden. So bedankte sich Graham in seinem Referat explizit bei Haken: „I had the privilege of being introduced into this field reviewed in this report about a decade ago by Hermann Haken. Over several years of collaboration he has had a great influence on the development of the views that I hold today in this field. I am very much indebted to him". Graham, 1981. S. 270.

b. Schwerpunktprogramm der *Stiftung Volkswagenwerk*

Die Erfolge des synergetischen Ansatzes im Rahmen der Phasenübergangstheorie von offenen, nichtlinearen Systemen fern ab vom thermodynamischen Gleichgewicht veranlassten Haken zu Überlegungen, die Untersuchungen auf eine breitere Basis zu stellen. Insbesondere die von ihm im Jahre 1975 gewonnenen Analogien der Lasertheorie zu Gebieten der Chemie (Prigogine und der „Brüsselator") und der später so genannten Chaosforschung (Lorenz-Modell seltsamer Attraktoren) setzten die Zusammenarbeit mit Kollegen außerhalb der Physik voraus. Hierzu waren aber zusätzliche Geldmittel erforderlich, die im Rahmen des Budgets eines universitären Lehrstuhls nicht vorhanden waren. Haken hatte bereits 1975 die glückliche Idee, einen Antrag auf Förderung bei der Stiftung Volkswagenwerk zu stellen, obwohl sein Fachgebiet nicht zu einem der Förderschwerpunkte der Stiftung gehörte.

Die *Stiftung Volkswagenwerk* (ab 1988 *Volkswagen-Stiftung*) ist neben der *Deutschen Forschungsgemeinschaft* eine der beiden großen Einrichtungen, mit denen die Forschung in Deutschland außerhalb der bestehenden universitären und privatwirtschaftlichen Institutionen gefördert wird. Sie ging 1961 im Rahmen der Auseinandersetzung über den Besitz des Volkwagenwerkes und dessen Umwandlung in eine Aktiengesellschaft mit anschließender Privatisierung hervor. Der Privatisierungserlös betrug etwas über eine Milliarde DM[482]. Gefördert wurden und werden alle Wissensgebiete, nicht nur die Naturwissenschaften. Als Basis der Förderung galt eine sogenannte „Positivliste", die ca. 20 Forschungsgebiete umfasste. Um in Ausnahmefällen auch andere Bereiche fördern zu können, bestätigte das Kuratorium der Stiftung auf seiner 49. Sitzung vom 11. April 1975 noch einmal, dass „neben der Förderung von Schwerpunkten wie bisher auch unkonventionelle Vorhaben zu fördern seien." Darunter verstand man Anträge, die „noch nicht restlos abgesicherte, im Stadium des Versuchs befindliche, aber vielleicht zukunftsträchtige Ansätze bieten, ebenso wie für kritische Gedanken, die sich in bestehende Programme nicht einfügen." [483]

Im Februar 1976 wurden dann auf der 52. Sitzung ein auf vier Jahre begrenztes Forschungsprojekt „Synergetik" für das I. Institut für Theoretische Physik der

[482] Zur Geschichte der *Volkswagen-Stiftung* siehe insbesondere VolkswagenStiftung, *Impulse geben - Wissen stiften - 40 Jahre VolkswagenStiftung*, (2002). Ebenfalls Rainer Nicolaysen, *Der lange Weg zur VolkswagenStiftung. Eine Gründungsgeschichte im Spannungsfeld von Politik, Wirtschaft und Wissenschaft*, (2002).
[483] VolkswagenStiftung, 2002. S. 82.

Universität Stuttgart in Höhe von 578.200 DM bewilligt.[484] Hiervon wurden im Wesentlichen drei Assistentenstellen über vier Jahre finanziert, sowie die Durchführung von Symposien und die Veröffentlichung der Tagungsergebnisse in Buchform.

Die Begründung für die Annahme des Antrages lautete:

> „Die Synergetik untersucht die makroskopischen Phänomene, die durch das Zusammenwirken vieler Teilsysteme entstehen. Sie bemüht sich insbesondere gemeinen Prinzipien und Gesetzmäßigkeiten, die für das Zustandekommen räumlicher, zeitlicher oder funktioneller Strukturen in den verschiedensten Wissenschaftsgebieten gleichermaßen gültig sind. Eine Grundidee zur Behandlung der Strukturbildungen ist das Konzept des Ordnungsparameters. So konnte gezeigt werden, daß der durch äußere Einflüsse bewirkte Übergang einer Struktur in eine andere durch ganz wenige Ordnungsparameter bestimmt wird. Alle übrigen Variablen werden von diesen Ordnungsparametern „versklavt" und können eliminiert werden.
>
> Das Projekt wurde als „Unkonventionelles Vorhaben" außerhalb der Schwerpunkte gefördert. In der Begutachtung war die Problematik als außerordentlich wichtig und zukunftsweisend bezeichnet worden mit wesentlicher Bedeutung nicht nur für die Physik, sondern auch für andere Fachgebiete, in denen kooperative Phänomene eine fundamentale Rolle spielen. Auch wurde die herausragende Qualifikation des Antragstellers hervorgehoben; er habe mit seiner Arbeitsgruppe in Deutschland auf diesem Gebiet eine führende Rolle eingenommen, die internationale Anerkennung gefunden habe."[485]

Mit dem „Rückenwind" eines Forschungsfreisemesters im Sommer 1975 und der Bewilligung der Gelder durch die *Stiftung Volkswagenwerk* orientierte Hermann Haken seine Forschungsinhalte neu. Er wandte sich nun sichtbar von der Laser-Thematik und der Festkörperphysik ab und initiierte ein ausgedehntes Untersuchungsprogramm zur Synergetik an seinem Lehrstuhl. Die einzelnen, nahezu rastlosen Aktivitäten Hakens in den Jahren 1975 bis 1978 wurden im vorherigen Kapitel geschildert. Hinzu kam, dass er ein hohes Ansehen innerhalb der deutschen und internationalen physikalischen Theoretikergemeinde besaß. Diese hatte er sich nicht zuletzt als *„Vater der Lasertheorie"*, durch seine ausgeprägte Vortragstätigkeit,

---

[484] Kuratorium der *VolkswagenStiftung*: 52. Sitzung, S. 28, Az.: 11 2754. Leider sind die Unterlagen der Stiftung unvollständig. Mit der Umstellung auf EDV-basierte Verwaltung in den neunziger Jahren wurden die meisten Altanträge und Korrespondenzen vernichtet. Lediglich Bewilligungslisten und Kuratoriumsunterlagen wurden aufbewahrt.

[485] Zitiert *nach Stiftung Volkswagenwerk*: Kuratoriumsunterlage Nr. 1404/62, Seite 1, als es 1979 um die Einrichtung eines neuen Förderschwerpunktes „Synergetik" ging.

seine vielfältigen Publikationen und insbesondere auch aufgrund der guten Aufnahme seines im Jahre 1977 erschienenen Buches *Synergetics* erworben. Dennoch überraschte es ihn, als er im Februar des Jahres 1979 seitens der *Stiftung Volkswagenwerk* die Aufforderung erhielt, eine Forschungsskizze für einen Förderschwerpunkt „Synergetik" einzureichen. Ein solcher Schwerpunkt bedeutete einen viel größeren Rahmen und eine längere Laufzeit als das auslaufende „unkonventionelle Vorhaben". Wie kam es zu dieser Aufforderung? Was könnte der Auslöser gewesen sein?

Mehrere Gründe dürften einen Ausschlag gegeben haben. Da war zum einen natürlich die bisherige wissenschaftliche Leistung von Hermann Haken und seiner Stuttgarter Schule. Sein Forschungsgebiet der Theorie der Phasenübergänge war hochaktuell, wie wir an den Sitzungsberichten der jährlichen Tagungen der *Deutschen Physikalischen Gesellschaft* ablesen können. Ein weiterer Grund lag sicher im ganzheitlichen Ansatz der Synergetik. Der Versuch, gemeinsame „basale" Mechanismen der Entstehung von Ordnungsphänomenen aufzudecken, stieß auf großes Interesse, da zeitgleich auch in der Biologie nach solchen Mechanismen gesucht wurde. Ein beeindruckendes Beispiel ist die 1977 und 1978 vom Nobelpreisträger Manfred Eigen und seinem Mitarbeiter und Kollegen Peter Schuster veröffentlichte „Hyperzyklustheorie" der präbiotischen Evolution,[486] die national und international ein großes Echo hervorrief.

Ein weiterer Aspekt sollte aber nicht übersehen werden: der 1977 verliehene Nobelpreis für Chemie an den russischstämmigen belgischen Physikochemiker Ilya Prigogine, der im selben Jahr (zusammen mit Gregoire Nicolis) ein später oft zitiertes Werk zur Theorie der Selbstorganisation in Nicht-Gleichgewichtssystemen publiziert hatte[487]. Durch den Nobelpreis war die Theorie der Nichtgleichgewichtsphänomene - auch *dissipative Systeme* genannt - in den Fokus der Aufmerksamkeit gelangt. Wir werden dies sehen, wenn wir uns mit den Beurteilungen des Förderantrages zur Synergetik beschäftigen.

Der Antrag auf Verlängerung des „unkonventionellen Vorhabens" Synergetik und der Vorschlag auf die Aufnahme eines Förderschwerpunktes „Synergetik" wurden vom zuständigen Referatsleiter der Volkswagenstiftung H. Plate im Juni 1979 an die entscheidungsberechtigten Kuratoriumsmitglieder geleitet.[488] Die Geschäfts-

[486] M. Eigen und P. Schuster, 'The Hypercycle', *Naturwissenschaften,* 64 (1977)., M. Eigen und P. Schuster, 'The Hypercycle', *Naturwissenschaften,* 65 (1978)., Manfred Eigen und Peter Schuster, *The Hypercycle*, (1979).

[487] G. Nicolis und I. Prigogine, *Self-Organization in Non-Equilibrium Systems*, (1977).

[488] *Stiftung Volkswagen*: Kuratoriumsunterlage Nr. 1404/62 vom 6. Juni 1979.

stelle empfahl darin die Annahme des Verlängerungsantrages und bat um die Zustimmung des Kuratoriums, die Aufnahme eines Förderschwerpunktes weiter prüfen und ausarbeiten zu dürfen. Dem Antrag wurde stattgegeben. Dr. Plate nutzte die Gelegenheit dem Kuratorium der Stiftung den Inhalt, Stand und Bewertung der Synergetik nahezubringen. Da dies einen guten Einblick in den Forschungsstand zur Synergetik im Jahre 1979 gibt, zitieren wir etwas ausführlicher aus der Kuratoriumsvorlage.

> „Die Synergetik befaßt sich mit Ensemblen (Systemen), die aus vielen, zumeist gleichartigen Elementen (Subsystemen) zusammengesetzt sind, und untersucht nicht Zustände, sondern vor allen Dingen Vorgänge, die sich weitab vom thermodynamischen Gleichgewicht bzw. in der Nähe von Instabilitätspunkten abspielen. Gegenüber der Systemtheorie, in der bislang vorwiegend lineare Systeme behandelt wurden, unterscheidet sich die Synergetik durch die Einbeziehung von Nichtlinearitäten, die bewirken, daß sich die Qualität eines Systems makroskopisch vollständig ändern kann.
> Bei den zu untersuchenden Vorgängen interessiert der Übergang zu Zuständen, die sich durch besondere Strukturen in räumlicher, zeitlicher oder funktioneller Hinsicht auszeichnen. Typisches Charakteristikum synergetischer Systeme ist ihre Selbst-regulation durch kooperatives Verhalten der Elemente. Durch diese Selbstregulation werden geordnete Zustände gegenüber äußeren Störungen stabilisiert.
> Im Gegensatz zur Kybernetik sind diese sich selbststabilisierenden Zustände nicht von vornherein bekannt; es handelt sich also nicht um ein übliches Regelungsproblem mit vorgegebenen Sollwerten. In vielen Fällen stehen einem System jenseits sogenannter Instabilitätspunkte mehrere Zustände zur Verfügung, und es interessiert die Frage, welcher dieser Zustände vom System angenommen wird. Dies hängt von Anfangsbedingungen ab, insbesondere aber auch von Fluktuationen.
> Bei synergetischen Systemen handelt es sich um sogenannte offene Systeme, bei denen ständig Energie und teilweise auch Stoffe mit der Umgebung ausgetauscht werden. Hat ein System weit ab vom thermischen Gleichgewicht einen Ordnungszustand erreicht, so erfordert seine Aufrechterhaltung eine ständige Energiezufuhr.
> Synergetische Systeme werden durch nichtlineare Differenzialgleichungen beschrieben. Bei den Elementen kann es sich um Atome, Moleküle, Photonen, Zellen, Tiere usw. handeln. Dementsprechend nimmt die Synergetik Bezug auf Disziplinen wie Physik, Chemie und Biologie (sie reicht aber auch in ihren Anwendungen in Gebiete wie Soziologie, Ökologie und Ökonomie hinein). Als wesentlicher Gesichtspunkt der Synergetik wird die Herausarbeitung von Analogien: von Erscheinungen in den verschiedensten Wissenschaftsgebieten genannt."[489]

[489] *Stiftung Volkswagen*: Kuratoriumsunterlage Nr. 1404/62 vom 6. Juni 1979, S. 3.

Der fachbereichsübergreifende Ansatz der Synergetik wurde deutlich, in dem der Antrag die durch das Schwerpunktprogramm anzusprechenden Disziplinen beschrieb:

> „**Mathematik:**
> Bifurkationstheorie, Singularitäten-Theorie, Theorie stochastischer Prozesse
> **Physik:**
> Laser, nichtlineare Optik, Flüssigkeitstheorie, Turbulenztheorie, Strominstabilitäten;
> **Chemie:**
> chemische Oszillatoren, dissipative Strukturen;
> **Biologie:**
> bei der Problemfülle würde es sich als zweckmäßigerweisen, besondere Schwerpunkte zu setzen: Bevölkerungsdynamik, Morphogenese, Neuronennetzwerke
> **Ingenieurwissenschaften:**
> nichtlineare Kontinuumsmechanik, insbesondere Deformationsprobleme bei Schalen, eventuell auch dynamische Probleme z.B. Schwingungenflächen;
> **Informatik:**
> selbstorganisierte Zusammenarbeit von Rechnern in Rechnernetzen."[490]

Hiermit war ein umfassender Förderrahmen gegeben, der gegebenenfalls auch noch auf soziologische und Wirtschaftsthemen erweitert werden konnte. Die Geschäftsstelle hatte den Förderantrag von insgesamt 11 Wissenschaftlern begutachten lassen. Von den neun Forschern, die antworteten, äußerten sich die meisten überwiegend positiv.[491] Sie verwiesen auf die bisherige Arbeit, die Internationalität insbesondere der ELMAUer-Tagungen und auf den interdisziplinären Ansatz. Bemängelt wurden die im Antrag anscheinend nicht ausreichend gewürdigten bzw. angesprochenen Arbeiten der Brüsseler Schule um Ilya Prigogine, die, nach Meinung der Mehrheit der Gutachter, unbedingt in das Konzept des Förderschwerpunktes aufzunehmend seien. Beispielhaft hierfür steht die Aussage eines Professors für Mathematik an einer Universität:

> „Ein Gesamturteil vorwegnehmend meine ich schon, dass Herr Haken eine Fragestellung umreißt, die von ihrer Bedeutung für die Physik Chemie, Biologie und für unser gesamtes naturwissenschaftliches Weltbild her durchaus

[490] *Stiftung Volkswagen*: Kuratoriumsunterlage Nr. 1404/62 vom 6. Juni 1979, S. 4.
[491] Vier der Stellungnahmen wurden in der Kuratoriumsvorlage anonymisiert abgedruckt. (*Stiftung Volkswagen*: Kuratoriumsunterlage Nr. 1404/62 vom 6. Juni 1979).

> förderungswürdig ist, auch als Schwerpunkt der Stiftung Volkswagenwerk. Dazu muß der Vorschlag von Herrn Haken aber noch modifiziert werden. Es ist einerseits eine Erweiterung notwendig, um auch andere, mindestens ebenso bedeutende Ansätze wie den der Stuttgarter Schule mit einzubeziehen. [...]
>
> Was die Erweiterung betrifft, so haben wir schon mündlich in Elmau erörtert, dass die Ideen von Glansdorff und Prigogine (und deren Weiterentwicklung durch die Brüsseler Schule) zur Theorie der „dissipativen Strukturen" mit einbezogen werden müßten. Bei allen Vorbehalten gegenüber der Auswahlpolitik des Nobelpreis-Komitees, Prigogine hat für seine bahnbrechenden Leistungen immerhin 1977 den Nobelpreis für Chemie erhalten, und zwar ungeteilt!"[492]

Aus der Beurteilung geht hervor, dass sowohl der Gutachter wie auch H. Plate von der *Stiftung Volkswagenwerk* auf der ELMAU Tagung im Mai 1979 anwesend waren. Plate, als zuständiger Referatsleiter der Stiftung wird sich einen Überblick über den Forschungsansatz von Haken und seine internationalen Verbindungen gemacht haben.[493]

Im Jahre 1979/80 war der Festkörperphysiker Hans-Joachim Queisser (geb. 1931) Mitglied des Kuratoriums der *Stiftung Volkswagenwerk*. Er hatte 1958 bei Hilsch in Erlangen promoviert, als Haken dort Assistent bei Volz war. Nach Aufenthalten in den USA, unter anderem bei der *Shockley Transistor Corporation* und den *Bell Laboratories* und einer Zwischenstation als Professor an der *Universität Frankfurt*, war Queisser im Jahre 1971 als Direktor an das neu gegründete *Max Planck Institut für Festkörperforschung* in Stuttgart berufen worden.[494] Die Anregung zur Gründung dieses Institutes war von den Stuttgarter Physikern Pick und Haken ausgegangen.[495] Queisser kannte Haken und dessen Arbeiten also sehr gut und setzte sich im Kuratorium nachhaltig für die Aufnahme der Synergetik als Förderschwerpunkt ein.[496] Auf der Frühjahrssitzung 1980 wurde der neue Schwerpunkt formal genehmigt und beschlossen. Plate informierte Haken natürlich umgehend und nutzte die Gelegenheit, ihn zu Ilya Prigogine und der Brüsseler Schule zu befragen:

---

[492] *Stiftung Volkswagen*: Kuratoriumsunterlage Nr. 1404/62 vom 6. Juni 1979, hier Anlage VI. Stellungnahme eines Mathematikprofessors an einer Universität.

[493] Die Teilnehmerlisten der Elmau-Konferenzen waren (bis auf eine von 1988) weder im Archiv Haken noch bei der Stiftung Volkswagen auffindbar.

[494] Kurzlebenslauf Hans-Joachim Queisser aus Anlass seiner Präsidentschaft 1976/77 der DPG in den Verhandlungen der Deutschen Physikalischen Gesellschaft 6. Reihe (1976), S 7 und nach www.de.wikipedia.org/Hans-Joachim_Queisser, abgerufen am 9.2.2012.

[495] Siehe dazu Interview mit Hermann Haken vom 21.9.2010, Seite 34 und 35. (Archiv Haken. Universitätsarchiv Stuttgart).

[496] „[...] auf der 64. Kuratoriumssitzung im Frühjahr 1980 wurde dann der Schwerpunkt [Synergetik] nach einer eingehenden Erläuterung durch Kurator Queisser in die Schwerpunktliste aufgenommen." (zitiert nach *Volkswagen-Stiftung*: Kuratoriumsunterlage Nr. 2179/95. S.1).

> „Ich sprach Haken auf die grundsätzlichen Unterschiede im Ansatz der Stuttgarter und der Brüsseler Schule an. Er bestätigte meine Auffassung, dass es sich im Grunde um die gleiche Sache handele, die er von der Statistik her, Prigogine von der Thermodynamik her angehe. (Ich wollte wissen, welche Schlagworte ich vermeiden muß, wenn ich auch den Brüsseler Ansatz nicht ausschließen will). Das sei heute kein Problem mehr. Der statistische Ansatz sei umfassender und auch Prig.[ogine] sei in diese Richtung eingeschwenkt, auch wenn er es nicht so sage. Bereits in dessen Nobelpreis-Rede sei ein „Bruch" festzustellen. Zunächst rede er vom Glansdorff-Prigogine-Prinzip des minimalen Entropie-Zuwachses, hiermit sei es nicht möglich, nähere Aussagen zu den Strukturen zu gewinnen. Dann komme der Schwenk durch die Einführung des „Brusselators".
> Er würde es sehr begrüßen, wenn auch die Brüsseler Schule einbezogen sei; dafür halte [er] aber eine Änderung des Schwerpunktvorschlages nicht [für] erforderlich."[497]

Im Jahresbericht der Stiftung wurde daher noch einmal explizit auf die Verbindung der Synergetik mit den Arbeiten der Brüsseler Schule hingewiesen:

> „Angeregt durch ein als „unkonventionelles Vorhaben" gefördertes Forschungsprojekt von Professor Dr. H. Haken am I. Institut für Theoretische Physik der Universität Stuttgart, hat die Stiftung die Möglichkeit einer Förderung dieses neuen Gebietes geprüft und im Frühjahr 1980 seine Aufnahme in die Schwerpunktliste beschlossen. Das Förderungs-Programm ist auch im Zusammenhang mit Arbeiten über „Dissipative Strukturen" zu sehen, für die Professor I. Prigogine, Brüssel, 1977 den Nobelpreis für Chemie erhielt."[498]

Schon im ersten Jahr der Förderung wurden vier Forschungsvorhaben unterstützt. Dazu zählten der später für seine Bilder über Fraktale bekannt gewordene Bremer Physiker Hans Otto Peitgen (geb. 1945) mit Untersuchungen zu „Perturbationen nichtlinearer Differentialgleichungen mit Verzögerung", der Tübinger Molekularbiologe Alfred Gierer (geb. 1929) vom dortigen *MPI für Virusforschung* und der Stuttgarter Physiker Ernst Dieter Gilles (geb. 1935) vom *Institut für Systemdynamik und Regelungstechnik*. Haken selber erhielt Forschungsmittel für die „Dynamik synergetischer Strukturen" und kooperierte mit dem spanischen Physiker Manuel G. Velarde (geb. 1941) und dem Bremer Mathematiker Ludwig Arnold in einem Projekt, um „Deterministische und stochastische Lösungsansätze für Instabilitäten und kooperative Phänomene in Flüssigkeitsschichten und nicht-linearen Reaktions-Diffusions-Systemen" zu untersuchen.[499]

Das Schwerpunktprogramm Synergetik der *Stiftung Volkswagenwerk* lief von 1980 bis zum Jahre 1990, wobei auch 1991 noch Projekte gefördert wurden, um diese zum

[497] Transkription eines handschriftlichen Vermerkes von Plate vom 19.3 (wahrscheinlich 1980). (*Stiftung-Volkswagen*, Ordner Synergetik, Az.: 4150.9).
[498] Stiftung Volkswagenwerk, *Bericht - Stiftung Volkswagenwerk; 1980*, (1981). S. 124.
[499] Volkswagenwerk, 1981. S. 126 – 127.

Abschluß zu bringen. Insgesamt wurden 115 Projekte genehmigt, die sich auf 48 Forschungsgruppen verteilen. Es ist nicht das Ziel dieser Untersuchung, jedes dieser Projekte im Einzelnen zu besprechen. Eine Liste der geförderten Personen und Institutionen findet sich im Anhang 3. Wir geben im Folgenden nur eine Übersicht der geförderten Forschungsvorhaben, um die Breite des Ansatzes aufzuzeigen. Die weiteren Arbeiten von Haken und seinem Institut werden wir im folgenden Kapitel besprechen.

Eine wichtige Gruppe des Förderprogrammes beschäftigte sich mit den mathematischen Grundlagen der Synergetik und der Dynamik nichtlinearer Systeme. Neben Haken und Weidlich in Stuttgart waren dies vor allem die Professoren Güttinger in Tübingen sowie Arnold, Peitgen und Richter in Bremen. Letztere erzielten mit ihren computergenerierten Bildern, die auch in Buchform[500] veröffentlicht wurden, eine große Resonanz in der Öffentlichkeit und trugen dazu bei, dass Begriffe wie *„Fraktale"* und *„Mandelbrot-Männchen"* eine weite Aufmerksamkeit erhielten. Im Bereich der Physik standen Konvektionsphänomene mit ihren mehrstufigen Phasenübergängen im Mittelpunkt des Forschungsinteresses. Zu nennen sind hier die Gruppen um Schulz-Dubois in Kiel, Lücke in Saarbrücken, Stierstadt in München und Busse in Bayreuth. Die Strukturbildung in Festkörpern wurde von Hübener in Freiburg, Klingshirn in Kaiserslautern und Purwins und Jäger in Münster untersucht.

Es ist nicht verwunderlich, dass in der Chemie dissipative Strukturen den Mittelpunkt der Forschungsvorhaben bildeten. Mit diesen Systemen sowie mit autokatalytischem Verhalten an Oberflächen und oszillierenden chemischen Systemen beschäftigten sich nicht weniger als neun Gruppen, die aus der Tabelle im Anhang 3 entnommen werden können.

Die Biowissenschaften interessierten sich für zeitliche und räumliche Strukturen in Zellen und Zellverbänden. Hier sind insbesondere die Arbeiten von Hakens langjährigem Bekannten Benno Hess vom MPI für Ernährungsphysiologie in Dortmund zu nennen. Daneben gab es im Gefolge der Hyperzyklustheorie von Manfred Eigen und Peter Schuster Untersuchungen von Dress in Bielefeld zur stochastischen Analyse der molekularen Evolution. Der Mitarbeiter und Kollege von Manfred Eigen, Peter Schuster in Wien, wurde bei seinen Forschungen zur biologischen Evolution in Sequenzräumen unterstützt.

[500] H.-O. Peitgen und P. H. Richter, *The Beauty of Fractals*, (1986).

Verstärkt ab der Mitte des Förderzeitraumes (Mitte der achtziger Jahre) wurden Forschungsanträge zur Neurologie und Gehirnforschung bewilligt. Man hatte erkannt, dass das Gehirn, mit seinen Milliarden von Neuronen, als System synergetisches Verhalten zeigen könnte und versuchte, dies mathematisch zu modellieren. Neuronale Netze wurden zu einem wichtigen Untersuchungsgegenstand, auch in der Informatik. Im Rahmen der VW-Stiftung beschäftigten sich von der Malsburg und von Seelen in Bochum, Kinzel in Gießen sowie Reitböck und Eckhorn in Marburg mit dieser Materie. Weitere einzelne Projekte aus den Gebieten Ingenieurwissenschaften, Soziologie, Linguistik und Geisteswissenschaften rundeten die geförderte Forschungspalette ab.

Zum Ende des Förderzeitraumes zog der Referent der *Stiftung Volkswagenwerk* im Jahre 1990 folgendes Resumee:

> „die Synergetik hat als fachübergreifende Forschungsrichtung in vielen Bereichen der Naturwissenschaften Einzug gehalten. [...] Es gibt in der Synergetik erfahrene junge Wissenschaftler, an einigen Stellen auch Forschungskontinuität, und es gibt etablierte Strukturen für den fachübergreifenden Gedankenaustausch. [...] Zudem ist die Synergetik ein – wissenschaftlich besonders interessantes – Teilgebiet der nichtlinearen Dynamik (manche sagen auch der Chaosforschung), die sich – durch die vorauseilende Synergetik befruchtet – nach der Verfügbarkeit leistungsstarker Computer in den Instituten in den 80er Jahren entwickelt hat“.[501]

Da die Gruppe um Hermann Haken seit 1989 aus Haushaltsmitteln des Landes Baden-Württemberg gefördert wurde und seitdem den Namen „I. Institut für Theoretische Physik und Synergetik“ der *Universität Stuttgart* trug, sah man seitens der *Stiftung Volkswagenwerk* die Synergetik als etabliert an und beendete den Schwerpunkt Synergetik zum Jahresende 1990.[502] Insgesamt wurden Finanzmittel in Höhe von 23 Millionen DM bereitgestellt.

[501] *Volkswagen-Stiftung*: Kuratoriumsunterlage Nr. 2179/95. S. 8.
[502] Volkswagen-Stiftung, *Bericht - Stiftung Volkswagenwerk; 1990*, (1991). S. 147.

c. Arbeitsfelder der Stuttgarter Synergetik-Schule

Mit den bewilligten Fördermitteln des Schwerpunktprogramms der *Stiftung Volkswagenwerk* im Rücken verfolgte Hermann Haken ab dem Jahre 1980 drei Strategien zur Ausbreitung der Synergetik.

1. Anwendung der Synergetik auf modernste Forschungsbereiche innerhalb und außerhalb der Physik: hierzu wurden vor allem die regelmäßig alle ein bis zwei Jahre stattfindenden Konferenzen in Elmau genutzt.
2. Bekanntmachung der Thematik und des Wortes Synergetik:
   Mittel zum Zweck waren die Bücher in der Reihe" *Springer Series in Synergetics*"; regelmäßige Vorträge und Teilnahme Hakens und seiner Schüler auf Konferenzen, ein weiteres Fachbuch für Spezialisten „*Advanced Synergetics*" [503] und die beginnende Popularisierung mit dem Bestseller „*Erfolgsgeheimnisse der Natur – Synergetik, die Lehre vom Zusammenwirken*"[504] und vermehrten Überblicksartikeln in populärwissenschaftlichen Zeitschriften.
3. Eigene theoretische Forschungen am Stuttgarter Institut: Breit aufgestellte Untersuchungen zur Theorie und Anwendung der Synergetik von Haken und seinen Kollegen, unter vermehrtem Einsatz von Diplomanden und Doktoranden.

Wie wir im vorherigen Kapitel zeigen konnten, nahm das Forschungsgebiet der Synergetik erst ab dem Jahre 1977/1978 Gestalt an. Allerdings war Hermann Haken durch den Weggang von Robert Graham und Hannes Risken, die eigene Professuren angetreten hatten, zu dieser Zeit bei seinen Forschungen im Wesentlichen auf sich selbst gestellt. Erst langsam konnte er aus dem Kreis seiner Diplomanden und Doktoranden neue Mitarbeiter zu diesem Forschungsgebiet gewinnen.

Das Gebiet der Synergetik fand nur langsam in der universitären Lehre in Stuttgart seinen Niederschlag, wie ein Blick in die Vorlesungsverzeichnisse der Jahre 1975 bis 1985 zeigt. Auch wenn das Wort Synergetik in einer Vorlesung im Sommersemester 1970 benutzt wurde, so findet sich die erste Vorlesung zu diesem Thema erst vier Jahre später im Sommersemester 1974 im Vorlesungsverzeichnis wieder. Zweieinhalb Jahre später, zum Wintersemester 1976/77 richtete dann Hermann

---

[503] Hermann Haken, *Advanced Synergetics - Instability Hierarchies of Self-Organizing Systems and Devices*, (1983).
[504] Hermann Haken, *Erfolgsgeheimnisse der Natur: Synergetik - die Lehre vom Zusammenwirken*, (1981).

Haken ein in jedem Semester stattfindendes Oberseminar Synergetik ein. Dieses Seminar wurde dann fortlaufende Basis der Synergetik-Aktivitäten des Institutes.

Tabelle 9: Vorlesungen und Seminare von Hermann Haken an der *Universität Stuttgart* laut Vorlesungsverzeichnis in den Jahren 1975 bis 1985

1974 SS	Einführung In die Synergetik 1 und Übungen
1974/75 WS	Einführung in die Synergetik und Übungen
1975 SS	
1975/76 WS	Ausgewählte Probleme der nichtlinearen Optik Spezielle Fragen der statistischen Physik
1976 SS	Laser und Nichtlineare Optik Ausgewählte Probleme der Statistischen Physik
1976/77 WS	Einführung in die Theoretische Physik Oberseminar Synergetik
1977 SS	Laser und Nichtlineare Optik 2 Kuramoto: Instabilitäten in Systemen fern vom thermischen Gleichgewicht Oberseminar Synergetik
1977/78 WS	Theoretische Physik III Quantentheorie Oberseminar Synergetik Oberseminar Laser und Nichtlineare Optik
1978 SS	Theoretische Physik IV: Thermodynamik Quantenfeldtheorie des Festkörpers Oberseminar Synergetik
1978/79 WS	W. Dieterich: Synergetik
1979 SS	Laser und Nichtlineare Optik Oberseminar Quantenoptik Oberseminar Synergetik
1979/80 WS	Laser und Nichttineare Optik 2 Oberseminar Synergetik
1980 SS	Synergetik - Statistische Physik außerhalb des thermodynamischen Gleichgewichts
1980/81 WS	Quantenoptik
1981 SS	Synergetik II Statistische Physik Quantenoptik
1981/82 WS	Theoretische Physik III Quantentheorie Oberseminar Synergetik Oberseminar Lasertheorie
1982 SS	Elektrodynamik und Übungen Oberseminar Synergetik Oberseminar Quantenoptik

1982/83 WS	Laser und Nichtlineare Optik Oberseminar Synergetik Oberseminar Laser und Nichtlineare Optik
1983 SS	Nichtlineare Optik und Theorie des Lasers II und Übungen Oberseminar Synergetik Oberseminar Laser und Nichtlineare Optik
1983/84 WS	Synergetik I Oberseminar Synergetik Oberseminar Lasertheorie
1984 SS	Synergetik II: Kooperative Phänomene Oberseminar Synergetik Oberseminar Laser und Nichtlineare Optik
1984/85 WS	Deterministisches Chaos Oberseminar Synergetik Oberseminar Lasertheorie
1985 SS	Ausgewählte Probleme der Synergetik Oberseminar Synergetik

Als wichtigsten Mitarbeiter konnte Haken seinen Schüler Arne Wunderlin gewinnen, der zunächst 1971 bei ihm mit einem Thema aus dem Bereich der Festkörperphysik diplomiert hatte[505] und seine Dissertation 1975 mit einem Thema aus der Nichtgleichgewichtsstatistik abschloss.[506] Die wichtige Rolle, die Robert Graham in der Lasertheorie für Hermann Haken spielte, nahm Arne Wunderlin in der Synergetik ein. Er unterstützte Haken bei der mathematischen Vertiefung des Versklavungsprinzipes der Synergetik, half bei der Betreuung der Diplomanden und Doktoranden von Haken und übernahm im Laufe der Zeit immer wieder Teile der Vorlesungen, wenn Hermann Haken seinen zahlreichen Vortragsverpflichtungen nachkam.

Die erste Arbeit mit einem eindeutigen Bezug zur Synergetik stammt von Harald Pleiner, der bei Robert Graham im Jahre 1974 zum Thema der Bénard-Instabilität diplomierte. Johannes Zorell (Diplom 1976) beschäftigte sich in dieser Zeit bei Haken ebenfalls mit Fragen der Nichtgleichgewichts-Phasenübergänge bei chemischen Reaktionen[507]. Er untersuchte im Detail das Reaktionsmodell der Brüsseler Schule um Prigogine, der sogenannte *„Brüsselator"*, den Zorell allerdings

[505] Arne Wunderlin, 'Die Behandlung von elektronischen Kollektivanregungen Im Festkörper mit Hilfe von Quasiwahrscheinlichkeitsverteilungen ', (Diplomarbeit, Universität Stuttgart, 1971).
[506] Arne Wunderlin, 'Über statistische Methoden und ihre Anwendung auf Gleichgewichts- und Nichtgleichgewichtssysteme ', (Dissertation, Universität Stuttgart, 1975).
[507] Johannes Zorell, 'Stochastische Modelle für Nichtgleichgewichtsphasenübergänge bei chemischen Reaktionen ', (Universität Stuttgart, 1976).

noch das „*Reaktionsmodell von Prigogine, Lefever und Nicolis PLN*" nennt. Dabei wies Zorell auf einen wesentlichen Unterschied zwischen Hakens Arbeiten von 1975[508] und den Berechnungen der Brüsseler Wissenschaftler hin: während Haken das chemische Modellsystem mit stochastischen Gleichungen behandelte, wodurch Fluktuationen mit einbezogen werden konnten, arbeiteten Prigogine und Mitarbeiter nur mit sogenannten Ratengleichungen, die diese Möglichkeit nicht beinhalteten. Gerade Fluktuationen spielen aber bei nichtlinearen Systemen eine zentrale Rolle am kritischen Punkt. Für unsere Arbeit von Bedeutung ist ebenfalls der Umstand, dass sich im Literaturverzeichnis dieser Arbeit ein Hinweis auf die Aussagen von Haken im zweiten und dritten Bericht der Versailler Kongresse „*From Theoretical Physics to Biology*" findet[509]. Dies belegt, dass noch 1975 der Inhalt dieser Kongresse am Institut thematisiert und gelesen wurde.

In der Folgezeit finden sich am Haken'schen Institut keine weiteren Arbeiten zu den chemischen raum-zeitlichen Ordnungsmodellen des Brüsselators und der damit verwandten Belousov-Zhabotinsky Reaktion. Ihn interessierten viel mehr physikalische Fragestellungen, wie sie im Bénard-Effekt und in Fragen der Hydrodynamik, insbesondere dem Taylor-Couette Phänomen, zum Ausdruck kommen.

Nachdem Haken ebenfalls bereits 1973 die räumlichen Formen des Bénard-Effektes erklärt hatte, ließ er das Thema durch seinen Doktoranden Herbert Klenk im Bereich der Plasmaforschung weiter untersuchen. Ein Plasma – d.h. ein stark ionisiertes Gas – kann ja als eine extrem verdünnte Flüssigkeit angesehen werden. Die Anregung zu diesem Dissertationsthema hatte Haken in den Arbeiten von E. Lothar Koschmieder (geb. 1940) gefunden, die dieser auf der 2. ELMAU-Tagung im Mai 1977 präsentiert hatte.[510] Klenk promovierte im Jahre 1979 und untersuchte sogenannte MHD-Plasmen (Magneto-hydrodynamische Plasmen). Diese zeichnen sich dadurch aus, dass die mittlere freie Weglänge zwischen zwei Stößen wesentlich kleiner ist wie die charakteristische Länge, auf der sich die Verteilungsfunktion ändert. Daher kann man einem solchen „dichten" Plasma Mittelwerte wie Temperatur und Geschwindigkeit zuordnen, analog zu einem Gas. Die Berechnung ist allerdings schwerer als bei einem Gas, da noch elektromagnetische Felder zu berücksichtigen sind, die einen Rückkopplungseffekt ergeben. MHD-Plasmen besaßen für Haken einen besonderen Reiz, da sie häufig in der Natur vorkommen.

---

[508] Haken, 1975. und Hermann Haken, 'Higher-Order Corrections to Generalized Ginzburg-Landau Equations of Nonequilibrium Systems', *Zeitschrift für Physik B,* 22 (1975).

[509] Marois, 1971. und Marois, 1973.

[510] E.L. Koschmieder, 'Instabilities in Fluid Dynamics', in *Synergetics - A Workshop,* Hrsg. H. Haken (1977), S. 70 - 79.

Beispiele sind Strömungen im Erdmantel, Fusionsplasmen, die Sonne, Interstellares Gas und die Ionosphäre der Erde.

Klenk benutzte für seine Berechnungen den Computer und fand stabile Lösungen des Bénard-Effektes auch bei MHD-Plasmen unter verschiedenen Randbedingungen. Ein Beispiel zeigt Abbildung 26, die Haken später in seinen Publikationen gelegentlich verwandte[511].

Abb. 26: Strömungsmuster eines von unten erhitzten Plasmas in senkrechtem Magnetfeld (aus (Klenk, 1979))

Auch Michael Bestehorn beschäftigte sich noch Anfang der achtziger Jahre mit der Musterbildung beim Bénard-Problem[512], wobei er speziell die Übergänge zwischen den Rollen und Hexagonen anhand einschränkender Randbedingungen (runder Rand, eckiger Rand, zweidimensionaler Fall) untersuchte. Daneben berechnete er auch numerische Lösungen für die Koeffizienten der verallgemeinerten Ginzburg-Landau Gleichungen mit Hlife des Computers.

Neben dem Bénard-Problem spielte die Untersuchung des Auftretens von Ordnungszuständen in der Hydrodynamik beim sogenannten Raleigh-Taylor Effekt in der Theoriearbeit an Haken's Institut eine wichtige Rolle. Hierbei wird das Strömungsverhalten einer Flüssigkeit zwischen zwei konzentrischen, rotierenden Zylindern betrachtet. Haken vergab eine Diplomarbeit an seinen Studenten Rudolf Friedrich (1957 – 2012), der die verschiedenen, nacheinander auftretenden Ordnungszustände bis hin zum Einsetzen chaotischen Verhaltens der Flüssigkeit,

---

[511] So auch in seinem populärwissenschaftlichen Buch „Erfolgsgeheimnisse der Natur" Haken, 1981.

[512] Michael Bestehorn, 'Musterbildung beim Bénard-Problem der Hydrodynamik ', (Diplomarbeit, Universität Stuttgart, 1983).

theoretisch untersuchen sollte. Angeregt wurde Haken wahrscheinlich von den experimentellen Arbeiten von Fenstermacher, Swinney und Gollub, die diese auf der zweiten und dritten ELMAU-Konferenz 1977 und 1979 präsentiert hatten[513]. Ein wesentliches Ergebnis dieser Untersuchungen war die Erkenntnis, dass sich bei Erhöhung der Winkelgeschwindigkeit des inneren Zylinders verschiedene Strömungsmuster ausbilden und nur wenige solcher Muster auftreten, bevor man von turbulentem Strömungsverhalten sprechen kann. Friedrich erläuterte dies:[514]

> „Rotiert nur der innere Zylinder, so treten bei Erhöhung der Rotationsgeschwindigkeit folgende Strömungsarten auf: Für kleine Winkelgeschwindigkeiten fließt die Flüssigkeit laminar zwischen den beiden Zylinderwänden. Diese Strömungsform nennt man Couette-Strömung.
> Überschreitet die Winkelgeschwindigkeit einen kritischen Wert, so wird die Couette-Strömung instabil und es bildet sich eine in Längsrichtung des Zylinders periodische, zeitlich -stationäre Wirbel Strömung, die sogenannte Taylorwirbel-Strömung.
> Erhöht man die Winkelgeschwindigkeit weiter, so tritt eine zeitlich periodische Flüssigkeitsströmung auf, die Taylorrollen beginnen zu schwingen. Den stationären Wirbeln ist eine Wellenbewegung überlagert. Die Wellen laufen in azimuthaler Richtung um den Zylinder. Diese Strömung bezeichnet man als Wellenwirbel. [...] Das Zeitverhalten einer schwach turbulenten Strömung erinnert an das sogenannte chaotische Verhalten bei endlich dimensionalen Dynamischen Systemen, man bezeichnet deshalb die schwache Turbulenz oft als Chaos."

Diese Ansätze wurden in den Folgejahren durch zwei Dissertationen von Klaus Marx und Michael Bestehorn weiter vertieft, wobei dabei numerische Lösungen mit Hilfe von Computerprogrammen im Mittelpunkt des Interesses standen.[515]

Es waren aber nicht nur die Bereiche der Physik und Chemie die Haken im Rahmen der Synergetik durch seine Studenten und Mitarbeiter analysieren ließ. Denken wir an das Thema der alle zwei Jahre durchgeführten Versailler Konferenzen von „der theoretischen Physik zur Biologie" und an Hakens Teilnahme an den jährlich stattfindenden „Winterseminaren" von Manfred Eigen vom Göttinger *Max Planck Institut für biophysikalische Chemie*, so wundert es uns nicht, dass er auch biologische Themen aufgriff. Auf den genannten Konferenzen und

[513] H.L. Swinney, P.R. Fenstermacher, und J.P. Gollup, 'Transition to turbulence in a fluid flow', in *Synergetics - A Workshop,* (1977). Auch P. R. Fenstermacher, H. Swinney, und J. P. Gollub, 'Dynamical Instabilities and the transition to chaotic Taylor Vortex Flow', *J. Fluid Mechanics.,* 94 (1979).

[514] Rudolf Friedrich, 'Höhere Instabilitäten beim Taylor-Problem der Flüssigkeitsdynamik ', (Diplomarbeit, Universität Stuttgart, 1982).

[515] Klaus Marx, 'Analytische und numerische Behandlung der zweiten Instabilität beim Taylor-Problem der Flüssigkeitsdynamik ', (Dissertation, Universität Stuttgart, 1987). Michael Bestehorn, 'Verallgemeinerte Ginzburg-Landau-Gleichungen für die Musterbildung bei Konvektions-Instabilitäten ', (Dissertation, Universität Stuttgart, 1988).

Zusammenkünften wurde er mit Alfred Gierer und Hans Meinhardt bekannt, die er zu den ELMAU Konferenzen einlud.[516] Beide beschäftigten sich mit dem Thema der Zelldifferenzierung, die auf einen Ansatz von Alan Turing (1912 – 1954) aus dem Jahre 1952 zurückging.[517] In diesem grundlegenden Artikel hatte Turing gezeigt, dass gekoppelte Diffusions-Reaktionsgleichungen in der Lage waren die Ausbildung von räumlichen Mustern in biologischen Systemen zu beschreiben. Dies geschah durch die Annahme von Stoff-Konzentrationsgradienten, die ein *„Vormuster"* (engl. „pre-pattern") schufen und so die Zelldifferenzierung anregten. Gierer und Meinhardt hatten Anfang der siebziger Jahre eine Theorie entwickelt, die diesen Vorgang mittels zweier Substanzen beschrieb, die dabei als Aktivatoren und Inhibitoren wirkten.[518] Die Gierer-Meinhardt Gleichungen wurden zu einem viel beachteten und diskutierten Modell für die Zelldifferenzierung. Die Formeln für die Aktivator-Konzentration a und die Inhibitor-Konzentration h lauten

$$\dot{a} = \varrho + d\frac{a^2}{h} - \mu a + d_a \Delta a \quad \text{und}$$

$$h = c\, a^2 - \nu\, h + D_h \Delta h$$

mit ϱ, d, μ, c und ν Konstante und D_a und D_h den Diffusionskonstanten des Aktivators bez. Inhibitors. Δ ist der Laplace-Operator.

Gierer und Meinhardt hatten diese Gleichungen numerisch gelöst. Hakens Ehrgeiz war es jetzt, die Gleichungen analytisch zu lösen und zudem anstelle einer nur linearen Lösung eine zweidimensionale Lösung anzugeben. Dies gelang ihm schon 1977 zusammen mit seinem Diplomanden Herbert Olbrich.[519] Über die Bedeutung dieses Modells äußerten sie sich in einer Veröffentlichung[520]:

> "Since most tissues or organs are two-or three-dimensional it appeared highly desirable to explore the properties of the Gierer-Meinhardt model in more than one dimension. The most striking result of our above treatment is the great variety of different possible patterns (leaving aside the possibility of oscillatory phenomena).

---

[516] H. Meinhardt, 'The Spatial Control of Cell Differentiation by Autocatalysis and Lateral Inhibition', in *Synergetics, a Workshop,* Hrsg. H. Haken (1977), S. 214 - 223.

[517] A. M. Turing, ' The Chemical Basis of Morphogenesis.', *Phil. Transactions of the Royal Society,* B237 (1952).

[518] A. Gierer und H Meinhardt, 'Biological Pattern Formation Involving Lateral Inhibition.', *Lectures on Mathematics in Life Science,* 7 (1974). Ebenfalls A. Gierer und H. Meinhardt, 'Theory of Biological Pattern Formation', *Kybernetik,* 12 (1972).

[519] Herbert Olbricht, 'Die Bildung von raumzeitlicher Strukturen infolge von Mehrfachinstabilitäten', (Diplomarbeit, Universität Stuttgart, 1977).

[520] H. Haken und H. Olbrich, 'Analytical Treatment of Pattern Formation in Gierer-Meinhardt Model of Morphogenesis', *Journal of Mathematical Biology,* 6 (1978). In „note added in proof".

The evolving patterns are determined by several factors: a) the form of the original equations, b) boundary conditions, c) initial conditions and d) fluctuations".

Die Vorzüge des gewählten Ansatzes und die Verbindung zur Synergetik wurden explizit hervorgehoben:

> „It allows us to study time-dependent processes during which the pattern evolves, it permits a classification of patterns by a maximum probability principle and it allows us to put pre-pattern formation in complete analogy to nonequilibrium phase transitions in physics and chemistry. There are indeed profound analogies between quite different systems with respect to the formation of patterns, and it is a main objective of synergetics to elaborate these analogies and to unearth their common roots."

Mit der Methode von Gierer und Meinhardt läßt sich z. B. die Polarität (Kopf-Fuß) bei der Entwicklung des befruchteten Eies in der Zelldifferenzierung verstehen oder die Entstehung von Mustern bei Tierfellen oder Schnecken.

Abb. 27: Muster einer Muschel im Vergleich mit einem computergenerierten Muster nach dem Gierer – Meinhardt Modell (© Hans Meinhardt)

Nach diesem ersten Schritt der Anwendung der Synergetik in der Biologie in der Stuttgarter Arbeitsgruppe musste Haken einige Jahre warten, bis er einen biologisch vorgebildeten Diplomanden fand, den er mit weiteren Forschungen beauftragen konnte.

Dies gelang ihm 1981 mit Christoph Berding, der in Hamburg Biologie und Physik studiert hatte und nun bei Haken eine Diplomarbeit zur Entwicklung raumzeitlicher Strukturen in der Morphogenese schrieb[521].

Berding vertiefte dieses Thema mit einer Dissertation, die er 1985 abschloß.[522] Eine solche Vertiefung eines Themas von der Diplomarbeit bis hin zur Dissertation gehörte zur normalen Vorgehensweise von Haken. Mit geeigneten Studenten versuchte er möglichst schnell, den Zugang zu einem Problem zu finden und dann erste Ergebnisse zu publizieren. Die vertiefte Ausarbeitung dauerte dann oftmals bis zu fünf Jahre und führte den Forschungsansatz fort. Dazu Haken:

> „Es war so, dass die Hauptarbeit eigentlich immer in den Diplomarbeiten geleistet wurde, da waren dann schon die wichtigsten Ideen drinnen, die dann in den Doktorarbeiten noch im Detail ausgearbeitet wurden. Insofern sind die Diplomarbeiten auch interessant.[523]

Ab Mitte der achtziger Jahre verlagerten sich die Thematik der Diplomarbeiten und Dissertationen auf zwei neue Synergetik-Forschungsgebiete, die nach Publikation des Buches „Advanced Synergetics“ (1983) die neuen Schwerpunkte des Interesses von Hermann Haken bildeten: die Informationstheorie mit dem synergetischen Computer und Anwendungen der Synergetik bei der Bewegungskoordination und der Gehirnforschung.[524]

---

[521] Christoph Berding, 'Die Entwicklung raumzeitlicher Strukturen in der Morphogenese ', (Diplomarbeit, Universität Stuttgart, 1981).

[522] Christoph Berding, 'Zur theoretisch-physikalischen Behandlung von Nichtgleichgewichts-Phasenübergängen: die Entwicklung zeitlicher und räumlicher Strukturen in biologischen Systemen ', (Dissertation, Universität Stuttgart, 1985).

[523] Interview mit Hermann Haken vom 16.10.2010, S. 17 (Universitätsarchiv Stuttgart; Archiv Haken).

[524] Diese weiterführenden Themen bilden nicht mehr den eigentlichen Schwerpunkt dieser Arbeit. Ein kurzer Überblick über diese Arbeiten wird in Kapitel 8 gegeben.

d. Die ELMAU – Konferenzen 1979 und 1980

Die wissenschaftlichen Zusammenkünfte in der abgeschiedenen und landschaftlich besonders reizvollen Gegend am Fuße des Wettersteingebirges im bayerischen Elmau waren für Haken sehr wichtig. Unbehelligt von universitären Verpflichtungen konnte er hier mit führenden Experten aus unterschiedlichen Gebieten in einen intensiven Dialog treten. Der Teilnehmerkreis wurde für die jeweilige Thematik von ihm persönlich ausgewählt und ermöglichte die Einbeziehung fachübergreifender Experten. Da es bei den ELMAU-Konferenzen also kein Programmkomitee wie auf vielen anderen internationalen Konferenzen gab, musste auch auf die Interessen einzelner Mitglieder dieser Komitees keine Rücksicht bei der Auswahl der Vortragenden genommen werden. Haken lud nach Elmau letztlich nur Wissenschaftler ein, die er für besonders interessant hielt. Somit spiegeln die jeweilige Liste der Referenten und die Tagungsthematik ziemlich genau die Forschungsinteressen von Hermann Haken in den achtziger Jahren wider.

Die beiden ersten ELMAU – Konferenzen in den Jahren 1972 und 1977 behandelten den Einstieg in die Synergetik aus den Bereichen der Phasenübergänge in Systemen fern ab vom thermodynamischen Gleichgewicht und der Instabilitätstheorie. (Siehe Kapitel 6d und 6h). In den folgenden neun Konfe-renzen standen einzelne Forschungsgebiete im Mittelpunkt. Tabelle 10 bietet eine Übersicht der ELMAU-Konferenzen von 1972 bis zum Jahre 1990 mit der jeweils behandelten Thematik. Mit dem Auslaufen der Förderung durch die Stiftung Volkswagenwerk war es Haken danach nicht mehr möglich, regelmäßig eigenständige Konferenzen in Elmau zu veranstalten.

Schon die dritte ELMAU-Konferenz im Jahre 1979 ging dann über die Thematik der Phasenübergänge hinaus und widmete sich schwerpunktmäßig der Frage nach der Bildung von Mustern und der Mustererkennung. Die räumliche und zeitliche Stabilität des Makrozustandes in Physik, Chemie und Biologie nach dem Phasenübergang rückten jetzt in den Fokus der Betrachtungen. Aber nicht nur das Auftreten von Ordnungszuständen („pattern formation") war Hakens Anliegen, sondern er wollte auch eine Brücke schlagen zur Diskussion der Frage, wie man solche Zustände erkennen kann („pattern recognition"). Schon zu dieser frühen Phase legte er damit den Keim zu späteren Betrachtungen, wie das menschliche Bewusstsein oder ein technisches System Muster erkennen kann. In seinem Einführungsreferat zur Tagung stellte er die Vermutung auf, dass Muster-Formierung und Muster-Erkennung nur zwei Seiten einer Medaille seien.

Verbunden werden sie über dynamische Prozesse.[525] Haken verdeutlichte seine Überlegungen mit der Abbildung 27, das die Analogien zwischen Muster-Bildung und Mustererkennung auf den verschiedenen Ebenen beschreibt.

Tabelle 10: Übersicht der Thematiken der 11 ELMAU-Konferenzen von 1972 bis 1990

Datum	Thema
30.04. - 06.05. 1972	Synergetics: Cooperative Phenomena in Multi-Component Systems
02.05. - 07.05. 1977	Synergetics - A Workshop
30.04. - 05.05. 1979	Pattern Formation by Dynamic Systems and Pattern Recognition
27.04. - 02.05. 1981	Chaos and Order in Nature
26.04. - 01.05. 1982	Evolution of Order and Chaos
02.05. - 07.05. 1983	Synergetics of the Brain
06.05. - 11.05. 1985	Complex Systems - Operational Approaches in Neurobiology, Physics and Computers
04.05. - 09.05. 1987	Computational Systems - Natural and Artificial
13.06. - 17.06. 1988	Neural and Synergetic Computers
04.06. - 08.06. 1989	Synergetics of Cognition
22.10. – 25.10. 1990	Rhythms in Physiological Systems

Die hierbei aufgeworfene Fragestellung führte Haken zehn Jahre später zu seinen Untersuchungen der Erkennung von Mustern mit Hilfe des Ansatzes vom „synergetischen“ Computer. Voraussetzung hierfür war allerdings das Aufkommen leistungsfähiger (und bezahlbarer) Rechner, was erst in den achtziger Jahren gegeben war.

[525] Hermann Haken, 'Pattern Formation and Pattern Recognition - An Attempt at a Synthesis', in *Pattern Formation by Dynamic Systems and Pattern recognition,* (1979). S. 2.

Die Tagung führte also Spezialisten der Musterbildung und Mustererkennung zusammen. Zeitliche Muster wurden anhand des Lasers und quantenoptischer Effekte durch Hakens italienische Freunde Rudolfo Bonifacio und Fortunato Tito Arecchi behandelt (vergleiche oben S. 130). Neben der Musterbildung in Flüssigkeiten bis hin zur vollentwickelten Turbulenz und dem (deterministischen) Chaos stand die Frage nach der Musterbildung und deren Erkennung in der Biologie im Mittelpunkt der Tagung.

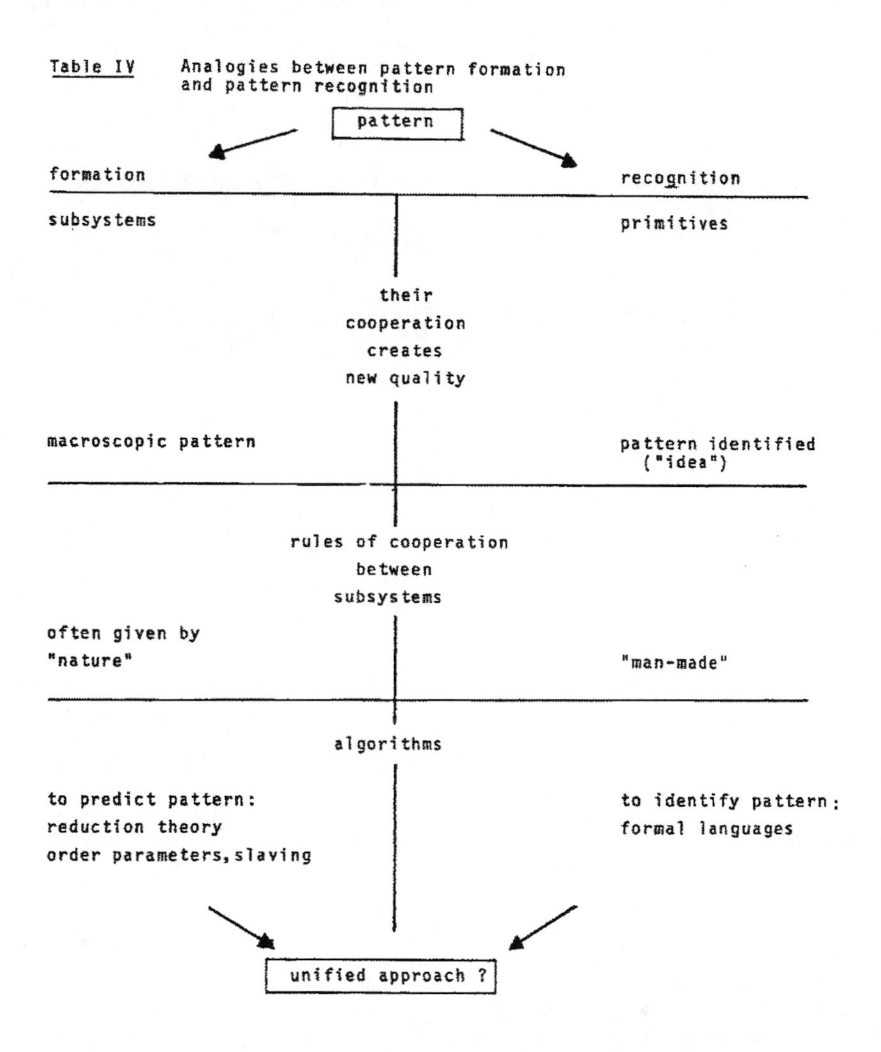

Abb. 28: Analogie zwischen Musterbildung und Musterkennung (aus (Haken, 1979), S. 11)

Neben neuen Referenten[526] versammelten sich in Elmau auch wieder die uns schon von den Versailler Tagungen her bekannten Wissenschaftler W. Reichardt, H. Meinhardt, Alfred Gierer und Jack Cowan (vergleiche hier S. 106 – 112). Dies darf nicht verwundern, da ja einer der Tagungs-Schwerpunkte die Erkennung und Bildung von Mustern in der Biologie war, ein Thema, das anfangs auf den Versailler Konferenzen ebenfalls im Mittelpunkt gestanden hatte. Ein Teil dieser sich mit diesem Themenkreis beschäftigenden Forscher war Haken zudem nicht zuletzt auch durch die jährlichen Winterseminare von Manfred Eigen her bekannt.

e. Die ELMAU-Konferenzen 1981 und 1982 zum Thema Chaostheorie

Die beiden folgenden ELMAU-Konferenzen der Jahre 1981 und 1982 standen dann ganz im Zeichen der damals gerade hochaktuellen neuen Forschungen zur Theorie des deterministischen Chaos [527] . Die Geschichte der modernen Chaostheorie ist bisher erst ansatzweise beschrieben worden.[528] Während Gleick und Waldrop typisch amerikanische „Heldengeschichten" um Einzelpersönlichkeiten und Institutionen wie Mitchell Feigenbaum, Steven Smale und das Santa Fe Institut geschrieben haben – wobei das Buch von Gleick ein internationaler Bestseller wurde –, werden die historischen Entwicklungslinien am detailliertesten im Artikel von Aubin und Dalmedico dargestellt.

Danach liegt eine der Wurzeln des deterministischen Chaos in der langen Tradition der dynamischen Systemtheorie, als deren moderner Begründer ohne Zweifel der französische Physiker Henri Poincaré anzusehen ist. So beschrieb dieser schon 1890 in einer Arbeit „*Sur le problème des trois corps et les équations de la dynamique*" die Problematik der Instabilität und nicht langfristigen Berechenbarkeit des Dreikörperproblems, was zu Befürchtungen um die Stabilität der Umlaufbahn der

---

[526] L.Glass, R. Larter, P.H. Richter, E.E. Sel'kov.

[527] Roger Lewin, *Complexity. Life at the Edge of Chaos*, (1992).

[528] Aubin und Delmedico, 2002., Wilhelm Leiber, 'On the impact of deterministic chaos on modern science and philosophy of science: Implications for the philosophy of technology?', *Society for Philosophy andTechnology*, 4 (2) (1998). Stephen H. Kellert, 'A philosophical evaluation of the chaos theory "revolution" ', *Proceedings of the biennial meeting of the Philosophy of Science Association*, (1992). James Gleick, *Chaos - die Ordnung des Universums (Orig.: Chaos - Making a new science)*, (1988 (engl. Original 1987)). Mitchel Waldrop, *Complexity - the emerging science at the edge of chaos and complexity*, (1992).

Erde um die Sonne führte. Eine weitere wichtige Aussage traf Poincaré im Jahre 1908 dann in seinem Hauptwerk „*Science et méthode*“, indem er ausführte

> „il peut arriver que des petites differences dans les conditions initiales en engendrent de très grandes dans les phénomènes finaux; [...] La prédiction devient impossible [...]”.[529]

Hier ist ein wesentliches Element des deterministischen Chaos angesprochen: obwohl die Gleichungen eines Systems vollständig bestimmt sind, ist eine langfristige Vorhersage wegen der ungenauen Kenntnis der Ausgangsparameter (und möglicher Schwankungen („noise“)) nicht möglich. Dieses Phänomen war ja vom amerikanischen Meteorologen Edward Lorenz 1963 „wiederentdeckt“ worden.[530] Der amerikanische Physiker Okan Gurel[531] wies auch darauf hin, dass Poincaré der Vater der Bifurkationstheorie ist, deren wesentliche Elemente er bereits 1885 beschrieb. Hierbei verzweigt ein dynamisches System, wenn bestimmte Parameter variiert werden, in neue, stabile Zustände. Zeitgleich mit Poincaré beschäftigte sich der russische Mathematiker A. M. Liapunov mit der Stabilität dynamischer Bewegungen und leitete hierfür Kriterien ab[532]. Die Arbeiten von Poincaré und Liapunov wurden über viele Jahre nicht weiterverfolgt. Arbeiten der russischen Schule um Andronov[533] (1901 – 1952) wurden in den USA erst in den sechziger Jahren des vorigen Jahrhunderts bekannt. Es war dann der amerikanische Mathematiker Steven Smale (geb. 1930), dessen 1967 erschienener Artikel über differenzierbare dynamische Systeme und ihre topologischen Eigenschaften zum Ausgangspunkt der modernen mathematischen Systemforschung wurde.[534] Ebenfalls zum mathematischen Bereich der Stabilitätsuntersuchungen gehört die 1968 publizierte Arbeit des französischen Mathematikers René Thom, dessen sogenannte „Katastrophentheorie“ sich mit unstetigen, sprunghaften Änderungen von Systemen beschäftigt.[535] Eine weitere Wurzel der deterministischen Chaostheorie ist in der Theorie der Hydrodynamik zu sehen, die in ihren Feinheiten bis heute ungelöst ist. Neben den Arbeiten von Edward Lorenz, der

[529] Henri Poincaré, *Science et Méthode*, (1908). S. 68 – 69.
[530] Lorenz, 1963. Sowie hier S. 139ff.
[531] Gurel und Rössler, 1977. Preface S. 1.
[532] Alexandre Liapunov, *Problème général de la stabilité du mouvement (=französische Übersetzung einer 1892 auf russisch erschienenen Ausgabe)*, (1907).
[533] A. A. et al. Andronov, *Theory of Bifurcations of Dynamic Systems on a Plane*, (1973). Übersetzung eines russischen Werkes von Andronov aus dem Jahre 1967.
[534] Steven Smale, 'Differentiable dynamical systems', *Bull. Amer. Math. Soc.*, (1967)., siehe auch Gurel und Rössler, 1977. S. 2.
[535] Thom, 1972. Allerdings ist die „Katastrophentheorie“ eine statische Theorie, die keine dynamischen Aussagen macht.

zeigte, dass schon wenige, relativ einfache deterministische Gleichungen zu stark divergierenden Lösungen führen[536], kommt besonders den Arbeiten von David Ruelle und Floris Takens besondere Bedeutung zu. In einem zentralen Artikel von 1971 zeigen sie[537], ohne es exakt beweisen zu können, dass die turbulente Bewegung in einer Flüssigkeit (beschrieben durch die klassischen deterministischen Navier-Stokes Gleichungen) eher durch generische „seltsame Attraktoren" (im Sinne von E. Lorenz) beschrieben werden können, als durch den bisher stets angenommenen Ansatz der Landau-Theorie, die von der Superposition unendlich vieler Moden bei voller Turbulenz ausging. Diese seltsamen Attraktoren könnten synonym für das Auftreten von (deterministischem) Chaos stehen, so die Vermutung von Ruelle und Takens.[538] In den Worten von Aubin und Dalmedico:

> „In this explanation of turbulence, disorder stemmed from the topological character of the system of equations governing fluid flow, rather than external noise; it was a dynamical, not statistical, property oft he system. [...] From this viewpoint, the confluence of two disciplines, the mathematical theory of dynamical systems and the theory on nonlinear hydrodynamic stability, constituted a major turning point".[539]

Betrachtet man die Entwicklung von der physikalischen und chemischen Seite, so liegen die Wurzeln der Chaostheorie in der Theorie der Phasenübergänge, wobei insbesondere den Arbeiten von Ilya Prigogine und Hermann Haken eine nachhaltige Bedeutung zukommt.

Vermittelt wurden diese unterschiedlichen Ansätze in den siebziger Jahren durch internationale Konferenzen, zu deren wichtigsten die „*Conference on Instability and dissipative Structures*" 1973 in Brüssel[540], die Budapester IUAPAP-Konferenz 1975[541], die ELMAU Konferenz vom Mai 1977 „Synergetics- a workshop"[542] sowie die im November des gleichen Jahres in New York stattgefundene Konferenz „*Bifurcation Theory and Applications in Scientific Disciplines*"[543] zu zählen sind.[544] Paul C. Martin (geb. 1931), ein amerikanischer Physiker, stellte die unterschiedlichen „Wege zum

[536] Lorenz, 1979.
[537] Ruelle und Takens, 1971.
[538] Siehe auch „Period-doubling route to chaos shows universality". Physics Today, März 1981, 17 - 19
[539] Aubin und Delmedico, 2002. S. 33 – 34.
[540] Ilya Prigogine und Stuart Rice, 'Proc. of the Conference on Instability and dissipative Structures', in *Advances in Chemical Chemistry,* (1973).
[541] Pal, 1975.
[542] Haken, 1977.
[543] Gurel und Rössler, 1977. Siehe auch die genaueren Ausführungen zu dieser Konferenz und Hakens Beitrag auf den Seiten 152-153.
[544] Aubin und Delmedico, 2002. S. 35ff.

Chaos" in seinem Budapester Vortrag und dem wenige Wochen vorher stattgefundenen Kongress über „*Physical Hydrodynamics and Instabilities*" in folgendem Bild zusammen

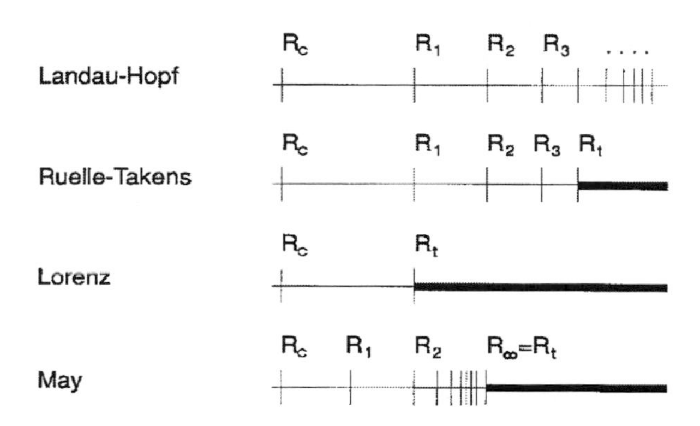

Abb. 29: Vier unterschiedliche „Wege ins Chaos" verschiedener Autoren. An der jeweiligen Stelle R_n findet ein Phasenübergang statt und das System nimmt einen neuen geordneten Zwischenzustand ein. (aus (Martin, 1976))

Während es nach der Landau-Theorie unendlich viele Bifurkationen geben sollte (und kein Chaos auftreten konnte), gab es nach Edward Lorenz nur einen Übergang, während Ruelle und Takens einige wenige Bifurkationen voraussagten, bevor chaotisches Verhalten einsetzen sollte. Schon in der ELMAU Konferenz von 1977 hatten Gollub und Swinney[545] über ihre Ergebnisse berichtet, die die Theorie von Ruelle und Takens als die wahrscheinlichste Variante darstellte.

Vor dem Hintergrund dieser wissenschaftlichen Diskussionen fanden die beiden ELMAU-Konferenzen „*Chaos and Order in Nature*" (1981) und „*Evolution of Chaos and Order*" (1982) statt, bei denen das Thema von Chaos und Ordnung in der Hydrodynamik eine besondere Rolle spielte. Haken war es gelungen, zwei der wichtigsten Experimentatoren auf diesem Feld, Pierre Bergé vom Institut des Haut Études Scientifiques (IÉHS) aus Paris und Albert Libchaber von der École Normale Superieur in Paris als Referenten zu gewinnen. Beide waren Kollegen von

[545] J.P. Gollub und H.L. Swinney, 'Onset of turbulence in a rotating fluid', *Physical Review Letters,* 35 (1975). Sowie Swinney, Fenstermacher, und Gollup, 1977.

David Ruelle, der mit seinem Jahr 1971 mit Floris Takens verfassten Artikel die experimentelle hydrodynamische Forschung neu angestoßen hatte.[546]

Bergé war mit Arbeiten zum Raleigh-Bénard Phänomen hervorgetreten, während Libchaber erst vor kurzem die sogenannte Periodenverdopplung auf dem Weg zum Chaos experimentell nachgewiesen hatte. [547] In seinem Experiment spielt die dimensionslose Reynoldszahl R_c die Rolle des Ordnungsparameters. Bei Erhöhung der Reynoldszahl durchläuft das System mehrere Bifurkationen, wobei die Bifurkationsabstände sich immer halbieren, wie es aus der unten stehenden Abbildung a-c (mit jeweils erhöhter Reynoldszahl) abzulesen ist.

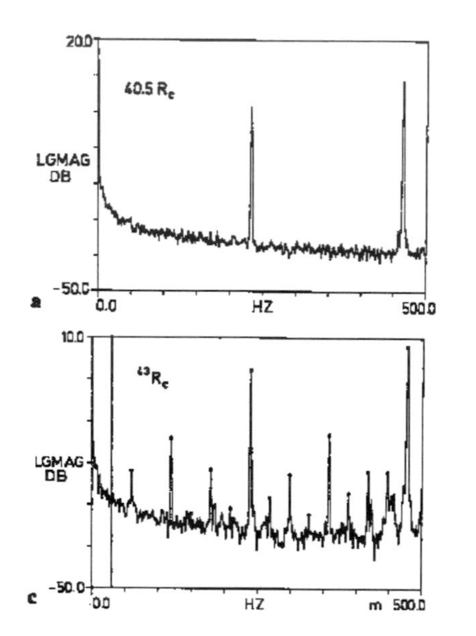

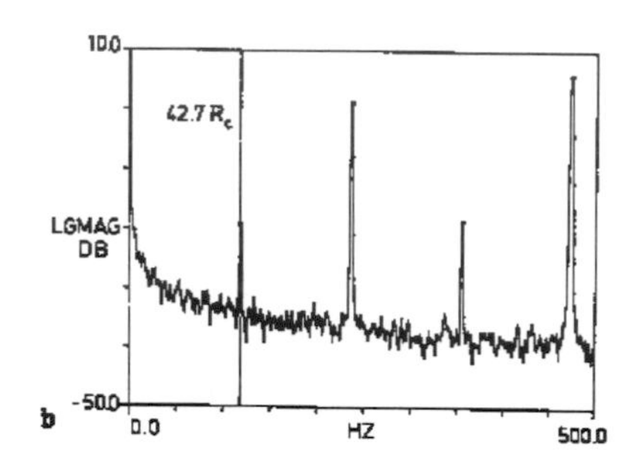

Fig. 1.2.5 a – c. Experimental power spectra for the Bénard experiment for Rayleigh numbers of 40.5 R_c, 42.7 R_c and 43 R_c. [After A. Libchaber, J. Maurer: J. Phys. Paris **41**, Colloq. C **3**, 51 (1980)]

Abb. 30: Experimenteller Nachweis der Periodenverdoppelung durch Libchaber und Maurer

Diese Periodenverdoppelung spielte im Rahmen der sogenannten Universalitätsdiskussion eine wichtige Rolle. So hatten Grossmann und Thomae [548] sowie Feigenbaum[549] nachgewiesen, dass für eine ganze Klasse eindimensionaler Abbil-

---

[546] David Aubin, *A CulturalHistory of Catastrophes and Chaos: Around the Institut des Hautes Études Scientifiques, France 1958 - 1980*, (1998).

[547] J. Maurer und A. Libchaber, 'A Raleigh Bénard Experiment: Helium in a small box', *Journal de Physique Lettres,* 40 (1979). Und A. Libchaber und J. Maurer, 'Une Experience de Rayleigh-Benard en geometrie reduite: multiplication, accrochage et demultiplication des frequences', *Journal de Physique, Colloques 41-C3,* 41 (1980).

[548] S. Grossmann und S. Thomae, 'Invariant distributions and stationary correlation functions of one dimensional discrete processes', *Zeitschrift für Naturforschung,* 33a (1977).

[549] Mitchell Feigenbaum, 'Quantitative Universality for a class of Nonlinear transformations', *Journ. Stat. Physics,* 19 (1978).

dungen das Verhältnis der Differenz zweier aufeinanderfolgender Transformationen einem Grenzwert zustrebt. Betrachtet man zum Beispiel die quadratische Abbildung

$$x_{j+1} = \lambda \, x_j \, (1 - x_j)$$

so strebt die Differenz

$$\frac{\lambda_{n+1} - \lambda_n}{\lambda_{n+2} - \lambda_{n+1}} \lim_{n \to \infty} n = 4{,}6692016 \ldots$$

dem Wert 4,669... zu, der später sogenannten Feigenbaumkonstante[550]. Siegfried Grossmann, Hakens Kollege aus Marburg und ihm seit vielen Jahren bekannt, war damals einer der führenden deutschen Chaostheoretiker. Er war auf beiden Konferenzen anwesend und hielt auf der 1982er Konferenz auch einen Vortrag.[551] Zu dieser ELMAU Tagung hatte Haken auch eine Reihe junger amerikanischer Forscher eingeladen, die später durch ihre Tätigkeit am Santa Fe Institut und durch das Buch von Gleick eine internationale Berühmtheit erlangten: James Crutchfield, Norman H. Packard, Joyne D. Farmer, R. Shaw und Stuart Kauffman. Während Haken Stuart Kauffman bereits ihm Vorjahr auf der sechsten Versailles-Konferenz getroffen hatte, waren ihm die damals an der University of California in Santa Cruz noch promovierenden Crutchfield, Packard und Farmer mit einem 1980 in den Physical Review Letters erschienenen Aufsatz aufgefallen[552]. In diesem zeigten sie eine Methode auf, wie sich die Dimensionalität eines Attraktors aus einzelnen Messungen ableiten ließ. Dies wiederum war für Haken von großem Interesse, ergab sich doch so vielleicht die Möglichkeit, aus den Ableitungen von Gehirnwellen Rückschlüsse auf die zugrunde liegenden dynamischen Prozesse zu ziehen.

Mit den oben genannten Forschern, zu denen sich auf beiden Konferenzen noch die Turbulenzforscher Günther Ahlers, F. H. Busse, O. E. Rössler und Christian Vidal gesellten, war es Haken gelungen, einen Großteil der in der Turbulenz- und Chaosforschung führenden Wissenschaftler nach Elmau zu bringen.

[550] Haken traf Feigenbaum im September auf der von seinen langjährigen französischen Bekannten Vidal und Pacault in Bordeaux organisierten Konferenz zu *„Nonlinear Phenomena in Chemical Dynamics"*. (s. a. C. Vidal und A. Pacault, *Nonlinear Phenomena in Chemical Dynamics (Bordeaux 1981)*, (1981).

[551] S. Grossmann: „Diversity and Universality.Spectral Structure of discrete Time evolution".

[552] N. Packard et al., 'Geometry from a time series', *Phys. Review Letters,* (1980).

Hakens eigene Forschungen zur Chaostheorie betrieb er zusammen mit einem Doktoranden, Gottfried Mayer-Kress (1954 – 2009), der 1979 an sein Institut gekommen war. Mayer-Kress ging nach seiner Promotion 1984 an das *Center for Nonlinear Studies* und das neugegründete *Santa Fe Institut*[553]. Mit ihm zusammen veröffentlichte er in den Jahren 1981 bis 1984 drei Arbeiten über Themen der logistischen Gleichung.

Während auf der ELMAU-Konferenz von 1981 das *Auftreten* des Chaos im Vordergrund des Interesses stand, wie es sich beispielhaft an den Sektionsüberschriften „*Order and Chaos in Fluid Dynamics*", „*Chaos in Fluids, Solid State Physics and Chemical Reactions*", „*Instabilities and Bifurcations*", „*Once again Chaos: Theoretical Approaches*" ablesen lässt, so lag der Fokus der ein Jahr später abgehaltenen Konferenz eher auf der *Ordnung* im Chaos. Dies entsprach ja auch mehr dem Interesse Hermann Hakens, für den die gestaltbildenden Prozesse im Vordergrund seiner Forschungen standen und weniger das voll ausgebildete Chaos.[554] Konferenz-Themen wie „*Order in Chaos*", „*Emergence of Order or Chaos in Complex Systems*" und „*Coherence in Biology*" sind hierfür ein Ausdruck.

Ein besonderer Höhepunkt der Tagung stellte die Anwesenheit und der Vortrag „Ursprung und Evolution des Lebens auf molekularer Ebene" von Manfred Eigen dar. Nachdem Haken schon viele Jahre regelmäßig an Eigens jährlichen Winterseminaren teilnahm, war es ihm gelungen, diesen zu einem Vortrag in Elmau zu bewegen. Eigen hatte als Nobelpreisträger mit seinen Veröffentlichungen zum Ursprung des Lebens, insbesondere mit seiner 1977 erschienen Publikation zur Theorie des Hyperzyklus[555] ein bedeutendes Renommée in der Forschergemeinde.

---

[553] Der 1954 in Deutschland geborene Gottfried J. Mayer verstarb bereits 2009 in Tübingen, wo ihn Haken mehrmals besuchte (private Mitteilung Hermann Haken). Er wurde im Jahre 2005 amerikanischer Staatsbürger und spielte eine nicht unwichtige Rolle in der beginnenden Chaosforschungs-Szene in den USA. Auf sich aufmerksam machte er auch durch zwei Veröffentlichungen, die die Auswirkung der Chaostheorie auf die „Strategic Defense Initiative (SDI)" der USA untersuchte, was zu einem Beratervertrag mit der amerikanischen Regierung führte. Mayer-Kress gründete auch den Internet-Informationsdienst „Complexity Digest", der zu einem wichtigen Kommunikationsmittel der Komplexitätsforschung wurde. (Lebenslauf unter www.gottfriedjmayer.de/GMayerCVTAS06.htm, abgerufen am 7.8.2010)

[554] S.a. Interview mit Hermann Haken vom 20.4.2011, S. 7ff. (Archiv Haken (Universitätsarchiv Stuttgart)).

[555] Eigen und Schuster, 1977., Eigen und Schuster, 1979.

f. Das Handbuch „Advanced Synergetics" von 1983

Im Jahre 1982 hielt Haken auch die Zeit für gekommen, die in den vergangenen fünf Jahren erzielten vertieften mathematisch-theoretischen Ergebnisse zur Synergetik in einem weiteren Buch zusammen zu fassen. Im Nachhinein kann man sagen, dass mit dem Buch „*Advanced Synergetics*" ein gewisser Abschluß der ersten Phase der Synergetik erreicht wurde.[556] Das in weiten Teilen sehr „technisch" angelegte Werk beinhaltet die mathematischen Ergebnisse der Zeit seit 1975, insbesondere die Verallgemeinerten Ginzburg-Landau Gleichungen und die detaillierte Ausarbeitung des sogenannten „Versklavungsprinzipes". Damit wurde eine solide mathematische Grundlage für die Synergetik gelegt, die den methodischen Rahmen auch für die kommenden Jahre legte.

Inhaltlich baute Haken auf seinem Grundlagenwerk von 1977 „*Synergetics - An Introduction*" auf, das in den zurückliegenden fünf Jahren bis 1982 drei Auflagen erlebt hatte und in vier weitere Sprachen übersetzt worden war: Russisch (1980), Chinesisch (1982), Ungarisch (1984) und Deutsch (1982). Hierauf aufbauend beschrieb das neue Buch die Konzepte von der Instabilität eines Systems, dem Auftreten von Ordnungsparametern und die „Versklavung" von schnell relaxierenden Moden im Detail. In Hakens Worten

> „These concepts represent the „hard core"of synergetics in its present form and enable us to cope with large classes of complex systems ranging from those of the "hard" to those of the "soft" sciences."[557]

Mit den harten Wissenschaften waren die Naturwissenschaften, allen voran die Physik gemeint, die sogenannten "weichen" Wissenschaften umfassten zu diesem Zeitpunkt die Ökonomie (Wirtschaftswissenschaften), die Ökologie und die Soziologie.

Als „gelernter" Universitätsprofessor strukturierte Haken das Buch sehr systematisch: Bei der Behandlung großer Systeme, um die es ja immer ging, war zunächst zu verstehen, wie und wann diese Systeme, getrieben durch äußere und innere Vorgänge, ihre Stabilität verlieren, denn nur dann war ja ein Übergang zu einem neuen Zustand möglich.

---

[556] Auch dieses Buch war sehr erfolgreich und wurde in drei Sprachen übersetzt: Russisch (1985), Japanisch (1986) und Chinesisch (1989). 1987 erfolgte eine zweite englische Ausgabe.

[557] Hermann Haken, *Advanced Synergetics. Instabilitiy Hierarchies of Self-Organizing Systems and Devices*, (1983). S. VIII.

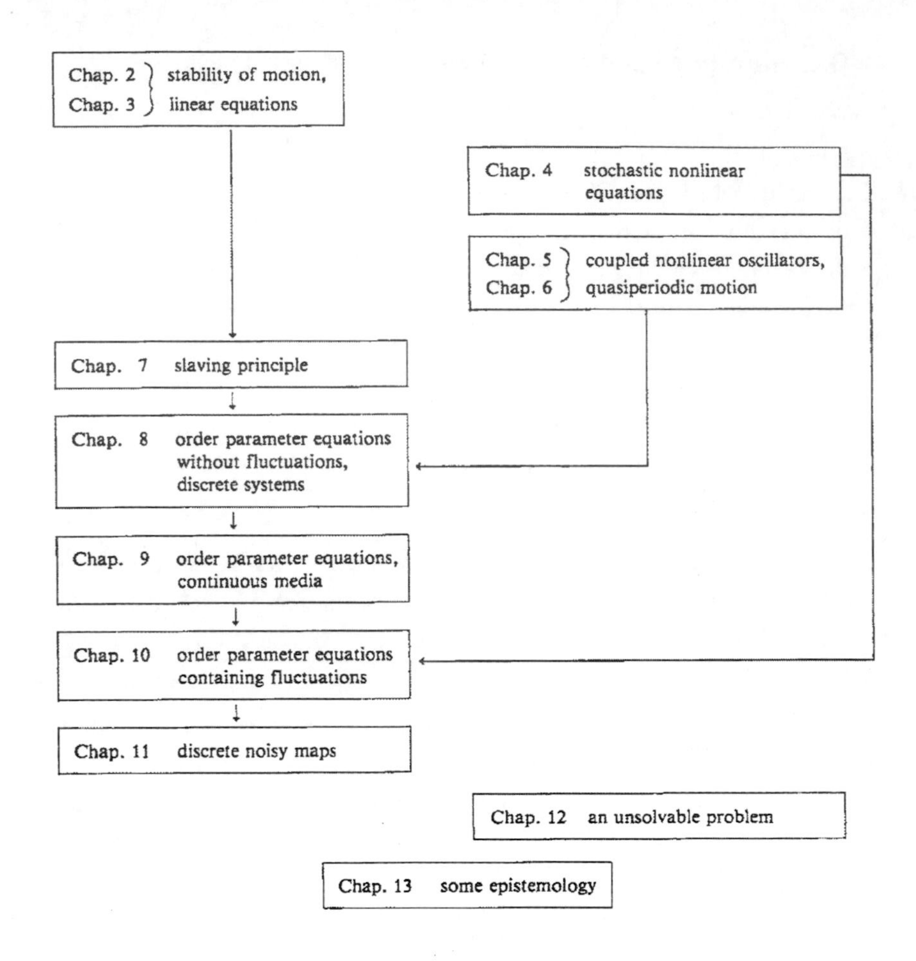

Abb. 31: Übersicht über den logischen Aufbau des Buches „Advanced Synergetics" von 1983. (Haken, 1983), S. 59)

Für dieses Übergangsverhalten ist dann das Wirken des „Versklavungsprinzips" bedeutsam, da hierdurch verständlich wird, wieso ein großes System im Idealfall durch nur wenige Ordnungsparameter mathematisch beschrieben werden kann. Auch hierbei galt es wieder verschiedene Fälle zu unterscheiden: diskrete (nichtkontinuierliche) Systeme ohne Fluktuationen, kontinuierliche Systeme ohne Fluktuationen und – mathematisch am schwierigsten – Systeme mit Fluktuationen. Die von Haken gegebene Übersicht illustriert seine Vorgehensweise.

Vergleicht man diese Übersicht mit derjenigen seines ersten Buches von 1977 zur Synergetik so wird die jetzt im Vordergrund stehende, ausgefeilte mathematische Formulierung deutlich. Haken kam es nach den Anfangsjahren sehr darauf an, die

Synergetik vom Odium einer reinen spekulativen Theorie in den Rang einer sehr ernst zu nehmenden, mathematisch fundierten Theorie zu erheben.

Tabelle 11: Vergleich der synergetischen Beispiele, die Hermann Haken in seinen Publikationen in den Jahren 1972, 1977 und 1983 jeweils behandelte

Synergetics – Cooperative Phenomena[558]	Synergetics – An Introduction[559]	Advanced Synergetics[560]
Physik: ▪ Laser ▪ Supraleitung ▪ Ferromagnetismus	Physik: ▪ Laser ▪ Bénard-Effekt ▪ Hydrodynamik ▪ Gunn-Effekt	Physik: ▪ Laser ▪ Bénard-Effekt ▪ Hydrodynamik ▪ Plasmaphysik ▪ Festkörperphysik
Chemie: ▪ Bénard-Effekt	Chemie: ▪ Belousov-Zhabotinsky-Reaktion ▪ Brusselator ▪ Oregenator	Chemie: ▪ Belousov-Zhabotinsky ▪ Brusselator ▪ Oregenator
Biologie: ▪ Hyperzyklus (Eigen)	Biologie: ▪ Kooperative Systeme (Oszillationen) ▪ Morphogenese ▪ Evolution	Biologie: ▪ Biologische Uhren ▪ Koordinierte Muskelbewegungen ▪ Morphogenese ▪ Evolution ▪ Immunsystem
Soziologie: ▪ Meinungsbildung	Ökologie: ▪ Populationsdynamik (Lotka-Volterra)	Computer: ▪ Mustererkennung ▪ Selbst-Organisation (Parallelrechner) ▪ Zuverlässige Systeme aus unzuverlässigen Elementen
		Ökonomie:
		Ingenieurwissenschaften:
		Ökologie: ▪ Phasenübergänge
	Soziologie: ▪ Meinungsbildung	Soziologie: Meinungsbildung

[558] Haken, 1973.
[559] Haken, 1977.
[560] Haken, 1983.

Das Verständnis dieses Buches setzte bei den Lesern vertiefte mathematische Kenntnisse voraus. Dies war auch Haken bewußt, indem er schrieb:

> „The basic concepts of synergetics can be explained rather simply, but the application of these concepts to real systems call for considerable technical (i.e. mathematical) know-how."[561]

Wie weit hatten sich in den vergangenen Jahren die Anwendungsgebiete der Synergetik entwickelt? Hierfür bekommt man einen Eindruck, wenn man die von Haken erwähnten Gebiete in seinen drei grundlegenden Veröffentlichungen von 1972, 1977 und dann 1983 vergleicht. Über die Anfangs dominierenden Bereiche der Physik und Chemie hinaus, hatte sich die Synergetik insbesondere Anwendungsfelder in der Biologie und, als Modell für neuronale Netze, den Computerwissenschaften erobert.

Es fällt auf, dass viele Themen und Gebiete schon in den Anfangsjahren „in nuce" thematisch vorhanden sind, ohne jedoch schon im Detail behandelt worden zu sein. Dies geschah sukzessive in den Folgejahren. Anfang der achtziger Jahre traten dann die Anwendungen aus der Physik eher in den Hintergrund, während die synergetischen Prozesse in Biologie, Medizin und in der maschinellen Mustererkennung in den Vordergrund des Interesses der Synergetikforschung rückten.

Von besonderer Bedeutung für Hermann Haken waren die unterschiedlichen Wege, die möglich waren, damit sich aus Unordnung Ordnung herausbilden konnte. Der wichtigste Weg war die Änderung eines oder mehrerer äußerer Kontrollparameter, der sogenannten Ordnungsparameter, die an einem kritischen Wert dazu führten, dass das System (ausgelöst durch Fluktuationen) einen oder mehrere stabile neue Zustände einnimmt. Ein zweiter Weg ergibt sich, wenn in einem System die Zahl der beteiligten Komponenten erhöht wird. Auch dies kann zu qualitativ neuen Zuständen führen.[562] Haken verwies dann noch auf einen dritten Weg, Ordnung durch einen „transienten" Übergang, der allerdings nur bei Anwesenheit von inherenten Fluktuationen möglich ist.[563]

---

[561] Haken, 1983. S. VIII

[562] Hermann Haken, 'Selforganization through increase of number of components', *Supplement of the Progress of Theoretical Physics,* 69 (1980).

[563] Haken, 1983. S. 58.

Das Buch „Advanced Synergetics“ stellt nach Haken die „Bausteine der Selbstorganisation“ zusammen.[564] Er hat diese später in einem Vortrag einmal grafisch dargestellt.

Abb. 32: Aufbau der Synergetik nach Hermann Haken (s. a. die folgende Abbildung)[565]

Betrachtet man die Synergetik als einen lebendigen Baum, so bilden zufällige Prozesse und deterministische Prozesse die beiden Hauptwurzeln. Das erinnert an die Kapitel „*Zufall und Notwendigkeit*“ aus dem Grundlagenwerk von 1977[566]. Die deterministischen Prozesse werden durch die mathematischen Methoden und Gebiete der Kontrolltheorie, der Differentialgleichungen und der Bifurkationstheorien beschrieben. Die zufälligen Prozesse setzen sich zusammen aus

[564] Haken, 1983. S. 56.

[565] Eigenhändige Grafik von Hermann Haken (Archiv Haken).

[566] Haken, 1977. Sowie hier S. 9

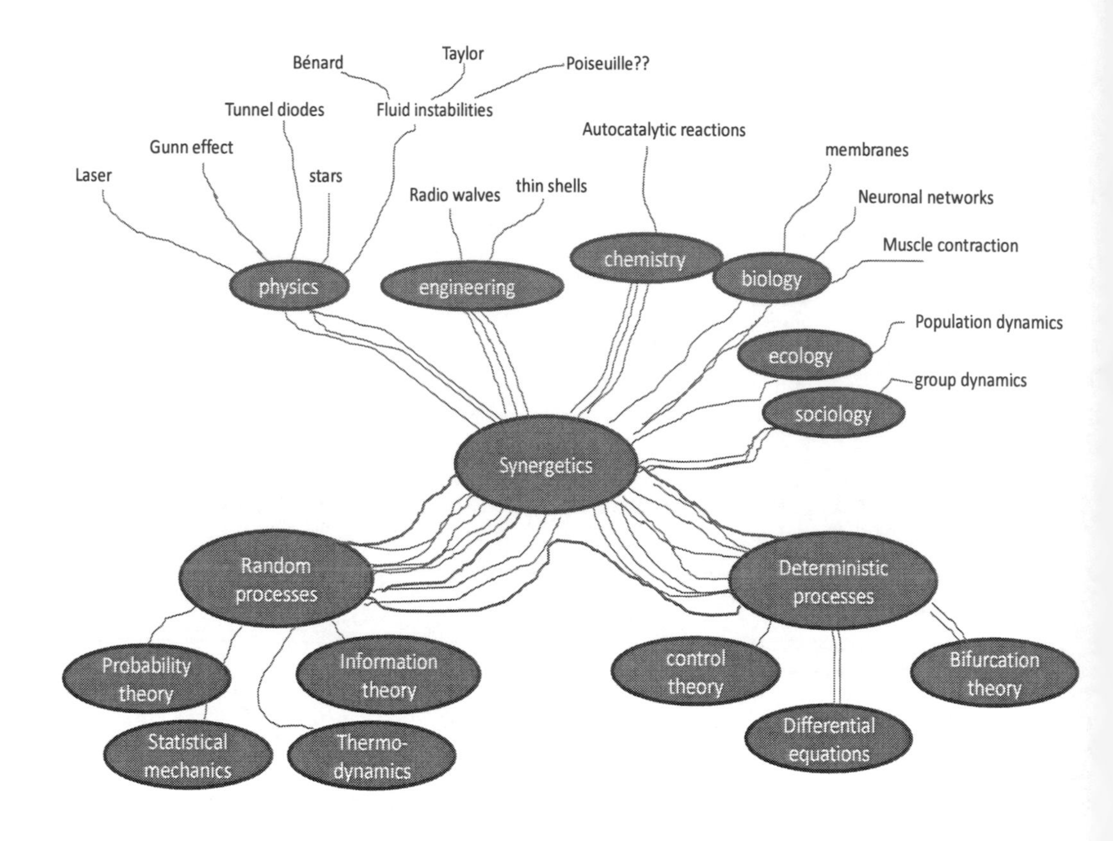

Abb. 33: Transkription der handschriftlichen Zeichnung vom Aufbau der Synergetik (Abb.32)

den Gebieten der Wahrscheinlichkeitstheorie, der Informationstheorie, der Statistischen Mechanik und der Thermodynamik. Bei dieser Vielfalt und Komplexität der „Wurzeln der Synergetik" scheint es nicht verwunderlich, dass die Anwendung auf reale Prozesse nicht unerhebliche „technische" (mathematische) Kenntnisse verlangt, wie Haken weiter oben schrieb.[567] Und um im Bild zu bleiben: die Hauptäste der Anwendungsfelder der Synergetik bilden die Wissenschaften der Physik, Chemie, Biologie, Ökologie, Ökonomie, Soziologie und die Ingenieurwissenschaften, deren Blätter die einzelnen Phänomene, wie z. B. der Laser sind.

[567] Siehe Fußnote 522.

g. Die Buchreihe Springer Series in Synergetics

Neben den alle zwei Jahre durchgeführten ELMAU-Konferenzen und den vielen nationalen und internationalen Vorträgen von Hermann Haken spielte die Buchreihe *„Springer Series in Synergetics“* bei der Verbreitung der Synergetik eine zentrale Rolle. Unter der Ägide von Haken, der als Autor, Editor und Serienherausgeber fungierte, wuchs diese Publikationsreihe in den zwanzig Jahren von 1977 bis 1997 auf 77 Bände an. Er bezeichnete sie als „eine der drei Säulen“, auf die er sich verlassen konnte[568]. Eine detaillierte Aufstellung der einzelnen Titel der Reihe nebst Erscheinungsjahr findet sich in Anhang 4 dieser Arbeit.

Interessanterweise sind die ersten Proceedings zum Thema Synergetics – erschienen anläßlich der ersten ELMAU-Tagung 1972 – nicht in den *„Springer Series in Synergetics“* erschienen, sondern im Stuttgarter Teubner Verlag[569]. Haken hatte im selben Jahr sein erstes Lehrbuch zur *„Quantentheorie des Festkörpers“*[570] bei Teubner verlegt und der Verlag erklärte sich bereit, auch den ELMAU-Band zu publizieren. Zwar war davor schon im Springer Verlag im Jahre 1970 der erfolgreiche Band *„Lasertheorie“* erschienen, aber da dieser ein Teilband des berühmten Handbuches der Physik unter der Herausgeberschaft von Siegfried Flügge war, hatte Haken auf die Verlagswahl keinen Einfluss. Da die Resonanz auf die Lasertheorie aus Verlagssicht aber sehr positiv war, übernahm Springer anschließend die Publikation einer Festschrift anlässlich der Emeritierung von Herbert Fröhlich, deren Herausgeber Hermann Haken und Max Wagner waren. Haken erinnerte sich, dass der Springer-Verlagslektor Helmut Lotsch dann die Idee zur Herausgabe einer zusammenfassenden Monographie zur Synergetik hatte, die sich dann, mit Hilfe der Gelder der *Stiftung Volkswagenwerk*, zu einer umfangreichen thematischen Buchreihe entwickelte.

> „Er hatte den Artikel in der Review of Modern Physics gelesen und mich gefragt, ob ich nicht ein Buch darüber, in einer erweiterten Form, schreiben wolle. Das war der Anstoß“.[571]

Das daraus entstehende mathematische Grundlagenwerk *„Synergetics- an Introduction“* von 1977 bildete den Auftakt der Reihe *„Springer Series in Synergetics“*.[572] Da Haken

---

[568] Interview mit Hermann Haken vom 21.09.2010, S. 34.

[569] Hermann Haken, 'Introduction to Synergetics', in *Synergetics - Cooperative Phenomena in Multicomponent Systems (Proc. Schloß Elmau 1972),* Hrsg. H. Haken (1973).

[570] Haken, 1973.

[571] Interview mit Hermann Haken vom 21.09.2010, S. 34 (Archiv Haken (Universitätsarchiv Stuttgart)). Siehe auch das Vorwort der 1. Auflage von Synergetics – An Introduction.

von Anfang an eine möglichst breite, internationale Leserschaft anstrebte, erschienen die Bände der Reihe ausschließlich in der englischen Sprache. Die Mittel der Volkswagenstiftung erlaubten es, zunächst die in den folgenden Jahren von 1977 bis 1981 in rascher Folge durchgeführten internationalen Konferenzen zu dokumentieren. Davon zeugen die sieben Konferenz-Bände zur Synergetik in Elmau (1977 und 1979), Bordeaux (1978), Tübingen (1978), Bielefeld (1979 und 1980) und Carry-le-Rouet (1980).

Es war aber von Anfang an ein Wunsch Hermann Hakens die mathematischen Grundlagen der Synergetik und von Selbstorganisationsprozessen zu betonen, weshalb er die Aufnahme von hierzu passenden thematischen Monographien vorantrieb. Wir finden in der Anfangsphase wichtige Werke wie das „*Handbook of Stochastic Methods*" von C.W. Gardiner, „*Concepts and Models of a Quantitative Sociology*" von W. Weidlich und G. Haag, „*Noise induced Tranisitions*" der beiden Wissenschaftler aus der Brüsseler Schule W. Horsthemke und R. Lefever sowie das grundlegende Werk seines ersten Assistenten Hannes Risken „*The Fokker-Planck Equation*". Viele dieser Werke erlebten mehrere Auflagen, wie auch die Monographien von Haken selber. Insgesamt ergibt sich ein ausgewogenes Bild zwischen den Sammelbänden der Synergetik-Konferenzen und den grundlegenden Monographien, wie die Tabelle 12 zeigt.

Tabelle 12: Thematische und editorische Zuordnung der 77 Bände der Reihe „Springer Series in Synergetics", die unter der Reihen-Herausgeberschaft von Hermann Haken von 1977 bis zum Jahre 2000 erschienen

Themen-Schwerpunkt Synergetik in der ...	Sammelwerk (mehrere Autoren)	Monographie
interdisziplinär	11	4
Physik	4	6
Chemie	5	3
Mathematik	3	9
Biologie	-	3
Chaostheorie	5	1
Soziologie	1	2
Medizin	6	6
Informatik/Computer	2	4
Sonstige	1	1

[572] Siehe auch Anhang 4 mit tabellarischer Übersicht der einzelnen Bände.

Der in dieser Arbeit später noch kurz aufgezeigte zeitliche Ablauf und Wandel der Anwendungen der Synergetik von den „harten“ Naturwissenschaften hin zu den Humanwissenschaften Medizin und Psychologie spiegelt sich auch in der Erscheinungsweise der Bände wieder. Während anfangs die Themen aus Physik, Chemie, Biologie und Mathematik den Schwerpunkt bildeten, verschob sich das Bild ab Mitte der achtziger Jahre. Aufgrund der Beschäftigung mit Mustererkennung durch das Gehirn und den Computer, neuronalen Netzen und Fragen der Modellierung von Bewußtseinsprozessen dominierten danach die Themen aus der Informatik und Medizin.

Nach der im Jahre 1995 erfolgten Emeritierung von Haken stellte der Springer Verlag das Wort Synergetik nicht mehr in den Mittelpunkt, sondern setzte vermehrt auf die Begriffe der „Nonlinear Dynamics“ und vor allem des Wortes „Complexity“. Dies ärgerte Hermann Haken, nach dessen Einschätzung viele Bände, die unter dem Stichwort „Complexity“ erschienen auch unter seinem Begriff der Synergetik hätte erscheinen können.[573]

Im Jahre 2013 finden sich im Springer-Katalog diverse Buchreihen zu dieser Thematik, zum Beispiel *„Springer Briefs in Complexity“, Nonlinear Systems and Complexity“*, *Nonlinear Systems and Complex Systems“* und – prominent – *„Understanding Complex Systems“*, dessen Serienherausgeber der amerikanische Kollege von Hermann Haken, J. A. Kelso, ist.[574]

Viele Bände der Reihe „Springer Series in Synergetics“ sind weiterhin lieferbar.

[573] Interview mit Hermann Haken vom 21.09.2010, S. 33.
[574] Siehe auch Kapitel 8b.

8. Synergetik 1987 – 2010: Anwendungen in Medizin, Kognition und Psychologie – eine Übersicht

a. Die 6. ELMAU-Konferenz 1983: Synergetik des Gehirns

Mit den beiden Büchern „*Synergetics – An Introduction*“ aus dem Jahr 1977 und „*Advanced Synergetics*“, das Ende 1982 abgeschlossen wurde[575], war für Hermann Haken die mathematische Basis der Synergetik gelegt. Sein Interesse verlagerte sich danach mehr und mehr in Richtung auf experimentelle Anwendungen der gefundenen mathematischen Strukturen. Im Vordergrund standen dabei biologische Prozesse und hier interessierte ihn besonders das Gehirn, als das komplexeste System auf der Erde, zudem eines mit hemmenden und verzögerten Rückkopplungen und diversen Schwellwerten, Effekte, wie sie Haken auch vom Laser her bekannt waren. Daher verwundert es nicht, dass er als Thema der sechsten ELMAU-Konferenz für das Jahr 1983 „*Synergetik des Gehirns*“ wählte. Eine weitere Neuerung dieser Konferenz war, dass Haken, der bisher immer selbst die Auswahl der Referenten getroffen hatte, sich diesmal, bei diesem neuen und ihm eher unvertrauten Gebiet, der Hilfe anderer Fachleute bediente.

> „[ich] fragte erst einmal unter Experten herum, wen ich denn hierzu einladen könnte. Als Mitorganisatoren und Mitherausgeber der Proceedings konnte ich dann Başar, Flohr und Mandell gewinnen.“[576]

Arnold J. Mandell[577] hatte Haken zwei Jahre zuvor kennengelernt, als dieser auf der ELMAU-Tagung von 1981 über das Thema „*Strange Stability in Hierarchically coupled Neuropsychobiological Systems*“ referierte. Zu den beiden anderen Mitorganisatoren Erol Başar[578] und Hans Flohr[579] besaß Haken keine vorhergehenden Verbindungen.

[575] Das Vorwort wurde im Januar 1983 geschrieben.

[576] Haken, 2005. S. 67.

[577] Arnold J. Mandell (geb. 1934), US-amerikanischer Psychiater und Neurowissenschaftler. Seit 1969 Professor und Lehrstuhlinhaber für Psychiatrie an der University of California in San Diego. Zur Arbeit von Mandel siehe auch seine Autobiographie Arnold J. Mandell, *Coming of the Middle Age*, (1977). Sowie das ausführliche biographische Interview mit ihm von David Healy (abgerufen am 16.3.2013) unter http:d.plnk.co/ACNP/50th/Transcripts/Arnold%2520J.%2520Mandell%2520by%2520David%2520Healy.doc

[578] Erol Başar (geb. 1938), türkisch – deutscher Physiker, der später in Physiologie promovierte. Seit 1980 Professor für Neurophysiologie an der Universität Lübeck. Seit 2000 an der Dokuz Eylül University in Izmir (Türkei).

[579] Hans Flohr (geb. 1936), deutscher Neurobiologe. Promotion 1964. Seit 1975 Professor für Neurobiologie an der Universität Bremen.

Den Verbindungen von Mandell ist es wohl zu verdanken, dass es Haken gelang eine große Gruppe amerikanischer Forscher nach Elmau zu holen, an deren prominentester Stelle der Nobelpreisträger Donald A. Glaser zu nennen ist. Der Entwickler der Blasenkammer hatte sich nach Erhalt des Nobelpreises von der Elementarteilchenphysik ab- und der Hirnforschung zugewandt.[580] Von den 35 Referenten stammten dreizehn aus Übersee und weitere zehn aus anderen europäischen Ländern. Aber auch aus Deutschland waren wichtige Vertreter der Hirnforschung angereist, unter anderen Wolf Singer, Gerhard Roth und Christoph von der Malsburg. Ein wenig Stolz auf diese Tagung schimmerte auch noch durch, als Haken sich im Jahre 2005 hieran erinnerte:

> „Ich möchte nur einige nennen, die auch später immer wieder hervorgetreten sind. Da waren z.B. Walter Freeman, der sich später mit hochinteressanten Arbeiten zum Geruchshirn beschäftigte, H. Reitböck, der schon frühzeitig ein System mit vielen Elektroden entwickelte,um gleichzeitig die elektrische Aktivität von mehreren Neuronen zu messen, Erol Başar, der damals wie heute seine Pionierarbeiten zur Messung elektrischer Felder im Gehirndurchführte, Christoph von der Malsburg, der heute ein führender Experte auf dem Gebiet der Gesichtserkennung durch Computer ist, oder Kohonen, der grundlegende Vorstellungen entwickelte, wie in einem Computer oder vielleicht auch im Gehirn Objekte mit ähnlichen Eigenschaften in benachbarten Bereichen abgespeichert werden.“[581]

Haken schlug in seinem einleitenden Vortrag für die anwesenden Mediziner und Biologen mittels der Synergetik eine Brücke zur Physik und Chemie. Nach einer Einführung in die Grundlagen der Synergetik wandte er sich der Frage zu, wie man in der Medizin mit komplexen Systemen umgehen könne. Dabei wies er darauf hin, dass das Gehirn selbst Wege der Reduktion der Komplexität gefunden habe, zum Beispiel indem es die nahezu unzähligen Bewegungen der auf die Haut einwirkenden Luftmoleküle zu einem Mittelwert einer „gefühlten“ Temperatur reduziere.[582] Eine solche Informationskompression werde auch durch das in der Synergetik verwendete Ordnungsparameterkonzept erreicht. Durch seinen speziellen Aufbau aus miteinander wechselwirkenden Neuronen sei das Gehirn ein gutes Beispiel für ein synergetisches System. Auch müsse die große Zahl der Neuronen (ca. 100 Milliarden mit jeweils ca. 10.000 Verknüpfungen) nicht

---

[580] Donald Glaser (1926 - 2013), US-amerikanischer Physiker, Erfinder der Blasenkammer. Zum Zeitpunkt der Tagung 1983 war Glaser Professor für Physik und Molekularbiologie an der University Berkeley (Kalifornien). Zu Leben und Werk des Nobelpreisträgers siehe das Interview Donald Glaser, "The Bubble Chamber, Bioengineering, Business Consulting, and Neurobiology," an oral history conducted in 2003-2004 by Eric Vettel, Regional Oral History Office, The Bancroft Library, University of California, Berkeley, 2006.

[581] Haken, 2005. S. 67.

[582] Hermann Haken in E. Basar et al., *Synergetics of the Brain*, (1983). S. 7

schrecken, da eine vergleichbare Informationskompression auch beim Laser mit seinen typischerweise ca. 10^{18} Photonen vorliegt. Auf die naheliegende Frage, was denn die Entsprechung beim Gehirn zum Ordnungsparameter „Lichtwelle“ des Lasers sei, spekulierte Haken, dass die Gedanken die Rolle der Ordnungsparameter im Gehirn übernehmen könnten:

> „Order parameters can be identified with our thoughts while the subsystems are electrochemical processes. It is suggested that in the way order parameters and subsystems condition each other, thoughts and electrochemical processes condition each other.”[583]

Der synergetische Ansatz zur Betrachtung des Gehirns erschien Haken vor allem auch deshalb erfolgversprechend, da die Synergetik Systeme nahe ihrer kritischen Punkte betrachtet. Und das Gehirn müsse nahe solchen Instabilitätspunkten arbeiten, denn nur an solchen Punkten könne Neues entstehen:

> „[…] when a certain set of subsystems [neurons] is governed by a single or few order parameters, we have a compression of information and an increase of reliability of the total system. On the other hand, when a system must be adaptable, the original sets of subsystems must be decoupled and must then be governed by a new order parameter (or some news). […] in the brain there must be a delicate balance between reliability and adaptability and we shall suggest that the brain operates close to instability points when we compare the brain with a dynamic system.” [584]

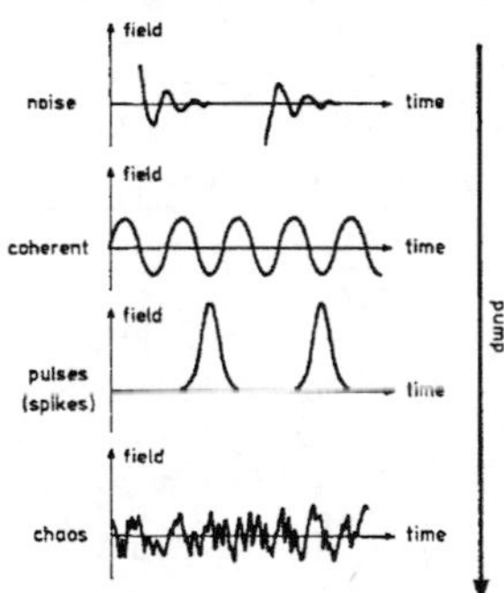

Abb. 34 : verschiedene Formen dynamischen Ausstrahlungsverhaltens des Lasers (aus (Basar, et al., 1983), S. 12 Figur 4)

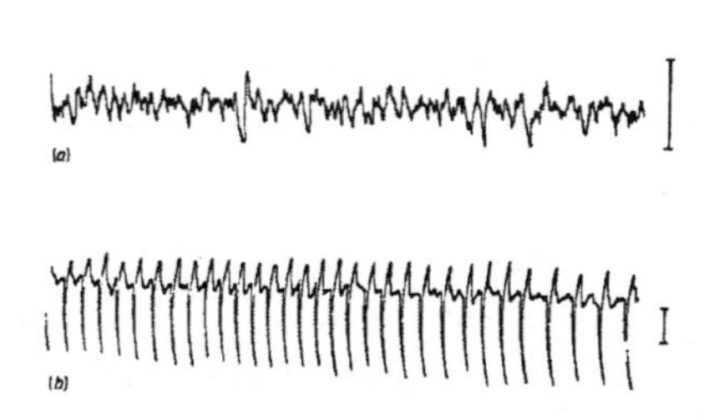

Abb. 35: Zwei EEG-Kurven
a) gesunde Person bei normaler Denktätigkeit
b) Epileptischer Anfall
(aus (Haken, 1989), hier S. 529)

Aufgrund der in den vergangenen Jahren aktuellen Forschungen der verschiedenen Phasenübergangs-Hierarchiestufen bei dynamischen Systemen und dem Vorliegen

---

[583] Basar und andere, 1983. S. 9
[584] Basar und andere, 1983. S. 10.

verschiedener elektrischer Gehirnwellenzustände (EEG-Messungen) zog Haken dann noch einen Vergleich mit dem Laserverhalten. So zeigte sich die in Abb. 34 und 35 dargestellte Analogie.

Man beachte, dass das „kohärente“ Verhalten beim Laser dem epileptischen Anfall im Gehirn entspricht, während das normale Verhalten der Alpha-Wellen der chaotischen Aussendung des Laserlichtes ähnelt. Folgende Tabelle fasst Hakens Sichtweise zum Gehirn als dynamisches synergetisches System noch einmal zusammen.

Tabelle 13: Formale Analogie zwischen dem Laser und dem Gehirn (adaptiert nach Tabelle I (Basar, et al., 1983), S. 12)

Laser	**Gehirn**
Untereinheiten (mit komplizierter interner Dynamik) Atome und Moleküle	Untereinheiten (mit komplizierter interner Dynamik) Neuronen
Zustände (moden) der (kollektiven) Aktion	
Unkorrelierte Emission von Licht durch Atome	Unkorreliertes „Feuern“ der Neuronen
Kohärente Wellenzüge	Kohärente Wellenzüge (z. B. α-Wellen)
Pulse	Kollektive Spitzen (spikes) bei epileptischen Anfällen
Chaotisches Licht	„normale“ Gehirnfunktion

Hakens einführende Worte zur sechsten ELMAU-Konferenz müssen als erste Versuche gesehen werden, das Gehirn als synergetisches System zu betrachten. Er war sich der Schwierigkeiten bewusst, die aus einer solchen physikalischen, materialistischen Herangehensweise erwuchsen. Und er wurde auch nicht müde zu betonen, wie wenig man experimentell über das Gehirn wisse[585]. Erinnert sei daran, dass 1983 aus heutiger Sicht weder schnelle, leistungsfähige Computer und Auswertungssoftware verfügbar waren, noch feinkörnige experimentelle, nichtinvasive Messmethoden vorlagen, wie sie sich später durch die Computertomographie und hochauflösende (multi-Elektroden) Elektroenze-

585 Basar und andere, 1983. Insbesondere S. 17ff.

phalographen ergaben[586]. Nach Hakens Worten würde diese „Flut an Daten“ nur dann sinnvoll bearbeitet werden, wenn die „grundlegenden Ideen“ und die dazugehörigen „Modellgleichungen“ vorhanden seien.[587] Eine solche grundlegende Idee, daran bestand für Hermann Haken kein Zweifel, konnte die Synergetik sein.

Eher unerwartet und ungeplant ergab sich Mitte 1983 ein Kontakt aus der Medizin und der Physiologie, der die Forschungen von Hermann Haken in den kommenden Jahren stark beeinflussen sollte.

b. Die Zusammenarbeit mit Scott Kelso

Anfang 1983 begann sich das Forschungsinteresse Hakens langsam aber nachhaltig in Richtung medizinischer Themen zu verändern. Dies war wahrscheinlich nicht zuletzt auf die vielen Gespräche während der Winterseminare von Manfred Eigen zurückzuführen, wo diese Themen allgegenwärtig waren. Das menschliche Gehirn, aufgebaut aus vielen Milliarden Neuronen, ähnelt so sehr anderen synergetischen Systemen (bezogen auf die große Anzahl der interagierenden Unterkomponenten), dass der Versuch einer analogen Betrachtungsweise nahe lag:

> „Ich selbst hatte mich immer wieder für Fragen der Gehirnforschung interessiert, allerdings mehr am Rande. So hörte ich interessante Vorträge von Wilson und Cowan über deren Modell zur Bildung von Erregungsmustern im Gehirn oder die interessanten Experimente von Julesz über das räumliche Sehen, die mich besonders beeindruckten. [...] Es war mir damals schon klar, dass hier ein weites Betätigungsfeld für die Synergetik sein musste, und ich stellte schon frühzeitig die kühne Behauptung auf, dass unsere Gedanken nichts weiter anderes als Ordner sind, während die Aktivitäten der Neuronen die versklavten Teile sein müssen.“[588]

Wie geschildert führte dieses Interesse von Haken 1983 zur 6. ELMAU Tagung, die unter dem Thema „*Synergetics of the Brain*“ stand.[589] Nur wenige Wochen nach der

---

[586] Zur Geschichte dieser beiden wichtigen medizinischen Diagnoseapparaturen siehe für die Computertomographie die Nobelpreisreden von Allan M. Cormack, 'Early Two-Dimensional Reconstruction and Recent Topics Stemming from It', in *Nobel Lectures, Physiology or Medicine 1971-1980,* Hrsg. Jan Lindsten (1992), S. 551 - 563. und Godfrey N. Hounsfield, 'Computed Medical Imaging', in *Nobel Lectures, Physiology or Medicine 1971-1980,* Hrsg. Jan Lindsten (1992), S. 568 - 586. Für die Elektroenzephalographie siehe Mary Brazier, *A history of the electrical activity of the brain; the first half-century,* (1961). Des Weiteren Cornelius Borck, *Hirnströme: Eine Kulturgeschichte der Elektroenzephalographie,* (2005). Siehe auch den Beitrag von K. Hentschel in Klaus Hentschel, 'Zur Geschichte von Forschungstechnologien: Generizität - Interstitialität - Transfer', (2012). S. 113ff.

[587] Basar und andere, 1983. Hier Preface S. V.

[588] Haken, 2005. S. 66.

[589] Siehe vorhergehendes Unterkapitel.

Tagung erreichte Hermann Haken Ende Juli 1983 ein Brief des jungen irisch-amerikanischen Neurowissenschaftlers namens Scott Kelso[590]. Dieser berichtete ihm über eigene Forschungen zur Bewegungskoordination bei Tieren und Menschen. Er sei an dem Phänomen der Nichtgleichgewichts-Phasenübergänge sehr interessiert. Nachdem Haken positiv reagiert hatte, nutzte Kelso, begleitet von seiner Frau, einen kurzzeitigen Forschungsaufenthalt in Frankreich, um schon im September Hermann Haken in dessen Wohnung in Sindelfingen bei Stuttgart zu besuchen. Aus diesem Treffen sollte sich in den folgenden Jahren eine enge Zusammenarbeit entwickeln. Kelso erklärte Haken seine Experimente mit koordinierten Handbewegungen, die, nach Anfangs paralleler Bewegung, bei Erhöhung der Frequenz in eine symmetrische (antiparallele) Bewegung übergingen. Bei diesen Fingerbewegungen wirken viele Muskelgruppen zusammen und er wollte wissen, ob Haken diesen Übergang mittels seines synergetischen Ansatzes erklären könne.

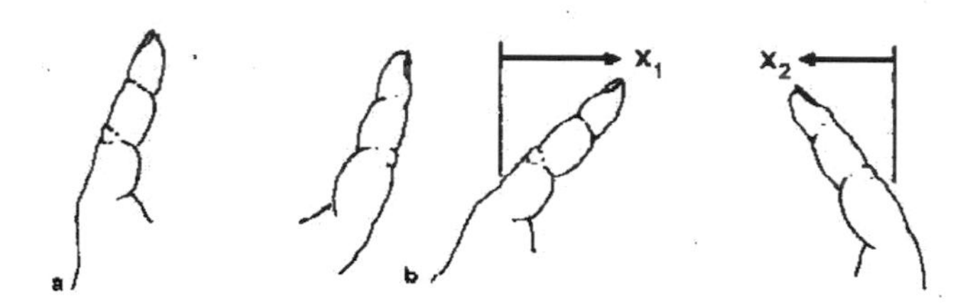

Abb. 36: Das Handbewegungskoordinationsexperiment Kelsos. a) antisymmetrische b) symmetrische Fingerbewegung (aus (Haken, 1988) S. 219)

Eine unmittelbare Folge dieses Gesprächs war Hakens Einladung an Kelso auf eine Gastprofessur für den Sommer des kommenden Jahres (1984) an seinem Institut.[591] Kelso sagte zu und hielt sich dann im Juni 1984 für ca. vier Wochen in Stuttgart auf, bevor er zu einem Aufenthalt als Fellow nach Bielefeld an das dortige Wissenschaftszentrum weiterreiste. Schon nach kurzer Zeit fand Haken eine Lösung für das von Kelso aufgeworfene Problem, indem er, wie beim Laser, gedanklich eine Potenziallandschaft konzipierte, die sich durch Änderung des Ordnungsparameters (hier die relative Phase der beiden Finger) verformte. Damit gelang es ihm, die experimentellen Befunde theoretisch abzubilden.

[590] J. A. Scott Kelso (geb. 1947) in Irland. Studierte Neuropsychologie in Belfast, Calgary und Madison (USA), wo er 1975 promovierte. 1983, als er Kontakt mit Hermann Haken aufnahm, forschte er am Haskins Laboratorium der Universität Yale in New Haven und war gleichzeitig Professor an der Universität von Connecticut. (http://en.wikipedia.org/wiki/J._A._Scott_Kelso, abgerufen am 12.12.2012).

[591] Brief von Hermann Haken an Scott Kelso vom 12.1.1984 (Ordner Kelso, Archiv Haken).

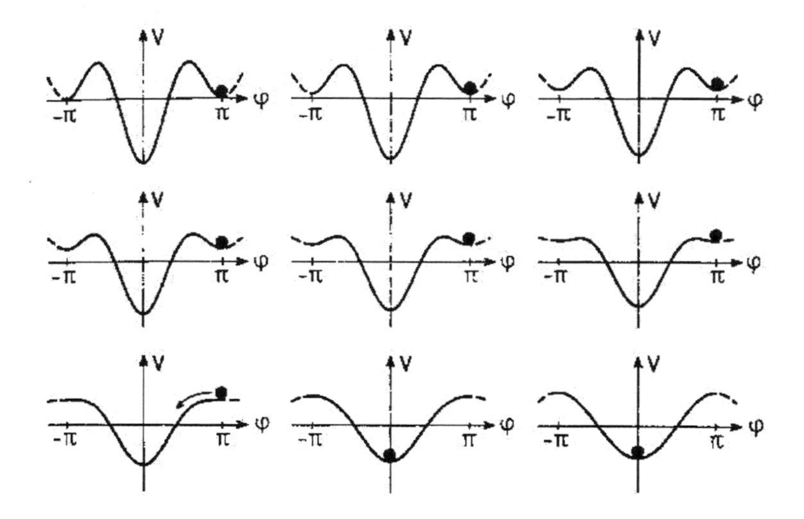

Abb. 37: Das Potenzial zur Beschreibung des Umschlags der Fingerbewegung (aus (Haken, et al., 1985) , S. 350)

Durch die Erhöhung der Frequenz verformt sich das Potenzial, das bei π liegende Tal wird flacher und schließlich nimmt die Konfiguration (symbolisiert durch die Kugel) eine neue stabile Lage ein. Haken informierte Kelso umgehend[592]:

> „[...]In the meantime I could formulate two coupled equations for the two hands which exhibit a number of features we want, namely the decrease of the amplitude with increasing frequency, the coupling of their phases, and the switching behavior of the relative phase including hysteresis. The equations are slightly more complicated than we originally thought."

Die Ergebnisse wurden baldmöglichst veröffentlicht, wobei als weiterer Koautor Herbert Bunz aufgenommen wurde, der als Doktorand von Haken die Gleichungssysteme numerisch mit Hilfe des Computers löste. Der Artikel erschien unter dem Titel *„A theoretical Model of Phase-Transitions in Human Hand Movements"* in der Zeitschrift Biological Cybernetics[593], wo er am 17. November eingegangen war. Diese Arbeit ist mit über 850 Nennungen die am häufigsten zitierte Arbeit Hakens.[594] Er schlug Kelso auch weitere experimentelle Untersuchungen vor, die dieser ausführte und die die Vorhersagen der Theorie von Haken auch bestätigten.

---

[592] Brief von Hermann Haken an Scott Kelso vom 24.7.1984 (Ordner Kelso, Archiv Haken).

[593] H. Haken, J. A. S. Kelso, und H. Bunz, 'A Theoretical-Model of Phase-Transitions in Human Hand Movements', *Biological Cybernetics,* 51 (1985).

[594] Nach Web of Science Database, abgerufen am 17.12.2012. Die grundlegende Arbeit zur Quantentheorie des Lasers *„Nonlinear Theory of Laser Noise and Coherence I"* Haken, 1964. wurde dagegen „nur" 115 Mal zitiert. Die unterschiedliche Größe der jeweiligen "Community" ist dabei allerdings zu beachten.

Es waren dies das Auftreten von Hysterese-Effekten (d.h.: war die Bewegung der Finger einmal von parallel zu symmetrisch umgeschlagen, so blieb die symmetrische Phase erhalten, auch wenn die Frequenz der Bewegung wieder verlangsamt wurde), die Beobachtung von „kritischen Schwankungen“ und die Verlangsamung der Reaktion des Systems auf Störungen im Übergangsbereich. Alles Effekte, die auch bei anderen synergetischen Systemen auftreten.[595] Dies war, in den Worten Hakens, eine entscheidende Erkenntnis:

> „Bislang hatten die Hirnforscher und Forscher der Bewegungsdynamik von Gliedmaßen oder der Fortbewegung immer angenommen, dass das Gehirn wie ein Computer funktioniert. Aber – hier kommt nun die entscheidende Erkenntnis – bei Computern würden die hier beobachteten Erscheinungen wie Hysterese, kritische Fluktuationen und kritisches Langsamerwerden nie auftreten. Das Gehirn funktioniert also nicht wie ein Computer, sondern wie ein sich selbst organisierendes System.“[596]

Haken fühlte sich jetzt ermutigt, die Anwendung seines synergetischen Ansatzes auf Fragen der Gehirnforschung weiter auszudehnen, wobei er eng mit Kelso zusammenarbeitete.[597]

Dieser war dann häufiger kurzzeitig als Gastwissenschaftler am Stuttgarter Institut tätig und nahm auch an der 7. ELMAU-Konferenz über *„Complex Systems – Operational Approaches in Neurobiology, Physics and Computers“* im Mai 1985 teil. Im Verlauf dieser Arbeiten, an denen sich neben Haken auch seine Doktoranden Gregor Schöner, Armin Fuchs und in den neunziger Jahren Viktor Jirsa teilnahmen, wechselte der Forschungsfokus von der Bewegungsphysiologie hin zu Fragen der Dynamik des Gehirns.

---

[595] Sie auch J. A. S. Kelso et al., 'Nonequilibrium Phase-Transitions in Coordinated Movements Involving Many Degrees of Freedom', *Annals of the New York Academy of Sciences,* 504 (1987). Haken, 1988. Und Haken, 2005.

[596] Deutsches Manuskript von Haken, 2005. S. 70 (Archiv Haken).

[597] Scott Kelso erhielt Mitte 1985 das Angebot auf eine Professur an der Florida Atlantic University in Boca Raton in Florida, die er annahm. Im Laufe der folgenden Jahre baute er ein großes Forschungsinstitut auf. Laut Vorschlag von Kelso sollte Haken den „Co-Chair“ übernehmen. Haken sagte zu, aber konnte die Aufgabe aufgrund gesundheitlicher Schwierigkeiten nicht annehmen. Details hierzu ergeben sich aus dem Briefwechsel zwischen H. Haken und S. Kelso. (Archiv Haken). Der erste Besuch Hakens in Florida fand dann erst im März 1989 statt.

c. Anwendungen der Synergetik in der Gehirnforschung

Neben der Zusammenarbeit mit Scott Kelso beschäftigte sich Hermann Haken Anfang der achtziger Jahre auch mit der Informations- und Computertheorie. Anlass hierfür war die Erkenntnis, dass es in der Natur viele Systeme gibt, bei denen man nicht, wie beim Laser, *ab initio* Gleichungen für die einzelnen Komponenten aufstellen und diese dann mittels des Versklavungsprinzips auf einige wenige Ordnungsparameter-Gleichungen reduzieren kann. Oftmals ist es nur möglich, wie z. B. bei der Messung von Gehirnwellen, verrauschte makroskopische Daten zu erhalten. (z. B. ein EEG). Haken suchte nun nach einer Methode, um von diesen makroskopischen Daten auf die zugrundeliegenden Ordnungs-parametergleichungen schließen zu können. Er fand diese im „Maximum Informations Entropie“ Prinzip, das 1957 von Edwin T. Jaynes in die Statistische Physik eingeführt worden war.[598] In vereinfachten Worten besagt das Maximum Informations Entropie Prinzip: Ist über das System nur wenig bekannt, so ist unter allen Zuständen des physikalischen Systems derjenige zu wählen, welcher die Entropie maximiert.

Im Jahre 1988 veröffentlichte Haken ein Buch zum Thema der Information und Selbst-Organisation, das seine Forschungsergebnisse der zurückliegenden sechs Jahre zusammenfasste. [599] Er bezeichnete dies „the second foundation of synergetics“[600].

> „We wish now to develop an approach which can be put in analogy with that of thermodynamics. Namely, we wish to treat complex Systems by means of macroscopically observed quantities. Then we shall try to guess the microscopic structure of the processes which give rise to the macroscopic structure or the macroscopic behavior.”

In der Anwendung beschränkte er sich auf offene Systeme und fand eine vollständige Übereinstimmung zwischen mikroskopischem Ansatz (“von unten”) und makroskopischem Ansatz (“von oben”).

Dabei kommt es vor allem darauf an, die entsprechenden einschränkenden Randbedingungen des untersuchten Systems zu finden. Der von Haken erarbeitete Weg eröffnete diese Möglichkeit:

---

[598] E. T. Jaynes, 'Information Theory and Statistical Mechanics', *Physical Review,* 106 (1957).

[599] Hermann Haken, *Information and Self-Organization. A Macroscopic Approach to Complex Systems*, (1988).

[600] Haken, 1988. S. 33.

„Using the results of the microscopic theory as a guide, we are then able to do much more; namely, we can do without the order parameters from the outset. Instead our approach will start from correlation functions, i.e. moments of observed variables from which we may then reconstruct the order parameters and the enslaved modes. Incidentally, we can also construct the macroscopic pattern, or in other words we may automatize the recognition of the evolving patterns which are produced in a non-equilibrium phase transition."[601]

Mit Hilfe dieses Ansatzes gelang es Haken und seinen Mitarbeitern, hier ist vor allem sein langjähriger Asisstent Rudolf Friedrich zu nennen, einige grundlegende dynamische Phänomene der Neuronenaktivität zu erklären. Friedrich konnte in einer Arbeit von 1992 zeigen, dass der „kleine" epileptische Anfall, die *„petit mal epilepsie"*, ein kohärentes Feuern der Neuronen („Neuronengewitter") erzeugt, dessen Grundmuster sich auf wenige Ordnungsparameter zurückführen lassen.[602] Auch die Arbeitsgruppe von Kelso befasste sich mit dieser Methode. Sie analysierte die Muster der am Kopf einer Versuchsperson gemessenen Magnetfeldvariationen (MME) bei der Durchführung einer speziellen kognitiven Aufgabe. Auch dabei zeigten sich raum-zeitliche Muster, die dann auf die Dynamik weniger Ordnungsparameter schließen ließen.[603] Rudolf Friedrich hatte die mathematischen Werkzeuge für diese Arbeiten übrigens aus der Analyse der räumlichen Behandlung des Taylor-Phänomens der Hydrodynamik gewonnen[604], was aus Hakens Sicht auf eine tieferliegende Analogie dieser beiden Gebiete - der Hydrodynamik und der Neuronen-Dynamik - schließen ließ, die beide mit denselben mathematischen Methoden der Synergetik behandelt werden konnten.

---

[601] Haken, 1988. S. 35

[602] R. Friedrich und C. Uhl, 'Synergetic analysis of human electroencephalograms: Petit-mal epilepsy', in *Evolution of dynamical structures in complex systems,* Hrsg. R. Friedrich und A. Wunderlin (1992).

[603] R. Friedrich, A. Fuchs, und H. Haken, 'Spatio-temporal EEG patterns', in *Synergetics of rhythms in biological systems,* Hrsg. H. Haken und H.P. Köpchen (1992).

[604] R. Friedrich und H. Haken, 'Static, Wave-Like, and Chaotic Thermal-Convection in Spherical Geometries', *Physical Review,* A34 (1986). R. Friedrich und H. Haken, 'Time-dependent and chaotic behaviour in systems with O(3)-symmetry', in *The Physics of Structure Formation,* Hrsg. W. Güttinger und G. Dangelmayer (1987), S. 334 - 345.

d. Mustererkennung im Sehsystem und mit dem synergetischen Computer

Mit diesem neu gefundenen makroskopischen Ansatz aus der Informationstheorie konnte Hermann Haken Ende der achtziger Jahre die Synergetik auf das ihn seit vielen Jahren beschäftigende Problem der Mustererkennung anzuwenden. Dabei faszinierte ihn besonders die Frage der Wahrnehmung von Gestalten beim Sehen. Wenn sein Ansatz, dass das Gehirn wie ein synergetisches System nahe an Instabilitätspunkten arbeitet, stimmen würde, dann erwartete er aus der Erfahrung mit der Anwendung des Ordnerkonzeptes in physikalischen Systemen und insbesondere beim Laser, dass sich Phänomene wie Bistabilität (Symmetriebrechung), Hysterese und Fluktuationen zeigen müssten. Die Bistabilität beim Sehvorgang war lange bekannt und lag zum Beispiel in den Kippfiguren wie dem Necker-Würfel vor. Haken verwandte für die Illustration dieses Effektes oftmals die berühmte Figur in Abbildung 38, wobei die Wahrnehmung zwischen Vase bzw. Männerköpfe oszilliert.

Abb. 38: Von Haken häufig verwendete Illustration der Kippfigur (aus (Haken, 1990)). Diese Figur, auch Rubin-Vase, wurde zuerst von dem dänischen Psychologen Edgar Rubin (1886 - 1951) im Jahre 1915 gezeigt. (Rubin, 1921). Weitere bekannte Beispiele für Kippfiguren sind der Necker-Würfel des Schweizer Geologen Louis Necker (siehe dazu (Forbes, 1863)) oder den von Ludwig Wittgenstein diskutierten Hasen-Entenkopf (dazu auch (Wittgenstein, 1953)

Ein Beispiel für die visuelle Hysterese gibt folgende Figur

Abb. 39: Beispiel für visuelle Hysterese (siehe Text) (aus (Haken, 2005))

Folgt man der Figur von links nach rechts so zeigt sich das Frauenbild meistens erst mit dem drittletzten Bild. Wählt man als Startpunkt dagegen das Bildnis der Frau und folgt der Zeichnung nach links, so kippt die Wahrnehmung des Bildes als Männergesicht nicht schon mit dem dritten Bild sondern erst wieder mit dem drittletzten Bild der oberen Reihe. Haken erklärte dies mit folgendem Potenzialbild

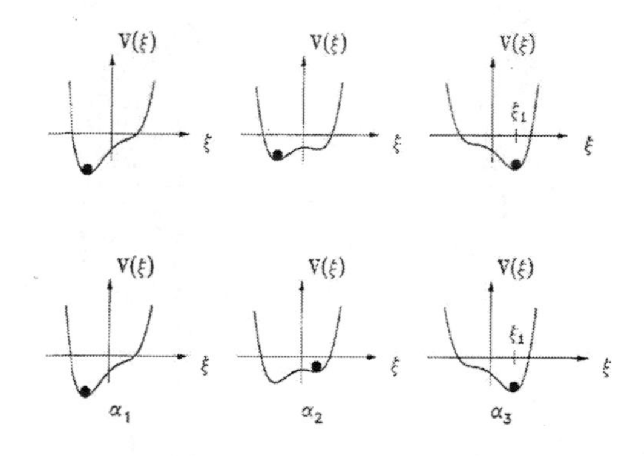

Abb. 40: Potenzial zur Abb. 39 (aus (Haken, 2005))

Entscheidend ist die unterschiedliche Position der Wahrnehmung (Kugel) in der Stellung α_2, obwohl Ausgangs- und Endpunkt jeweils gleich sind. Dies entspricht der unterschiedlichen Position, an der der Betrachter das Auftauchen (=Kippen) der neuen Figur wahrnimmt. Zusammen mit seinem Doktoranden Thomas

Ditzinger (geb. 1960) konnte Haken für die gezeigten visuellen Wahrnehmungsunterschiede Ordnerparameter-Gleichungen aufstellen, die in diesem Falle noch einen zusätzlichen „Aufmerksamkeitsparameter" enthielten. Es waren also zwei Ordner tätig, die im oszillierenden Wettbewerb standen.[605] Die gewonnenen analytischen Ergebnisse versuchte Haken Ende der achtziger Jahre in ein Computermodell zu übersetzen.

Für ihn waren, wie wir gesehen haben, die Neuronen die Subsysteme des Gehirns und die Gedanken stellten für ihn die Ordner dar. Nach den Konzepten der Synergetik mussten beide Teile auf unterschiedlichen Zeitskalen reagieren, damit die Untersysteme „versklavt" werden konnten. Das ist im Gehirn der Fall: während die Neuronen im Bereich im Zeitbereich von Millisekunden „feuern" bewegen sich die Variationen von erfassten Inhalten („Gedanken") im Bereich von Zehntelsekunden.[606] Allerdings war Anfang der achtziger Jahre ohne die nichtinvasiven bildgebenden Verfahren noch sehr wenig über die Funktionsweise und das Zusammenwirken der Neuronen bekannt. Ein zentrales Konzept stellte das Konzept der sog. Hebbschen Synapsen dar.[607] Danach soll durch gleichzeitige Aktivierung von Neuronen eine physische Verstärkung der Verbindung zwischen ihnen stattfinden, was einen Lernvorgang ermöglichen soll. Solche Modelle wurden für die Entwicklung von sog. „neuronalen Netzen" eingesetzt, die ein wichtiges Konzept für die computergestützte Entwicklung der „künstlichen Intelligenz" darstellten.

Eine aus Physikersicht wichtige Unterklasse neuronaler Netze stellen „Spinglas-Modelle" dar, die auf der Annahme beruhen, dass ein Neuron nur zwei Zustände einnehmen kann (Spin up oder Spin down) und die Schaltung des Neurons durch den Eingang von Signalen anderer Neurone bewirkt wird.[608] Schon im Jahre 1943 hatten die beiden amerikanischen Neurologen Warren McCulloch und der Logiker Walter Pitts nachgewiesen, dass solche Elemente in der Lage sind, jede gewünschte logische Funktion auszuführen.[609] Ein viel diskutiertes Spinglas-Modell stammt von

---

[605] T. Ditzinger und H. Haken, 'Oscillations in the Perception of Ambiguous Patterns - a Model Based on Synergetics', *Biological Cybernetics,* 61 (1989).
[606] Ernst Pöppel, *Grenzen des Bewußtseins. Über Wirklichkeit und Welterfahrung,* (1987).
[607] Donald Hebb, *The organization of behavior. A neuropsychological theory,* (1949).
[608] Hermann Haken, 'Synergetischer Computer - ein nichtbiologischer Zugang', *Physikalische Blätter,* 45 (1989). S. 168
[609] W.S. McCulloch und W. Pitts, 'A Logical Calculus of the Ideas Immanent in Nervous Activity', *Bull. Math. Biophysics,* 5 (1943).

John Hopfield aus dem Jahre 1982[610], das einer Potenziallandschaft entsprach, dessen Symmetrie durch Zusatzinformationen gebrochen werden kann und dessen dadurch entstehendes Potenzialtäler als Attraktoren wirken. Haken fühlte sich sofort an das von ihm schon 1964 entwickelte Bild der Symmetriebrechung an der Laserschwelle erinnert.[611] Allerdings ist das Konzept von Hopfield nicht eindeutig, da einem eingespeicherten Zustand viele Potenziallandschaften entsprechen können.[612]

Hier setzte jetzt Hakens Ansatz des synergetischen Computers an. Er nutzte dabei die Eigenschaft einiger offener Systeme, bei denen durch Vorgabe von Anfangswerten das gesamte System in einen definierten Endzustand hineingezogen wird („versklavt" wird). Dann besteht die (schwierige) Aufgabe darin, „die „Gebirgslandschaft" [das Potenzial] V so festzulegen, daß die Täler von V genau den gespeicherten Prototypmustern entsprechen" [613] . Der Vorteil dieses synergetischen Konzeptes besteht nach Haken darin, daß keine unerwünschten Attraktoren, also keine Doppeldeutigkeiten, die den Hopfield'schen Ansatz so stören, auftreten können. Der synergetische Computer ist ein „Top-Down" Ansatz, der die gewünschten Eigenschaften des Parallel-Computers an den Anfang stellt und daraus die Eigenschaften des neuronalen Netzes ableitet. Mit anderen Worten, dieser Computer kann nur für diese eine Aufgabe, z. B. der Mustererkennung bekannter Muster eingesetzt werden und nicht, wie ein seriell arbeitender Computer, für beliebige Aufgaben.

In den Jahren 1985 bis 1989 publizierte Hermann Haken zusammen mit seine Mitarbeitern und Doktoranden nicht weniger als dreißig Arbeiten zu den Themen der Mustererkennung und des Synergetischen Computers und sowohl die achte, wie auch die neunte ELMAU-Konferenz, widmeten sich unter den Motti „*Computational Systems - Natural and Artificial*" sowie „*Neural and Synergetic Computers*" diesem Problemkreis.[614]

---

[610] J. J. Hopfield, 'Neural networks and physical systems with emergent collective computational abilities', *Proc. Nat. Acad. Sci.* , 79 (1982). Siehe auch schon früher W. A Little, 'The existence of persistent states in the brain', *Mathematical Biosciences,* 19 (1974).
[611] s. S. 71.
[612] Haken, 1989. S. 169.
[613] Haken, 1989. S. 170.
[614] Hermann Haken, *Computational Systems - Natural and Artificial,* (1987). Und Hermann Haken, *Neural and Synergetic Computers,* (1988).

e. Synergetik in der Psychologie

Nach diesen jahrelangen Vorbereitungen mit den Problemen der Bewegungskoordination, der neuronalen Netzwerke und der Thematik der Mustererkennung war es naheliegend, das Haken sich vermehrt dem schwierigen Thema einer möglichen Anwendung der Synergetik in der Psychologie und der Forschung zum menschlichen Bewusstsein zuwandte. Er betrat damit nicht zuletzt das in der Philosophie klassische Feld des „Leib-Seele" Problems, des lange so vermuteten Dualismus von Gehirn als materiellem Substrat und dem Geist als eigenständigem Agens.[615] Das Nachdenken über Ordnungsparameter führte in seinen Worten „zwangsläufig zur Diskussion psychischer Prozesse" und er fuhr fort „tatsächlich ist es mir auch so ergangen und ich habe in Vorträgen vor Psychotherapeuten und Psychologen schon in den 80er Jahren auf solche Konzepte hingewiesen."[616] Ein solcher Anlass hatte sich im Jahre 1985 geboten, als Haken den Heidelberger Kongress für Familientherapie nutzte, um über „*Synergetik und ihre Anwendung auf psychosoziale Probleme*" zu sprechen.[617] Es war ihm klar, dass er hierbei zunächst auf starke Vorbehalte treffen musste. Denn eine für ihn normale Aussage wie „ein wesentlicher Gesichtspunkt der Synergetik ist, dass sie nach allgemeingültigen Prinzipien sucht, unabhängig davon, ob es sich bei den einzelnen Teilen des Systems um Atome, Moleküle, Zellen oder sogar Menschen handelt" setzte ihn dem Vorwurf „eines krassen Materialismus" aus. Dagegen verwahrte er sich und erläuterte:

> „... es sollen nur in einer sehr abstrakten Weise typische Relationen zwischen dem System und seinen Teilen untersucht werden. Dabei ergibt sich auch, daß wir hier keinem Reduktionismus das Wort reden, wo ja die Eigenschaften des Gesamtsystems aus den Eigenschaften der Teile allein verstanden werden. Ganz im Gegenteil wird sich herausstellen, daß wir auf der Ebene des Gesamtsystems ganz neue Begriffsbildungen gebrauchen." [618]

---

[615] Die Literatur zum Leib-Seele Problem ist nahezu grenzenlos. Anfänge bei Platon: siehe z.B. Theodor Ebert, 'Phaidon: Übersetzung und Kommentar', (2004). und René Descartes, *Discours de la méthode pour bien conduire sa raison, et chercher la verité dans les sciences plus La dioptrique, Les météores et La géométrie, qui sont les essais de cette Méthode,* (1987). Zum Stand der heutigen Diskussion
z. B. Gerald M. Edelman und Giulio Tononi, *Gehirn und Geist - wie aus Materie Bewusstsein entsteht,* (2002). sowie Josef Seifert, *Das Leib-Seele-Problem in der gegenwärtigen philosophischen Diskussion,* (1979).

[616] Haken, 2005. S. 83.

[617] Hermann Haken, 'Synergetik und ihre Anwendung auf psychosoziale Probleme', in *Familiäre Wirklichkeiten. Der Heidelberger Kongreß,* Hrsg. H. Stierlin, F. B. Simon, und G. Schmidt (1987), S. 36 - 50.

[618] Haken, 1987. S. 36-37.

Auch war ihm das „Minenfeld" eines anderen Sprachgebrauchs in der Psychologie wohl bewusst. Nicht von ungefähr erläuterte er explizit an dieser Stelle „daß die Synergetik Begriffe einführt, die wertfrei sind. Die [jeweilige] Wertung kann erst durch den Kontext der Einzelwissenschaften erfolgen." Natürlich musste auch das Wort von der „Versklavung" erklärt werden, das „trotz aller meiner Beteuerungen, dass es sich hier um einen Terminus technicus handelt [...] auf Soziologen als ausgesprochenes Reizwort wirkt."[619] Im weiteren Verlauf des Vortrages beschrieb Haken dann die Methodik der Synergetik und wies auf die möglichen Analogieschlüsse hin, die sich ergeben, wenn man von den abstrakten Relationen der Synergetik zu den Anwendungen in Psychologie und Psychiatrie kommt.

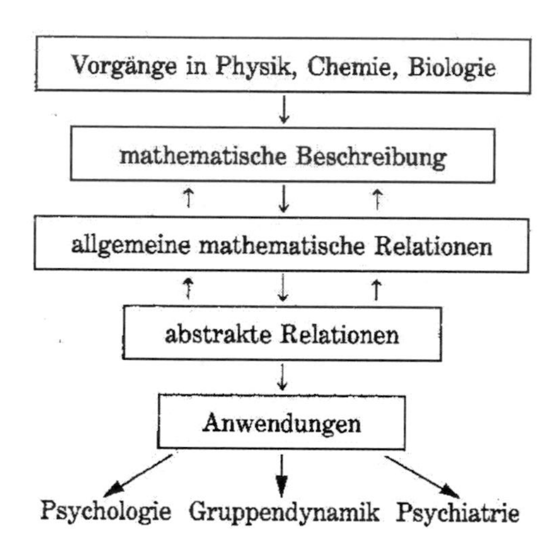

Abb. 41: Systematik des Vorgehens von der Physik zur Psychologie (aus (Haken, 1987))

Dabei wird in der Psychologie die Synergetik vor allem als Theorie der Selbstorganisation gesehen, ein dieser Wissenschaft vertrauter Begriff.

Dieser Vortrag zog zunächst noch keine erkennbaren Weiterungen nach sich. So erwähnte Haken in seinem umfangreichen Rückblick von 1988[620] die Ausweitung der Synergetik auf Fragen der Psychologie noch nicht explizit. Dies sollte sich im folgenden Jahr ändern, als Haken zur vorletzten ELMAU-Tagung im Jahre 1989 mit dem Oberthema „*Synergetics and Cognition*" einlud. Als Mitorganisator hatte er

[619] Haken, 1987. S. 40.
[620] Haken, 1988; Haken, 1988.

den Bremer Psychologen Michael Stadler[621] gewonnen, der sich auf Kognitionsforschung spezialisiert hatte. Der Themenrahmen umfasste die Bereiche Netzwerk-Modelle, oszillatorische Prozesse im Gehirn, Stabilitätskriterien in Kognitiven Systemen, Perzeption und Aktion, Sprachprozesse sowie die psycho-emotionale Entwicklung und soziale Kognition. In seinem einführenden Beitrag erläuterte Haken die Grundprinzipien der Synergetik, insbesondere das Ordnungsparameterkonzept, und wies darauf hin, dass Selbstorganisationsprozesse durch Symmetriebrechung, kritische Fluktuationen und kritisches „Langsamerwerden" vor dem Phasenübergang gekennzeichnet seien. Als Anwendungsbeispiele verwies er sodann auf seine zusammen mit Kelso durchgeführten aktuellen Forschungen zur Änderung von Bewegungsformen und auf seine Arbeiten zur Mustererkennung. Dabei waren die in der Psychologie seit langem bekannten ambivalenten Muster von besonderem Interesse (Necker-Würfel; Vase-Gesicht Figur etc.). Selbstkritisch stellte er die Frage, wie weit der Ansatz der Synergetik gehen könne und betonte nochmals den operationalen Ansatz seiner Forschungen:

> „I have tried to present an operational approach to the theoretical study of brain functions. [...] Our approach is based on the interdisciplinary field of synergetics where we now exploit a pronounced analogy between pattern formation via self-organization and pattern recognition".[622]

Zum Abschluss seines Vortrages äußerte er die Vermutung, dass Computer zwar das menschliche Gehirn simulieren („mimic") könnten, ob diese aber jemals die „enorme integrative Kraft" des menschlichen Gehirns erreichen könnten, erschien ihm sehr zweifelhaft. Und auch in Bezug auf die Psychologie schloss er:

> „In the realm auf psychology there are deep problems for which I can hardly imagine a satisfactory solution. For instance, how can we model emotions? Of course, we can look at them at the behavioral level, and for instance we may construct computers that can read off emotions of persons from their gestures, faces, etc. But this will not give us any access to the internal world of humans."[623]

Der als Mitveranstalter dieses Symposiums von Haken gewonnene Michael Stadler hatte an der Universität Münster Psychologie studiert und war danach als Assistent des „Gestaltpsychologen" Wolfgang Metzger tätig gewesen. Die in den zwanziger Jahren des vorigen Jahrhunderts vor allem durch Wolfgang Köhler begründete

---

[621] Michael Stadler (geb. 1941), studierte Psychologie an der Universität Münster. Seit 1980 Professor für Psychologie an der Universität Bremen. Gründer des Instituts für Psychologie und Kognitionsforschung.

[622] Hermann Haken, 'Synergetics as a tool for the conceptualization and mathematization of Cognition and Behaviour - How far can we go?', in *Synergetics of Cognition,* Hrsg. H. Haken und M. Stadler (1990), S. 2 - 31. Hier Seite 25.

[623] Haken, 1990. S. 29.

Gestalttheorie verwendet Begriffe, die auch in der Synergetik von Bedeutung sind. So findet zum Beispiel die Entstehung von Ordnung und Struktur im Begriff der „Tendenz zur Prägnanz“ einer Gestalt Ausdruck. Auch die Erscheinungen der Multistabilität im Erkenntnisprozess (z.B. Necker-Würfel), das Auftreten von Hysterese oder Symmetriebrechungen zeigten analoge Verwendungen von Begriffen[624]. Damit ergab sich auch in der Psychologie die Möglichkeit eines vertieften mathematischen und operationalen Ansatzes durch die Methodik der Synergetik, wobei die Erprobung der Konzepte durch Experimente stets ein wichtiges Anliegen von Hermann Haken war.

Spätestens im Rahmen dieser Konferenz ergaben sich für Hermann Haken persönliche Kontakte zu verschiedenen deutschen Psychologen, die für seine weiteren Forschungen von Bedeutung werden sollten. Zu nennen wären vor allem Wolfgang Tschacher[625], Günter Schiepek[626], Ewald Brunner[627] und Michael Stadler.[628] Insbesondere Günter Schiepek wurde zu einer treibenden Kraft der Anwendung der Synergetik in der Psychologie. Zusammen mit Tschacher und Brunner organisierte er 1990 die erste Herbstakademie mit dem Thema „*Selbstorganisation und Klinische Psychologie*“, die den programmatischen Untertitel „*Empirische Zugänge zu einer psychologischen Synergetik*“ trug. „Die Herbstakademie ist ein Resultat der interuniversitären Zusammenarbeit von Psychologen aus Bamberg und Tübingen, die sich seit einiger Zeit um eine empirische und theoretische Fundierung systemischen Denkens in der Psychologie bemühen.“ [629] Die Durchführung dieser Tagung wurde durch einen Zuschuss der *Stiftung Volkswagenwerk* aus dem Schwerpunktprogramm „Synergetik“ möglich, den Günter Schiepek beantragt hatte. Die Rolle Hermann Hakens wurde prominent genannt:

---

[624] M. Stadler und P. Kruse, 'The Self-Organization Perspective in Cognition Research: Historical Remarks and New Experimental Approaches', in *Synergetics of Cognition,* Hrsg. H. Haken und M. Stadler (1990), S. 32 - 53.

[625] Wolfgang Tschacher (geb. 1958) studierte Psychologie an der Universität Tübingen und promovierte dort im Jahre 1990. Er habilitierte in Bern (CH) und erhielt dort im Jahre 2002 eine Professur für Psychologie. Er ist Leiter der Abteilung für Psychotherapie an der Universitätsklinik für Psychiatrie. Seine Forschungsgebiete sind Psychotherapie und Psychopathologie, insbesondere unter kognitionswissenschaftlicher und systemtheoretischer Perspektive.

[626] Günter Schiepek (geb. 1958), studierte Psychologie in Salzburg und habilitierte 1990 in Bamberg. Professor für Psychologie an der Paracelsus Medizinischen Privatuniversität Salzburg sowie an der Ludwig-Maximilians-Universität München.

[627] Ewald J. Brunner (geb. 1941), studierte Theologie, Psychologie und Soziologie in Heidelberg, Bielefeld und Tübingen. Von 1982 – 1992 Professor für Pädagogische Psychologie in Tübingen. Seit 1992 Professor für Pädagogische Psychologie in Jena.

[628] http://de.pluspedia.org/wiki/Psychosynergetik (abgerufen am 21.01.2013)

[629] W. Tschacher, 'Bericht von der Herbstakademie "Selbstorganisation und Klinische Psychologie" in Bamberg 1. - 5. 10 1990', *System Familie,* 4 (1991).

„in Kooperation mit dem Physiker und Begründer der Synergetik, Hermann Haken". Es ist nicht übertrieben zu sagen, dass er der „spiritus rector" der Veranstaltung war. Aufgrund des großen Zuspruches entwickelte sich die Herbstakademie zu einer ständigen Einrichtung, die in fast jährlichem Abstand wiederholt wurde[630].

Da das Schwerpunktprogramm „Synergetik" der *Stiftung Volkswagenwerk* im Jahre 1990/91 auslief fehlten Haken die Mittel, um die ELMAU Konferenzen fortzuführen[631]. In gewisser Weise setzten danach die jährlichen Herbstakademien diese Tradition fort, auch wenn der Themenschwerpunkt jetzt natürlich auf der psychologischen und psychiatrischen Forschung lag. Aber auch Themen der Soziologie und der Wissenschaftstheorie wurden behandelt. Die nicht nachlassenden Aktivitäten von Günter Schiepek und Hakens Beschäftigung mit den Anwendungen der Synergetik in der Psychologie führte dann im Jahre 2006 zur Herausgabe des umfang- und inhaltsreichen Buches *„Synergetik in der Psychologie – Selbstorganisation verstehen und gestalten"*.[632] Dabei stellten die Autoren im Vorwort fest: „Für die Psychologie hat sich die Synergetik aufgrund der umfangreichen Forschungen in den letzten Jahren inzwischen zu einem Paradigma entwickelt. Es verbindet unterschiedliche psychologische Problem- und Fragestellungen mit einem gemeinsamen Theoriekern."

Auch für eher an der ursprünglichen Synergetik im Bereich der Physik, Chemie und Biologie interessierte Leser ist das Werk von Interesse, da es ein knapp sechzig Seiten umfassendes Kapitel „Philosophische Fragen der Synergetik" enthält.

---

[630] Im Jahr 2012 fand die 17. Tagung statt. Eine Übersicht und inhaltliche Kurzbeschreibung der einzelnen Tagungen findet sich unter http://www.upd.unibe.ch/research/symposien.html (abgerufen am 21.1.2013)

[631] Die letzte ELMAU Konferenz fand im Oktober 1990 mit dem Titel „Rhythms in Physiological Systems" statt H. Haken und H.P. Koepchen, *Rhythms in Physiological Systems*, (1991).

[632] H. Haken und G. Schiepek, *Synergetik in der Psychologie. Selbstorganisation verstehen und gestalten*, (2006).

9. Die Stellung der Synergetik im Rahmen der Selbstorganisations-Theorien

Die Synergetik als Wissenschaft vom kooperativen, dynamischen Verhalten wechselwirkender Teile ist eine Systemtheorie und Teil der Selbstorganisationstheorien[633]. Die umfassende Geschichte dieses, ab der Mitte des 20. Jahrhunderts wieder verstärkt und mit neuen methodischen und mathematischen Mitteln, in den Fokus gerückten Forschungsansatzes ist erst in rudimentär erforscht worden[634]. Hierbei sind vor allem die Mitarbeiter des Bielefelder Schwerpunktes Wissenschaftsforschung Wolfgang Krohn, Günter Küppers und Rainer Paslack zu nennen. Noch während der Genese der einzelnen Teildisziplinen Ende der achtziger und Anfang der neunziger Jahre versuchten sie eine systematische Einordnung und Bewertung der Selbstorganisationstheorien.[635] Allerdings gibt es bis heute noch keine einheitliche und umfassende Definition, was unter Selbstorganisation zu verstehen ist.

So wird Selbstorganisation in der „*Enzyklopädie Philosophie und Wissenschaftstheorie*" definiert als

[633] Den Begriff „Self-Organization" benutzte zuerst 1947 R. W. Ashby, 'Principles of the Self-Organizing Dynamic System', *Journal of General Psychology,* 37 (1947). Ashby war ein britischer Psychater und einer der Begründer der Kybernetik. Er arbeitete auch zeitweise am Biology Computer Laboratory von Heinz Foerster mit (s. weiter unten). Biographische Details sind zu finden auf dem „W. Ross Ashby Digital Archiv" (http://www.rossashby.info, abgerufen am 18.3.2013).

[634] Neuere Arbeiten zur Selbstorganisationstheorie sind John Skar, 'Introduction: self-organization as an actual theme', *Phil. Trans. R. Soc. London* A 361 (2003). Peter A. Corning, 'Synergy and Self-Organization in the Evolution of Complex Systems', *Systems Research,* 12 (1995). Stuart Kauffman, *At Home in the Universe, the search for laws of complexity,* (1995). Eine historische Untersuchung bietet Evelyn Fox Keller, 'Organisms, Machines, and Thunderstorms: A History of Self-Organization, Part One', *Hist. Stud. in the Natural Sciences,* 38 (2008). Evelyn Fox Keller, 'Organisms, Machines, and Thunderstorms: A History of Self-Organization, Part Two: Complexity, Emergence, and Stable Attractors', *Hist. Stud. in the Natural Sciences,* 39 (2009).

[635] Diese Arbeiten wurden nicht zuletzt durch eine mehrjährige Förderung im Rahmen des Schwerpunktprogrammes „Synergetik" der Stiftung Volkswagenwerk für die Bielefelder Forscher möglich. (siehe auch Anhang 3). Die wesentlichen Arbeiten sind Wolfgang Krohn, Hans-Jürgen Krug, und Günter Küppers, *Konzepte von Chaos und Selbstorganisation in der Geschichte der Wissenschaften,* (1992). W. Krohn und G. Küppers, *Die Selbstorganisation der Wissenschaft,* (1987). Krohn, Küppers, und Paslack, 1987. Andreas Dress, Hubert Hendrichs, und Günter Küppers, *Selbstorganisation - Die Entstehung von Ordnung in Natur und Gesellschaft,* (1986). Bernd. O. Küppers, *Ordnung aus dem Chaos,* (1987). Paslack, 1991., Rainer Paslack und Peter Knost, *Zur Geschichte der Selbstorganisationsforschung - Ideengeschichtliche Einführung und Bibliographie (1940 - 1990),* (1990). Eine mehr mathematisch orientierte Darstellung bietet Michael Bushev, *Synergetics - Chaos, Order, Self-Organization,* (1994).

> „Terminus zur Bezeichnung der spontanen Ausbildung geordneter makroskopischer Strukturen, die aus selbstverstärkenden mikroskopischen Fluktuationen und deren Selektion durch die jeweils vorliegenden Randbedingungen oder Zwangsbedingungen entstehen. Der Zustand eines selbstorganisierten Systems hängt entsprechend wesentlich von systeminternen Faktoren ab und ist nicht zur Gänze durch die jeweiligen äußeren Situationsumstände festgelegt. S.[elbstorganisation] wird als Grundlage zahlreicher Ordnungsmuster und kohärenter Verhaltensweisen in der unbelebten und belebten Natur sowie im Bereich der Zivilisation betrachtet.“[636]

Die „Encyclopedia of Complexity and System Science“ betont dagegen den System- und Prozessaspekt der Selbstorganisation

> „The term Self-organizing Systems refers to a class of systems that are able to change their internal structure and their function in response to external circumstances. By self-organization is is understood that elements of a system are able to manipulate or organize other elements of the same system in a way that stabilizes either structure or function of the whole against external fluctuations. [...]
> Self-organizing systems have been discovered in nature, both in the non-living (galaxies, stars) and in the living world (cells, organisms, ecosystems), they have been found in man-made systems (societies, economies), and they have been identified in the world of ideas (world views, scientific believes, norm systems).”[637]

Die folgenden Ausführungen orientieren sich an den Werken „*Urgeschichte der Selbstorganisation: zur Archäologie eines wissenschaftlichen Paradigmas*“ von Rainer Paslack[638] und „*Die Entdeckung der Komplexität- Skizzen einer strukturwissenschaftlichen Revolution*“ von Reiner Hedrich[639]. Allerdings bewerten wir die Darstellung dieser Autoren in Hinblick auf die Synergetik aufgrund der in dieser Arbeit vorgelegten Erkenntnisse teilweise anders und ergänzen sie durch Aussagen von Hermann Haken zur Abgrenzung der Synergetik gegenüber anderen Selbstorganisationsansätzen.

Wie insbesondere Paslack aufzeigte, hat die Theorie von der Selbstorganisation des Lebendigen und der Materie viele historische Vorläufer, die bis in griechische Vorzeiten zurückreichen. Immer wieder genannt werden Aristoteles mit der

---

[636] Jürgen Mittelstraß, *Enzyklopädie Philosophie und Wissenschaftstheorie (6 Bände) (2., neubearb. und wesentlich erg. Aufl.)*, (2005ff.). S. 761.
[637] Robert A. Meyers, 'Encyclopedia of Complexity and System Science (10 Bände)', (2009ff.).
[638] Paslack, 1991.
[639] Hedrich, 1994.

Aussage, dass „das Ganze mehr ist als die Summe der einzelnen Teile“ [640], Immanuel Kant[641] und Schelling[642].

Die Mitte des 20. Jahrhunderts entstehenden neuen Selbstorganisations-Konzepte haben die unterschiedlichsten Wurzeln. Nach Paslack lassen sich neben der Synergetik wenigstens fünf unterscheidbare Ansätze klassifizieren:

1. Systemtheoretische-kybernetische Ansätze (Bertalanffy)
2. Autopoiese und Selbstreferentialität (Maturana, Varela)
3. Die Theorie der autokatalytischen Hyperzyklen (Eigen, Schuster)
4. Die Theorie dissipativer Strukturen (Prigogine)
5. Chaostheorien (Lorenz, Peitgen und Richter, Santa Fe Institut)

Um die zeitweise parallel laufenden Entwicklungen zu schildern, aber auch um die Abgrenzungsproblematik zur Synergetik von Hermann Haken besser darstellen zu können, erläutern wir im Folgenden kurz die zeitlichen Entwicklungen, Hauptakteure und zentrale Inhalte der jeweiligen Selbstorganisationsansätze. Wir beschränken uns dabei auf die ersten vier Selbstorganisationstheorien, da die Chaosforschung bereits im Kapitel 7e behandelt wurde.

---

[640] Verkürztes Zitat nach Aristoteles: Metaphysik VII: „Das was aus Bestandteilen so zusammengesetzt ist, dass es ein einheitliches Ganzes bildet, nicht nach Art eines Haufens, sondern wie eine Silbe, das ist offenbar mehr als bloss die Summe seiner Bestandteile. Eine Silbe ist nicht die Summe ihrer Laute: ba ist nicht dasselbe wie b plus a, und Fleisch ist nicht dasselbe wie Feuer plus Erde."

[641] „In einem solchen Produkte der Natur wird ein jeder Teil, so wie er nur durch alle anderen da ist, auch nur um der anderen und um des Ganzen willen – existierend, d.i. als Werkzeug (Organ) gedacht: [...] und nur dann und darum wird ein solches Produkt als organisiertes und sich selbst organisierendes Wesen , ein Naturzweck genannt werden können" Immanuel Kant, *Kritik der Urteilskraft*, (1790). 65 B 291 (zitiert nach Paslack, 1991. S. 20-21).

[642] Marie-Luise Heuser-Keßler, 'Die Produktivität der Natur - Schellings Naturphilosophie u.d. neue Paradigma d. Selbstorganisation in d. Naturwissenschaften', (Duncker und Humblot, 1986).

a. Systemtheoretische-kybernetische Ansätze

Die Systemtheorie und Kybernetik entwickelten sich in den vierziger Jahren des 20. Jahrhunderts. Dabei geht die Systemtheorie im Wesentlichen auf Ludwig von Bertalanffy[643] zurück, während die Kybernetik eine Wortschöpfung von Norbert Wiener ist[644]. Heinz von Foerster baute diesen Ansatz dann in den fünfziger und sechziger Jahren am Biological Computer Laboratory der University of Illinois zu einer Kybernetik 2. Ordnung aus[645].

Bertalanffy[646] studierte in Wien Philosophie und Biologie. Indem er sich gegen die Vitalismus-Vorstellung in der Biologie wandte, gelang es Bertalanffy mit dem Begriff des „Fliessgleichgewichtes" als Kennzeichnung dynamischer Systeme schon in den dreißiger Jahren biologische Organismen als offene Systeme, die einer analytischen Beschreibung zugänglich sind, zu charakterisieren. Dabei entdeckte er grundlegende Gemeinsamkeiten und Analogien in verschiedenen Wissenschaftsbereichen, die ihn zur Ausbildung einer „Allgemeinen Systemtheorie" führten[647]. Seiner Meinung nach lag der Grund für diese Analogien in der begrenzten Anzahl einfacher Differentialgleichungen, mit denen diese Phänomene beschrieben werden können[648] und er folgerte:

> „Conceptions and systems of equations similar to those of open systems in physicochemistry and physiology appear in biooecology, demography and sociology. The formal correspondence of general principles, irrespective of the kind of relation or forces between the components, lead to the conception of a "General System Theory" as a new scientific doctrine, concerned with the

---

[643] Ludwig von Bertalanffy, 'The History and Status of General Systems Theory', in *Trends in General Systems Theory,* Hrsg. G. L. Klir (1972), S. 21 - 41. und Mark Davidson, *Uncommon Sense The life and thought of Ludwig von Bertalanffy, Father of General Systems Theory*, (1983).

[644] Norbert Wiener, *Cybernetics or control and communication in the animal and the machine*, (1948). Zu Wiener, den "Vater der Kybernetik" gibt e seine umfangreiche Sekundärliteratur. Neuere Werke sind Lars Bluma, 'Norbert Wiener und die Entstehung der Kybernetik im Zweiten Weltkrieg: eine historische Fallstudie zur Verbindung von Wissenschaft, Technik und Gesellschaft', (Bochum, 2005). F. Conway und J. Siegelman, *Dark Hero of the Information Age: in search of Norbert Wiener, the father of cybernetics*, (2005). Steve Heims, *Constructing a Social Science for Postwar America. The Cybernetics Group, 1946–1953*, (1993).

[645] Albert Müller, 'Eine kurze Geschichte des BCL - Heinz von Foerster und das Biological Computer Laboratory ', *Österreichische Zeitschrift für Geschichtswissenschaften,* 11 (2000).

[646] Ludwig von Bertalanffy (1901 - 1972), österreichischer Biologe und Systemtheoretiker, der nach dem 2. Weltkrieg in Kanada und den USA lehrte und lebte. Zu seiner Biographie siehe auch David Pouvreau, 'Une Biographie non officielle de Ludwig von Bertalanffy (1901-1972)', (2006).

[647] Ludwig von Bertalanffy, 'Zu einer allgemeinen Systemlehre', *Biologia Generalis,* 19 (1949)., Ludwig von Bertalanffy, 'An outline of General Systems Theory', *British Journal for the Philosophy of Science,* 1 (1950).

[648] Ludwig von Bertalanffy, 'The Theory of Open Systems in Physics and Biology', *Science,* 111 (1950).

principles which apply to systems in general. Thus, the Theory of open systems opens a new field in physics ..."[649]

Diese Worte zeigen eine hohe Ähnlichkeit mit der Formulierungen, die Hermann Haken Jahre später für dic Bcschreibung der Synergetik verwendete, z. B.:

„Synergetics [...] deals with the spontaneous formation of structures in completely different systems. The systems may belong to physics, chemistry, biology, computer science or economy. As synergetics has shown, a large class of systems exists, in which the formation of spatial, temporal or functional structures is governed by the same principles."[650]

In diesem Artikel setzte sich Haken auch mit der Allgemeinen Systemtheorie von Bertalanffy auseinander:

„Man mag es als Zeichen meiner Ignoranz oder als Zeichen für die Zerrissenheit der Wissenschaft ansehen, daß ich erst später, d.h. nach der Begründung der Synergetik, auf die „Allgemeine Systemtheorie" des Biologen von Bertalanffi aufmerksam wurde. Seine wohl wichtigste These war, daß man nach tiefliegenden Isomorphien (im mathematischen Sinne) zwischen den Elementen verschiedenartiger Systeme suchen müsse. Interessanterweise beruhen die von der Synergetik aufgedeckten weitreichenden Analogien zwischen dem Verhalten ganz verschiedener Systeme aber nicht auf Isomorphien zwischen den Elementen, die auch fast nie anzutreffen sind. Sie beruhen vielmehr auf abstrakten Isomorphien im Verhalten der Ordnungsparameter, d.h. der kollektiven Variablen, die das System beherrschen, wenn qualitative makroskopische Veränderungen im Systemverhalten auftreten. Dies letztere bedeutet zum einen eine Einschränkung der Fragestellung, ermöglichte aber zum anderen den Durchbruch zur Auffindung allgemeiner Prinzipien".[651]

Haken verwies in der Bibliographie dieses Artikels auf das Buch „*Biophysik des Fließgleichgewichts*" von Bertalanffy, das 1953 auf Deutsch erschienen war[652]. Wie wir gesehen hatten, war Haken auf von Bertalanffy durch einen Hinweis seines Kollegen Wolfgang Weidlich bereits 1971 aufmerksam geworden.[653] Im Vordergrund von Hakens Arbeit stand damals allerdings das Thema des stationären Zustandes eines offenen Systems - als Vorbedingung für die Beschreibung von Phasenübergängen fern vom thermodynamischen Gleichgewicht - und nicht systemtheoretische Überlegungen. Allerdings war diese Sichtweise von Haken zur Systemtheorie möglicherweise durch seine Bekanntschaft mit Mihajlo D. Mesarovich (geb. 1928) beeinflusst, den er bereits zur ersten ELMAU-Konferenz

---

[649] Bertalanffy, 1950. S. 28.

[650] Haken, 1988. S. 163.

[651] Haken, 1988. S. 172.

[652] Ludwig von Bertalanffy, *Biophysik des Fließgleichgewichts - Einführung in die Physik offener Systeme und ihre Anwendung in der Biologie*, (1953).

[653] s. S. 117.

im Jahre 1972 als Redner eingeladen hatte. Dieser definierte „[that] the study of systems theory is [...] a formal relationship between observed features or attributes"[654], wies in seinem "historical account" im gleichen Werk aber darauf hin, dass die Zielsetzung Bertalanffys deutlich weniger mathematisch gefasst sei:

> „While von Bertalanffy proposed a *theory-of-general-systems* meaning of systems, which will reflect the universal laws or principles valid for biological, social, physical, and any other phenomena, we are interested in a *general-theory-of-systems*."[655]

Und fuhr fort, dass eine solche Theorie keine Bezüge zu einzelnen Disziplinen benötige, da sie als formale Theorie natürlicherweise interdisziplinär (man könnte auch sagen „adisziplinär") sei. Durch diese Beschreibung Mesarovics wird die Allgemeine Systemtheorie von Bertalanffy deutlich näher an die Synergetik herangerückt, als es selbst Haken 1988 bewußt war.

Aber nicht nur Haken hatte Bertalanffys Arbeiten nicht bzw. verspätet wahrgenommen, auch umgekehrt gab es dieses Wahrnehmungsdefizit. So schrieb Hedrich: „man findet auf der Seite der Systemtheoretiker nicht einmal die Erwähnung der ähnlich ausgerichteten [...] Synergetik, mit der es in den siebziger Jahren ohne weiteres zeitliche und inhaltliche Überschneidungen gab."[656]

Ein zweiter Weg systemtheoretischer-kybernetischer Ansätze wurde vor allem durch den österreichisch-amerikanischen Physiker Heinz von Foerster[657] geebnet. Beeinflusst durch seine Kontakte zum „Wiener Kreis" veröffentlichte er im Jahre 1948 eine Untersuchung mit dem Titel „*Das Gedächtnis. Eine quantenphysikalische Untersuchung*", die ihn in Verbindung mit dem amerikanischen Neurologen Warren McCulloch[658] brachte. Dieser verhalf ihm auf eine Physik-Professur (Fernmelde-

---

[654] M. D. Mesarovich und Ya. Takahara, *General Systems Theory: Mathematical Foundations*, (1975). Mesarovich war auch der Verfasser des 2. Berichts an den „Club of Rome" mit dem Titel M.D. Mesarovic und E. Pestel, *Mankind at the turning Point: the 2. report to the Club of Rome*, (1975). Biographische Lebensdaten finden sich auf seiner Homepage unter http://systemsbiology.case.edu/participants/faculty/Mesarovic.shtml, abgerufen am 18.3.2013.

[655] Mesarovich und Takahara, 1975. S. 247. Kursiv im Original.

[656] Hedrich, 1994. S. 123.

[657] Heinz von Foerster (1911 - 2002), österreichischer Physiker, der nach dem 2. Weltkrieg in die USA emigrierte. Langjähriger Professor für Fernmeldetechnik an der University of Illinois. Zur Biographie von Foersters und der Geschichte des BCL siehe Albert Müller und Karl H. Müller, 'An Unfinished Revolution? Heinz von Foerster and the Biological Computer Laboratory 1958 – 76 ', (2007).

[658] Warren S. McCulloch (1898 - 1969), amerikanischer Neurophysiologe und Mitbegründer der Kybernetik. Er arbeitete von 1941 bis 1952 im Department of Psychiatry der University of Illinois bevor er 1952 an das Research Laboratory of Electronics des MIT (Mass.) wechselte. Auf McCulloch (zusammen mit Pitts) gehen wichtige neurale Gedächtnistheorien zurück. Sie konnten vor allem zeigen, dass sich mit Neuronen alle logischen Operationen der Boolschen Algebra realisieren lassen.

technik) an der University of Illinois und ernannte ihn zum Sekretär der einflußreichen Macy-Konferenzen, die von 1945 bis 1953 unter dem Titel *„Circular Causal and Feedback Mechanisms in Biological and Social Systems"* abgehalten wurden. Ihr Ziel „war es, die Grundlagen für eine allgemeine Wissenschaft der Funktionsweise des menschlichen Geistes zu schaffen"[659]. Auf Vorschlag Foersters wurde der Titel der Konferenzen ab 1949 in „Cybernetics" umgewandelt. Hierbei verwandte er den von Norbert Wiener[660] zwei Jahre zuvor geschaffenen Begriff der Kybernetik, als der Wissenschaft von der rückgekoppelten Regelung (feed-back System) in technischen und biologischen Systemen. Die Macy-Konferenzen wurden zur Keimzelle der Kybernetik. Auf ihr trafen sich u.a. mit John von Neumann, Norbert Wiener, Warren McCulloch, Walter Pitts wichtige Vertreter dieser neuen Forschungsrichtung. Ausgehend von Problemen der Regelung in Fernmelde-systemen und der Elektronik befasste man sich zunächst mit der Aufrechterhaltung von Soll-Zuständen mittels negativer Rückkoppelung. Es ist dies auch die Keimzelle der Automatentheorie und der Theorie neuronaler Netze, die in den siebziger und achtziger Jahren große Bedeutung im Rahmen der künstlichen Intelligenz bekommen sollten. Von Foerster ging aber in der Folgezeit über die negative Rückkopplung hinaus, indem er den Aspekt des selbstorganisierenden Systems als offenes System betonte (dissipative Struktur). Mit dem Biological Computer Laboratory (BCL) schuf er dann ab 1958 einen institutionellen Rahmen, an dem die Selbstorganisationsforschung interdisziplinär betrieben wurde.[661] Die Arbeiten der Mitarbeiter und Gastwissenschaftler am BCL, darunter W. R. Ashby, G. Pask, L. Löfgren, G. Günther, H. Maturana und F. Varela, umfassten ein breites Spektrum, das einen engen Bezug zum Lernen von Systemen (Maschinen) und kognitiven Prozessen beim Menschen umfasste. Der von Foerster in den sechziger Jahren entwickelte Meta-Ansatz einer Theorie der „Cybernetics of Cybernetics" oder „Kybernetik der 2. Art" beeinflusste die Arbeiten von Maturana und Varela zu deren Theorie der Autopoiese stark.

So sehr von Foerster und das Biological Computer Laboratory zur ersten Keimzelle der Selbstorganisationsforschung wurde, so auffallend ist es, dass sich fast keine Berührungspunkte mit den Selbstorganisationstheorien von Prigogine, Eigen und

---

Über sein Wirken berichten Phil Husbands und Owen Holland, 'Warren McCulloch and the British Cyberneticians', *Interdisciplinary Science Reviews,* 37 (2012).

[659] Claus Pias, *Cybernetics / Kybernetik. The Macy-Conferences 1946-1953,* (2003).

[660] Wiener, 1948.

[661] Zu Heinz von Foerster und der Geschichte des BCL siehe besonders Müller, 2000. Zur epistemologischen Einordnung der Arbeiten von Foersters siehe auch Hedrich, 1994. S. 121ff. Sowie Paslack, 1991. S. 133ff.

Haken finden lassen. Diese sich aus naturwissenschaftlichen Fragestellungen entwickelnden Theorien hatten keine Auswirkungen auf die mehr erkenntnistheoretisch-soziologischen Überlegungen der amerikanischen Schule, obwohl die kognitive Forschungsrichtung von Hermann Haken, die dieser ab Ende der achtziger Jahre betrieb, dies hätte vermuten lassen.

b. Autopoiese und Selbstreferentialität

Die Theorie der Autopoiese geht zurück auf den chilenischen Neurophysiologen Humberto Maturana, der seine Forschungen der Frage widmete, was das Wesen eines Organismus ausmacht. Nach seinem Biologiestudium verbrachte er seine wissenschaftliche Assistententätigkeit am MIT bei Warren McCulloch, dessen Arbeiten über neuronale Netzwerke er intensiv verfolgte. Während eines weiteren Aufenthaltes am Biological Computer Laboratory von Foerster publizierte er 1970 den Aufsatz „*Biology of Cognition*", der als Geburtsstunde der Theorie der Autopoiese gilt[662]. Ausgehend von seinen Forschungsarbeiten über die Perzeption des Sehens gelangte er schließlich zu dem Schluss, dass folgende drei Eigenschaften die Kennzeichen des Lebenden seien: seine Fähigkeit der *Selbst*-Erzeugung, des sich ständigen *Selbst*-Erschaffens und der *Selbst*-Bezogenheit. Das Wort Autopoiese (engl. Autopoiesis) führte er zusammen mit seinem Doktoranden F. Varela ein:

> „An autopoietic system arises spontaneously from the interaction of otherwise independent elements when these interactions constitute e spatially contiguous network of production which manifests itself as a unity in the space of its elements. The properties of the components of an autopoietic system do not determine the property as a unity."[663]

Nach Maturana sind autopoietische Systeme organisationell geschlossen und in dieser Hinsicht autonom. Alle Informationen, die das System für die Aufrechterhaltung seiner zirkulären Organisation braucht, liegen in dieser Organisation selbst. In diesem Sinne sind diese Systeme „selbstreferentiell". Die funktionelle Organisation dieser Systeme wird erklärt durch rückbezügliche, selbstreferentielle Verknüpfungen selbstorganisierender Prozesse. Dabei ist das System an seine Umwelt strukturell gekoppelt und damit „offen". Somit ist auch das menschliche Nervensystem funktional geschlossen und seine einzige Aufgabe

[662] Humberto Maturana, 'Biology of Cognition (Biological Computer Laboratory Research Report BCL 9.0)', (1970).
[663] F.J Varela, H. R. Maturana, und R. Uribe, 'Autopoiesis, the organization of Living Systems: It's Characterization and a Model', *Biosystems,* 5 (1974).

liegt in der Synthese von Verhalten.[664] Damit verbindet die Theorie der Autopoiese die Organisation von Lebewesen unauflöslich mit deren kognitiven Fähigkeiten, die durch das Nervensystem entstehen und vermittelt werden. Maturanas Theorie bildete somit den Ausgangspunkt für eine neue biologische Erkenntnistheorie, die Theorie des "Radikalen Konstruktivismus".[665]

Obwohl die Autopoiese einen großen Einfluß im biologischen und vor allem im soziologischen Bereich hat, so ist ihr Bezug zur Selbstorganisation eher im zirkulären Wirken bestehender Ordnung zu sehen. In Hinblick auf die Entstehung (Emergenz) von Ordnung und verschiedener Ordnungsstufen trifft die Autopoiese keine Aussagen. Sie setzt bereits Ordnung voraus. Daher sah Hermann Haken auch keinen Anlass sich mit dieser, vor allem im Rahmen des Radikalen Konstruktivismus in der Literatur hofierten und diskutierten Theorie, intensiver auseinanderzusetzen.

c. Die Theorie der autokatalytischen Hyperzyklen

Eine sehr spezielle Form einer biologischen Selbstorganisationstheorie entwickelte der Göttinger Biochemiker Manfred Eigen im Jahre 1970/71 mit der Theorie von der Entwicklung biologischer Makromoleküle[666], die er in den Folgejahren mit seinem Kollegen Peter Schuster zur Theorie der „autokatalytischen Hyperzyklen" ausbaute.[667] Er bezog sich dabei unmittelbar auf die Frage „ist die Biologie durch die Physik – in ihrer gegenwärtigen Form – begründbar?" und seine Antwort lautete:

> „Bei den bisher hinreichend untersuchten biologischen Vorgängen und Erscheinungen gibt es keinerlei Hinweise dafür, dass die Physik in ihrer uns bekannten Form nicht dazu in der Lage wäre, wenngleich auch – wie in den makroskopischen Erscheinungen der unbelebten Welt – eine Beschreibung im Detail Grenzen gesetzt sind, die nicht im Grundsätzlichen sondern allein in der Komplexität der Erscheinungen begründet sind."[668]

[664] S. J. (Hrsg.) Schmidt, 'Der Radikale Konstruktivismus: Ein neues Paradigma im interdisziplinären Diskurs', in *Der Diskurs des Radikalen Konstruktivismus,* Hrsg. S. J. (Hrsg.) Schmidt (1987), S. 11 - 87.
[665] Paslack, 1991. S. 165.
[666] Eigen, 1971.
[667] Eigen und Schuster, 1977., Eigen und Schuster, 1978., Eigen und Schuster, 1979.
[668] Eigen, 1971. S. 520.

Eigen geht es in seiner Theorie um die „Präbiotische" Entwicklung, die Entwicklungsstufe vor der Bildung einer Zelle. Eine zentrale Rolle spielt dabei die Frage, wie in einer biologischen Struktur Information gespeichert werden kann und ob und wie diese dann der Auslese unterworfen wird. Eigens Arbeiten zur schnellen Reaktionskinetik, für die er 1967 den Nobelpreis erhalten hatte, führten ihn zu der Überlegung, dass „die Genese und Stabilisierung biologischer Information als das Resultat selbstorganisierender Wechselwirkungsprozesse zwischen Nukleinsäuren und Proteinen (Enzymen) verstanden werden.[669] Eigen dazu im Interview mit Günter Küppers im Jahre 1985:

> „Wir hatten ja früher sehr viel mehr Kinetik gemacht von schnellen Reaktionen, zunächst mal das methodisch entwickelt, dann haben wir verschiedene Phasen durchlaufen [...] und dann sind wir daran gegangen Enzymreaktionen zu untersuchen; und dann kam in einem unserer Winterseminare mal die Frage: wie kommt es eigentlich, daß die Enzyme immer so optimal funktionieren, daß diese komplexen Mechanismen so aufeinander abgestimmt sind? Da sagte einer der Mitarbeiter: das liegt am Darwinschen Prinzip, das ist Selektion [...] Da haben wir versucht eine Theorie der Selektion zu machen, die sich auf Moleküle anwenden läßt."[670]

Das Ergebnis dieser Untersuchungen fasst Eigen in seinem Artikel von 1971 wie folgt zusammen:

> „1. Die detaillierte Analyse der Reproduktionsmechanismen von Nukleinsäuren und Proteinen bietet keinerlei Anhalt für die Annahme irgendwelcher nur den Lebenserscheinungen eigentümlichen Kräfte oder Wechselwirkungen. Das für die Evolution lebender Systeme charakteristische Selektionsverhalten tritt bereits auf dieser Stufe als eine, speziellen Reaktionssystemen inhärente Materieeigenschaft, in Erscheinung.
> 2. Jedes durch Mutation und Selektion erhaltene System ist hinsichtlich seiner individuellen Struktur unbestimmt, trotzdem ist der resultierende Vorgang der Evolution zwangsläufig – also Gesetz. Das Auftreten einer Mutation mit selektivem Vorteil entspricht einer Instabilität, die mit Hilfe des Prinzips von Prigogine und Glansdorff für stationäre, irreversible thermodynamische Prozesse als solche erklärt werden kann. Der Optimierungsvorgang der Evolution ist somit im Prinzip unausweichlich, hinsichtlich der Auswahl der individuellen Route jedoch nicht determiniert.
> 3. Schließlich zeigt es sich, daß die Entstehung des Lebens an eine Reihe von Eigenschaften geknüpft ist, die sich sämtlich physikalisch eindeutig begründen lassen. [...]"[671]

---

[669] Paslack, 1991. S. 110.
[670] Zitiert aus Paslack, 1991. S. 110. Weder das Tonband noch die Abschrift des Interviews von Günter Küppers mit Manfred Eigen vom Juli 1985 ist noch vorhanden. (Persönliche Auskunft von Günter Küppers).
[671] Eigen, 1971. S. 521-522.

Der Hyperzyklus wird mathematisch durch ein System nichtlinearer Differentialgleichungen beschrieben. Mit diesen Feststellungen gab Eigen, mit den Worten von Shneior Lifson „the final death blow to vitalistic theories of the functioning of animate matter, in whatever disguise they may appear“.[672]

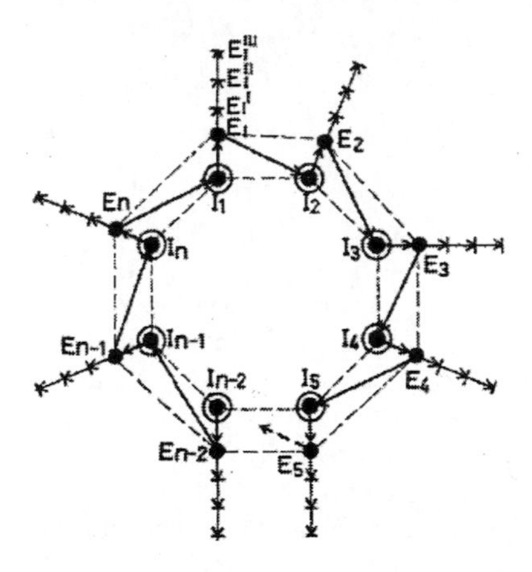

Abb. 42: Der autokatalytische Hyperzyklus. Die I_i sind die einsträngigen Informationsträger (RNA), die E_i repräsentieren die katalytischen Funktionen (Enzyme) (aus (Eigen, 1971), S. 504)

Eigen wies insbesondere darauf hin, dass Selbstorganisation und Darwinistische Selektion bereits auf Molekülebene vorhanden und aktiv sind. Zusammen mit Peter Schuster zeigte er auch, wie empfindlich Veränderung und Stabilität, die Entsprechung von Jacques Monods „Zufall und Notwendigkeit“ in diesem Prozess sind. Ihr „Rezept“ für ein Urgen lautet, dass die Länge des Moleküls zwischen 50 und 100 Nucleotide lang gewesen sein müsste, da ein kürzeres Molekül zu instabil und ein längeres zu viele Replikationsfehler enthalten hätte.[673] Es gelang den beiden amerikanischen Forschern Sidney Altman und Thomas Cech in den achtziger Jahren einen realistischen Hyperzyklus aufzuzeigen, wofür sie im Jahre 1989 den Nobelpreis für Chemie erhielten.[674]

[672] Shneior Lifson, 'Chemical selection, diversity, teleonomy and the second law of thermodynamics - Reflections on Eigen's theory of self-organization of matter', *Biophysical Chemistry,* 26 (1987). S. 303.
[673] Zitiert nach Christian De Duve, *Ursprung des Lebens,* (1994)., S. 197. Der ursprüngliche Artikel von Eigen und Winkler-Oswatitsch „Transfer-RNA, an Early Gene?“ M. Eigen und R. Winkler-Oswatitsch, 'Transfer-RNS, an early Gene?', *Naturwissenschaften,* 68 (1982).
[674] Siehe auch Thomas R. Cech, 'RNA as an Enzyme', *Scientific American,* 255 (1986).

Aufgrund der hohen biologischen Spezifizität des Modells unternahm Manfred Eigen keine Versuche, sein Hyperzyklus-Modell der präbiotischen Selbstorganisation auf andere Bereiche oder Disziplinen auszudehnen.[675]

In wie weit diese Gedanken einen Einfluß auf die Arbeiten von Hermann Haken gehabt haben, läßt sich nur schwer abschätzen. Er hatte Manfred Eigen während der zweiten Versailler Konferenz „*From Theoretical Physics to Biology*" näher kennengelernt und wurde danach zu den berühmten Winterseminaren von Eigen nach Klosters eingeladen.[676] Einerseits verneinte Haken einen direkten Einfluss der Theorie vom Hyperzyklus auf seine eigenen Arbeiten:

> „Der Hyperzyklus war sicher mehr für die Evolutionstheorie wichtig, hat aber im Rahmen der Synergetik nicht die Bedeutung. Das sind komplizierte autokatalytische Reaktionen, die nach meiner Meinung nicht so in die Synergetik hineinpassen – vielleicht war ich aber auch nur zu faul, mich damit eingehend zu befassen."[677]

Andererseits war Haken ständiger und gern gesehener Gast auf den jährlichen Winterseminaren von Manfred Eigen, die einen speziellen, den intensiven Diskurs fördernden Charakter hatten. Dies beschreibt dessen langjährige Kollegin Ruth Winkler-Oswatitsch:

> „The name of Manfred Eigen is associated by friends and colleagues with the Winter Seminar. His idea was simple: freed from the distractions of the daily scientific nitty-gritty, in a tranquil place in winterly surroundings, he and his co-researchers could "take on" one or two topical scientific themes in a concentrated manner otherwise impossible. During the light hours, the programme consisted of ski-ing: when darkness fell, the science would start. In the course of the evening discussions, current problems would be purpose-fully worked through, projects concluded and new ones conceived. [...] The first Winter Seminar in January 1966 was a great success, and everyone was clear that the institution would become permanent.
> Naturally, the Winter Seminar was also subject to evolution in the course of time. It began in the narrowest circle of co-workers, and soon other scientists, from home and abroad, began to come too. Under the general theme "Molecules, Information and Memory" the Winter Seminar became and established tradition.[678]

[675] Hedrich, 1994. S. 130.
[676] Interview des Autors mit Manfred Eigen und Ruthild Winkler-Oswatitsch am 24.5.2011 in Göttingen. (Interview-Transkription im Archiv Haken (Universitätsarchiv Stuttgart).
[677] Interview mit Hermann Haken vom 16.11.2010, S. 19 (Archiv Haken (Universitätsarchiv Stuttgart)).
[678] Ruthild Winkler-Oswatitsch, 'Manfred Eigen - Scientist and Musician', *Biophysical Chemistry,* 26 (1987). Hier S. 112 – 113.

Die Synergetik war zwar nie das direkte übergeordnete Thema der Winterseminare, aber Haken war ein „angenehmer und sehr lebhafter [Teilnehmer], sowohl in der Geselligkeit als auch in den Vorträgen." Dabei hat er „über seine Dinge vorgetragen" und laut Aussage von Eigen waren „die Vorträge [von Haken] immer hervorragend."[679] Da große Analogien zwischen der Lasertheorie von Haken und dem Hyperzyklus-Modell von Eigen bestand, sind diese Gespräche in Klosters sicherlich als wichtiges „Hintergrundrauschen" für die Überlegungen Hermann Hakens zu sehen.

d. Die Theorie dissipativer Systeme

Dissipative Systeme wurden als Begriff durch den russischstämmigen belgischen Physiko-Chemiker Ilya Prigogine[680] im Jahre 1967 in einer zusammen mit Grégoire Nicolis verfassten Arbeit „*On symmetry-breaking in dissipative systems*" eingeführt[681]. Damit wurden die in Physik und Chemie seit langem bekannten Systeme bezeichnet, die „offen" sind, d.h. die Energie und/oder Materie mit der Umwelt austauschen. Die Arbeit wurde angeregt durch A. Turings Artikel über die Morphogenese[682] und es zeigte sich in den Berechnungen eine große Ähnlichkeit mit dem Bénard-Phänomen. Die Autoren verwiesen zudem auf eine mögliche Anwendung in biologischen Prozessen, speziell in der präbiotischen Phase:

---

[679] Interview des Autors mit Manfred Eigen und Ruthild Winkler-Oswatitsch am 24.5.2011 in Göttingen. S. 13 – 14. (Interview-Transkription im Archiv Haken (Universitätsarchiv Stuttgart).

[680] Obwohl I. Prigogine im Jahre 1977 den Nobelpreis für seine Arbeiten über dissipative Systeme erhielt, gibt es bisher noch keine ausführliche Biographie über seine Lebensleistung. Ein Grund dafür mag der schiere Umfang seines Werkes sein. Er veröffentlichte über 1.000 Artikel, schrieb 21 Bücher und forschte auf den Gebieten der Thermodynamik, der Theorie irreversibler Systeme – speziell über die Frage der Richtung des Zeitpfeils-, über Selbstorganisation und komplexe Systeme, über kosmologische Fragen und hinterliess ein umfangreiches Werk naturwissenschaftlich-philosophischer Fragestellungen. Er erhielt nicht weniger als 54 Ehrendoktorwürden verliehen und war in den ihm verbleibenden zwanzig Lebensjahren nach der Verleihung des Nobelpreises einer der in der Öffentlichkeit am meisten wahrgenommenen und diskutierten Wissenschaftler. (s. z.B. Günter Altner, *Die Welt als offenes System - eine Kontroverse um das Werk von Ilya Prigogine*, (1986).. Häufig zitiert werden seine Autobiographie anläßlich der Nobelpreisverleihung Ilya Prigogine, 'Autobiography', in *Nobel Lectures, Chemistry 1971-1980,* Hrsg. T. Frängsmyr und S. Forsen (1993).. Einen guten Überblick über die wissenschaftliche Leistung bietet ein umfangreicher Artikel seine Schülers und Mitarbeiters Radu Balescu, 'Ilya Prigogine: His Life, his Work', *Advances in Chemical Physics,* 135 (2007).

[681] I. Prigogine und G. Nicolis, 'On symmetry-breaking instabilites in dissipative systems', *J. Chem. Physics,* 46 (1967).

[682] Turing, 1952.

> "Even on a broader scale, it is difficult to avoid feeling that such instabilities should play an essential role in biological processes and especially in the first biogenetic steps".[683]

Prigogine hatte im Jahre 1945 bei dem belgischen Physiker Théophile De Donder promoviert. Schon in den Anfangsjahren seiner Forschungen interessierte Prigogine sich für Fragen nach der Entstehung des Lebens und damit verbunden nach der Rolle, die die Zeit in den Naturgesetzen spielt.[684] Ihm fiel der Widerspruch auf, der sich aus den reversiblen Gesetzen der Mechanik und der Thermodynamik ergibt, wenn man diese mit der Gerichtetheit und Unumkehrbarkeit vergleicht, wenn es um „lebendige" Prozesse in der Natur geht. So beschäftigte er sich in den vierziger und fünfziger Jahren besonders mit Fragen der irreversiblen Thermodynamik und entwickelte hier sein „Prinzip der minimalen Entropie-Produktion" für die Stabilität thermodynamischer Systeme in der Nähe von Gleichgewichten. In den sechziger Jahren konzentrierte er sich dann auf Systeme fern ab vom thermodynamischen Gleichgewicht und publizierte im Jahre 1971 mit Paul Glansdorff das Werk *„Thermodynamic Theory of Structure, Stability and Fluctuations"*[685], das nach Paslack „den eigentlichen Durchbruch zur Theorie dissipativer Strukturen markiert".[686] Bei einem kritischen Wert kann sich eine neue Struktur ergeben, die durch Fluktuationen ausgelöst wird. Es findet also eine Selbstorganisation des Systems statt, die nicht von außen gesteuert wird, sondern systemimmanent ist.

Die Arbeiten von Prigogine bezogen sich zunächst stets auf chemische Prozesse. Das Interesse für diese Vorgänge erhielt einen großen Schub, als die chemischen Oszillationen der sogenannten Belousov-Zhabotinsky Reaktion bekannt wurden[687]. In seiner anläßlich der Verleihung des Nobelpreises veröffentlichten Autobiographie führte Prigogine dann weiter aus, wie er auch in Systemen fern ab vom thermischen Gleichgewicht (im nichtlinearen Bereich) untersuchte, ob das Theorem der minimalen Entropie Produktion Gültigkeit besäße:

> „Since the formulation of the minimum entropy production theorem, the study of non-equilibrium fluctuation had attracted all my attention. It was thus only natural that I resumed this work in order to propose an extension of the case of far-from-equilibrium chemical reactions".

---

683 Prigogine und Nicolis, 1967. S. 3550.
684 Prigogine, 1993.
685 Glansdorff und Prigogine, 1971.
686 Paslack, 1991. S. 93.
687 Prigogine, 1993.

This subject I proposed to G. Nicolis and A. Babloyantz. [...] Nicolis and Babloyantz developed a detailed analysis of linear chemical reactions. [...] They added some qualitative remarks which suggested the validity of such results for any chemical reaction.
Considering again the computations for the example of a non-linear biomolecular reaction, I noticed that this extension was not valid".

In dieser Aussage werden von Prigogine zwei Entwicklungen und Erkenntnisse zusammengezogen, die zeitlich auseinanderlagen. Durch die Arbeit von G. Nicolis und A. Babloyantz ermutigt, ging er zunächst davon aus, dass das Theorem der minimalen Entropie Produktion auch für dissipative Prozesse fern vom thermischen Gleichgewicht gelten würde. Diese Annahme bildete auch einen wichtigen Baustein des im Jahre 1977 mit G. Nicolis veröffentlichten Buches „*Self-Organization in Nonequilibrium System*"[688] Zweifel an dessen Gültigkeit äußerten aber schon im Juli 1973 J. Keizer und R. Fox in einem Artikel, der in den *Proceedings of the National Academy of Sciences (USA)* erschien[689]. Da dieser Artikel für das Verständnis der Kritik am Prigogine'schen Ansatz durch Hermann Haken zentral ist, zitieren wir etwas ausführlicher:

„When another example, of the type considered by Glansdorff, Prigogine, and Nicolis, is examined we find a regime of stable steady states on the basis of "normal mode" analysis, which their stability criterion, based upon the so called excess entropy production, cannot demonstrate is stable. These results strongly emphasize that **the Glansdorff- Prigogine criterion for stability is at best only a sufficient condition for stability**, a fact recognized, but not sufficiently stressed by Glansdorff and Prigogine, and so the violation of this criterion does not necessarily imply the lack of stability. We believe that a stability criterion based upon the second differential of the entropy provides a useful condition only in a neighborhood of full equilibrium, and it does so there because of its initimate connection with the second law of thermodynamics. For general non-equilibrium states, the examples treated in this paper show that the time derivative of the second differential of the entropy may be either positive or negative and that a negative sign does not imply instability"[690].

Diese Ansicht wurde dann auch zehn Jahre später durch Grégoire Nicolis bestätigt. [691] Die obige Aussage von Prigogine in seiner Autobiographie „Considering again the computations for the example of a non-linear biomolecular

[688] Nicolis und Prigogine, 1977.

[689] J. Keizer und R. Fox, 'Qualms Regarding the Range of Validity of the Glansdorff-Prigogine Criterion for Stability of Non-Equilibrium States', *Proc. Nat. Acad. Sci. USA,* 71 (1974). und Joel Keizer, 'Fluctuations, stability, and generalized state functions at nonequilibrium steady states', *J. Chem. Physics,* 65 (1976).

[690] Hervorhebung durch BK, Keizer und Fox, 1974. S. 192.

[691] Luo Jiu-li, C. Broeck, und G. Nicolis, 'Stability criteria and fluctuations around nonequilibrium states', *Zeitschrift für Physik B Condensed Matter,* 56 (1984).

reaction, I noticed that this extension was not valid" fand also zu einem deutlich späteren Zeitpunkt statt als die Publikation seines Buches mit G. Nicolis im Jahre 1977.

Wenn auch das Wort „dissipative Systeme" in der Chemie neu war, so war das Phänomen der offenen Systeme alles andere als neu. Wie wir in Kap. 6b gesehen haben hatte Hermann Haken mit dem Laser bereits im Jahre 1964 ein „dissipatives System" fern ab vom thermischen Gleichgewicht mathematisch korrekt beschrieben, das er dann 1969 als Phasenübergang identifizierte. Haken sah zwar den Ansatz von Prigogine, hielt ihn aber für falsch. So äußerte er sich im Interview:

> „Ich nahm zwar diese Arbeiten vom Prigogine wahr, wo er eben einerseits auf diese Bénard-Instabilität abhob, zum anderen auf die Belousov-Zhabotinski - Reaktion, aber was ich nie von ihm verstanden habe, war sein Entropie-Prinzip. [...]
>
> Er kam von der Thermodynamik, maximal vielleicht noch von der Thermodynamik irreversibler Prozesse, aber weiter ging es bei ihm nicht. Dann hat er zwei Theoreme aufgestellt, das Prinzip der minimalen Entropieproduktion und dann hat er noch eines aufgestellt über die Exzess-Entropieproduktion. Dann haben aber andere Leute, unter anderem sein Mitarbeiter Nicolis gezeigt, dass diese Prinzipien eben nicht ausreichen, um die Strukturbildung zu erklären. Ich persönlich kam ja von der statistischen Quantenphysik her und hab es immer gleich mikroskopisch behandelt. Das war eben der fundamentale Unterschied.
>
> Und dann ging es bei mir um allgemeine Prinzipien, während es beim Prigogine, bei den Arbeiten mit dem Nicolis zusammen, um ein konkretes Modell, den Brüsselator ging"[692].

Diesen „fundamentalen Unterschied" erläuterte Haken auch 1991 in seinem mit Arne Wunderlin publizierten Buch „*Die Selbststrukturierung der Materie*".[693] Es waren im Wesentlichen zwei zentrale Punkte die Haken kritisierte: so sind zum einen die Begriffe der Temperatur und der Entropie streng genommen nur in der klassischen (Gleichgewichts)-Thermodynamik definiert. Zum anderen erlaubt nur der unten angeführte mikroskopische, stochastische Ansatz die Betrachtung von Fluktuationen, die ja zentral sind an den kritischen (Bifurkations)-Punkten.

[692] Interview mit Hermann Haken vom 21.9.2010, S. 26 (Archiv Haken (Universitätsarchiv Stuttgart)).

[693] H. Haken und A. Wunderlin, *Die Selbstrukturierung der Materie. Synergetik in der unbelebten Natur*, (1991).

„Wir [können] von unseren aus der Statistik gewonnenen Objekten wie der Zustandssumme, der Information usw. ein mathematisches Beziehungsgeflecht konstruieren, das mit dem der phänomenologischen Thermodynamik übereinstimmt.

$$S' = -k_B \sum_K p_k \ln p_k = -k_B < \ln p_k >$$

[S' = Entropie ; k_B =Boltzmann-Konstante ; p_k = Zustands-Wahrscheinlichkeit für Teilchen k]

S' ist demgemäß als Mittelwert auffaßbar. Es ist also zu erwarten, daß damit auch Schwankungen der Entropie um diesen Mittelwert S' herum auftreten werden. Schwankungen der Entropie kennt die phänomenologische Thermodynamik jedoch nicht."

„Wenn wir also von einer Entropie in einem System fern vom thermischen Gleichgewicht sprechen wollen, so können wir nur eine statistische Definition der Entropie verwenden. ... Es gab nun bekannte Wissenschaftler, die folgendes behaupteten: Auch bei Systemen fern vom thermischen Gleichgewicht gilt

$$dS<0$$

d.h. die Entropie nimmt ab, wenn das System vom ungeordneten in den geordneten Zustand übergeht. Tatsächlich kann man aber mit Hilfe der Laserverteilungsfunktion die statistisch definierte Entropie berechnen. Dabei ergibt sich, daß die Entropie im geordneten Zustand keineswegs abnimmt, sondern noch zunimmt. Dies widerspricht jeder herkömmlichen Denkweise und ist gegen die Intuition, die von der statistischen Physik seit Jahren genährt wird. In der statistischen Physik wird ja, was wohl auf Boltzmann zurückgeht, die Meinung vertreten, daß mit Entropiezunahme auch die Unordnung in einem System wächst."[694]

Mit den von Prigogine angewandten Methoden kann das Verhalten des betrachteten
Systems an den kritischen Punkten nicht vorhergesagt werden. Erst die später von Prigogines Schülern und Mitarbeitern G. Nicolis und A. Babloyantz ebenfalls angewandten Methoden der statistischen Mechanik erlaubten dies.

Vor diesem Hintergrund wird verständlich, dass Haken seinen Ansatz mit den Ordnungsparametern und dem „Versklavungsprinzip" gegenüber dem Prigogine'-schen Ansatz für überlegen hielt.[695]

---

[694] Haken und Wunderlin, 1991. S. 122-123 und S. 445.
[695] Haken, 1988. S. 214.

> „Glansdorff und Prigogine entwickelten ein zweites Prinzip, dass auf der Exzess-Entrropieproduktion" beruht. [...] Wenn dieses Prinzip erfüllt ist, dann kann zwar eine neue Struktur auftreten, aber sie muß es nicht. Darüber hinaus kann dieses Prinzip die entstehenden Strukturen nicht voraussagen oder berechenen und auch nicht die Dynamik bei der Strukturbildung wiedergeben. Insofern waren die Methoden, die wir beim Laser entwickelt und angewendet haben, von vornherein diesem Prinzip bei weitem überlegen."

Er wunderte sich, dass dieser [in der öffentlichen Wahrnehmung] „so hoch gehoben"[696] wurde. Dabei griff er einmal sogar zu einer sehr drastischen Wortwahl, allerdings ohne den Namen von Prigogine zu nennen und indem er die Aussagen von Dritten zitierte: „vor Jahren [wurde] einem Physiko-Chemiker eine hohe Auszeichnung auf dem Gebiet der Chemie verliehen. Ein bekannter theoretischer Physiker bezeichnete die entsprechenden Arbeiten sogar als Unsinn („non-sense"), während ein Biomathematiker meinte, der Betreffende habe die Auszeichnung wohl für Linguistik erhalten – eine Anspielung auf dessen wortschöpferische Tätigkeit."[697]

Es bleibt also festzuhalten, dass der Ansatz von Haken deutlich über den im Wesentlichen chemisch orientierten Ansatz von Prigogine hinausgeht und in der Breite der Anwendungen erheblich fruchtbarer war.

Allerdings war die Wahrnehmung von Prigogine in der Diskussion über die philosophischen Folgen seines Selbstorganisations-Ansatzes sehr viel größer als die Wahrnehmung der Synergetik in dieser Hinsicht. Das ist nicht zuletzt darauf zurückzuführen, dass Prigogine nach der Verleihung des Nobelpreises im Jahre 1977 eng mit der Philosophin Isabelle Stengers zusammen arbeitete und mit „*Dialog mit der Natur (La nouvelle alliance)*" und „*Vom Sein zum Werden*" zwei Bücher publizierte, die bei Philosophen und Soziologen große Aufmerksamkeit fanden[698]. Die Thesen von einem „neuen Umgang mit der Natur" stießen wohl auch deshalb auf großes Interesse, weil die Begriffe des Holismus – „alles hängt mit Allem zusammen" -, der Selbstorganisation und der Emergenz – vom Chaos zur Ordnung -, in vielen Bereichen mit dem Gedankengut der New Age Bewegung dieser Zeit zusammenfielen[699].

---

[696] Interview mit Hermann Haken vom 21.9.2010, S. 26 (Archiv Haken (Universitätsarchiv Stuttgart)).
[697] Haken, 1991. S. 189.
[698] Ilya Prigogine, *Physique, temps et devenir,* (1980)., Ilya Prigogine und Isabelle Stengers, *La nouvelle alliance,* (1979)., Ilya Prigogine und Isabelle Stengers, *Das Paradox der Zeit,* (1993). I. Prigogine, *Vom Sein zum Werden. Zeit und Komplexität in den Naturwissenschaften*, (1979).
[699] Diese esoterisch geprägte Bewegung der „Zeit des Wassermanns" hatte durch Autoren wie James Lovelock, Fritjof Capra und eben auch Prigogine/Stengers Auswirkungen auf die Wahrnehmung und

Hermann Haken veröffentlichte zwar auch ein erfolgreiches, in mehrere Sprachen übersetztes Buch *„Erfolgsgeheimnisse der Natur: Synergetik – Die Lehre vom Zusammenwirken“* [700], blieb mit seinen anderen populären Büchern [701] im Wesentlichen aber auf den deutschen Sprachraum beschränkt. Zudem hielt er sich, anders als etwa Prigogine, mit erkenntnistheoretischen und philosophischen Überlegungen eher zurück. Er blieb immer mehr der faktenorientierte Wissenschaftler, der Prediger bzw. Guru trat in ihm zurück.

Einordnung der Naturwissenschaften. Siehe z. B. Fritjof Capra, *Das Tao der Physik*, (1977). James Lovelock, *Gaia - a new look at life on Earth*, (1979). Hans Ruß, *Der neue Mystizismus. Östliche Mystik und moderne Naturwissenschaft im New Age - Denken*, (1993). Hansjörg Hemminger, 'Über Glaube und Zweifel – Das New Age in der Naturwissenschaft', in *Die Rückkehr der Zauberer: New Age – eine Kritik*, Hrsg. H.-J. Hemminger (1987), S. 115 - 185. Hans-Dieter Mutschler, *Physik – Religion – New Age*, (1990).

[700] Haken, 1981.

[701] Hermann Haken und Maria Haken-Krell, *Entstehung von Biologischer Information und Ordnung*, (1989). H. Haken und M. Haken-Krell, *Erfolgsgeheimnisse der Wahrnehmung*, (1992). H. Haken und M. Haken-Krell, *Gehirn und Verhalten*, (1997).

10. Zusammenfassung

In der Rückschau auf die wissenschaftliche Leistung Hermann Hakens lassen sich die von uns eingangs dieser Arbeit gestellten Fragen beantworten. Dabei kristallisieren sich auch relativ klar definierte Lebensabschnitte heraus, die für das Wirken Hakens und die Entwicklung seiner Forschungen entscheidend waren. Es sind dies zunächst die Anfangsjahre in Halle und Erlangen und dann die als „Laserzeit" zu betrachtenden ersten zehn Jahre seines Stuttgarter Wirkens. Die dritte Phase umfasst die Entwicklung und Verbreitung der Synergetik in den Jahren von 1970 bis 1985, gefolgt von einer vierten Phase mit den Anwendungen der Synergetik in Medizin, Gehirnforschung und Psychologie von 1985 bis in das neue Jahrtausend hinein.

Halle und Erlangen, die Zeit nach dem 2. Weltkrieg bis zur Berufung nach Stuttgart im Jahre 1960, lassen sich – frei nach Goethe – als „Lehr- und Wanderjahre" bezeichnen. Es war ein glücklicher Zufall, ausgelöst durch den Wunsch seiner Mutter, dass Haken nicht Physik, sondern Mathematik im Hauptfach studierte und promovierte. Die diesem Fach innewohnende analytische Herangehensweise, die Beachtung von Randbedingungen und die rigorose, stringente Durchführungsgenauigkeit wurden für seine wissenschaftliche Methodik prägend. Aber Haken suchte nicht die reine Mathematik. Er war (und ist) stets daran interessiert, ob die theoretischen Berechnungen sich in der Natur finden und überprüfen lassen. So wandte er sich dann schnell der Physik zu, nachdem ihm seine zukünftige Frau ihre Hilfskraftstelle überlassen hatte. Die Universität Erlangen war Anfang der fünfziger Jahre des vergangenen Jahrhunderts ein Zentrum der Festkörperphysik bzw. der Kristalloptik. Die dortigen Experimentalphysiker Hilsch und Mollwo, wie später auch der für seine Berufung nach Stuttgart wichtige Professor Pick, stammten alle aus der berühmten Göttinger Schule von Robert Wichard Pohl[702]. Fragen nach der Bewegung der Elektronen und Atome im Festkörperverbund standen im Mittelpunkt des Forschungsinteresses. Insbesondere Hilsch beschäftigte sich mit Experimenten zur Supraleitung, dem verlustfreien Fließen von elektrischem Strom in Festkörpern bei sehr tiefen Temperaturen. So verwundert es nicht, dass sich Hermann Haken mit der Theorie der Exzitonen beschäftigte, die das dynamische Verhalten von gebundenen Elektronen-„Loch"-Zuständen in Festkörpern beschreibt. Man sah diese Theorie als erfolgversprechend für die Lösung der Supraleitungsfrage an.

[702] Vergleiche dazu Teichmann, 1988.

Ein weiterer Zufall war es, dass Haken durch Vermittlung von Helmut Volz in Kontakt mit Walter Schottky und dessen Mitarbeiter Eberhard Spenke kam, die bei Siemens in Pretzfeld in der Halbleiterforschung wirkten[703]. Ein Buchprojekt von Spenke war Anlass für den jungen theoretischen Physiker Haken, sich intensiv mit der sogenannten 2. Quantisierung[704] auseinander zu setzen, deren Kenntnis sich als entscheidend sowohl für seine Berufung nach Stuttgart als auch für die Formulierung der quantenmechanischen Lasertheorie erweisen sollte.

Hakens „Wanderjahre" waren wenig ausgeprägt. Neben einer kurzzeitigen Vertretung einer Professur in München beeinflußte ihn besonders der Kontakt zu Herbert Fröhlich[705], der ihn zu einem Aufenthalt an sein Institut in Cambridge (GB) einlud. Die sich hieraus entwickelnde langjährige Freundschaft ebnete Haken Ende der sechziger Jahre auch den Weg zur Teilnahme an den Versailler Konferenzen, die eine wichtige Schnittstelle auf dem Weg zur Synergetik darstellten. (Siehe dazu hier Kapitel 6a) Eine weitere, unbeabsichtigte Weichenstellung seiner Forschungen, ergab sich für Haken durch seinen Amerika-Aufenthalt Ende 1959/Anfang 1960. Während seiner Zeit bei den Bell Laboratorien wurde er durch seinen Freund Wolfgang Kaiser auf die Experimente zum Laser aufmerksam gemacht, eine Forschungsrichtung, die damals in Deutschland noch völlig unbekannt war.

Seine kurz darauf erfolgte Rückkehr nach Deutschland und die Übernahme des Lehrstuhls für Theoretische Physik an der Technischen Hochschule Stuttgart leitete dann die zehnjährige „Laserzeit" ein. (Siehe dazu hier insbesondere Kapitel 5). Dabei ist zu beachten, dass dies eine eher willkürliche zeitliche Einschränkung ist, da Haken sich, insbesondere mit seinen Doktoranden, auch später immer wieder mit einzelnen Themen aus der Theorie des Lasers beschäftigte. Die zentralen Jahre der Lasertheorie waren jedoch die Jahre von 1960 bis zur Veröffentlichung des Artikels „Laser Theory" im *Handbuch der Physik* im Jahre 1970. Zum zweiten Mal trat Haken dabei in einen wissenschaftlichen Wettbewerb ein. Hatte er dies in der Exzitonen-Theorie und bei der Erklärung der Supraleitung noch nicht unmittelbar wahrgenommen[706], so war er sich jetzt dieser Tatsache voll bewusst. Nicht zuletzt das Treffen mit dem Nobelpreisträger Willis Lamb jr. auf der Heidelberger Konferenz zum „optischen Pumpen" im Jahre 1962, als dieser ihn über seine

[703] Siehe dazu Handel, 1999.
[704] Ausführlich betrachtet etwa in Schweber, 2012.
[705] Biographische Daten zu Herbert Fröhlich in Hyland, 2006.
[706] Siehe Zitat auf 46 dieser Arbeit.

Forschungsergebnisse informierte, machte ihm die bestehende Konkurrenzsituation deutlich. (Zu Lamb insbesondere Kapitel 5c) Der ausführlich im Kapitel 5 dargestellte Wettlauf zur quantenmechanischen Formulierung der Lasertheorie wurde für Haken durch mehrere Umstände begünstigt. Zum einen gelang es ihm mit Hannes Risken und Wolfgang Weidlich zwei kongeniale Mitstreiter zu gewinnen. Besonders der in Berlin bei Günther Ludwig sorgfältig in der Quantenfeldtheorie ausgebildete Weidlich sorgte als ständiger, ab 1963 vor Ort befindlicher Gesprächspartner dafür, dass der Übergang von der semi-klassischen zur voll quantisierten Lasertheorie gelang. Zum anderen beflügelte ihn, dass der erste Lasereffekt durch Theodore Maiman mit einem Rubinkristall, einem Festkörper, realisiert worden war. Haken konnte daher die ihm von der Exzitonen-Theorie des Festkörpers vertrauten quantenmechanisch- mathematischen Methoden unmittelbar anwenden. Da Gas- und Halbleiterlaser experimentell schnell realisiert wurden, mußten dafür zwar teilweise neue mathematische Werkzeuge entwickelt werden, aber die Arbeiten zur Exzitonen-Theorie bildeten doch eine solide Grundlage, auf der sich aufbauen ließ. Einen Höhepunkt seiner wissenschaftlichen Arbeiten erlebte Haken im Jahre 1964 mit der Veröffentlichung des Artikels „A Nonlinear Theory of Laser Noise and Coherence I" in der *Zeitschrift für Physik*. Er selbst bewertete diese Arbeit im Rückblick fünfzig Jahre später wie folgt:

> „Qualitativ etwas Neues ist für mich – nach wie vor – die Quantentheorie des Lasers gewesen. Die Arbeit von 1964. Da habe ich – modellmäßig - Dinge wie das Rauschen eingeführt. Vorher waren Rauschkräfte für das Feld berechnet worden, aber die Rauschkräfte für Atome, die traten dort erstmalig auf. Das andere war das Operatorkalkül im Rahmen der Heisenberg'schen 2. Quantisierung. Erstens einmal das ganze Eliminationsverfahren: das adiabatische Verfahren war ja bekannt, aber dass man das mit den quantenmechanischen Operatoren machen kann, das war neu. Und auch der Ansatz für den Feldoperator. Das man ihn in einen klassischen und in einen quantenmechanischen Anteil aufteilen kann, das war alles neu. In meinen Augen enthielt diese 64er Arbeit ein Bündel von Dingen, die allesamt für sich neu waren."[707]

Zudem erkannte Haken in dieser Arbeit, dass der Laser an der Schwelle einen Symmetriebruch erleidet und sich das Ausstrahlungsverhalten unterhalb und oberhalb der Schwelle dramatisch unterscheidet. Unterhalb der Schwelle strahlt der Laser wie eine normale Glühlampe, oberhalb der Schwelle findet die Ausstrahlung von fast monochromatischem, kohärentem Licht statt. Und dies war nicht, wie bis

[707] Interview mit Hermann Haken vom 9.10.2012, S. 8. (Archiv Haken (Universitätsarchiv Stuttgart)).

dahin immer angenommen worden war, auf eine Verschmälerung der sog. Linienbreite zurückzuführen, sondern auf ein völlig neues Phänomen, das Haken später „Versklavungsprinzip" nannte. Eine elektromagnetische Mode gewinnt den Selektionswettlauf und zwingt alle anderen Moden über ein rückgekoppeltes Selbstorganisations-Verhalten zur gleich getakteten Ausstrahlung. Dieses Verhalten des Lasers war umso unverständlicher, als die Energiezufuhr (das „optische Pumpen") völlig inhomogen erfolgte.

In schneller Folge erschienen in den folgenden drei Jahren die grundlegenden Arbeiten zur vollquantisierten Lasertheorie. Drei Gruppen lieferten sich einen intensiven Wettstreit: Hermann Haken mit seiner „Stuttgarter Schule" um Risken und Weidlich, Willis Lamb mit seinem Doktoranden Marlan Scully sowie Melvin Lax mit William Louisell. Ein wesentlicher Aspekt dabei war die Erkenntnis, dass für die Beschreibung dieses Phänomens nichtlineare Gleichungssysteme verwendet werden und dass den Fluktuationen, auch „Rauschen" bzw. „noise" genannt, eine zentrale Rolle zukommt.

Eine neue Phase im wissenschaftlichen Leben von Hermann Haken begann Ende 1968/69 in der Zusammenarbeit mit seinem Doktoranden und späteren wichtigsten Kollegen Robert Graham. (Siehe dazu insbesondere Kapitel 6b und c) Dieser hatte in seiner Dissertation ein ausgedehntes quantenmechanisches System untersucht, den quantenmechanischen Oszillator, dessen mathematische Gleichungen eine frappierende Analogie zu den Gleichungen der sog. Ginzburg-Landau Theorie der Supraleitung aufwiesen. Insbesondere Haken erkannte dies natürlich sofort, da er sich in den fünfziger Jahren im Rahmen der Exzitonen-Forschung intensiv mit der Supraleitungstheorie befasst hatte. Bei der Supraleitung erfährt das abgeschlossene System bei Abkühlung einen Phasenübergang. Aufgrund ihrer Untersuchungen konnten Graham und Haken jetzt zeigen, dass, in vollkommener Analogie, das offene Laser-System bei Energiezufuhr ebenfalls einen Phasenübergang durchläuft. Sie folgerten daraus, dass Phasenübergängen insgesamt eine wesentlich größere Bedeutung zukommt, als man bis dahin angenommen hatte. „The concept of a phase transition is much more general than usually thought of."[708] Mit den Konzepten vom Phasenübergang, dem Laser und den offenen Systemen besaß Hermann Haken jetzt methodische Werkzeuge, mit denen er innerhalb der Physik, aber auch in anderen Wissenschaften, nach Phänomen des Übergangs von Unordnung zu Ordnung suchen konnte. Einige dieser Phänomene waren ihm seit langem bekannt, wie zum Beispiel der Taylor-

[708] Graham und Haken, 1970.

Couette-Effekt in der Hydrodynamik und die Bénard-Konvektionszellen; andere, wie die Belousov-Zhabotinsky-Reaktion in der Chemie oder die Hyperzyklustheorie von Manfred Eigen in der Biologie, entwickelten sich nahezu zeitgleich zu seinen Überlegungen. Der Tatsache, dass der Laser einen Phasenübergang erfährt, kam dabei besondere Bedeutung zu. Haken erhielt damit ein heuristisches Denkmodell, dass insbesondere die Begriffe Symmetriebrechung, Ordnungsparameter, kritisches „Langsamer Werden", Anwachsen der Fluktuationen und Hysterese umfasste.

In der Zeit zwischen 1967 und 1972 ergaben sich für Haken neue Anregungen durch seine Teilnahme an den Versailler Konferenzen „From Theoretical Physics to Biology". Auf diesen Treffen wurde die Frage des Einflusses physikalischer Konzepte auf biologische Phänomene diskutiert. Er lernte bei diesen Anlässen insbesondere den Göttinger Nobelpreisträger Manfred Eigen und den belgischen Chemiker Ilya Prigogine kennen. Beide beschäftigten sich ebenfalls intensiv mit Phänomenen der Ordnungsbildung aus ungeordneten Zuständen: Eigen mit seiner 1971 publizierten Theorie des autokatalytischen „Hyperzyklus" und Prigogine mit einer Abwandlung der Belousov-Zhabotinsky-Reaktion, die später „Brüsselator" genannt wurde. Insbesondere zu Manfred Eigen und seinem Kreis ergaben sich langjährige, intensive freundschaftliche Beziehungen, die ab 1971 zu Hakens kontinuierlicher Teilnahme an den jährlichen „Winterseminaren" von Eigen im Skiort Klosters führten. Die dortigen Gespräche, die Diskussionen und Anregungen auf den Versailler Konferenzen sowie die zeitgleichen intensiven Arbeiten zum Konzept des Lasers als Phasenübergang bildeten den Humus, auf dem die Idee der Synergetik keimte.

Nachdem die erste Veröffentlichung zur Synergetik in der populärwissenschaftlichen Zeitschrift „Umschau" ohne erkennbare Resonanz blieb, legte Haken mit der 1972 durchgeführten ELMAU-Konferenz „Synergetics – Cooperative Phenomena in Multicomponent Systems" den Grundstein zu einem interdisziplinären und multidisziplinären Forschungsprogramm. (Hierzu Kapitel 6d) Dass dies sehr bewusst geschah, wird im Vorwort des Tagungsbandes deutlich:

> „[The topics of this book] range from phase-transition-like phenomena of chemical reactions, lasers and electrical currents to biological systems, like neuron networks and membranes, to population dynamics and sociology."[709]

Die angesprochenen Wissenschaftsbereiche umfassten Physik und Chemie, Biologie und Informatik sowie die Soziologie. Es ist dabei zu beachten, dass

[709] Haken, 1973.

Haken, als alleiniger Organisator, alle Referenten der Tagung persönlich auswählte und einlud. Der Synergetik kam dabei der Rang einer Strukturwissenschaft zu, die gemeinsame Strukturen in diesen unterschiedlichen Forschungsbereichen suchte. Dies wird auch deutlich am Tagung-Segment, der mit „General Structures" überschrieben war und auf dem der später berühmte serbisch-amerikanische Physiker Mihajlo D. Mesarovic[710] ein Referat mit dem Thema „Hierarchy of Structures" hielt. Hakens sehr breit angelegter konzeptioneller Ansatz war Anfang der siebziger Jahre noch ein großes Wagnis, da das Überschreiten der Fachgebietsgrenzen nicht üblich war und man seinen guten wissenschaftlichen Ruf aufs Spiel setzte. Haken begründete es selbst viele Jahre später noch damit,

> „dass die Leute sagen „so ein Blödsinn, was der da macht. Und welche Arroganz, daß er sagt, ich mache ein ganz neues Gebiet auf." Das war die Furcht, dass man als arrogant und anmaßend verschrien wird, ein ganz neues Gebiet zu proklamieren."[711]

Obwohl Haken also von Anfang an einen multi-disziplinären Ansatz wählte, verließ er selber, anders als manche Kollegen[712], jedoch nie das Gebiet der theoretischen Physik.

Die Überlegungen zur Synergetik erhielten wenige Jahre später einen Schub, als Haken mit seinen für die Lasertheorie entwickelten mathematischen Methoden zeigen konnte, dass sowohl der Bénard-Effekt, der Brüsselator und auch die sog. Lorenz-Gleichungen zur Hydrodynamik sich mittels dieses Ansatzes darstellen und berechnen ließen. Seine in diesen Jahren ausgeführten Arbeiten fasste er dann im 1977 erschienenen Buch „*Synergetics – An Introduction. Nonequilibrium Phase Transitions and Self-Organization in Physics, Chemistry and Biology*" zusammen. Erst ab diesem Zeitpunkt verwendete Haken aktiv das Wort Synergetik anstelle des bis dahin häufig gebrauchten Begriffes „Kooperativer Phänomene" und fokussierte seine Forschungen und die seines Institutes auf diesen neuen Wissenschaftsbereich. Erheblich ausweiten ließen sich diese Aktivitäten, nachdem die Synergetik Anfang des Jahres 1980 als Schwerpunktprogramm der *Stiftung Volkswagenwerk* aufgenommen und mit namhaften Beträgen gefördert wurde. (Siehe hierzu Kapitel 7a und b) Hilfreich hierfür war der 1977 verliehene Nobelpreis für Chemie an Ilya Prigogine, der die Konzepte der „dissipativen (offenen) Systeme" und der Selbstorganisation in das wissenschaftliche und öffentliche Bewusstsein gehoben

---

[710] Siehe auch Fußnote 652 auf S. 216 dieser Arbeit.
[711] Interview mit Hermann Haken vom 20.09.2010. S. 32 (Archiv Haken (Universitätsarchiv Stuttgart)).
[712] Beispielsweise Donald Glaser, der nach der Entwicklung der Blasenkammer von der Elementarteilchenphysik zur Neurologie wechselte.

hatte. Das Schwerpunktprogramm lief über zehn Jahre und unterstützte nahezu fünfzig unterschiedliche Forschergruppen. Zur Ausbreitung seiner Ideen veranstaltete Haken insgesamt elf sog. ELMAU-Konferenzen zu unterschiedlichen Themen der Synergetik und der Selbstorganisation in unterschiedlichen Disziplinen und er begründete zusammen mit dem wissenschaftlichen Springer Verlag die Buchreihe „Springer Series in Synergetics", in der unter seiner Reihen-Herausgeberschaft insgesamt 77 Bände erschienen.

Seine eigenen Forschungen konzentrierten sich zunächst auf die weitere detaillierte mathematische Ausarbeitung des Konzeptes vom Phasenübergang in Systemen fern vom thermodynamischen Gleichgewicht, wobei das Ordnungsparameter-Konzept und das „Versklavungsprinzip" (slaving priciple) in Form der generalisierten Ginzburg-Landau Gleichungen ihre endgültige Gestalt erhielten. Dabei gelang Haken eine stochastische Begründung der phänomenologischen Ginzburg-Landau-Theorie, auf die er sehr stolz war:

> „Die Ginzburg-Landau Theorie ist ja eine geniale, aber phänomenologische Theorie gewesen. Man bildet einen Ausdruck für die freie Energie und entwickelt diese nach einem kleinen Parameter und dann ergeben sich die Ordnungsparameter. Das war phänomenologisch. Ich konnte jetzt einen neuen Zusammenhang darstellen, wie die Ginzburg-Landau Theorie aus den mikroskopischen Theorien folgt. Wir können sie herleiten, indem wir wieder die instabilen Moden bestimmen und eliminieren usw. Dies geschieht in einer Art und Weise, wo[bei] auch die räumlichen Abhängigkeiten der Ordnungsparameter mitgenommen werden. Für mich war neu, dass die Ginzburg-Landau Gleichungen „nicht vom Himmel fallen" bzw. aus der Thermodynamik heraus bestimmt werden, sondern aus einer mikroskopischen Theorie."[713]

Auch diese Arbeiten der Jahre von 1977 bis 1983 strukturierte Haken systematisch und fasste sie in einem weiteren Buch *„Advanced Synergetics"* zusammen, das 1983 erschien. Mit diesen beiden Büchern fand die mathematische Formulierung der ersten Phase der Synergetik, - ihre Begründung aus einem mikroskopischen Ansatz heraus,- einen vorläufigen Abschluss.

Im Rahmen seiner eigenen Forschungen beschäftigte Hermann Haken sich in den folgenden Jahren intensiv mit der Frage, wie sich die Ordnungsparameter in Phasenübergängen fern vom thermischen Gleichgewicht berechnen lassen, wenn nur makroskopische Messgrößen vorliegen, d.h. kein mikroskopischer Ansatz möglich ist. (Siehe hierzu Kapitel 8) Dies ist insbesondere in der Biologie und

[713] Interview mit Hermann Haken vom 9.10.2012 (Archiv Haken (Universitätsarchiv Stuttgart)).

Medizin häufig der Fall, indem man z. B. Messwerte der Herztätigkeit oder von Gehirnwellen vorliegen hat. Haken fand eine Lösung in dem sog. „Maximum Informations Entropie Prinzip“, das der amerikanische Physiker Edwin T. Jaynes Ende der fünfziger Jahre aufgestellt hatte. Mit Hilfe dieses Prinzips konnte Haken zeigen, dass sich die Ordnungsparameter und die „versklavten Moden“ berechnen ließen. Die Anwendung der gefundenen Gleichungssysteme ermöglichte dann die Vorhersage der beobachtbaren Meßwerte.

> “Our approach will start from correlation functions, i.e. moments of observed variables from which we may then reconstruct the order parameters and the enslaved modes. Incidentally, we can also construct the macroscopic pattern, or in other words we may automatize the recognition of the evolving patterns which are produced in a non-equilibrium phase transition” [714]

Dieses Ergebnis stellte experimentell arbeitenden Forschern ein mächtiges mathematisches Werkzeug zur Verfügung. Es war für Hermann Haken so wichtig, dass er es „die zweite Begründung der Synergetik“ [715] nannte. Neben dem mikroskopischen Ansatz aus der Dynamik der Einzelkomponenten eines komplexen Systems war jetzt ein makroskopischer Zugang aus beobachtbaren Messwerten möglich. Hakens Doktorand Rudolf Friedrich gelang es, mittels dieser Methode zu berechnen, dass die sog. „petit mal Epilepsie“ eine Fehlfunktion der Gehirnaktivität ist, die sich mittels dreier Ordnungsparameter darstellen lässt.[716] Weitere Anwendungen fand dieser makroskopische Ansatz im Bereich der automatischen Mustererkennung mit Hilfe des „synergetischen Computers“; Aktivitäten, die Hermann Haken in den achtziger Jahren intensiv verfolgte. Ein weiteres wichtiges medizinisches Thema war der Nachweis durch Haken und seinen Kollegen, den amerikanischen Neurophysiologen Scott Kelso, dass die Koordination der komplexen Muskelbewegungen sich ebenfalls als ein synergetisches Phänomen der Selbstorganisation darstellt und nicht, wie bis dahin angenommen, durch ein „Motorprogramm“ gesteuert wurde.

Die Phänomene der Mustererkennung und Musterbildung im Sehsystem und Fragen der Bewegungskoordination lenkten also letztlich Hakens Forschungsinteressen auf den Bereich der Medizin und Physiologie. Dies leitete über in seine vierte Forschungsphase, die in den neunziger Jahren verstärkt einsetzte. Schon lange hatte er das menschliche Gehirn als das komplexeste Beispiel eines synergetischen Systems angesehen. Er sprach als erster davon, dass

---

[714] Haken, 1988. S. 35.
[715] Haken, 1988. S. 33.
[716] Friedrich und Uhl, 1992.

Gedanken als Ordnungsparameter des Neuronen-Netzwerkes fungieren könnten. Als besonders fruchtbar erwies sich der synergetische Ansatz dann im Bereich der Psychologie. (Siehe besonders Kapitel 8e) Die Begriffe des Phasenüberganges, der Ordnungsparameter und des harmonischen Zusammenwirkens der Teile im Sinne der Selbstorganisation trafen auf große Resonanz, führten zu einer neuen Betrachtungsweise bekannter Phänomene und ermöglichten neue Ansätze in der Behandlung von psychischen Störungen.[717]

Überblickt man rückschauend die Breite der Anwendungsfelder, in die Hermann Haken mit seiner Synergetik hineinwirkte, so wird der von ihm vertretene Anspruch, die Synergetik sei eine übergreifende Systemtheorie, verständlich. Er war sich bewusst, dass er kein neues Wissensgebiet gefunden hatte, eher einen neuen Blickwinkel auf bekannte Phänomene. So betonte er einerseits Gemeinsamkeiten mit anderen Gebieten, um zu zeigen, warum die Synergetik in diesen auch fruchtbringend angewandt werden konnte, grenzte sich aber in einzelnen Punkten auch ab, um die Neuartigkeit und Einzigartigkeit des synergetischen Ansatzes zu betonen. Tabelle 14 vermittelt einen Überblick über die Unterschiede und Gemeinsamkeiten zu anderen Fachgebieten, wie sie von Haken zu verschiedenen Anlässen selbst geäußert wurden.

Vor- und Nachteile dieses fächerübergreifenden Ansatzes wirkten sich natürlich auch in der Rezeption durch andere Forscher aus:

> „Ist ein Wissenschaftler in einem speziellen Gebiet mit einem Selbstorganisationsphänomen und dessen Interpretation vertraut, so kann er zwei Haltungen einnehmen. Entweder er sagt: Durch die von der Synergetik aufgedeckten Gesetzmäßigkeiten kann ich nun sehr leicht auch ein Phänomen in einem anderen Gebiet verstehen, oder aber er sagt: Das kenne ich doch alles schon, was ist denn hierbei überhaupt neu.
> Zugleich dürfen wir aber auch nicht verkennen, dass jedes Gebiet seine Eigenheiten hat, z.B. die Untersuchung der Eigenschaften der einzelnen Teile eines Systems und dass hierbei die Synergetik nur wenig Hilfestellung leisten kann. Es geht bei ihr vielmehr um ein Verständnis der makroskopischen Strukturen. [718]

[717] Haken und Schiepek, 2006.
[718] Haken, 1999.

Tabelle 14: Unterschiede und Gemeinsamkeiten der Synergetik mit anderen Wissensbereichen

Fachgebiet	Synergetik
Thermodynamik und Informationstheorie[719] - Sind nur im thermischen Gleichgewicht gültig - zählen Besetzungszahlen und sind damit statisch - Irreversible Thermodynamik gilt nur nahe am thermischen Gleichgewicht.	**Synergetik**[719] - behandelt Systeme fern vom thermodynamischen. Gleichgewicht - behandelt auch neue Eigenschaften, wie z.B. Oszillationen, die in der Thermodynamik nicht vorkommen - Ist eine dynamische Theorie - Ordnungsparameter unterscheiden sich von „beobachtbaren" Größen der Thermodynamik
Phasenübergänge - Symmetriebrechung, kritisches „Langsamer Werden", Fluktuationen	**Synergetik**[719] - Symmetriebrechung, kritisches „Langsamer Werden", Fluktuationen ebenfalls zentral - Phasenübergänge fern vom thermischen Gleichgewicht sind variantenreicher als Phasenübergänge im thermischen Gleichgewicht: Oszillationen, räumliche Strukturen, Chaos etc. - Anfangs- und Randbedingungen spielen bei Phasenübergängen in der Synergetik große Rolle
Kybernetik - behandelt die Regelung und Stabilisierung bestehender Systeme[718]	**Synergetik** - behandelt das Entstehen neuer Struktur-Hierarchien[718].
Systemtheorie - sucht nach generellen Prinzipien[719] - sucht nach Isomorphien (im mathematischen Sinne) zwischen den Elementen verschiedenartiger Systeme[720]	**Synergetik** - fokussiert auf Systeme, die dramatische Veränderungen durchlaufen[719] - sucht nicht nach Isomorphien zwischen den Elementen, sondern nach Isomorphien der Ordnungsparameter[721] - und ermöglicht generelle Aussagen einer großen Klasse von Systemen[719]. - Erklärt und behandelt „kohärente Zustände"[719] - Ergänzt dyn. Systemtheorie durch neue Elemente, Versklavungsprinzip, Fluktuationen etc.[719]
Bifurkationstheorie - kennt keine Fluktuationen (noise)[712]	**Synergetik** - zeigt, dass Fluktuationen am

[719] Haken, 1983. S. 314 - 316

[720] Helmuth Albrecht, 'Hermann Haken im Gespräch', in *Forschung und Technik in Deutschland nach 1945,* Hrsg. H. Albrecht (1995), S. 250 - 259.

[721] Hermann Haken, 'Über Beziehungen zwischen der Synergetik und anderen Disziplinen', in *Der Weg der Wahrheit. Aufsätze zur Einheit der Wissenschaftsgeschichte,* Hrsg. Peter Eisenhardt (1999), S. 167 - 173.

- behandelt nur die Lösung am jeweiligen Bifurkationspunkt[719]	Bifurkationspunkt entscheidend sind[719] - untersucht gesamte stochastische Dynamik der zeitabhängigen Ordnungsparameter.[719] - macht Aussagen über die Stabilität der Verzweigungen und deren zeitlicher Musterentwicklung[719] - verbindet Phasen-Übergangstheorie mit Bifurkationstheorie[719]. - unter Weglassung der Fluktuationen und abgesehen von zeitlich relaxierenden Lösungen enthalten die allgemeinen Konzepte und Methoden der Synergetik diejenigen der konventionellen Bifurkationstheorie als Spezialfälle.[722]
Ingenieurwissenschaft - Elektrotechnik arbeitet mit linearen Strukturen und Netzwerken (Leitungen)[719]	**Synergetik** - arbeitet mit unterschiedlichen Substraten (Materialien)[719];behandelt räumlich ausgedehnte Strukturen[719]
Chaostheorie - Theorie, die sich auf wenige Freiheitsgrade bezieht	**Synergetik** - zeigt, wie komplexe Systeme durch wenige Freiheitsgrade bestimmt werden (Ordnungsparameter) und diese wenigen Freiheitsgrade dann Chaos entwickeln können. „Die Chaostheorie baut gewissermaßen auf der Synergetik auf und sie ist in gewissem Sinne ein Teil der Synergetik".[723] - Insofern kann die Chaostheorie mit Fug und Recht als ein Spezialgebiet der Synergetik angesehen werden, da hierbei das Verhalten der komplexeren Systeme auf das Verhalten weniger Freiheitsgrade zurückgeführt und dann das Verhalten dieser Freiheitsgrade untersucht wird.[724]
Katastrophentheorie - setzt eine sogenannte Potentialbedingung voraus oder ist nur auf Hamiltonsche Systeme anwendbar[725]. - Ist eine statische Theorie; kennt keine Fluktuationen	**Synergetik** - In Systemen fern vom thermischen Gleichgewicht sind ganz andere Voraussetzungen und Gleichungssysteme notwendig.[726] - Ist eine dynamische Theorie mit Fluktuationen

[722] Haken, 1988. S. 233.
[723] Albrecht, 1995. S. 259.
[724] Haken, 1999.
[725] Haken, 1988. S. 214.
[726] Haken, 1983.

Rückschauend entsprach Hakens Suche nach vereinheitlichenden Prinzipien durchaus dem Zeitgeist. Das Wort von der „evolutionären Vision“, geprägt durch den amerikanischen Wirtschaftswissenschaftler Kenneth E. Boulding[727], erfuhr im Jahre 1981 eine große Verbreitung durch das Buch von Erich Jantsch „*The evolutionary Vision – Toward a unifying paradigm of physical, biological, and sociocultural evolution*“[728]:

> „The evolutionary vision has always been the source of profound inspiration for humanity. In Eastern mysticism and philosophy, especially in Buddhism, it has remained alive over millennia. In Western thinking, it has become temporarily subdued by an emphasis on entities (things).
> [...]
> A scientific foundation of the evolutionary vision had to wait for the emergence of a new self-organization paradigm which constitutes perhaps as the crowning scientific achievement of the 1970s, already recognizable as a great decade for science in many respects.”

Die Wege unterschiedlicher Ansätze einer Theorie der Selbstorganisation begannen sich Anfang der siebziger Jahre zu vereinigen. (Siehe hierzu überblicksartig Kapitel 9) Dazu gehörten die Allgemeine Systemtheorie von Ludwig von Bertalanffy, Kybernetik erster und zweiter Ordnung von Norbert Wiener und Heinz von Foerster, die Hyperzyklus-Theorie von Manfred Eigen und Peter Schuster, die Theorie dissipativer Systeme von Ilya Prigogine, die Chaostheorie und die Synergetik. Alle diese Forschungsrichtungen entstanden in der zweiten Hälfte des 20. Jahrhunderts. Haken drückte es so aus:

> „In view of the vast variety of different disciplines the possibility to develop some universal approach is certainly not self-evident. Nevertheless I think it is worthwhile to search for and further develop universal approaches. They seem to be the only way to understand or at least to describe our increasingly complex world”[729].

In der Bewertung der wissenschaftlichen Leistung von Hermann Haken gilt es auch noch einen Blick auf seine Arbeitsmethodik zu werfen. Man kann seine Vorgehensweise nur verstehen, wenn man ihn als mathematisch ausgebildeten

---

[727] Kenneth E. Boulding (1910 - 1993), US-amerikanischer Wirtschaftswissenschaftler der seit 1948 an der Harvard Universität lehrte. Boulding propagierte die Idee einer „evolutionären Ökonomie“. Kenneth E. Boulding, *Evolutionary Economics*, (1981). Siehe auch Philippe Fontaine, 'Stabilizing American Society: Kenneth Boulding and the Integration of the Social Sciences, 1943-1980', *Science in Context*, 23 (2010).

[728] Erich Jantsch, *The Evolutionary Vision - Towards a unifying paradigm of physical, biological and sociocultural evolution (AAAS Selected Symposium 61)*, (1981). S. 2.

[729] Hermann Haken, 'Synergetics and a new approach to bifurcation theory', in *Structural Stability in Physics*, Hrsg. W. Güttinger und H. Eikemeier (1979), S. 31 - 40. Hier S. 38.

Wissenschaftler begreift.[730] Diese Betrachtungsweise schließt auch zwei für einen jeden Wissenschaftler selbstverständliche Umstände ein, die trotzdem erwähnt werden sollen. Da ist zum einen die Tatsache, dass es in jeder Wissenschaft Dinge, Tatsachen und Annahmen gibt, die jedem Forscher so selbstverständlich sind, dass sie keiner besonderen Erwähnung bedürfen. Im jeweiligen wissenschaftlichen Umfeld darf davon ausgegangen werden, dass sie bekannt sind. So bedarf es z. B. für einen Mathematiker keiner Erwähnung, dass die Lösung einer partiellen Differentialgleichung im Allgemeinen nicht bestimmt ist und numerisch untersucht werden muss. Jedem Wissenschaftler ist andererseits auch bewusst, dass er seine Ergebnisse dem Gespräch, der Anregung und der Diskussion mit vielen anderen Mitarbeitern und Fachkollegen zu verdanken hat. So gehörten für Haken auch das korrekte und umfangreiche Zitieren vorliegender Literatur und die Angabe aller Informationsquellen zur unverzichtbaren Arbeitsweise. Dass einige seiner Arbeiten bei Kollegen, insbesondere im US-amerikanischen Raum, nicht entsprechend zitiert wurden, bereitete ihm großen Verdruss.

Hermann Haken war kein „Stubengelehrter". Der Austausch mit Kollegen fand meistens persönlich statt, wobei er immer Wert auf das regelmäßige Gespräch mit seinen Institutsmitarbeitern Wert legte. Er förderte seine Mitarbeiter insbesondere auch dadurch, dass er ihnen die Teilnahme an internationalen Kongressen und Tagungen ermöglichte[731]. Ein weiteres wichtiges Kommunikations-Faktum waren die Gastprofessoren, die er, aufgrund der in den Berufungs- und Bleibeverhandlungen eingeworbenen Mittel, regelmäßig an sein Institut in Stuttgart einlud. Weiteres wichtiges Merkmal seiner Kommunikationskultur war der persönliche Kontakt zu anderen Wissenschaftlern. Zum einen spielten für die Entwicklung der Synergetik natürlich die elf ELMAU-Konferenzen eine zentrale Rolle. Zum anderen war Haken sehr häufig auf Konferenzen zu finden, wo er sich in den Diskussionen engagiert zu Wort meldete. Dabei scheute er sich nicht, seine Thesen auch in fachfremden Gebieten vorzustellen, wobei er aufgrund des unterschiedlichen Sprachgebrauchs oftmals zunächst auf Unverständnis stieß. Trotz dieser „Grenzüberschreitungen" blieb Haken aber immer dem wissenschaftlichen Bereich verbunden. Politische Aktivitäten, Verwaltungsaufgaben in Wissenschaftsinstitutionen oder öffentlichen Einrichtungen lassen sich nur wenige feststellen.

---

[730] „Mir wäre wohler, wenn Sie mich als einen normalen Wissenschaftler und nicht als "eine Person öffentlichen Interesses" ansehen würden". (Aus einer email von Hermann Haken an den Autor).

[731] Sehr viele Danksagungen in den Dissertationen seiner Schüler heben dies hervor.

Hakens wissenschaftliche Vorgehensweise zeigte sich schon sehr früh und findet sich ausgeprägt zusammengefasst in der Beurteilung seiner Habilitationsschrift durch Friedrich Hund:

> „Der Hauptwert der wissenschaftlichen Arbeiten von Herrn Haken scheint mir darin zu liegen, daß er die behandelten Fragen sehr allgemein anpackt, daß er sich der besten erreichbaren allgemeinen Methoden bedient, daß er sich ein Werkzeug verschafft, das einen umfassenden Einblick in die Struktur der Lösung gestattet und es dann erst auf die speziellen Fragen anwendet. Die Art der Anwendung wahrt der [den] Zusammenhang mit anschaulichen Vorstellungen."[732]

Die gründliche Ausbildung in mathematischer Denk- und Vorgehensweise führte bei Hermann Haken zu einem systematischen und schrittweisen Vorgehen. Er suchte für ein Problem das möglichst einfachste Beispiel und ergänzte und variierte es dann in der Folgezeit. Dies lässt sich besonders anhand der Entwicklung der Lasertheorie sehen: zunächst „einfache" Ratengleichungen, dann die semiklassische Lasertheorie, bei der nur das Lichtfeld quantisiert ist; sodann die vollständig quantisierte Theorie, inklusive der sogenannten 2. Quantisierung. Innerhalb dieser Theorie erst Betrachtung einer Mode, dann zweier Moden, dann unendlich vieler Moden. Dann die Einfügung von Fluktuationen, von Randbedingungen etc.[733]

Ein weiterer methodischer Aspekt in der Arbeitsweise von Hermann Haken ist die Fähigkeit zur Abstraktion, die wiederum in der mathematischen Ausbildung begründet war. Im Sinne eines deduktiven Vorgehens ist eine mathematische Formel nicht nur ein Werkzeug, um eine numerische Lösung eines Problems zu geben, sondern schafft die Möglichkeit, über Analogieschlüsse auch auf andere Problemstellungen übertragen zu werden. Die Rolle von Analogien spielt in der wissenschaftlichen Heuristik eine zentrale Rolle.[734]

Eine „tiefe" Analogie liegt allerdings nur dann vor, „wenn sie weiterreichende Netze von Beziehungen von Quell- und Zielbereich behauptet", wie es die

---

[732] Abschrift des Zweitgutachtens zur Habilitationsschrift Hermann Hakens (Personalakte Haken Blatt 63; Universitätsarchiv Stuttgart).

[733] Konkurrierende Wissenschaftler machen zeitgleich andere Annahmen, was die Nachverfolgung einer historischen Entwicklung für den nicht hochspezialisierten Fachmann schwierig macht. So kann man z. B. Fluktuationen und Rauschen („noise") mit unterschiedlicher mathematischer Ausgestaltung in eine Theorie einbringen.

[734] Zur Rolle der Analogie in den Naturwissenschaften siehe insbesondere den umfangreichen Übersichtsartikel von Klaus Hentschel, 'Die Funktion von Analogien in den Naturwissenschaften, auch in Abgrenzung zu Metaphern und Modellen', *Acta Historica Leopoldina,* 56 (2010). Siehe auch die dort angegebene umfangreiche weiterführende Literatur.

Strukturtransfertheorie der Analogie von Dedre Gentner fordert.[735] Im Bereich der Naturwissenschaften waren für Haken diese weitreichenden strukturellen Analogien bei den Phasenübergängen in offenen Systemen gegeben. Dies macht auch verständlich, warum für ihn der Laser eine solche Bedeutung hatte. Folgt man der Synopse seines ehemaligen Schülers und Kollegen Robert Graham, so stand mit dem Laser ein komplexes, aus vielen Teilchen aufgebautes System zur Verfügung, das einen Blick auf die Verknüpfung zwischen mikroskopischer Quantenwelt mit ihren inhärenten Fluktuationen und, bei der Aussendung der kohärenten Laserstrahlung, beobachtbarer makroskopischer Welt darstellte.

Dieses System ließ sich exakt berechnen und erwies sich als ein offenes System. Solche offenen Systeme sind in der Natur häufig und weisen ein weitaus größeres Spektrum an Eigenschaften auf als Phasenübergänge abgeschlossener Systeme: Neben dem dort bereits auftretenden Symmetriebruch, dem kritischen „Langsamer Werden“, der Hysterese und dem Anwachsen der Fluktuationen kommen bei Phasenübergängen in offenen Systemen noch Oszillationen, Wettbewerb zwischen Moden, Chaos, Musterbildung, Selbst-organisation, Autokatalyse und andere Phänomene hinzu. Am Laser wurden zuerst die Idee generalisierter thermodynamischer Potenziale zur Beschreibung von Nicht-Gleichgewichts-Phänomenen und die „Versklavung“ der schnellen Moden durch die langsamen Moden (die die Ordnungsparameter bilden) dargestellt.

Auch konnte Haken zeigen, dass der Laser das erste realistische Beispiel für die Verwirklichung des deterministischen Chaos ist, wie es sich aus den Lorenz-Gleichungen der Hydrodynamik ergibt. Im Laser gibt es zudem eine Hierarchie von Übergängen, wie sie auch analog in anderen Systemen, wie zum Beispiel in der Hydrodynamik vorkommen. Daher folgerte Graham:

> „ The laser can therefore be seen at the crossroads between quantum and classical physics, between equilibrium and non-equilibrium phenomena, between phase-transitions and self-organization and between regular and chaotic dynamics. At the same time, it is a system which we understand, on the basis of the theory initiated by Haken, both on a microscopic quantum mechanical and on a classical macroscopical level. It is a solid ground for discovering general concepts of non-equilibrium physics, and has therefore rightly been called by Haken a 'trailblazer of synergetics'."[736]

Wir haben es beim Laser also mit einem weitreichenden und umfassenden Analogie-Modell zu tun. Je weiter sich Haken allerdings in der Anwendung der

[735] Dedre Gentner, 'Structure-mapping: A theoretical framework for analogy', *Cognitive Science,* 7 (1983).

[736] Graham 1987, S. 6.

synergetischen Methoden von den naturwissenschaftlichen Phänomenen entfernte, desto mehr traten die abstrakten Begriffe der Theorie in den Vordergrund. So war die analoge Tiefe bei den Experimenten von Kelso zur Selbstorganisation der Handbewegungen noch gegeben (siehe Kapitel 8b), da wir eine Vielzahl von Attributen und Relationen wie Phasenübergang, kritisches „Langsamer Werden“, Hysterese oder Koordination vieler Untereinheiten (Muskel) wiederfinden. Bei den Übertragungen der Synergetik-Methodik zum weiter entfernt liegenden Gebiet der Psychologie wurden die Analogien schwächer. Auch wenn man z. B. bei Schiepek mit der von ihm entwickelten Methode eines auf Evidenz basierenden Verfahrens für das Management von Veränderungsprozessen speziel in der Psychotherapie[737] noch engere Analogien zum ursprünglichen Synergetik-Konzept feststellen kann, so drängt sich bei anderen Anwendungen der synergetischen Psychologie der Eindruck auf, dass wir es bei den Worten Selbstorganisation, Phasenübergang oder dem spontanen Auftreten von Ordnung nach einer „kritischen Phase“ nur noch mit Metaphern zu tun haben. Haken selber war sich der Beschränkungen des Analogie-Gebrauchs beim Transfer auf andere Gebiete sehr bewusst:

> “Needless to say that once the universal approach exists we can go from one field to another and use the results of one field to promote another field. However, we should never forget limitations of “universal approaches”. It is hiqhly dangerous to apply such an approach, if it has worked in a certain domain, to other domains as a dogma. Using any universal approach you must again and again check whether the prepositions made are fulfilled by the objects to which these approaches are applied. Going to more and more abstractions where we must heavily rely on mathematics which, after all, is the Queen of science. “[738]

Allerdings behinderte diese Vorsicht bei der Übertragung der Synergetik von der Physik auf andere Gebiete ihn nicht in der Überzeugung, daß „[die Prinzipien der Synergetik] auf praktisch alle Wissenschafts- und Technikbereiche anwendbar sind, ja sich sogar auf die Entwicklung der Wissenschaft selbst anwenden lassen.“[739] Diese Suche nach immer neuen Anwendungsbereichen[740] ist für Haken, der sich selbst als „furchtbar neugierigen Menschen“[741] beschrieb, noch nicht zu Ende.

---

[737] Haken und Schiepek, 2006. Insbesondere Kapitel 5.5. Eine elementare Einführung bietet Günter Schiepek et al., 'Monitoring - Der Psyche bei der Arbeit zuschauen', *Psychologie Heute,* (2007).
[738] Haken, 1979. S. 38.
[739] Siehe Hakens Vorwort in Ewald J. Brunner, Wolfgang Tschacher, und Karsten Kenklies, 'Selbstorganisation in Wissenschaft', (2010).
[740] Dies wird in seinem erst im Jahre 2012 veröffentlichten Werk zur Anwendung der Synergetik in der Robotertechnologie deutlich. Hermann Haken und Paul Levi, *Synergetic Agents: From Multi Robot-Systems to Molecular Robotics* (2012).
[741] Hermann Haken, private Mitteilung Juli 2012.

11. Verzeichnis der Abbildungen

Verzeichnis der Tabellen

Literaturverzeichnis

Albrecht, Helmuth, 'Hermann Haken im Gespräch', in *Forschung und Technik in Deutschland nach 1945*, Hrsg. H. Albrecht (Deutsches Museum Bonn: Deutscher Kunstverlag, 1995), S. 250 - 259.

———, *Laserforschung in Deutschland 1960 - 1970* (Stuttgart: (Habilitationsschrift Universität Stuttgart), 1997).

Altner, Günter, *Die Welt als offenes System - eine Kontroverse um das Werk von Ilya Prigogine* (Frankfurt a. M.: fischer alternativ, 1986).

Anderson, Philip W., 'Gregory Wannier', *Physics Today,* 37 (5) (1984), S. 100.

Andronov, A. A. et al., *Theory of Bifurcations of Dynamic Systems on a Plane* (New York: John Wiley, 1973).

Arecchi, F. und E. (eds.) Schulz-Dubois, *Laser Handbook* (Amsterdam: North Holland Publ., 1972).

Arecchi, F.T., A. Berné und P. Bulamacchi, 'Higher Order Fluctuations in a Single-Mode Laser Field', *Physcal Review Letters,* 16 (1966), S. 32 - 35.

Armstrong, J. und A. Smith, 'Intensity Fluctuations in a GaaS Laser', *Physical Review Letters,* 14 (1965), S. 68 - 70.

Ashburn, Edward, *Laser Literature - A permuted Bibliography 1958 - 1966* (North Hollywood: Western Periodicals, 1967).

Ashby, R. W., 'Principles of the Self-Organizing Dynamic System', *Journal of General Psychology,* 37 (1947), S. 125 - 128.

Aubin, David, *A CulturalHistory of Catastrophes and Chaos: Around the Institut des Hautes Études Scientifiques, France 1958 - 1980* (Princeton: Princeton University, 1998).

———, 'Forms of Explanations in the Catastrophe Theory of René Thom: Topology, Morphogenesis, and Structuralism', in *Growing Explanations: Historical Perspective on recent science*, Hrsg. M. N. Wise (Durham: Duke University Press, 2004), S. 95 - 130.

Aubin, David und Amy Delmedico, 'Writing the History of Dynamical Systems and Chaos: Longue Durée and Revolution, Disciplines and Culture', *Historia Mathematica* 29 (2002), S. 1 - 67.

Balescu, Radu, 'Ilya Prigogine: His Life, his Work', *Advances in Chemical Physics,* 135 (2007), S. 1 - 81.

Bartz, Olaf, *Der Wissenschaftsrat - Entwicklungslinien der Wissenschaftspolitik in der Bundesrepublik Deutschland 1957 - 2007* (Stuttgart: Franz Steiner, 2007).

Basar, E., H. Flohr, A. Mandell und H. Haken, *Synergetics of the Brain* (Berlin: Springer, 1983).

Basov, N., B. Vul und Yu. Popov, 'Quantum-Mechanical Semiconductor Generators and Amplifiers of Electromagnetic Oscillations', *Zh. Eksp. Teor. Fiz.*, 37 (1959), S. 587.

Becker, Norbert und Franz Quarthal, *Die Universität Stuttgart nach 1945. Geschichte, Entwicklungen, Persönlichkeiten. (zum 175. Juniläum der Universität)* (Stuttgart: Jan Thorbecke, 2004).

Bénard, Henri, 'Les tourbillons cellulaires dans une nappe liquide', *Rev. Géneral des Sciences Pures et Appl.*, 11 (1900), S. 1261-1268.

———, 'Les tourbillions cellulaires dans une nappe liquide transportant de la chaleur par convection en régime permanent', *Ann. Chimie Phys.*, 23 (1901), S. 62 - 144.

Bennett, W. R., 'Gaseous Optical Masers', *Appl. Opt. Supplement,* 1 (1962), S. 24 - 61.

Berding, Christoph, '*Die Entwicklung raumzeitlicher Strukturen in der Morphogenese* ' (Diplomarbeit, Universität Stuttgart, 1981).

———, '*Zur theoretisch-physikalischen Behandlung von Nichtgleichgewichts-Phasenübergängen: die Entwicklung zeitlicher und räumlicher Strukturen in biologischen Systemen* ' (Dissertation, Universität Stuttgart, 1985).

Bernstein, Jeremy, *Three degrees above zero: Bell Laboratories in the information age* (Cambridge Cambridge University Press, 1987).

Bertalanffy, Ludwig von, 'Zu einer allgemeinen Systemlehre', *Biologia Generalis,* 19 (1949), S. 114 - 129.

———, 'An outline of General Systems Theory', *British Journal for the Philosophy of Science,* 1 (1950), S. 139 - 164.

———, 'The Theory of Open Systems in Physics and Biology', *Science,* 111 (1950), S. 23 - 29.

———, *Biophysik des Fließgleichgewichts - Einführung in die Physik offener Systeme und ihre Anwendung in der Biologie* (Braunschweig: F. Vieweg, 1953).

———, 'The History and Status of General Systems Theory', in *Trends in General Systems Theory*, Hrsg. G. L. Klir (New York: Wiley-Interscience, 1972), S. 21 - 41.

Bertolotti, M., 'Twenty-five years of the laser - The European contribution to its development', *Optica Acta 32* (1985), S. 962 - 980.

Bertolotti, Mario, *Masers and Lasers - An historical Approach* (Bristol: Adam Hilger Ltd., 1983).

———, *History of the Laser* (Bristol: Institute of Physics, 2005).

Bestehorn, Michael, '*Musterbildung beim Bénard-Problem der Hydrodynamik* ' (Diplomarbeit, Universität Stuttgart, 1983).

———, '*Verallgemeinerte Ginzburg-Landau-Gleichungen für die Musterbildung bei Konvektions-Instabilitäten* ' (Dissertation, Universität Stuttgart, 1988).

Birman, J.L. und H.Z. Cummins, *Melvin Lax, 1922 - 2002 (=Biographical Memoirs 87 of the National Academy of Sciences)* (Washington D.C.: The National Academic Press, 2005).

Bloch, Felix, 'Über die Quantenmechanik der Elektronen in Kristallgittern', *Zeitschrift für Physik,* 52 (1928), S. 555 - 600.

Bluma, Lars, '*Norbert Wiener und die Entstehung der Kybernetik im Zweiten Weltkrieg: eine historische Fallstudie zur Verbindung von Wissenschaft, Technik und Gesellschaft*' (Bochum, 2005).

Bonifacio, R., 'Quantum Statistical theory of superradiation', *Physical Review,* A4 (1971), S. 302 - 313.

Borck, Cornelius, *Hirnströme: Eine Kulturgeschichte der Elektroenzephalographie* (Göttingen: Wallstein, 2005).

Boulding, Kenneth E., *Evolutionary Economics* (Beverly Hills: Sage Publications, 1981).

Brazier, Mary, *A history of the electrical activity of the brain; the first half-century* (New York: MacMillan, 1961).

Bromberg, Joan L., 'The Birth of the Laser', *Physics Today* (1988 (10)), S. 26 - 33.

Bromberg, Joan Lisa, *The Laser in America, 1950 - 1970* (Cambridge (Mass.): The MIT Press, 1991).

Brown, Gerald, *Hans Bethe and his physics* (New Jersey, N.J.: World Scientific Books, 2006).

Brown, L., A. Pais und B. Pippard, *Twentieth Century Physics Vol. II* (Bristol: Institute of Physics Publishing, 1995).

Brunner, Ewald J., Wolfgang Tschacher und Karsten Kenklies, Hrsg., *Selbstorganisation in Wissenschaft* (Jena: Edition Paideia, 2010).

Brush, Stephen G., 'Scientist as Historians', *Osiris,* 10 (1995), S. 214 - 231.

Bushev, Michael, *Synergetics - Chaos, Order, Self-Organization* (Singapur: World Scientific, 1994).

Capra, Fritjof, *Das Tao der Physik* (Bern: O.W.Barth-Verlag, 1977).

Carroll, John, *Todesstrahlen? - Die Geschichte des Laser* (Berlin: Ullstein, 1964).

Cassidy, David C., *Uncertainty - the life and science of Werner Heisenberg.* 1. pr. edn (New York: Freeman, 1992).

Cech, Thomas R., 'RNA as an Enzyme', *Scientific American,* 255 (1986), S. 76 - 84.

Chandrasekhar, S., *Hydrodynamic and Hydromagnetic Stability* (Oxford: Clarendon Press, 1961).

Cohen, L., M. Scully und R. Scully, 'Willis E. Lamb, Jr. 1913 - 2008', in *Biographical Memoir,* Hrsg. (Washington, D.C.: National Academy of Sciences, 2009).

Conway, F. und J. Siegelman, *Dark Hero of the Information Age: in search of Norbert Wiener, the father of cybernetics* (New York: Basic Books, 2005).

Cormack, Allan M., 'Early Two-Dimensional Reconstruction and Recent Topics Stemming from It', in *Nobel Lectures, Physiology or Medicine 1971-1980*, Hrsg. Jan Lindsten (Singapore: World Scientific Publ., 1992), S. 551 - 563.

Corning, Peter A., 'Synergy and Self-Organization in the Evolution of Complex Systems', *Systems Research,* 12 (1995), S. 89 - 121.

Crick, Francis, *Life itself. Its origin and nature* (New York: Simon and Schuster, 1981).

Darrigol, Olivier, *From c-numbers to q-numbers, the classical analogy in the history of quantum theory* (Berkeley [u.a.]: Univ. of California Press, 1992).

Davidson, Mark, *Uncommon Sense The life and thought of Ludwig von Bertalanffy, Father of General Systems Theory* (Los Angeles: J. P. Tarcher, 1983).

Dawson jr., John W., *Das logische Dilemma. Leben und Werk von Kurt Gödel* (Wien: Springer, 2007).

De Duve, Christian, *Ursprung des Lebens* (Heidelberg - Berlin: Spektrum Akademischer Verlag, 1994).

Descartes, René, *Discours de la méthode pour bien conduire sa raison, et chercher la verité dans les sciences plus La dioptrique, Les météores et La géométrie, qui sont les essais de cette Méthode.* Jean Robert Armogathe (Paris: Fayard, 1987).

deWitt, C., A. Blandin und C. (eds.) Cohen-Tannoudji, *Quantum Optics and Electronics (Proc. Summerschool Les Houches 1964)* (New York et al.: Gordon and Breach, 1965).

Ditzinger, T. und H. Haken, 'Oscillations in the Perception of Ambiguous Patterns - a Model Based on Synergetics', *Biological Cybernetics,* 61 (1989), S. 279-287.

Dress, Andreas, Hubert Hendrichs und Günter Küppers, *Selbstorganisation - Die Entstehung von Ordnung in Natur und Gesellschaft* (München: Piper, 1986).

Ebert, Theodor, Hrsg., *Phaidon: Übersetzung und Kommentar* (Göttingen: Vandenhoeck & Ruprecht, 2004).

Eckert, Michael, 'Sommerfeld und die Anfänge der Festkörperphysik', *Wissenschaftliches Jahrbuch des Deutschen Museums,* 7 (1990), S. 33 - 71.

———, *Die Atomphysiker. Eine Geschichte der theoretischen Physik am Beispiel der Sommerfeld Schule* (Braunschweig: Vieweg, 1993).

Edelman, Gerald M. und Giulio Tononi, *Gehirn und Geist - wie aus Materie Bewusstsein entsteht* (München: Beck, 2002).

Eigen, M. und P. Schuster, 'The Hypercycle', *Naturwissenschaften,* 64 (1977), S. 541 - 565.

———, 'The Hypercycle', *Naturwissenschaften,* 65 (1978), S. 341 - 369.

Eigen, M. und R. Winkler-Oswatitsch, 'Transfer-RNS, an early Gene?', *Naturwissenschaften,* 68 (1982), S. 282 - 292.

Eigen, M. und R. Winkler, 'Alkali ion carriers: specificity, architecture and mechanisms', in *Proc. of the Second Int. Conference on theoretical physics and Biology*, Hrsg. (Paris: Editions du CRNS, S. 251 - 260, 1971).

Eigen, Manfred, 'Selforganization of matter and the evolution of biological macromolecules.', *Naturwissenschaften,* 58 (1971), S. 465 - 523

Eigen, Manfred und Peter Schuster, *The Hypercycle* (Berlin: Springer Verlag, 1979).

Einstein, Albert, 'Zur Quantentheorie der Strahlung', *Physikalische Zeitschrift,* 18 (1917), S. 121 - 128.

Feigenbaum, Mitchell, 'Quantitative Universality for a class of Nonlinear transformations', *Journ. Stat. Physics,* 19 (1978), S. 25 - 52.

Fenstermacher, P. R., H. Swinney und J. P. Gollub, 'Dynamical Instabilities and the transition to chaotic Taylor Vortex Flow', *J. Fluid Mechanics.,* 94 (1979), S. 103 - 128.

Field, R. J., E. Körös und R. M. Noyes, 'Oscillations in chemical systems. II. Thorough analysis of temporal oscillation in the bromate-cerium-malonic acid system', *J. Am. Chem. Soc. 94(25)* (1972), S. 8649-8664.

Fischer, Ernst P., *Laser* (München: Siedler, 2010).

Fontaine, Philippe, 'Stabilizing American Society: Kenneth Boulding and the Integration of the Social Sciences, 1943-1980', *Science in Context,* 23 (2010), S. 221–265.

Forbes, J. D., 'Biographical account of Professor Louis Albert Necker, of Geneva, Honorary Member of the Royal Society of Edinburgh', *Proc Royal Soc Edinburgh,* 5 (1863), S. 53 - 76.

Fox, Jerome, *Optical Masers (=Proceedings of the Symposium on optical Masers)* (New York: Polytec Press, 1964).

Frängsmyr, T., Hrsg., *Nobel Lectures, Physics 1981-1990* (Singepore: World Scientific, 1993).

Freed, C. und H. A. Haus, 'Measurement of Amplitude Noise in Optical Cavity Masers', *Apl. Physics Letters,* 6 (1965), S. 85 - 87.

Friedrich, R., A. Fuchs und H. Haken, 'Spatio-temporal EEG patterns', in *Synergetics of rhythms in biological systems*, Hrsg. H. Haken und H.P. Köpchen (Berlin: Springer, 1992).

Friedrich, R. und H. Haken, 'Static, Wave-Like, and Chaotic Thermal-Convection in Spherical Geometries', *Physical Review,* A34 (1986), S. 2100-2120.

———, 'Time-dependent and chaotic behaviour in systems with O(3)-symmetry', in *The Physics of Structure Formation*, Hrsg. W. Güttinger und G. Dangelmayer (Berlin: Springer, 1987), S. 334 - 345.

Friedrich, R. und C. Uhl, 'Synergetic analysis of human electroencephalograms: Petit-mal epilepsy', in *Evolution of dynamical structures in complex systems*, Hrsg. R. Friedrich und A. Wunderlin (Berlin: Springer, 1992).

Friedrich, R. und A. Wunderlin, *Evolution of Dynamical Structures in Complex Systems* (Berlin - New York: Springer Verlag, 1992).

Friedrich, Rudolf, '*Höhere Instabilitäten beim Taylor-Problem der Flüssigkeitsdynamik*' (Diplomarbeit, Universität Stuttgart, 1982).

Fröhlich, Herbert, *Elektronentheorie der Metalle* (Berlin: Springer, 1936).

———, 'Isotope Effect in Superconductivity', *Proc. Roy. Soc. London*, A 63 (1950), S. 778.

———, 'Theory of the Superconducting State I', *Phys. Review* 79 (1950), S. 845 - 856.

Fuller, R. Buckminster, *Synergetics - explorations in the geometry of thinking* (New York: MacMillan, 1975).

Gentner, Dedre, 'Structure-mapping: A theoretical framework for analogy', *Cognitive Science*, 7 (1983), S. 155 - 170.

Gierer, A. und H Meinhardt, 'Biological Pattern Formation Involving Lateral Inhibition.', *Lectures on Mathematics in Life Science*, 7 (1974), S. 163 - 183.

Gierer, A. und H. Meinhardt, 'Theory of Biological Pattern Formation', *Kybernetik*, 12 (1972), S. 30 - 39.

Glansdorff, P. und I. Prigogine, *Thermodynamic Theory of Structure, Stability and Fluctuations* (New York: Wiley Interscience, 1971).

Glauber, Roy, 'Coherence and Quantum Detection', in *Quantum Optics (=Proc. Int. School "E.F. XLII)*, Hrsg. (New York and London: Academic Press, 1969).

Gleick, James, *Chaos - die Ordnung des Universums (Orig.: Chaos - Making a new science)* (München: Droemer Knaur, 1988 (engl. Original 1987)).

Gollub, J.P. und H.L. Swinney, 'Onset of turbulence in a rotating fluid', *Physical Review Letters,* 35 (1975), S. 927 - 930.

Gordon, J.P., H.J. Zeiger und C.H. Townes, 'Molecular Microwave Oscillator and new Hyperfine Structure in the Microwave Spectrum of NH3', *Physical Review,* 95 (1954), S. 282 - 284.

Graham, R. und H. Haken, 'Laserlight - First Example of a Second-Order Transition Far Away from Thermal Equilibrium', *Zeitschrift für Physik,* 237 (1970), S. 31-46.

———, 'Fluctuations and Stability of Stationary Non-Equilibrium Systems in Detailed Balance', *Zeitschrift für Physik,* 245 (1971), S. 141 - 153.

———, 'Generalized Thermodynamic Potential for Markoff Systems in Detailed Balance and Far from Thermal Equilibrium', *Zeitschrift für Physik,* 243 (1971), S. 289-302.

Graham, R., H. Haken und W. Weidlich, 'Flux Equilibria in Quantum Systems Far Away from Thermal Equilibrium', *Physics Letters,* A 32 (1970), S. 129 - 130.

Graham, Robert, 'Generalized Thermodynamic Potential for the Convection Instability', *Physical Review Letters,* 31 (1973), S. 1479 - 1482.

———, 'Onset of Cooperative Behavior in Nonequilibrium Steady States', in *Order and Fluctuations in Equilibrium and Non-Equilibrium Statistical Mechanics*, Hrsg. G. Nicolis, G. Dewel und J.W. (Hrsg.) Turner (Dordrecht: Reidel, 1981), S. 235 - 288.

———, 'Contributions of Hermann Haken to our understanding of Coherence and Selforganization in Nature', in *Lasers and Synergetics*, Hrsg. R. Graham und A. Wunderlin (Berlin: Springer, 1987), S. 2 - 13.

Graham, Robert und Arne Wunderlin, *Lasers and Synergetics (to honor the 60th birthday of Hermann Haken)* (Berlin: Springer, 1987).

Grandin, Karl, Hrsg., *Les Prix Nobel. The Nobel Prizes 2005* (Stockholm: Nobel Foundation, 2006).

Grivet, P. und N. (eds.) Bloembergen, *Quantum electronics (=Proceedings of the third international Congress)* (New York: Columbia University Press, 1964).

Grossmann, S. und S. Thomae, 'Invariant distributions and stationary correlation functions of one dimensional discrete processes', *Zeitschrift für Naturforschung*, 33a (1977), S. 1353 - 1363.

Gurel, Okan und Otto Rössler, 'Bifurcation theory and its applications in scientific disciplines', (New York: New York Academy of Sciences, 1977).

Haken, H., 'Nonlinear Theory of Laser Noise and Coherence .I.', *Zeitschrift für Physik*, 181 (1964), S. 96-124.

———, 'A Nonlinear Theory of Laser Noise and Coherence . Teil 2.', *Zeitschrift für Physik*, 182 (1965), S. 346-359.

Haken, H. und R. Graham, 'Synergetik - die Lehre vom Zusammenwirken', *Umschau in Wissenschaft und Technik*, 1971 (1971), S. 191 - 195.

Haken, H. und M. Haken-Krell, *Erfolgsgeheimnisse der Wahrnehmung* (Stuttgart: Deutsche Verlagsanstalt DVA, 1992).

———, *Gehirn und Verhalten* (Stuttgart: Deutsche Verlagsanstalt, 1997).

Haken, H., J. A. S. Kelso und H. Bunz, 'A Theoretical-Model of Phase-Transitions in Human Hand Movements', *Biological Cybernetics*, 51 (1985), S. 347-356.

Haken, H. und H.P. Koepchen, *Rhythms in Physiological Systems* (Berlin: Springer, 1991).

Haken, H. und H. Olbrich, 'Analytical Treatment of Pattern Formation in Gierer-Meinhardt Model of Morphogenesis', *Journal of Mathematical Biology*, 6 (1978), S. 317-331.

Haken, H. und H. Sauermann, 'Frequency Shifts of Laser Modes in Solid State and Gaseous Systems', *Zeitschrift für Physik*, 176 (1963), S. 47 - 62.

———, 'Nonlinear Interaction of Laser Modes', *Zeitschrift für Physik*, 173 (1963), S. 261 - 275.

Haken, H. und G. Schiepek, *Synergetik in der Psychologie. Selbstorganisation verstehen und gestalten* (Göttingen: Hogrefe Verlag, 2006).

Haken, H. und W. Schottky, 'Allgemeine optische Auswahlregeln in periodischen Kristallgittern', *Zeitschrift für Physik,* 144 (1956), S. 91-107.

———, 'Die Behandlung des Exzitons nach der Vielelektronentheorie', *Zeitschrift für Physik/Chemie* NF 16 (1958), S. 218 - 244.

Haken, H. und M. Wagner, *Cooperative Phenomena (Festschrift Herbert Fröhlich)* (Berlin: Springer Verlag, 1973).

Haken, H. und W. Weidlich, 'Quantum Noise Operators for N-Level System', *Zeitschrift für Physik,* 189 (1966), S. 1-9.

Haken, H. und A. Wunderlin, *Die Selbstrukturierung der Materie. Synergetik in der unbelebten Natur* (Braunschweig: Vieweg, 1991).

Haken, Hermann, 'Eine modellmäßige Behandlung der Wechselwirkung zwischen einem Elektron und einem Gitteroszillator', *Zeitschrift für Physik,* 135 (1953), S. 408 - 430.

———, 'On the problem of radiationless transitions', *Physica,* 20 (1954), S. 1013-1016.

———, 'Application of Feynmans New Variational Procedure to the Calculation of the Ground State Energy of Excitons', *Nuovo Cimento,* 4 (1956), S. 1608-1609.

———, 'Berechnung der Energie des Exzitonen-Grundzustandes im polaren Kristall nach einem neuen Variationsverfahren von Feynman .1.', *Zeitschrift für Physik,* 147 (1957), S. 323-349.

———, 'Der heutige Stand der Exzitonen-Forschung in Halbleitern', in *Halbleiterprobleme,* Hrsg. W. Schottky (Berlin: Vieweg, 1957), S. 1 - 48.

———, 'Sur la Theorie des Excitons et leur Role dans les Transferts d'Energie a l'état solide', *Journal De Chimie Physique Et De Physico-Chimie Biologique,* 55 (1958), S. 613-620.

———, 'On the Theory of Excitons in Solids', *Journal of Physics and Chemistry of Solids,* 8 (1959), S. 166-171.

———, 'Theory of Coherence of Laser Light', *Physical Review Letters,* 13 (1964), S. 329 - 331.

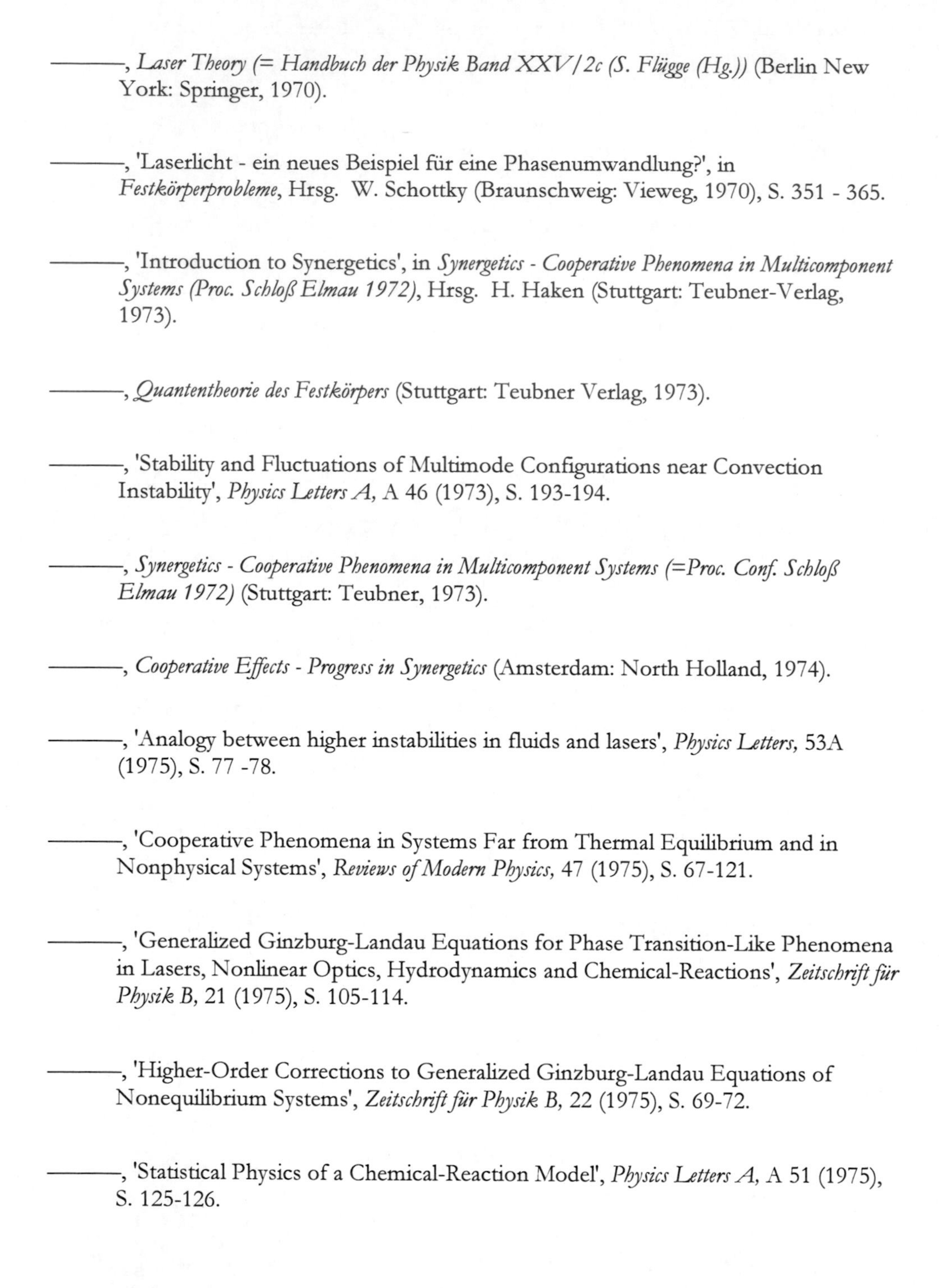

———, *Laser Theory (= Handbuch der Physik Band XXV/2c (S. Flügge (Hg.))* (Berlin New York: Springer, 1970).

———, 'Laserlicht - ein neues Beispiel für eine Phasenumwandlung?', in *Festkörperprobleme*, Hrsg. W. Schottky (Braunschweig: Vieweg, 1970), S. 351 - 365.

———, 'Introduction to Synergetics', in *Synergetics - Cooperative Phenomena in Multicomponent Systems (Proc. Schloß Elmau 1972)*, Hrsg. H. Haken (Stuttgart: Teubner-Verlag, 1973).

———, *Quantentheorie des Festkörpers* (Stuttgart: Teubner Verlag, 1973).

———, 'Stability and Fluctuations of Multimode Configurations near Convection Instability', *Physics Letters A*, A 46 (1973), S. 193-194.

———, *Synergetics - Cooperative Phenomena in Multicomponent Systems (=Proc. Conf. Schloß Elmau 1972)* (Stuttgart: Teubner, 1973).

———, *Cooperative Effects - Progress in Synergetics* (Amsterdam: North Holland, 1974).

———, 'Analogy between higher instabilities in fluids and lasers', *Physics Letters*, 53A (1975), S. 77 -78.

———, 'Cooperative Phenomena in Systems Far from Thermal Equilibrium and in Nonphysical Systems', *Reviews of Modern Physics*, 47 (1975), S. 67-121.

———, 'Generalized Ginzburg-Landau Equations for Phase Transition-Like Phenomena in Lasers, Nonlinear Optics, Hydrodynamics and Chemical-Reactions', *Zeitschrift für Physik B*, 21 (1975), S. 105-114.

———, 'Higher-Order Corrections to Generalized Ginzburg-Landau Equations of Nonequilibrium Systems', *Zeitschrift für Physik B*, 22 (1975), S. 69-72.

———, 'Statistical Physics of a Chemical-Reaction Model', *Physics Letters A*, A 51 (1975), S. 125-126.

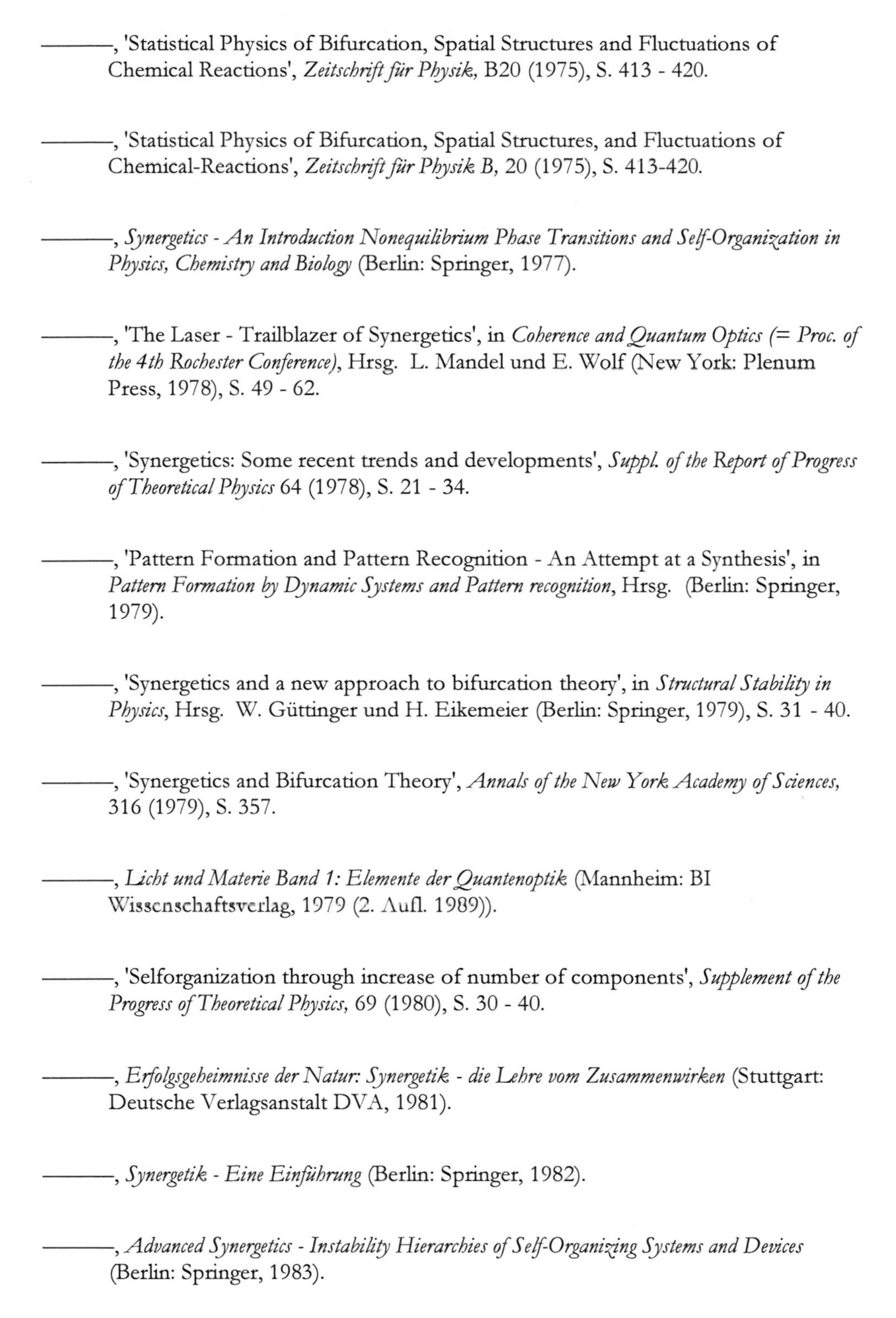

———, 'Statistical Physics of Bifurcation, Spatial Structures and Fluctuations of Chemical Reactions', *Zeitschrift für Physik*, B20 (1975), S. 413 - 420.

———, 'Statistical Physics of Bifurcation, Spatial Structures, and Fluctuations of Chemical-Reactions', *Zeitschrift für Physik B*, 20 (1975), S. 413-420.

———, *Synergetics - An Introduction Nonequilibrium Phase Transitions and Self-Organization in Physics, Chemistry and Biology* (Berlin: Springer, 1977).

———, 'The Laser - Trailblazer of Synergetics', in *Coherence and Quantum Optics (= Proc. of the 4th Rochester Conference)*, Hrsg. L. Mandel und E. Wolf (New York: Plenum Press, 1978), S. 49 - 62.

———, 'Synergetics: Some recent trends and developments', *Suppl. of the Report of Progress of Theoretical Physics* 64 (1978), S. 21 - 34.

———, 'Pattern Formation and Pattern Recognition - An Attempt at a Synthesis', in *Pattern Formation by Dynamic Systems and Pattern recognition*, Hrsg. (Berlin: Springer, 1979).

———, 'Synergetics and a new approach to bifurcation theory', in *Structural Stability in Physics*, Hrsg. W. Güttinger und H. Eikemeier (Berlin: Springer, 1979), S. 31 - 40.

———, 'Synergetics and Bifurcation Theory', *Annals of the New York Academy of Sciences*, 316 (1979), S. 357.

———, *Licht und Materie Band 1: Elemente der Quantenoptik* (Mannheim: BI Wissenschaftsverlag, 1979 (2. Aufl. 1989)).

———, 'Selforganization through increase of number of components', *Supplement of the Progress of Theoretical Physics*, 69 (1980), S. 30 - 40.

———, *Erfolgsgeheimnisse der Natur: Synergetik - die Lehre vom Zusammenwirken* (Stuttgart: Deutsche Verlagsanstalt DVA, 1981).

———, *Synergetik - Eine Einführung* (Berlin: Springer, 1982).

———, *Advanced Synergetics - Instability Hierarchies of Self-Organizing Systems and Devices* (Berlin: Springer, 1983).

———, 'Von der Laserphysik zur Synergetik', in *Forschung in der Bundesrepublik Deutschland*, Hrsg. Christoph Schneider (im Auftrag der Deutschen Forschungsgemeinschaft DFG) (Weinheim: Verlag Chemie, 1983), S. 515 - 518.

———, 'Nachruf auf Professor Serge Nikitine', *Physikalische Blätter*, 42 (1986), S. 11.

———, *Computational Systems - Natural and Artificial*. H. Haken, *Springer Series in Synergetics Band 38* (Berlin - New York: Springer Verlag, 1987).

———, 'Synergetik und ihre Anwendung auf psychosoziale Probleme', in *Familiäre Wirklichkeiten. Der Heidelberger Kongreß*, Hrsg. H. Stierlin, F. B. Simon und G. Schmidt (Stuttgart: Klett Cotta, 1987), S. 36 - 50.

———, 'Entwicklungslinien der Synergetik. Teil 1', *Naturwissenschaften*, 75 (1988), S. 163-172.

———, 'Entwicklungslinien der Synergetik. Teil 2', *Naturwissenschaften*, 75 (1988), S. 225-234.

———, 'Geschichte der Synergetik', *Komplexität - Zeit - Methode (Hrsg. U. Niedersen)*, 3 (1988), S. 198 - 231.

———, *Information and Self-Organization. A Macroscopic Approach to Complex Systems* (Berlin: Springer, 1988).

———, *Neural and Synergetic Computers*, *Springer Series in Synergetics Band 42* (Berlin - New York: Springer, 1988).

———, 'Synergetics: an overview', *Report on Progress in Physics* (1989), S. 515 - 553.

———, 'Synergetischer Computer - ein nichtbiologischer Zugang', *Physikalische Blätter*, 45 (1989), S. 168 - 171.

———, 'Offene Systeme - die merkwürdige Welt des Nichtgleichgewichts', *Physikalische Blätter*, 46 (1990), S. 203 - 208.

———, 'Synergetics as a tool for the conceptualization and mathematization of Cognition and Behaviour - How far can we go?', in *Synergetics of Cognition*, Hrsg. H. Haken und M. Stadler (Berlin: Springer, 1990), S. 2 - 31.

———, '"Je mehr wir Grenzen ausloten, um so mehr erfahren wir vom Menschen - hoffentlich" ', in *Was uns bewegt: Naturwissenschaftler sprechen über sich und ihre Welt*, Hrsg. Marianne Oesterreicher-Mollwo (Weinheim: Beltz, 1991), S. 186 - 193.

———, 'Synergetik und Naturwissenschaften (anschl. Kritiken von 33 Wissenschaftlern und Replik hierauf von H. Haken S. 658 - 675)', *Ethik und Naturwissenschaften,* 7 (1996), S. 587 - 594.

———, 'Synergetik: Vergangenheit, Gegenwart, Zukunft', in *Komplexe Systeme und nichtlineare Dynamik in Natur und Gesellschaft. Komplexitätsforschung in Deutschland auf dem Weg ins nächste Jahrhundert*, Hrsg. K. Mainzer (Berlin: Springer, 1999), S. 30 - 48.

———, 'Über Beziehungen zwischen der Synergetik und anderen Disziplinen', in *Der Weg der Wahrheit. Aufsätze zur Einheit der Wissenschaftsgeschichte*, Hrsg. Peter Eisenhardt (Hildesheim: Olms, 1999), S. 167 - 173.

———, *Nel Senso della Sinergetica (Autobiografie in italienisch)* (Rom: Renzo Editore, 2005).

———, *Nel Senso della Sinergetica (Autobiografie in italienischer Sprache)* (Rom: Di Renzo, 2005).

Haken, Hermann und Maria Haken-Krell, *Entstehung von Biologischer Information und Ordnung* (Darmstadt: Wissenschaftliche Buchgesellschaft, 1989).

Haken, Hermann und Paul Levi, *Synergetic Agents: From Multi Robot-Systems to Molecular Robotics* (Weinheim: Wiley-VCH, 2012).

Haken, Hermann und Arne Wunderlin, 'New Interpretation and size of strange attractor of the Lorenz model of turbulence', *Physics Letters,* 133 (1977), S. 133 - 134.

Handel, Kai, 'Historische Entwicklung der mikroskopischen Theorie der Supraleitung', (Hamburg: Diplomarbeit IGN Universität Hamburg, 1994).

———, 'Research styles in particle theory and solid state theory: the historical development of the microscopic theory of superconductivity', in *The Emergence of Modern Physics*, Hrsg. (Pavia: Universita degli Studi di Pavia, 1996), S. 371 - 386.

———, *Anfänge der Halbleiterforschung und - entwicklung. Dargestellt an Biographien von vier deutschen Halbleiterpionieren* (Aachen: Dissertation RWTH Aachen, 1999).

Hankins, T.L., 'In Defence of Biography: the use of biography in the history of science', *History of Science,* 17 (1979), S. 1 - 16.

Haus, H. A., 'The Measurement of G and its Signal-to-Noise Ratio.', in *Quantum Optics*, Hrsg. R. Glauber (New York: Academic Press, 1969).

Hebb, Donald, *The organization of behavior. A neuropsychological theory* (New York: Wiley, 1949).

Hecht, Jeff, *Beam the race to make the laser* (New York Oxford: Oxford University Press, 2005).

Hedrich, Reiner, *Die Entdeckung der Komplexität: Skizzen einer strukturwissenschaftlichen Revolution* (Thun - Frankfurt a. M.: Harri Deutsch, 1994).

Heilbron, J. L., 'Applied History of Science', *ISIS,* 78 (1987), S. 552 - 563.

Heims, Steve, *Constructing a Social Science for Postwar America. The Cybernetics Group, 1946–1953* (Cambridge (Mass.): MIT Press, 1993).

Hemminger, Hansjörg, 'Über Glaube und Zweifel – Das New Age in der Naturwissenschaft', in *Die Rückkehr der Zauberer: New Age – eine Kritik*, Hrsg. H.-J. Hemminger (Reinbek: Rowohlt, 1987), S. 115 - 185.

Hempstedt, Robert und M. Lax, 'Classical Noise. VI. Noise in Self-Sustained Oscillators near Threshold', *Physical Review A,* 161 (1967), S. 350 - 366.

Hentschel, Klaus, *Interpretationen und Fehlinterpretationen der speziellen und der allgemeinen Relativitätstheorie durch Zeitgenossen Albert Einsteins* (Basel [u.a.]: Birkhäuser, 1990).

———, 'Finally, Some Historical Polyphony!', in *Michael Frayn's Copenhagen in Debate*, Hrsg. M. Dörries (Berkeley: University of California, 2005), S. 31 - 37.

———, 'Die Funktion von Analogien in den Naturwissenschaften, auch in Abgrenzung zu Metaphern und Modellen', *Acta Historica Leopoldina,* 56 (2010), S. 13 - 66.

———, Hrsg., *Zur Geschichte von Forschungstechnologien: Generizität - Interstitialität - Transfer* (Diepholz - Berlin - Stuttgart: GNT-Verlag, 2012).

Hentschel, Klaus und Ann Hentschel, *Physics and National Socialism - An Anthology of Primary Sources* (Basel: Birkhäuser, 1996).

Hermann, Armin, '*Frühgeschichte der Quantentheorie (1899-1913)*' (Physik-Verlag, 1969).

Heuser-Keßler, Marie-Luise, '*Die Produktivität der Natur - Schellings Naturphilosophie u.d. neue Paradigma d. Selbstorganisation in d. Naturwissenschaften*' (Duncker und Humblot, 1986).

Hoddeson, Lilian , Ernest Braun, Jürgen Teichmann und Spencer Weart, *Out of the Crystal Maze. Chapters from the History of Solid-State Physics.* (New York, Oxford: Oxford University Press, 1992).

Hoddeson, Lilian und Vicki Daitch, *True genius: the life and science of John Bardeen* (Washington D. C.: The John Henry Press, 2002).

Holton, Gerald James, *Thematic origins of scientific thought, Kepler to Einstein* (Cambridge, Mass.: Harvard Univ. Press, 1973).

Hopfield, J. J., 'Neural networks and physical systems with emergent collective computational abilities', *Proc. Nat. Acad. Sci.* , 79 (1982), S. 2554 - 2558.

Hounsfield, Godfrey N., 'Computed Medical Imaging', in *Nobel Lectures, Physiology or Medicine 1971-1980*, Hrsg. Jan Lindsten (Singapore: World Scientific Publ., 1992), S. 568 - 586.

Hund, Friedrich, *Geschichte der Quantentheorie.* 3., überarb. Aufl. edn (Mannheim [u.a.]: Bibliographisches Institut, 1984).

Husbands, Phil und Owen Holland, 'Warren McCulloch and the British Cyberneticians', *Interdisciplinary Science Reviews,* 37 (2012), S. 237 - 253.

Hyland, Gerald, 'Herbert Fröhlich FRS, 1905 - 1991: A physicist ahead of his time', in *Herbert Fröhlich FRS - A physicist ahead of his time.*, Hrsg. (Liverpool: The Universitys of Liverpool, S. 247 - 344, 2006).

Institution, The Royal, 'Faraday Symposium - The Physical Chemistry of Oscillatory Processes', (London: Journal Chem. Soc., Faraday Transactions (1975), 13, 1974).

Jammer, Max, *The conceptual development of quantum mechanics.* 2. ed. edn (Los Angeles: Tomash Publ. [u.a.], 1989).

Jantsch, Erich, *The Evolutionary Vision - Towards a unifying paradigm of physical, biological and sociocultural evolution (AAAS Selected Symposium 61)* (Boulder: Westview Press, 1981).

Javan, A., W. Bennett und D. Herriott, 'Population Inversion and Continuous Optical Maser Oscillation in a Gas Discharge Containing a He-Ne Mixture', *Physical Review Letters,* 6 (1961), S. 106 - 110.

Jaynes, E. T., 'Information Theory and Statistical Mechanics', *Physical Review,* 106 (1957), S. 620 - 630.

Jiu-li, Luo, C. Broeck und G. Nicolis, 'Stability criteria and fluctuations around nonequilibrium states', *Zeitschrift für Physik B Condensed Matter,* 56 (1984), S. 165-170.

Joseph, Daniel, *Elementary Stability and Bifurcation Theory* (Berlin-New York: Springer, 1980).

Judson, Horace Freeland, *The eighth day of creation, makers of the revolution in biology* (Cold Spring Harbor, NY: Cold Spring Harbor Laboratory Press, 1996).

Kamal, A., *Laser Abstracts* (New York: Plenum Press, 1964).

Kant, Immanuel, *Kritik der Urteilskraft* (Berlin: 1790).

Kauffman, Stuart, *At Home in the Universe, the search for laws of complexity* (Oxford: Oxford University Press, 1995).

Keizer, J. und R. Fox, 'Qualms Regarding the Range of Validity of the Glansdorff-Prigogine Criterion for Stability of Non-Equilibrium States', *Proc. Nat. Acad. Sci. USA,* 71 (1974), S. 192 - 196.

Keizer, Joel, 'Fluctuations, stability, and generalized state functions at nonequilibrium steady states', *J. Chem. Physics*, 65 (1976), S. 4431 - 4445.

Keller, Evelyn Fox, 'Organisms, Machines, and Thunderstorms: A History of Self-Organization, Part One', *Hist. Stud. in the Natural Sciences*, 38 (2008), S. 45 - 75.

———, 'Organisms, Machines, and Thunderstorms: A History of Self-Organization, Part Two: Complexity, Emergence, and Stable Attractors', *Hist. Stud. in the Natural Sciences*, 39 (2009), S. 1 - 31.

Kellert, Stephen H., 'A philosophical evaluation of the chaos theory "revolution" ', *Proceedings of the biennial meeting of the Philosophy of Science Association* (1992), S. 33 - 49.

Kelly, P., B. Lax und P. (eds.) Tannenwald, *Proceedings of the Physics of Quantum Electronics Conference* (New York: McGraw Hill, 1966).

Kelso, J. A. S., G. Schöner, J. P. Scholz und H. Haken, 'Nonequilibrium Phase-Transitions in Coordinated Movements Involving Many Degrees of Freedom', *Annals of the New York Academy of Sciences*, 504 (1987), S. 293-296.

Klenk, Herbert, '*Anwendung der verallgemeinerten Ginzburg-Landau Gleichungen auf die Theorie der Bénard-Instabllität eines Plasmas* ' (Dissertation, Universität Stuttgart, 1979).

Koschmieder, E.L., 'Instabilities in Fluid Dynamics', in *Synergetics - A Workshop*, Hrsg. H. Haken (Berlin: Springer, 1977), S. 70 - 79.

Kragh, Helge, *An Introduction to the Historiographie of Science* (Cambridge: Cambridge University Press, 1987).

———, *Quantum Generations - A History of Physics in the Twentieth Century* (Princeton: Princeton University Press, 1994).

Krohn, W. und G. Küppers, *Die Selbstorganisation der Wissenschaft* (Bielefeld: Kleine Verlag, 1987).

Krohn, Wolfgang, Hans-Jürgen Krug und Günter Küppers, *Konzepte von Chaos und Selbstorganisation in der Geschichte der Wissenschaften.* Uwe Niedersen, *Selbstorganisation -*

Jahrbuch für Komplexität in den Natur-, Sozial- und Gesiteswissenschaften Band 2 (Berlin: Duncker & Humblot, 1992).

Krohn, Wolfgang, Günther Küppers und Rainer Paslack, 'Selbstorganisation - Zur Genese und Entwicklung einer wissenschaftlichen Revolution', in *Der Diskurs des radikalen Konstruktivismus*, Hrsg. (Frankfurt: Suhrkamp, 1987), S. 441 - 465.

Kubo, R. und H. Kamimura, *Dynamical Processes in Solid State Optics (1966 Tokyo Summer Lectures in Theoretical Physics)* (Tokyo und New York: W.A. Benjamin und Syokabo, 1967).

Küppers, Bernd. O., *Ordnung aus dem Chaos* (München: Piper, 1987).

Lamb, W., W. Schleich, M. Scully und C. Townes, 'Laser physics: Quantum controversy in action', *Reviews of Modern Physics* 71 (1999), S. 263 - 273.

Lamb, Willis, 'Quantum Mechanical Amplifiers', in *Lectures in Theoretical Physics Vol. 2*, Hrsg. (New York: Interscience Publishers, 1960).

Lamb, Willis E., 'Theory of optical masers', *Physical Review,* 134 (1964), S. A1429 - A1450.

Landauer, Rolf, 'Fluctuations in Bistable Tunnel Diode Circuits', *Journal of Applied Physics,* 33 (1962), S. 2209 - 2216.

———, 'Poor Signal to Noise Ratio in Science', in *Dynamic Patterns in Complex Systems*, Hrsg. (Singapur: World Scientific, 1988).

Lax, M. und W. H. Louisell, 'Quantum Fokker-Planck Solution for Laser Noise', *IEEE Journal of Quantum electronics,* QE3 (1967), S. 47 - 58.

Lax, Melvin, 'Quantum Noise V: Phase Noise in a Homogeneously Broadenend Maser', in *Proceedings of the Physics on Quantum electronic Conference*, Hrsg. P. et al. (eds.) Kelley (New York: McGraw Hill, 1966).

———, 'Quantum Noise VII: The Rate Equations and Amplitude Noise in Lasers', *Ieee Journal of Quantum Electronics,* 3 (1967), S. 37 - 46.

———, 'Quantum Noise. X. Density-Matrix Treatment of Field and Population-Difference Fluctuations', *Physical Review* 157 (1967), S. 213 - 231.

———, 'Fluctuations and Coherence Phenomena in classical and quantum physics', in *Statistical Physics, Phase Transition and Superfluidity Vol. 2*, Hrsg. (New York: Gordon Breach, 1968).

Leiber, Wilhelm, 'On the impact of deterministic chaos on modern science and philosophy of science: Implications for the philosophy of technology?', in *Society for Philosophy andTechnology* (1998).

Lemmerich, Jost, *Zur Geschichte der Entwicklung des Lasers* (Berlin: D.A.V.I.D, 1987).

Lewin, Roger, *Complexity. Life at the Edge of Chaos* (New York: Macmillan Pub., 1992).

Liapunov, Alexandre, *Problème général de la stabilité du mouvement (=französische Übersetzung einer 1892 auf russisch erschienenen Ausgabe)* (Princeton: (Reprint 1949 Princeton University Press), 1907).

Libchaber, A. und J. Maurer, 'Une Experience de Rayleigh-Benard en geometrie reduite: multiplication, accrochage et demultiplication des frequences', *Journal de Physique, Colloques 41-C3,* 41 (1980), S. 51 - 56.

Lifson, Shneior, 'Chemical selection, diversity, teleonomy and the second law of thermodynamics - Reflections on Eigen's theory of self-organization of matter', *Biophysical Chemistry,* 26 (1987), S. 303 - 311.

Little, W. A, 'The existence of persistent states in the brain', *Mathematical Biosciences,* 19 (1974), S. 101 - 120.

Lorenz, Edward, 'On the prevalence of aperiodicity in simple systems', in *Global analysis (Lecture Notes in Mathematics 755)*, Hrsg. (Berlin New York: Springer, 1979).

Lorenz, Edward N., 'Deterministic Nonperiodic Flow', *Journ. Atmosph. Sciences,* 20 (1963), S. 130 - 141.

———, 'Irregularity: a fundamental property of the atmosphere', *Tellus,* 36A (1984), S. 98 - 110.

Lotka, Alfred J., *Elements of Physical Biology (Nachdruck als: Elements of Mathematical Biology)* (Baltimore (Nachdruck: New York): Williams and Wilkins (Nachdruck: Dover), 1925 (Nachdruck 1956)).

Louisell, William H., *Quantum statistical properties of radiation* (New York et al.: John Wiley, 1973).

Lovelock, James, *Gaia - a new look at life on Earth* (Oxford: Oxford University Press, 1979).

Madelung, Otfried, 'Schottky - Spenke - Welker', *Physikalische Blätter,* 55 (6) (1999), S. 54 - 58.

Maiman, Theodore, 'Stimulated Optical Radiation in Ruby', *Nature,* 118 (1960), S. 493 - 494.

Maiman, Theodore H., *The Laser Odyssey* (Blaine: Laser Press, 2000).

Mandel, L. und E. Wolf, *Coherence and Quantum Optics (=Proc. of the 4th Rochester Conference)* (New York: Plenum, 1978).

Mandell, Arnold J., *Coming of the Middle Age* (New York: Summit Books, 1977).

Marage, P. und G. (Hrsg.) Wallenborn, *The Solvay Councils and the Birth of modern Physics (=Science Networks - Historical Studies Vol. 22)* (Basel: Birkhäuser, 1999).

Marois, Maurice, 'Theoretical Physics and Biology (Proc. of the first Intern. Conference, Versailles 26 - 30 June 1967)', (Amsterdam: North Holland 1969).

———, 'From Theoretical Physics to Biology (Proc. of the second Intern. Conf., 30. June - 5 July 1969)', (Paris: Editions CNRS 1971).

———, 'From theoretical Physics to biology (Proc. of the third Intern. Conf., Juni 21 - 26 1971)', (Basel et al.: Karger, 1973).

———, 'From theoretical physics to biology (Proc. of the fourth Intern. Conf., 28. mai - 2 juin 1973)', (Amsterdam: North Holland Publ., 1976).

———, *Documents for History - Life and Human Destiny* (Paris: The Institut de la Vie; Editons Rive Droite, 1997).

———, *Documents pour l'histoire - Tome II Les Grandes Conférences internationales: Problèmes de vie* (Paris: L'Institut de la Vie; Editions Rive Droite, 1997).

———, *Institut de la Vie - Documents pour l'histoire* (Paris: Editions Rive Droite, 1998).

Martin, Paul C., 'Instabilities, Oscillations, and Chaos', *Journal de Physique,* 37 (supplement 1) (1976), S. C 1 - 57.

Marx, Klaus, '*Analytische und numerische Behandlung der zweiten Instabilität beim Taylor-Problem der Flüssigkeitsdynamik* ' (Dissertation, Universität Stuttgart, 1987).

Maturana, Humberto, 'Biology of Cognition (Biological Computer Laboratory Research Report BCL 9.0)', (Urbana: University of Illinois, 1970).

Maurer, J. und A. Libchaber, 'A Raleigh Bénard Experiment: Helium in a small box', *Journal de Physique Lettres,* 40 (1979), S. 419 - 423.

McCulloch, W.S. und W. Pitts, 'A Logical Calculus of the Ideas Immanent in Nervous Activity', *Bull. Math. Biophysics,* 5 (1943), S. 115-133.

McFarlane, R., R. Bennett und W. Lamb, 'Single Mode Tuning Dip in the Power Output of an He-Ne Optical Maser', *Appl. Phys. Lett.,* 2 (1963), S. 189 - 190.

McLaughlin, J.B. und P.C. Martin, 'Transition to Turbulence of a Statically, Stressed Fluid', *Physical Review Letters,* 33 (1974), S. 1189 - 1192.

Mehra, J., *The Solvay Conferences on Physics* (Dordrecht: D. Reidel, 1975).

Mehra, Jagdish, *Einstein, Hilbert, and the theory of gravitation, historical origins of general relativity theory* (Dordrecht [u.a.]: Reidel, 1974).

Mehra, Jagdish und Helmut Rechenberg, *The historical development of quantum theory.* 9 vols (New York: Springer (9 Bände), 1982ff.).

Meinhardt, H., 'The Spatial Control of Cell Differentiation by Autocatalysis and Lateral Inhibition', in *Synergetics, a Workshop*, Hrsg. H. Haken (Berlin: Springer, 1977), S. 214 - 223.

Mesarovic, M.D. und E. Pestel, *Mankind at the turning Point: the 2. report to the Club of Rome* (London: Hutchinson, 1975).

Mesarovich, M. D. und Ya. Takahara, *General Systems Theory: Mathematical Foundations* (New York: Academic Press, 1975).

Meyenn, Karl von, 'Die Biographie in der Physikgeschichte', in *Die Großen Physiker*, Hrsg. K. von Meyenn (München: C.H. Becksche Verlagsbuchhandlung, 1997), S. 7 - 15.

Meyer, K.P., Brändli, H.P., Dändliker, R. (eds.), *Proceedings of the International Symposium on Laser-Physics and Applications (=Zs. f. angewandte Math. und Physik, 16 (1965), 1 - 184* (Basel und Stuttgart: Birkhäuser, 1965).

Meyers, Robert A., 'Encyclopedia of Complexity and System Science (10 Bände)', (New York - Heidelberg: Springer, 2009ff.).

Miles, P. (ed.), *Quantum electronics and Coherent Light (=Proc. XXXI Int. School "Enrico Fermi")* (New York: Academic Press, 1964).

Miller, Arthur I., *Albert Einstein's special theory of relativity, emergence (1905) and early interpretation (1905 - 1911)* (Reading, Mass. [u.a.]: Addison-Wesley, 1981).

Millman, S. (Hg.), *A History of Engineering and Science in the Bell System - Physical Sciences (1925 - 1980)* (o.O.: AT&T Bell Laboratories, 1983).

Mittelstraß, Jürgen, *Enzyklopädie Philosophie und Wissenschaftstheorie (6 Bände) (2., neubearb. und wesentlich erg. Aufl.)*. 6 vols (Stuttgart: Metzler, 2005ff.).

Monod, Jacques, *Le hasard et la necessité* (Paris: Ed. du Seuil, 1970).

———, *Zufall und Notwendigkeit* (München: Piper Verlag, 1971).

Müller, Albert, 'Eine kurze Geschichte des BCL - Heinz von Foerster und das Biological Computer Laboratory ', *Österreichische Zeitschrift für Geschichtswissenschaften*, 11 (2000), S. 9 - 30.

Müller, Albert und Karl H. Müller, Hrsg., *An Unfinished Revolution? Heinz von Foerster and the Biological Computer Laboratory 1958 – 76* (Wien: Verlag Echoraum, 2007).

Mutschler, Hans-Dieter, *Physik – Religion – New Age* (Würzburg: Echter, 1990).

Nicolaysen, Rainer, *Der lange Weg zur VolkswagenStiftung. Eine Gründungsgeschichte im Spannungsfeld von Politik, Wirtschaft und Wissenschaft* (Göttingen: Vandenhoeck & Ruprecht, 2002).

Nicolis, G., G. Dewel und J.W. Turner, *Order and Fluctuations in Equilibrium and Non-Equilibrium Statistical Mechanics* (New York: John Wiley, 1981).

Nicolis, G. und I. Prigogine, *Self-Organization in Non-Equilibrium Systems* (New York: 1977).

Nye, Mary Jo, 'Scientific Biography: History of Science by Another Means?', *Isis,* 97 (2006), S. 322 - 329.

Olbricht, Herbert, '*Die Bildung von raumzeitlicher Strukturen infolge von Mehrfachinstabilitäten*' (Diplomarbeit, Universität Stuttgart, 1977).

Olby, Robert C., *The path to the double helix* (London: Macmillan, 1974).

Packard, N. , J. Crutchfield, R. Shaw und J. Farmer, 'Geometry from a time series', *Phys. Review Letters* (1980), S. 712 - 716.

Pais, Abraham, *"Raffiniert ist der Herrgott ..." Albert Einstein; eine wissenschaftliche Biographie* (Braunschweig [u.a.]: Vieweg, 1986).

Pal, L., 'Statistical Physics - Proceedings of the International Conference', (Budapest: North Holland Publ., 1975).

Paslack, Rainer, *Urgeschichte der Selbstorganisation: zur Archäologie eines wissenschaftlichen Paradigmas* (Braunschweig: Vieweg, 1991).

Paslack, Rainer und Peter Knost, *Zur Geschichte der Selbstorganisationsforschung - Ideengeschichtliche Einführung und Bibliographie (1940 - 1990)* (Bielefeld: Kleine Verlag, 1990).

Peitgen, H.-O. und P. H. Richter, *The Beauty of Fractals* (Berlin: 1986).

Perny, Guy, 'Centenaire de la Naissance de L'Humaniste alsacien Alfred Kastler (1902 - 1984): Aspects de son oeuvre', in *Annuaire*, Hrsg. (Sélestat: Société des amis de la bibliothèque de Sélestat, 2003), S. 149 - 155.

Peyenson, L., 'Who the guys were: Prosopography in the History of Science', *History of Science*, 15 (1977), S. 155 - 188.

Pias, Claus, *Cybernetics | Kybernetik. The Macy-Conferences 1946-1953*. 2 vols (Zürich - Berlin: diaphanes, 2003).

Poincaré, Henri, *Science et Méthode* (Paris: Flammarion, 1908).

Polanyi, Michael, *Personal knowledge - towards a post-critical philosophy* (London: Routledge & Kegan Paul, 1958).

Pöppel, Ernst, *Grenzen des Bewußtseins. Über Wirklichkeit und Welterfahrung* (München: dtv, 1987).

Pouvreau, David, 'Une Biographie non officielle de Ludwig von Bertalanffy (1901-1972)'2006) <www.bertalanffy.org> [Accessed 6.1.2013.

Prigogine, I., *Vom Sein zum Werden. Zeit und Komplexität in den Naturwissenschaften* (München: Piper, 1979).

Prigogine, I. und G. Nicolis, 'On symmetry-breaking instabilites in dissipative systems', *J. Chem. Physics*, 46 (1967), S. 3542 - 3550.

Prigogine, Ilya, *Introduction to Thermodynamics of Irreversible Processes* (New York: Interscience Publishers, 1955).

———, *Non-Equilibrium statistical Mechanics* (New York: Interscience Publishers, 1962).

———, *Physique, temps et devenir* (Paris [u.a.]: Masson, 1980), p. 275 S.

———, 'Autobiography', in *Nobel Lectures, Chemistry 1971-1980*, Hrsg. T. Frängsmyr und S. Forsen (Singapore: World Scientific Pub., 1993).

Prigogine, Ilya und Stuart Rice, Hrsg., *Proc. of the Conference on Instability and dissipative Structures*. Vol. 32, *Advances in Chemical Chemistry* (1973).

Prigogine, Ilya und Isabelle Stengers, *La nouvelle alliance, métamorphose de la science* (Paris: Gallimard, 1979).

———, *Das Paradox der Zeit, Zeit, Chaos und Quanten* (München [u.a.]: Piper, 1993).

Prokhorov, Alexandr, 'Quantum Radiation', in *Nobel Lectures, Physics 1963 - 1970*, Hrsg. (Amsterdam: Elsevier, 1972), S. 110 - 116.

Risken, H., C. Schmid und W. Weidlich, 'Fokker-Planck equation for atoms and light mode in a laser model with quantum mechanically determined dissipation and fluctuation coefficients ', *Physics Letters* 20 (1966), S. 489 - 491

———, 'Fokker-Planck Equation, Distribution and Correlation Functions for Laser Noise', *Zs. für Physik,* 194 (1966), S. 337 - 359.

Risken, H., Ch. Schmid und W. Weidlich, 'Fokker-Planck equation, distribution and correlation functions for laser noise ', *Zs. für Physik,* 193 (1966), S. 37 - 51.

———, 'Quantum Fluctuations, Master Equation and Fokker-Planck Equation', *Zs. für Physik,* 193 (1966), S. 37 - 51.

Risken, Hannes, 'Distribution- and Correlation-Functions for a Laser Amplitude', *Zs. für Physik,* 186 (1965), S. 85 - 98.

Röss, Dieter, *Laser - Lichtverstärker und -Oszillatoren (incl. Bibliographie mit 3140 Einträgen)* (Frankfurt: Akademische Verlagsgesellschaft, 1966).

Rubin, Edgar, *Visuell wahrgenommene Figuren. Studien in psychologischer Analyse. (Aus dem Dänischen übersetzt nach "Synsoplevede Figurer", 1915)* (Kopenhagen: Gyldendalske Boghandel, 1921).

Ruelle, David und Floris Takens, 'On the nature of turbulence', *Comm. Math. Physics,* 20 (1971), S. 167 - 192.

Rupieper, Hermann-J., Hrsg., *Beiträge zur Geschichte der Martin-Luther-Universität 1502–2002* (Halle: Mitteldeutscher Verlag, 2002).

Ruß, Hans, *Der neue Mystizismus. Östliche Mystik und moderne Naturwissenschaft im New Age - Denken* (Würzburg: Königshausen & Neumann, 1993).

Sargent III, M., 'A Note on Semiclassical Laser Theory', *Optics Communications,* 11 (1974), S. I - III.

Sargent III, M., M. Scully und W. Lamb, *Laser Physics* (Reading: Addison Wesley, 1974).

Sattinger, David, *Topics in Stability and Bifurcation Theory* (Berlin - New York: Springer, 1973).

Sauermann, H., 'Dissipation und Fluktuationen in einem Zwei-Niveau-System (Dissertation)', *Zs. für Physik,* 188 (1965), S. 480 - 505.

Sauermann, Herwig, 'Quantenmechanische Behandlung des optischen Maser (Dissertation)', *Zs. für Physik,* 189 (1965), S. 315 - 334.

Schawlow, Arthur L., 'From Maser to Laser', in *Impact of basic Research on technology*, Hrsg. (New York-London: Plenum Press, 1973).

Schawlow, Arthur und Charles Townes, 'Infrared and Optical Masers', *Physical Review,* 112 (1958), S. 1940 - 1949.

Schiepek, Günter, Igor Tominschek, Heiko Eckert und Conrad Caine, 'Monitoring - Der Psyche bei der Arbeit zuschauen', *Psychologie Heute* (2007), S. 42 - 47.

Schleich, W. und H. D. Vollmer, 'Zum Tode von Hannes Risken', *Physikalische Blätter,* 50 (1994), S. 469.

Schleich, W., H. Walther und W. Lamb, *Ode to a Quantum Physicist - A Festschrift in Honor of Marlan O. Scully* (Amsterdam et al.: Elsevier, 2000).

Schmidt, S. J. (Hrsg.), 'Der Radikale Konstruktivismus: Ein neues Paradigma im interdisziplinären Diskurs', in *Der Diskurs des Radikalen Konstruktivismus*, Hrsg. S. J. (Hrsg.) Schmidt (Frankfurt a. M.: Suhrkamp, 1987), S. 11 - 87.

Schröder, Manfred, Hrsg., *Hundert Jahre Friedrich Hund: Ein Rückblick auf das Wirken eines bedeutenden Physikers* (Göttingen: Nachrichten der Akademie der Wissenschaften in Göttingen, 1996).

Schrödinger, Erwin, *What is life?* (Cambridge Cambridge University Press, 1944).

Schweber, Silvan, *Nuclear Forces. The making of the physicist Hans Bethe* (Harvard: Harvard University Press, 2012).

Scully, M. und V. deGiorgio, 'Analogy between the Laser Threshold Region and a Second-Order Phase Transition', *Physical Review* A2 (1970), S. 1170 - 1177.

Scully, M. und W. Lamb, 'Quantum theory of an optical maser', *Physical Review Letters,* 16 (1966), S. 853-855.

Scully, Marvin, 'The Quantum Theory of a Laser', in *Quantum Optics (Proc. Int. School "Enrico Fermi XLII),* Hrsg. (New York and London: Academic Press, 1969).

Seeger, Alfred, 'Sogar theoretische Physik kann praktisch sein ! - Ulrich Dehlinger', in *Die Universität Stuttgart nach 1945*, Hrsg. (Stuttgart: Jan Thorbecke, 2004).

Seifert, Josef, *Das Leib-Seele-Problem in der gegenwärtigen philosophischen Diskussion* (Darmstadt: Wissenschaftliche Buchgesellschaft, 1979).

Serchinger, Reinhard, *Walter Schottky - Atomtheoretiker und Elektrotechniker - Sein Leben und Werk bis ins Jahr 1941* (Berlin u.a.: gnt-Verlag, 2008).

Shortland, M. und R. Yeo, *Telling lives in science - Essays on scientific biography* (Cambridge: Cambridge University Press, 1996).

Singer, Jay, *Advances in Quantum Electronics (=Proc. 2nd Quantum electronics Conf.)* (New York: Columbia University Press, 1961).

Skar, John, 'Introduction: self-organization as an actual theme', *Phil. Trans. R. Soc. London* A 361 (2003), S. 1049 - 1056.

Smale, Steven, 'Differentiable dynamical systems', *Bull. Amer. Math. Soc.* (1967), S. 747 - 817.

Sondheimer, E. H., 'Sir Alan Herries Wilson. 2 July 1960 - 30 September 1995', in *Biographical Memoirs of Fellows of the Royal Society Bd. 45*, Hrsg. (London: The Royal Society. S. 548 - 562, 1999).

Spenke, Eberhard, *Elektronische Halbleiter* (Berlin u.a.: Springer, 1954).

Stadler, M. und P. Kruse, 'The Self-Organization Perspective in Cognition Research: Historical Remarks and New Experimental Approaches', in *Synergetics of Cognition*, Hrsg. H. Haken und M. Stadler (Berlin - Heidelberg: Springer, 1990), S. 32 - 53.

Stegmüller, Wolfgang, *Unvollständigkeit und Unentscheidbarkeit. Die metamathematischen Resultate von Goedel, Church, Kleene, Rosser und ihre erkenntnistheoretische Bedeutung* (Wien: Springer, 1973).

Suzuki, M., 'Ryogo Kubo', *Physics Today,* 49 (1996), S. 87.

Swinney, H.L., P.R. Fenstermacher und J.P. Gollup, 'Transition to turbulence in a fluid flow', in *Synergetics - A Workshop*, Hrsg. (Berlin: Springer, 1977).

Szöke, A. und A. Javan, 'Isotope Shift and Saturation Behaviour of the 1.15m Transition of Neon', *Phys. Rev. Letters,* 10 (1963), S. 521- 524.

Teichmann, Jürgen, *Zur Geschichte der Festkörperphysik. Farbzentrenforschung bis 1940* (Wiesbaden: Boethius, 1988).

———, 'Pohl, Robert Wichard', *Neue Deutsche Biographie,* 20 (2001), S. 586.

Thom, René, *Stabilité structurelle et morphogénèse* (Reading (Mass.): Benjamin, 1972).

Tomiyasu, Kiyo, *The Laser Literature - an annotated guide* (New York: Plenum Press, 1968).

Townes, C.H., 'Nobel Lecture 1964', in *Nobel Lectures 1963-1970*, Hrsg. (Amsterdam: Elsevier Publishing Comp., 1972).

Townes, Charles, *Quantum electronics - A Symposium* (New York: Columbia University Press, 1960).

Townes, Charles M., *How the Laser happened* (New York: Oxford University Press, 1999).

Tschacher, W., 'Bericht von der Herbstakademie "Selbstorganisation und Klinische Psychologie" in Bamberg 1. - 5. 10 1990', *System Familie,* 4 (1991), S. 124 - 126.

Turing, A. M., ' The Chemical Basis of Morphogenesis.', *Phil. Transactions of the Royal Society,* B237 (1952), S. 37 - 72.

Tyson, J. J. und M. L. Kagan, 'Spatiotemporal Organization in Biological and Chemical Systems: Historical Review', in *From Chemical to Biological Organization*, Hrsg. M. Markus, S. C. Müller und G. Nicolis (Berlin: Springer, 1988), S. 14 - 21.

Varela, F.J, H. R. Maturana und R. Uribe, 'Autopoiesis, the organization of Living Systems: It's Characterization and a Model', *Biosystems,* 5 (1974), S. 187 - 196.

Vavilin, V., A. M. Zhabotinsky und A. Zaikin, ' Effect of Ultraviolet Radiation on the Oscillating Oxidation Reaction of Malonic Acid Derivatives', *Russ. J. Phys. Chem.,* 42 (1968), S. 1649.

Vidal, C. und A. Pacault, *Nonlinear Phenomena in Chemical Dynamics (Bordeaux 1981)* (Berlin: Springer 1981).

Voigt, Johannes, *Universität Stuttgart. Phasen ihrer Geschichte.* (Stuttgart: Konrad Wittwer, 1981).

Voigt, Johannes (Hg.), *Festschrift zum 150 jährigen Bestehen der Universität Stuttgart (Die Universität Stuttgart Band 2)* (Stuttgart: DVA, 1979).

Volkswagen-Stiftung, *Bericht - Stiftung Volkswagenwerk; 1990* (Göttingen: Vandenhoek und Ruprecht, 1991).

VolkswagenStiftung, *Impulse geben - Wissen stiften - 40 Jahre VolkswagenStiftung* (Göttingen: Vandenhoeck & Ruprecht, 2002).

Volkswagenwerk, Stiftung, *Bericht - Stiftung Volkswagenwerk; 1980* (Göttingen: Vandenhoek & Ruprecht, 1981).

Volterra, Vito, *Lécon sur la Théorie Mathematique de la lutte pour la vie* (Paris: 1931).

Wachter, Clemens, *Die Professoren und Dozenten der Friedrich-Alexander-Universität Erlangen 1743-1960. Teil 3: Philosophische Fakultät, Naturwissenschaftliche Fakultät* (Erlangen: Universitätsbibliothek, 2009).

Wagner, W. und G. Birnbaum, 'Theory of Quantum Oscillators in a multimode Cavity', *Journal of Applied Physics,* 32 (1961), S. 1185 - 1192.

Waldrop, Mitchel, *Complexity - the emerging science at the edge of chaos and complexity* (London: Viking, 1992).

Watson, James D., *DNA. The secret of life*. 1. ed. edn (New York: Knopf, 2003).

Weidlich, W. und F. Haake, 'Coherence-Properties of the Statistical Operator in a Laser Model', *Zs. für Physik,* 185 (1965), S. 30-47.

———, 'Master-equation for the Statistical Operator of Solid State Laser', *Zs. für Physik,* 186 (1965), S. 203-221.

Weidlich, W., H. Risken und H. Haken, 'Quantummechanical Solutions of Laser Masterequation. Part I', *Zeitschrift für Physik,* 201 (1967), S. 396-410.

———, 'Quantummechanical Solutions of the Laser Masterequation. II', *Zs. für Physik,* 204 (1967), S. 223 - 239.

Wiener, Norbert, *Cybernetics or control and communication in the animal and the machine* (New York: Wiley, 1948), p. 194 S.

Wigner, E.P., 'The probability of the existence of a self-reproducing unit', in *The Logic of Personal Knowledge*, Hrsg. (Glencoe: Free Press, 1961).

Wilkins, Maurice, *The third man of the double helix, the autobiography of Maurice Wilkins* (Oxford [u.a.]: Oxford University Press, 2003).

Wilson, Allan, 'The Theory of electronic semi-conductors I und II', *Proc. Roy. Soc. London,* A133 (1931), S. 458 - 491.

Winfree, A. T., 'The Prehistory of the Belousov-Zhabotinsky Oscillator', *Journal of Chemical Education,* 61, S. 661 - 663.

Winkler-Oswatitsch, Ruthild, 'Manfred Eigen - Scientist and Musician', *Biophysical Chemistry,* 26 (1987), S. 103 - 115.

Winnacker, Albrecht, 'Helmut Volz - Der Gründungsvater der Technischen Fakultät', in *40 Jahre Technische Fakultät - Festschrift,* Hrsg. (Erlangen: 2006), S. 42 - 46.

Wissenschaftsrat, *Empfehlungen zum Ausbau der Wissenschaftlichen Einrichtungen. Teil I: Wissenschaftliche Hochschulen* (Tübingen: J.C.B. Mohr (Paul Siebeck), 1960).

Wittgenstein, Ludwig, *Philosophical Investigations* (Oxford: Blackwell, 1953).

Wunderlin, Arne, '*Die Behandlung von elektronischen Kollektivanregungen Im Festkörper mit Hilfe von Quasiwahrscheinlichkeitsverteilungen* ' (Diplomarbeit, Universität Stuttgart, 1971).

———, '*Über statistische Methoden und ihre Anwendung auf Gleichgewichts- und Nichtgleichgewichtssysteme* ' (Dissertation, Universität Stuttgart, 1975).

Yovits, M., G. Jacobi und G. Goldstein, Hrsg., *Self-Organizing Systems 1962* (Washington D. C.: Spartan Books, 1962).

Yovits, Marshall und Scott Cameron, Hrsg., *Self-Organizing Systems - Proceedings of an Interdisciplinary Conference* (New York: Pergamon Press, 1960).

Zhabotinsky, A. M., 'A History of Chemical Oscillations and Waves', *Chaos,* 1 (1991), S. 379–386.

Zhaboutinsky, Anatol M., 'Periodic processes of the oxidation of malonic acid in solution', *Biofizika,* 9 (1964), S. 306.

Zorell, Johannes, '*Stochastische Modelle für Nichtgleichgewichtsphasenübergänge bei chemischen Reaktionen* ' (Universität Stuttgart, 1976).

Anhang 1: Bibliographie der Werke Hermann Hakens

1. Haken, H. und H. Volz, „Zur Quantentheorie des Mehrelektronenproblems im Festkörper". Zeitschrift für physikalische Chemie, 1951. 198, S. 61.
2. Haken, H., „Zum Identitätsproblem bei Gruppen". Mathematische Zeitschrift, 1952. 56, S. 335 - 362.
3. Haken, H., „Eine modellmässige Behandlung der Wechselwirkung zwischen einem Elektron und einem Gitteroszillator". Zeitschrift für Physik, 1953. 135, S. 408-430.
4. Haken, H., "On the problem of radiationless transitions". Physica, 1954. 20, S. 1013-1016.
5. Haken, H., „Eine Methode zur strengen Behandlung der Wechselwirkung zwischen einem Elektron und mehreren Gitteroszillatoren". Zeitschrift für Physik, 1954. 138, S. 56-70.
6. Haken, H., „Zum Energieschema des Systems Elektron - schwingendes Gitter". Zeitschrift für Physik, 1954. 139, S. 66-87.
7. Haken, H., „Über die Struktur der Lösung des Mehrelektronenproblems im Festkörper und ein Theorem von Bloch". Zeitschrift für Naturforschung 1954. 9, S. 228-235.
8. Haken, H., „Einige Zusatzbemerkungen zum Referat Pfirsch", in *Halbleiterprobleme I*, W. Schottky, Hrsg. 1954, Vieweg, Berlin. S. 70 - 75.
9. Haken, H., „Die Unmöglichkeit der Selbstlokalisation von Elektronen im störstellenfreien Kristallgitter". Zeitschrift für Naturforschung 1955. 10, S. 253-254.
10. Haken, H., „Die Bewegung elektronischer Ladungsträger in polaren Kristallen", in *Halbleiterprobleme II*, W. Schottky, Hrsg. 1955, Vieweg, Berlin. S. 1 - 39.
11. Haken, H., Zur Quantentheorie des Mehrelektronensystems im schwingenden Gitter . Teil 1. Zeitschrift für Physik, 1956. 146(5), S. 527-554.
12. Haken, H., „Zur Quantentheorie des Mehrelektronensystems im schwingenden Gitter .Teil 2. Zu Fröhlichs eindimensionalem Supraleitungsmodell". Zeitschrift für Physik, 1956. 146, S. 555-570.
13. Haken, H., „Kopplung nichtrelativistischer Teilchen mit einem quantisierten Feld .Teil 1. Das Exziton im schwingenden, polaren Kristall". Nuovo Cimento, 1956. 3, S. 1230-1253.
14. Haken, H., "Application of Feynmans New Variational Procedure to the Calculation of the Ground State Energy of Excitons". Nuovo Cimento, 1956. 4, S. 1608-1609.
15. Haken, H., „Zu Fröhlichs eindimensionalem Modell der Supraleitung". Zeitschrift für Naturforschung 1956. 11, S. 96-98.
16. Haken, H., „Theorie des Excitons dans les Cristaux Polaires". Journal De Physique Et Le Radium, 1956. 17, S. 826-828.

17. Haken, H., „Die freie Weglänge des Exzitons im polaren Kristall“. Zeitschrift für Naturforschung 1956. 11, S. 875-876.

18. Haken, H. und W. Schottky, „Allgemeine optische Auswahlregeln in periodischen Kristallgittern“. Zeitschrift für Physik, 1956. 144, S. 91-107.

19. Haken, H., „Berechnung der Energie des Exzitonen-Grundzustandes im polaren Kristall nach einem neuen Variationsverfahren von Feynman 1“. Zeitschrift für Physik, 1957. 147, S. 323-349.

20. Haken, H., „Der heutige Stand der Exzitonen-Forschung in Halbleitern“, in *Halbleiterprobleme IV*, W. Schottky, Hrsg. 1957, Vieweg, Berlin. S. 1 - 48.

21. Haken, H., „Theorie des Excitons dans les cristaux polaires“. Journal de Physique et le Radium, 1957. 17, S. 826 - 828.

22. Haken, H., „Sur la Theorie des Excitons et leur Role dans les Transferts d'Energie a l'état solide“. Journal De Chimie Physique et de Physico-Chimie Biologique, 1958. 55, S. 613-620.

23. Haken, H., „Die Theorie des Exzitons im festen Körper“. Fortschritte der Physik, 1958. 6, S. 271 - 334.

24. Haken, H., „Theorie stationärer und nichtstationärer Zustände des Exzitons im polaren Kristall“, in *Halbleiter und Phosphore* (= Proc. Int. Kolloquium Garmisch-Partenkirchen 1956), M. Schön und H. Welker, Hrsg. 1958, Vieweg, Braunschweig.

25. Haken, H. und W. Schottky,“ Die Behandlung des Exzitons nach der Vielelektronentheorie“. Zeitschrift für Physik/Chemie 1958. NF 16, S. 218 - 244.

26. Nikitine, S., et al., „Transferts d'Energie lumineuse et photosensibilisation – Discussion“. Journal de Chimie Physique et de Physico-Chimie Biologique, 1958. 55, S. 657-660.

27. Haken, H., „Über den Einfluss von Gitterschwingungen auf Energie und Lebensdauer des Exzitons“. Zeitschrift für Physik, 1959. 155, S. 223-246.

28. Haken, H., “Theory of Excitons in Solids”. Uspekhi Fizicheskikh Nauk, 1959. 68, S. 565-619.

29. Haken, H., “On the Theory of Excitons in Solids”. Journal of Physics and Chemistry of Solids, 1959. 8, S. 166-171.

30. Haken, H. und F. Englert, “Mass Renormalization and effective interaction of electrons in semiconductors”. unveröffentlicht, 1959.

31. Nikitine, S. und H. Haken, “Sur la possibilité de provoquer une migration dirigée d'excitons”. Comptes Rendus Hebdomadaires des Seances de l’ Academie des Sciences, 1960. 250, S. 697-699.

32. Haken, H., “Nonlinear interactions of laser modes”, in *International Conference on optical pumping* 1962, Heidelberg (unpublished).

33. Haken, H., “Theory of exciton absorption in an electric field”, *in International Conference on the Physics of Semiconductors*. 1962, Institute of Physics and the Physical Society of London, Exeter. S. 462.

34. Haken, H., "Effective particle interaction via a Bose-Field". Annalen der Physik, 1963. 11 (7.Folge), S. 123 - 131.

35. Haken, H. und E. Haken, „Zur Theorie des Halbleiter-Lasers". Zeitschrift für Physik, 1963. 176, S. 421-428.

35a. Haken, Hermann, „Professor Dr. E. Fues zum 70. Geburtstag am 17. Januar 1963". Annalen der Physik, 1963. 466, S. 1 – 3.

36. Haken, H. und H. Sauermann, „Nonlinear Interaction of Laser Modes". Zeitschrift für Physik, 1963. 173, S. 261-275.

37. Haken, H. und H. Sauermann, "Frequency Shifts of Laser Modes in Solid State and Gaseous Systems". Zeitschrift für Physik, 1963. 176, S. 47-62.

38. Abate, E. und H. Haken," Exakte Behandlung eines Laser-Modells". Zeitschrift für Naturforschung, 1964. A 19, S. 857.

39. Haken, H., „Nonlinear Theory of Laser Noise and Coherence .I". Zeitschrift für Physik, 1964. 181, S. 96-124.

40. Haken, H., "Theory of Coherence of Laser Light". Physical Review Letters, 1964. 13, S. 329 - 331.

41. Haken, H., "Theory on Excitons". Zeitschrift für Physikalische Chemie, 1964. 43, S. 264.

42. Haken, H. und H. Sauermann, "Theory of laser action in solid-state, gaseous and semiconductor systems", in *Quantum Electronics and coherent light (Proceedings Int. Summerschool "Enrico Fermi" XXXI)*, S.A. Miles, Hrsg. 1964, Academic Press, New York. S. 111 - 155.

43. Haken, H., „Der heutige Stand der Theorie ds Halbleiterlasers". Advances in Solid State Physics, 1965. 4, S. 1 - 26.

43a. Haken, Hermann, "Der Nobelpreis 1964 für den Maser". Physikalische Blätter, 1965. 21, S. 109 - 114

44. Haken, H., "Nonlinear Theory of Laser Noise and Coherence". Zeitschrift für Angewandte Mathematik und Physik, 1965. 16, S. 14.

45. Haken, H., "A Nonlinear Theory of Laser Noise and Coherence. Teil 2". Zeitschrift für Physik, 1965. 182, S. 346-359.

46. Haken, H., R. Der Agobian, und M. Pauthier, „Theory of Laser Cascades". Physical Review, 1965. 140, S. A 437 – A447.

47. Haken, H., et al., "Nonlinear Theory of Laser Noise and Coherence". Zeitschrift für angewandte Mathematik und Physik, 1965. 16, S. A 437 (Conference "Physics of Quantum Electronics" Puerto Rico 1965.

48. Arzt, V., et al., "Quantum Theory of Noise in Gas and Solid State Lasers with an Inhomogeneously Broadened Line .Teil I". Zeitschrift für Physik, 1966. 197, S. 207 - 227.

49. Haken, H., "Theory of Noise in Solid State Gas and Semiconductor Lasers". Ieee Journal of Quantum Electronics, 1966. Qe 2, S. R19.

50. Haken, H., "Theory of Intensity and Phase Fluctuations of a Homogeneously Broadened Laser". Zeitschrift für Physik, 1966. 190, S. 327 - 356.

51. Haken, H. und W. Weidlich, "Quantum Noise Operators for N-Level System". Zeitschrift für Physik, 1966. 189, S. 1-9.

52. Haken, H., "Dynamics of Nonlinear Interaction between Radiation and Matter", in *Dynamical Processes in Solid State Optics*, R. Kubo und H. Kamimura, Hrsg. 1967, W.A. Benjamin, Tokyo, New York. S. 168 - 194.

53. Haken, H. and H. Haug, "Theory of Noise in Semiconductor Laser Emission". Zeitschrift für Physik, 1967. 204, S. 262-275.

54. Haken, H., H. Risken, und W. Weidlich, "Quantum Mechanical Solutions of Laser Masterequation . Teil 3: Exact Equation for a Distribution Function of Macroscopic Variables". Zeitschrift für Physik, 1967. 206, S. 355-368.

55. Haken, H., et al., "Theory of Laser Noise in Phase Locking Region". Zeitschrift für Physik, 1967. 206, S. 369-393.

56. Haken, H. und W. Weidlich, "A Theorem on Calculation of Multi-Time-Correlation Functions by Single-Time Density Matrix". Zeitschrift für Physik, 1967. 205, S. 96-102.

57. Strobl, G. und H. Haken, "Exact treatment of coherent and incoherent triplet exciton migration", in *The Triplet State*, A.B. Zahlan, Hrsg. 1967, Cambridge University Press, Cambridge. S. 311 - 314.

58. Weidlich, W., H. Risken, und H. Haken, "Quantummechanical Solutions of Laser Masterequation. Part I". Zeitschrift für Physik, 1967. 201, S. 396-410.

59. Weidlich, W., H. Risken, und H. Haken, "Quantummechanical Solutions of Laser Masterequation . Part 2". Zeitschrift für Physik, 1967. 204, S. 223 - 239.

60. Graham, R., et al., "Quantum Mechanical Correlation Functions for Electromagnetic Field and Quasi-Probability Distribution Functions". Zeitschrift für Physik, 1968. 213, S. 21-32.

61. Graham, R. und H. Haken, "Theory of Quantum Fluctuations of Parametric Oscillator". Ieee Journal of Quantum Electronics, 1968. Qe 4, S. 345 - 346.

62. Graham, R. und H. Haken, "Quantum-Fluctuations of Optical Parametric Oscillator . Part I". Zeitschrift für Physik, 1968. 210, S. 276-302.

63. Graham, R. und H. Haken, "Quantum Theory of Light Propagation in a Fluctuating Laser-Active Medium". Zeitschrift für Physik, 1968. 213, S. 420-450.

64. Haken, H., "Exact Generalized Fokker-Planck Equation for Arbitrary Dissipative Quantum Systems". Physics Letters A, 1968. A 28, S. 286 - 287.

65. Haken, H., "Exact Stationary Solution of a Fokker-Planck-Equation for Multimode Laser-Action". Physics Letters A, 1968. A 27, S. 190 - 191.

66. Haken, H. und M. Pauthier, "Nonlinear Theory of Multimode Action in Loss Modulated Lasers". Ieee Journal of Quantum Electronics, 1968. Qe 4, S. 454.

67. Haken, H. und S. Reineker, “Comments on the interaction of Excitons and Phonons”, in *Dynamical Processes in Solid State Optics*, A.B. Zahlan, Hrsg. 1968, Cambridge University Press, Cambridge. S. 185.

68. Graham, R. und H. Haken, “Analysis of Quantum Field Statistics in Laser Media by Means of Functional Stochastic Equations”. Physics Letters A, 1969. A 29, S. 530 - 531.

69. Haken, H., “Exact Stationary Solution of a Fokker-Planck Equation for Multimode Laser Action Including Phase Locking”. Zeitschrift für Physik, 1969. 219, S. 246-268.

70. Haken, H., “Exact Generalized Fokker-Planck Equation for Arbitrary Dissipative and Nondissipative Quantum-Systems”. Zeitschrift für Physik, 1969. 219, S. 411-433.

71. Bivas, A., et al., “Excitons Absorption and Emission of cuprous chloride during excitation by a powerful light source”. Optics Communications, 1970. 2, S. 227 - 230.

72. Graham, R. und H. Haken, “Laserlight - First Example of a Second-Order Transition Far Away from Thermal Equilibrium”. Zeitschrift für Physik, 1970. 237, S. 31-46.

73. Graham, R. und H. Haken, “Functional Fokker-Planck Treatment of Electromagnetic Field Propagation in a Thermal Medium”. Zeitschrift für Physik, 1970. 234, S. 193-206.

74. Graham, R. und H. Haken, “Microscopic Reversibility, Stability and Onsager Relations in Systems Far from Thermal Equilibrium”. Physics Letters A, 1970. A 33, S. 335 - 336.

75. Graham, R. und H. Haken, “Functional Quantum Statistics of Light Propagation in a 2-Level System”. Zeitschrift für Physik, 1970. 235, S. 166-180.

76. Graham, R., H. Haken, und W. Weidlich, “Flux Equilibria in Quantum Systems Far Away from Thermal Equilibrium”. Physics Letters A, 1970. A 32, S. 129 - 130.

77. Haken, H., “Theory of Multimode Effects Including Noise in Semiconductor Lasers”. Ieee Journal of Quantum Electronics, 1970. Qe 6, S. 325.

78. Haken, H., „Laserlicht - ein neues Beispiel für eine Phasenumwandlung?“, in *Festkörperprobleme X*, W. Schottky, Hrsg. 1970, Vieweg, Braunschweig.

79. Haken, H., “*Laser Theory*”, in *Handbuch der Physik Band XXV/2*. G. Flügge Hrsg. 1970, Springer, Berlin.

80. Haken, H., „Quantum Optics“. Klinische Wochenschrift (Organ der Naturforscher und Ärzte), 1970. 48, S. 1.

81. Haken, H., “Quantum Fluctuations in Nonlinear Optics”. Opto-Electronics 1970. 2, S. 161 - 167.

82. Graham, R. und H. Haken, “Generalized Thermodynamic Potential for Markoff Systems in Detailed Balance and Far from Thermal Equilibrium”. Zeitschrift für Physik, 1971. 243, S. 289-302.

83. Graham, R. und H. Haken, "Fluctuations and Stability of Stationary Non-Equilibrium Systems in Detailed Balance". Zeitschrift für Physik, 1971. 245, S. 141 - 153.

84. Haken, H., „Quantenoptik". Naturwissenschaften, 1971. 58, S. 188-194.

85. Haken, H. und R. Graham, „Synergetik - die Lehre vom Zusammenwirken". Umschau in Wissenschaft und Technik, 1971. 1971(März), S. 191 - 195.

86. Haken, H. und S. Nikitine, "Spontaneous and Stimulated Emissions from Excitons at High Concentration (in Russisch)". Akad. nauk SSSR, Ser. Fiz., 1971. 37, S. 220.

87. Haken, H. und H.D. Vollmer, "Fokker-Planck Equation of a Laser with Many Modes and Multi-Level Atoms". Zeitschrift für Physik, 1971. 242, S. 416 - 431.

88. Reineker, S. und H. Haken, "The Coupled Coherent and Incoherent Motion of Excitons and its influence on the line shape of optical absorption". Zeitschrift für Physik, 1971. 249, S. 253 - 268.

89. Haken, H., "The Theory of coherence, noise and photon statistics of laser light", in *Laser Handbook*, A.T. Arecchi und E.O. Schulz-Dubois, Hrsg. 1972, North Holland Publ., Amsterdam. S. 115 - 150.

90. Haken, H. und S. Reineker, "Coupled Coherent and Incoherent Motion of Excitons and Its Influence on Line Shape of Optical-Absorption". Zeitschrift für Physik, 1972. 249, S. 253 - 268.

91. Haken, H. und A. Schenzle, „Giant Polaritons". Physics Letters A, 1972. A 41, S. 405 - 406.

92. Schenzle, A. und Haken, H., "Self-induced Transparency of Excitons". Optics Communications, 1972. 6. S. 96 - 97

93. Levy, R., et al., "Shift of Exciton-Exciton Emission-Line in Cadmium Sulfide". Solid State Communications, 1972. 10, S. 915 - 917.

94. Reineker, S. und H. Haken, "Influence of Exciton Motion on Spin-Resonance Absorption". Zeitschrift für Physik, 1972. 250, S. 300-323.

95. Schwarze.E und H. Haken, "Moments of Coupled Coherent and Incoherent Motion of Excitons". Physics Letters A, 1972. A 42, S. 317-318.

96. Haken, H., "Stability and Fluctuations of Multimode Configurations near Convection Instability". Physics Letters A, 1973. A 46, S. 193-194.

97. Haken, H., "Resonant Interaction between Excitons and Intense Coherent Light". Zeitschrift für Physik, 1973. 262, S. 119-134.

98. Haken, H., "Distribution Function for Classical and Quantum Systems Far from Thermal Equilibrium". Zeitschrift für Physik, 1973. 263, S. 267-282.

99. Haken, H., „Laser Light Emission from Interacting Chaotic Fields". Zeitschrift für Physik, 1973. 265, S. 105-118.

100. Haken, H., "Distribution Function for Systems Far from Thermal Equilibrium". Physics Letters A, 1973. A 44, S. 303-304.

101. Haken, H., "Correlations in Classical and Quantum Systems Far from Thermal Equilibrium". Zeitschrift für Physik, 1973. 265, S. 503-510.

102. Haken, H., „*Quantentheorie des Festkörpers*“. 1973, Stuttgart, Teubner Verlag.

103. Haken, H., “Introduction to Synergetics, in *Synergetics - Cooperative Phenomena in Multicomponent Systems* (Proc. Schloß Elmau 1972)”, H. Haken, Hrsg. 1973, Teubner-Verlag, Stuttgart.

104. Haken, H., “Synergetics - Towards a New Discipline”, in *Cooperative Phenomena (Festschrift Herbert Fröhlich)*, H. Haken and M. Wagner, Hrsg. 1973, Springer, Berlin. S. 363 - 373.

105. Haken, H., “Cooperative Phenomena in Systems far from Thermal Equilibrium”, in *From Theoretical Physics to Biology* (Proc. of the 3rd Int. Conference, Versailles 1971), M. Marois, Hrsg. 1973, Karger, Basel.

106. Haken, H., “*Synergetics - Cooperative Phenomena in Multicomponent Systems*” (Proc. Schloß Elmau 1972). 1973, Stuttgart, Teubner.

107. Haken, H. und A. Schenzle, “Giant Polaritons and Self-Induced Transparency of Frenkel-Excitons”. Zeitschrift für Physik, 1973. 258, S. 231-241.

108. Haken, H. und E. Schwarzer, “Theory of Line Shape of Optical Absorption and Emission Spectra in Molecular Crystals”. Optics Communications, 1973. 9, S. 64 - 68.

109. Haken, H. und G. Strobl, “An Exactly Solvable Model for Coherent and Incoherent Exciton Motion”. Zeitschrift für Physik, 1973. 262, S. 135-148.

110. Nikitine, S.und H. Haken, “Spontaneous and Stimulated Emissions from Excitons at High Concentration”, in *Luminiscence of Cristals, Molecules and Solutions*, F.E. Williams, Hrsg. 1973, Plenum Press. S. 4 - 19.

111. Wöhrstein, H.G. und H. Haken, “Theory of Second-Order Mode-Locking in Semiconductor Lasers”. Ieee Journal of Quantum Electronics, 1973. Qe 9, S. 318-323.

112. Wöhrstein, H.G. und H. Haken, “Stationary Solution of Fokker-Planck Equation near Detailed Balance”. Physics Letters A, 1973. A 45, S. 231-232.

113. Wöhrstein, H.G. und H. Haken, “Atom-Field Correlation, Conservation Laws and the Phase Transition of the Laser”. Optics Communications, 1973. 9, S. 123 - 127.

114. Haken, H., “Exact Stationary Solution of Master Equation for Systems Far from Thermal Equilibrium in Detailed Balance”. Physics Letters A, 1974. A 46, S. 443-444.

115. Haken, H., “Solution of Master Equation for Quantum Systems Weakly Coupled to Reservoirs and Far from Thermal Equilibrium”. Zeitschrift für Physik, 1974. 266, S. 265-269.

116. Haken, H., “Synergetics. Basic Concepts and Mathematical Tools”, in *Cooperative Effects*, H. Haken, Hrsg. 1974, North Holland Publ., Amsterdam.

117. Haken, H., J. Goll, und A. Schenzle, “Resonant Interaction between Excitons and Coherent Light”. Ieee Journal of Quantum Electronics, 1974. QE10, S. 743.

118. Haken, H. und E. Schwarzer, "Theory of the Influence of Coherent or Incoherent Motion of Triplet Excitons on NMR". Chemical Physics Letters, 1974. 27, S. 41-46.

119. Merle, J.C., S. Nikitine, und H. Haken, "Temperature-Dependence of 1s Line of Yellow Series of Cu2O". Physica Status Solidi B, 1974. 61, S. 229-239.

120. Schenzle, A. und H. Haken, "Giant Polaritons and Self-induced Transparency of Excitons, in *Polaritons* (Proceedings of the First Taormina Research Conference 1972), E. Burstein and F. De Martini, Hrsg. 1974, Pergamon, Oxford.

121. Haken, H., "Higher-Order Corrections to Generalized Ginzburg-Landau Equations of Nonequilibrium Systems". Zeitschrift für Physik B, 1975. 22, S. 69-72.

122. Haken, H., "Cooperative Phenomena in Systems Far from Thermal Equilibrium and in Nonphysical Systems". Reviews of Modern Physics, 1975. 47, S. 67-121.

123. Haken, H., "Statistical Physics of Bifurcation, Spatial Structures, and Fluctuations of Chemical-Reactions". Zeitschrift für Physik B, 1975. 20, S. 413-420.

124. Haken, H., "Analogy between Higher Instabilities in Fluids and Lasers". Physics Letters A, 1975. 53, S. 77-78.

125. Haken, H., "Critical Fluctuations in Continuous Nonequilibrium Systems". Zeitschrift für Physik B, 1975. 22, S. 73-77.

126. Haken, H., "Generalized Ginzburg-Landau Equations for Phase Transition-Like Phenomena in Lasers, Nonlinear Optics, Hydrodynamics and Chemical-Reactions". Zeitschrift für Physik B, 1975. 21, S. 105-114.

127. Haken, H., "Statistical Physics of a Chemical-Reaction Model". Physics Letters A, 1975. A 51, S. 125-126.

128. Haken, H., „Exzitonen hoher Dichte". Physik in unserer Zeit, 1975. 6, S. 78 - 86.

129. Haken, H., J. Goll, und A. Schenzle, "Polaritons at High Light Intensities and in Bose Condensed Exciton Systems", in *Excitons at High Density*, S. Nikitine and H. Haken, Hrsg. 1975. S. 285 - 295.

130. Haken, H. und S. Nikitine, "Theory of stimulated Emissions by Excitons", in *Exitons at high Density*, S. Nikitine and H. Haken, Hrsg. 1975, Springer, Berlin. S. 192.

131. Wunderlin, A. und H. Haken, "Scaling Theory for Nonequilibrium Systems". Zeitschrift für Physik B, 1975. 21, S. 393-401.

132. Haken, H., "Generalized Onsager-Machlup Function as Solution of a Multidimensional Fokker-Planck Equation". Physics Letters A, 1976. 55, S. 323-324.

133. Haken, H., "Higher Order Corrections to generalized Ginzburg-Landau Equations of Non-Equilibrium Systems (Erratum)". Zeitschrift für Physik B, 1976. 23, S. 388.

134. Haken, H., "Generalized Onsager-Machlup Function and Classes of Path Integral Solutions of Fokker-Planck Equation and Master Equation". Zeitschrift für Physik B, 1976. 24, S. 321-326.

135. Haken, H., "Stimulated Emission at High Concentration of Excitons in Molecular Spectroscopy of Dense Phases, in *Molecular Spectroscopy of Dense Phases*" (= XIIth European Congress on Molecular Spectroscopy Strasbourg 1975), M. Grosmann, S.G. Elkomoss, und J. Ringeisen, Hrsg. 1976, Elsevier Publ., Amsterdam.

136. Haken, H., "Statistical Theory of Self-Organizing Structures, in *Statistical Physics*" (=Proc. IUPAP Conference Budapest 1975), L. Pal and S. Szépfaluszy, Hrsg. 1976, North Holland Publ., Amsterdam. S. 49 - 68.

137. Haken, H., "Synergetics". Europhysics News, 1976. S 7.

138. Haken, H. und H. Ohno, "Theory of Self-Pulsing Lasers". Optics Communications, 1976. 18, S. 19.

139. Haken, H. und H. Ohno, "Theory of Ultrashort Laser Pulses". Optics Communications, 1976. 16, S. 205-208.

140. Haken, H. und S. Reineker, "The Coupled Coherent and Incoherent Motion of Frenkel Excitons in Molecular Crystals", in *Localization and Delocalization in Quantum Chemistry*, O. Chalvet, Hrsg. 1976, D. Reidel Publ., Dordrecht.

141. Ohno, H. und H. Haken, „Transient Ultrashort Laser-Pulses. Physics Letters A, 1976. 59, S. 261-263.

142. Egler, W. und H. Haken, "Theory of Damping and Fluctuations of Polariton Due to Its Interaction with Lattice-Vibrations". Zeitschrift für Physik B, 1977. 28, S. 51-60.

143. Haken, H.," Die Kohärenzeigenschaften des Lichts". Acta Physica Austriaca, 1977. 47, S. 59-81.

144. Haken, H., "Some Aspects of Synergetics", in *Synergetics - a workshop* (Proc. Elmau Konferenz 1977), H. Haken, Hrsg. 1977, Springer, Berlin.

145. Haken, H., "*Synergetics - An Introduction Nonequilibrium Phase Transitions and Self-Organization in Physics, Chemistry and Biology*". 1977, Berlin, Springer.

146. Haken, H., "Synergetics". Physics Bulletin, 1977. 1977, S. 412.

147. Haken, H. und A. Wunderlin," New Interpretation and Size of Strange Attractor of Lorenz Model of Turbulence". Physics Letters A, 1977. 62, S. 133 134.

148. Schwarzer, E. und H. Haken, "Theory of Influence of Exciton Motion on Proton Relaxation in Organic Solids". Physica Status Solidi B, 1977. 84, S. 253-267.

149. Goll, J. und H. Haken, "Self-Induced Transparency of Excitons and Dispersion Law of Steady-State Exciton-Photon Pulses". Physical Review A, 1978. 18, S. 2241-2252.

150. Goll, J. und H. Haken, "Exciton Self-Induced Transparency and Dispersion Law of Steady-State Exciton-Photon Pulses". Optics Communications, 1978. 24, S. 1-4.

151. Haken, H., "Synergetics - Some Recent Trends and Developments". Supplement of the Progress of Theoretical Physics, 1978, 64, S. 21-34.

152. Haken, H., "Non-Equilibrium Phase-Transitions and Bifurcation of Limit-Cycles and Multi-Periodic Flows". Zeitschrift für Physik B, 1978. 29, S. 61-66.

153. Haken, H., "Non-Equilibrium Phase-Transitions and Bifurcation of Limit-Cycles and Multi-Periodic Flows in Continuous Media". Zeitschrift für Physik B, 1978. 30, S. 423-428.

154. Haken, H., „Synergetik". Nachrichten aus Chemie, Technik und Laboratorium, 1978. 26.

155. Haken, H., "Synergetics - a field beyond irreversible thermodynamics", in Stochastic Processes in *Nonequilibrium Systems*, L. Garrido, Hrsg. 1978, Springer, Berlin. S. 139 - 167.

156. Haken, H., "Nonequilibrium Phase Transitions and Instability Hierarchy of the Laser, an example from Synergetics", in *Synergetics far from Equilibrium*, A. Pacault and C. Vidal, Hrsg. 1978, Springer, Berlin. S. 22 - 33.

157. Haken, H., "The Laser - Trailblazer of Synergetics", in *Coherence and Quantum Optics* (= Proc. of the 4th Rochester Conference), L. Mandel and E. Wolf, Hrsg. 1978, Plenum Press, New York. S. 49 - 62.

158. Haken, H. und J. Goll, "Optical Resonance of Frenkel Excitons". Solid State Communications, 1978. 27, S. 371-373.

159. Haken, H. und H. Ohno, "Onset of Ultrashort Laser-Pulses - 1st or 2nd Order Phase-Transition?" Optics Communications, 1978. 26, S. 117-118.

160. Haken, H. und H. Olbrich, "Analytical Treatment of Pattern Formation in Gierer-Meinhardt Model of Morphogenesis". Journal of Mathematical Biology, 1978. 6, S. 317-331.

161. Goll, J. und H. Haken, "Theory of Exciton-Superradiance and of Exciton Free Induction Decay". Journal of Luminescence, 1979. 18, S. 719-723.

162. Haken, H., "Synergetics - Non-Equilibrium Phase-Transitions and Self-Organization in Physics, Chemistry and Biology". Chimia, 1979. 33, S. 334-335.

163. Haken, H., „Theorie ultrakurzer Impulse und ihrer Wechselwirkung mit kondensierter Materie". Acta Physica Austriaca, Suppl., 1979. XX, S. 107 - 116.

164. Haken, H., "Synergetics and a new approach to bifurcation theory", in *Structural Stability in Physics*, W. Güttinger and H. Eikemeier, Hrsg. 1979, Springer, Berlin. S. 31 - 40.

165. Haken, H., "Pattern formation and pattern recognition - an attempt at a synthesis "(Elmau 1979), in *Pattern Formation by Dynamic Systems and Pattern Recognition*, H. Haken, Hrsg. 1979, Springer, Berlin. S. 2 - 13.

166. Haken, H., "Synergetics and Bifurcation Theory". Annals of the New York Academy of Sciences, 1979. 316, S. 357.

167. Haken, H., „*Licht und Materie Band 1 - Elemente der Quantenoptik*". 1979, Mannheim, Bibliographisches Institut (BI).

168. Haken, H. und A. Wunderlin, "Laser Instabilities - an example from synergetics", in *Stochastic Behaviour in Classical and Quantum Hamiltonian Systems*, G. Casati and J. Ford, Hrsg. 1979, Springer, Berlin. S. 213 - 231.

169. Goll, J. und H. Haken, "Theory of Optical Bistability of Excitons". Physica Status Solidi B, 1980. 101, S. 489-501.

170. Haken, H., "Selforganization through Increase of Number of Component"s. Supplement of the Progress of Theoretical Physics, 1980, 69, S. 30-40.

171. Haken, H., ""Synergetics - Are Cooperative Phenomena Governed by Universal Principles?" Naturwissenschaften, 1980. 67, S. 121-128.

172. Haken, H., „Die Synergetik - Ordnung aus dem Chaos". Bild der Wissenschaft, 1980. 1980(3), S. 83.

173. Haken, H., „Selbstorganisation und Evolution - Der Beitrag synergetischer Ansätze", in *Kooperative Systeme in Biologie und Technik*, H.J. Jensen, Hrsg. 1980, Oldenbourg, München - Wien. S. 17 - 20.

174. Haken, H., „Transition Phenomena in Nonlinear Systems, in *Stochastic Nonlinear Systems in Physics, Chemistry and Biology*", L. Arnold, Hrsg. 1980, Springer, Berlin. S. 12.

175. Haken, H., "Lines of Development of Synergetics", in *Dynamics of Synergetic Systems* (=Proc. Int. Symposium on Synergetics, Bielefeld 1979), H. Haken, Hrsg. 1980, Springer, Berlin. S. 2 - 19.

176. Haken, H. und H. Klenk, „Ordnung durch Instabilität - ein Beispiel aus der Plasmaphysik". Acta Physica Austriaca, 1980. 52, S. 187-191.

177. Haken, H. und H.C. Wolf, „*Atom- und Quantenphysik*". 1980, Berlin, Springer.

178. Haken, H., "Fundamental Theoretical Aspects of Luminescence". Journal of Luminescence, 1981. 24/25, S. 21-22.

179. Haken, H., „Synergetik, Nichtgleichgewichte, Phasenübergänge und Selbstorganisation". Naturwissenschaften, 1981. 68, S. 293-299.

180. Haken, H., „Synergetik - Die Entstehung von Ordnung aus dem Chaos", in Festvortrag zum 150. Jahrestag der Universität Stuttgart1981, Universitätsarchiv Stuttgart, unveröffentlicht.

181. Haken, H., „*Erfolgsgeheimnisse der Natur, Synergetik - die Lehre vom Zusammenwirken*". 1981, Stuttgart, Deutsche Verlagsanstalt DVA.

182. Haken, H., "Synergetics. Is Self-Organization governed by Universal Principles?", in *The Evolutionary Vision*, E. Jantsch, Hrsg. 1981, Westview Press, Boulder.

183. Haken, H., "*Licht und Materie Band 2, Laser*". 1981, Mannheim, Bibliographisches Institut BI.

184. Haken, H., "*Light I, Waves, Photons, Atoms*". 1981, Amsterdam, North Holland.

185. Haken, H., "Synergetics - a study of complex systems at points of critical behavior", in *Continuum Models of Discrete Systems*, O. Brulin and R.K.T. Hsieh, Hrsg. 1981, North Holland, Amsterdam.

186. Haken, H., "Chaos and Order in Nature", in *Chaos and Order in Nature*, H. Haken, Hrsg. 1981, Springer, Berlin. S. 2 - 12.

187. Haken, H., "Ottica Quantistica - Enciclopedia del Novecento V", I.d.E. Italiana, Hrsg. 1981. S. 19 - 34.

188. Haken, H., "Physical Thought in the 1980s". Physics Bulletin, 1981. 32, S. 396 - 397.

189. Haken, H. und G. Mayerkress, "Chapman-Kolmogorov Equation and Path-Integrals for Discrete Chaos in Presence of Noise". Zeitschrift für Physik B, 1981. 43, S. 185-187.

190. Haken, H. und G. Mayerkress, "Chapman-Kolmogorov Equation for Discrete Chaos". Physics Letters A, 1981. 84, S. 159-160.

191. Mayerkress, G. und H. Haken, "The Influence of Noise on the Logistic Model". Journal of Statistical Physics, 1981. 26, S. 149-171.

192. Mayerkress, G. und H. Haken,"Intermittent Behavior of the Logistic System". Physics Letters A, 1981. 82, S. 151-155.

193. Wunderlin, A. und H. Haken, "Generalized Ginzburg-Landau Equations, Slaving Principle and Center Manifold Theorem". Zeitschrift für Physik B, 1981. 44, S. 135-141.

194. Benk, H., H. Haken, und H. Sixl, "Theory of the Interaction of Frenkel Excitons with Local and Extended Perturbations in One-Dimensional Molecular-Crystals - Application of the Greens-Function Formalism to the Energy Funnel and Cluster Problem". Journal of Chemical Physics, 1982. 77, S. 5730-5747.

195. Berding, C. und H. Haken, "Pattern-Formation in Morphogenesis - Analytical Treatment of the Gierer-Meinhardt Model on a Sphere". Journal of Mathematical Biology, 1982. 14, S. 133-151.

196. Haken, H., "Synergetics - an Approach to Complex Dynamic-Systems". Advances in Applied Probability, 1982. 14, S. 197.

197. Haken, H., "Mathematical Methods of Synergetics for Applications to Self-Organizing Systems", in *Biomathematics in 1980*, L.M. Ricciardi and A.C. Scott, Hrsg. 1982, North Holland, Amsterdam.

198. Haken, H., "Synergetics. Nonequilibrium Phase Transitions and Self-Organization in Biological Systems", in *Thermodynamics and Kinetics of Biological Processes, I.* Lamprecht and A.J. Zotin, Hrsg. 1982, De Gruyter, Berlin.

199. Haken, H., "Synergetics - An Outline in Mechanical and Thermal Behaviour of Metallic Materials". 1982, Soc. Italiana di Fisica.

200. Haken, H. und G. Mayer-Kress," Transition to Chaos for Maps with positive Schwarzian Derivative", in *Evolution of Order and Chaos*, H. Haken, Hrsg. 1982, Springer, Berlin. S. 183 - 186.

201. Haken, H. und A. Wunderlin, "Slaving Principle for Stochastic Differential-Equations with Additive and Multiplicative Noise and for Discrete Noisy Maps". Zeitschrift für Physik B, 1982. 47, S. 179-187.

202. Haken, H. und A. Wunderlin, "Some Exact Results on Discrete Noisy Maps". Zeitschrift für Physik B, 1982. 46, S. 181-184.

203. Berding, C., T. Harbich und H. Haken, "A Pre-Pattern Formation Mechanism for the Spiral-Type Patterns of the Sunflower Head". Journal of Theoretical Biology, 1983. 104, S. 53-70.

204. Bestehorn, M. und H. Haken, “A Calculation of Transient Solutions Describing Roll and Hexagon Formation in the Convection Instability”. Physics Letters A, 1983. 99, S. 265-267.

205. Goll, J. und H. Haken, “Saturation of Interband-Transitions in Semiconductors and the Effect of Optical Bistability”. Physical Review A, 1983. 28, S. 910-928.

206. Haken, H., “At Least One Lyapunov Exponent Vanishes If the Trajectory of an Attractor Does Not Contain a Fixed-Point”. Physics Letters A, 1983. 94, S. 71-72.

207. Haken, H., „Von der Laserphysik zur Synergetik“, in *Forschung in der Bundesrepublik Deutschland*, C.i.A.d.D.F.D. Schneider, Hrsg. 1983, Verlag Chemie, Weinheim. S. 515 - 518.

208. Haken, H., “Some Applications of Basic Ideas and Models of Synergetics to sociology”, in *Synergetics - From Microscopic to Macroscopic Orders*, E. Frehland, Hrsg. 1983, Springer, Berlin. S. 174 - 182.

209. Haken, H., “Synopsis and Introduction, in *Synergetics of the Brain*”, E. Basar, et al., Hrsg. 1983, Springer, Berlin. S. 3 - 25.

210. Haken, H., “*Advanced Synergetics - Instability Hierarchies of Self-Organizing Systems and Devices*”. 1983, Berlin, Springer.

211. Haken, H., „Synergetik - Selbstorganisationsvorgänge in Physik, Chemie und Biologie“. A. v. Humboldt Mitteilungen, 1983. 43.

212. Mayerkress, G. und H. Haken, “Type-Iii-Intermittency in a Smooth Perturbation of the Logistic System”. Lecture Notes in Physics, 1983. 179, S. 237-238.

213. Nagashima, T. und H. Haken, “Chaotic Modulation of Correlation-Functions”. Physics Letters A, 1983. 96, S. 385-388.

214. Nara, S. und H. Haken, “An Approach to Pattern-Formation in Crystal-Growth .1. Needle Growth in a Simplified Model”. Journal of Crystal Growth, 1983. 63, S. 400-406.

215. Renardy, M. und H. Haken, “Bifurcation of Solutions of the Laser Equations”. Physica D, 1983. 8, S. 57-89.

216. Shimizu, H. und H. Haken, “Co-Operative Dynamics in Organelles”. Journal of Theoretical Biology, 1983. 104, S. 261-273.

217. Bestehorn, M. und H. Haken, “Transient Patterns of the Convection Instability - a Model-Calculation”. Zeitschrift für Physik B, 1984. 57, S. 329-333.

218. Bunz, H., H. Ohno, und H. Haken, “Subcritical Period Doubling in the Duffing Equation-Type-3 Intermittency, Attractor Crisis”. Zeitschrift für Physik B, 1984. 56, S. 345-354.

219. Haken, H., "Synergetics-83 Autowaves in Biology, Chemistry, and Physics". Physica D, 1984. 11, S. 265-266.

220. Haken, H., "Synergetics - the Spontaneous Creation of Structures in the Living and Nonliving Environment". Helvetica Physica Acta, 1984. 57, S. 140-156.

221. Haken, H., "Synergetics". Physica B & C, 1984. 127, S. 26-36.

222. Haken, H., "Synergetics - Theory of Nonequilibrium Phase Transition and Formation of Spatio-Temporal Patterns", in *Chemistry for the Future*, H. Grünewald, Hrsg. 1984, Pergamon Press, Oxford.

223. Haken, H., „Indeterminismus, Wahl und Freiheit - wie sind diese Begriffe im Bereich des Anorganischen zu verstehen?", in *Evolution und Freiheit. Zum Spannungsfeld von Naturgeschichte und Mensch* (Civitas Resultate Band 5), S. Koslowski, S. Kreuzer und R. Löw, Hrsg. 1984, Hirzel, Stuttgart. S. 13 - 23.

224. Haken, H., "Spatial and temporal patterns formed by systems far from equilibrium, in *Non Equilibrium Dynamics in Chemical Systems*", C. Vidal, Hrsg. 1984, Springer, Berlin. S. 7.

225. Haken, H., „Synergetik - eine stochastische Theorie von Selbstorganisationsvorgängen", in *Strukturen und Prozesse. Neue Ansätze in der Biometrie*, R. Repges, Hrsg. 1984, Springer, Berlin. S. 1.

226. Haken, H., "Termodinamica irreversibile e sinergetica", in Enciclopedia del Novecento. Enciclopedia Trecchani. Hrsg., Roma, 1984.

227. Haken, H., "Towards a Dynamic Information Theory", in *Thermodynamics and Regulation of Biological Processes*, I. Lamprecht and A.I. Zotin, Hrsg. 1984, Walter de Gruyter, Berlin. S. 93

228. Mayerkress, G. und H. Haken, "Attractors of Convex-Maps with Positive Schwarzian Derivative in the Presence of Noise". Physica D, 1984. 10, S. 329-339.

229. Wang, Z.C. und H. Haken, "Theory of 2-Photon Lasers . Part 3. 2-Photon Laser with Injected Signal". Zeitschrift für Physik B, 1984. 56, S. 83-90.

230. Wang, Z.C. und H. Haken, "Theory of 2-Photon Lasers .Part 1. Semiclassical Theory". Zeitschrift für Physik B, 1984. 55, S. 361-370.

231. Wang, Z.C. und H. Haken, "Theory of 2-Photon Lasers . Part 2. Fokker-Planck Equation Treatment". Zeitschrift für Physik B, 1984. 56, S. 77-82.

232. Daido, H. und H. Haken, "Cliff and Its Inversion as Rapid Decay of Fully-Developed Chaos". Physics Letters A, 1985. 111, S. 211-216.

233. Haken, H., "Order in Chaos". Computer Methods in Applied Mechanics and Engineering, 1985. 52, S. 635-652.

234. Haken, H., "Some Basic Concepts of Synergetics with Respect to Pattern-Formation - Morphogenesis of Behavior". Berichte der Bunsen-Gesellschaft, 1985. 89, S. 565-571.

235. Haken, H., "Information, Information Gain, and Efficiency of Self-Organizing Systems Close to Instability Points". Zeitschrift für Physik B, 1985. 61, S. 329-334.

236. Haken, H., „Pattern-Formation and Chaos in Synergetic Systems". Physica Scripta, 1985. T9, S. 111-118.

237. Haken, H., "Application of the Maximum Information Entropy Principle to Self-Organizing Systems". Zeitschrift für Physik B, 1985. 61, S. 335-338.

238. Haken, H., "Towards a Quantum Synergetics - Pattern-Formation in Quantum-Systems Far from Thermal-Equilibrium". Physica Scripta, 1985. 32, S. 274-276.

239. Haken, H., "Synergetics -Self-Organization in Physics", in *Nonlinear dynamics of transcritical flows*, proceedings of a DFVLR international colloquium, Bonn, Germany, March 26, 1984 (=Lecture Notes in Engineering), H.L. Jordan, H. Oertel, and K. Robert, Hrsg. 1985, Springer, Berlin et al.

240. Haken, H., „Synergetik - Selbstorganisationsvorgänge in Physik, Chemie und Biologie". Naturwissenschaftliche Rundschau, 1985. 38. S. 171 – 218.

241. Haken, H., „*Light II - Laser Light Dynamics*". 1985, Amsterdam, North Holland.

242. Haken, H., "Synergetics - an Interdisziplinary Approach to Phenomena of Self-Organization". Geoforum, 1985. 16, S. 205 - 211.

243. Haken, H., "The Adiabatic Elimination Principle in Dynamical Theories in Optical Instabilities", in *Instabilities and Dynamics of Lasers and Nonlinear Optical Systems*, Boyd, Raymer, und Narducci, Hrsg. 1985, Cambridge University Press, Cambridge.

244. Haken, H., "Operational Approaches to Complex Systems", in *Complex Systems - Operational Approaches in Neurobiology, Physics and Computers*, H. Haken, Hrsg. 1985, Springer, Berlin. S. 1 - 15.

245. Haken, H. und M. Bestehorn, "Pattern Formation and Transients in the Convection Instability", in *Complex Systems - Operational Approaches in Neurobiology, Physics and Computers*, H. Haken, Hrsg. 1985, Springer, Berlin. S. 300 - 303.

246. Haken, H. und R. Friedrich, "Convection in Spherical Geometries", in *Complex Systems - Operational Approaches in Neurobiology, Physics and Computers*, H. Haken, Hrsg. 1985, Springer, Berlin. S. 304 - 310.

247. Haken, H., J.A.S. Kelso, und H. Bunz, "A Theoretical-Model of Phase-Transitions in Human Hand Movements". Biological Cybernetics, 1985. 51, S. 347-356.

248. Haubs, G. und H. Haken, "Quantities Describing Local Properties of Chaotic Attractors". Zeitschrift für Physik B, 1985. 59, S. 459-468.

249. Schnaufer, B. und H. Haken, "A Theoretical Derivation of Cellular Structures of Flames". Zeitschrift für Physik B, 1985. 59, S. 349-356.

250. Zhang, J.Y. und H. Haken, "Self-Pulsing Instabilities in the Generation of Higher Harmonics". Zeitschrift für Physik B, 1985. 58, S. 337-343.

251. Zhang, J.Y., H. Haken, und H. Ohno, "Self-Pulsing Instability in Inhomogeneously Broadened Traveling-Wave Lasers". Journal of the Optical Society of America B-Optical Physics, 1985. 2, S. 141-147.

252. Friedrich, R. und H. Haken, "Static, Wave-Like, and Chaotic Thermal-Convection in Spherical Geometries". Physical Review A, 1986. 34, S. 2100-2120.

253. Haken, H., "The Maximum-Entropy Principle for Nonequilibrium Phase-Transitions - Determination of Order Parameters, Slaved Modes, and Emerging Patterns". Zeitschrift für Physik B, 1986. 63, S. 487-491.

254. Haken, H., "Information and Information Gain Close to Nonequilibrium Phase-Transitions - Numerical Results". Zeitschrift für Physik B, 1986. 62, S. 255-259.

255. Haken, H., "Excitons and the Electronic Polarization in Semiconductors". Festkörperprobleme-Advances in Solid State Phyics, 1986. 26, S. 55-66.

256. Haken, H., "A New Access to Path-Integrals and Fokker Planck Equations Via the Maximum Caliber Principle". Zeitschrift für Physik B, 1986. 63, S. 505-510.

257. Haken, H., "Morphogenesis of Behaviour, an example of concepts of synergetics", in *Dynamical Systems, a renewal of mechanisms* (Festschrift George David Birkhoff), S. Diner, Hrsg. 1986, World Scientific, Singapore. S. 133.

258. Haken, H., „Physik und Synergetik, die Vielfalt der Phänomene und die Einheit des Denkens", in *Zeugen des Wissens. Aus Anlass des Jubiläums 100 Jahre Automobil 1886 - 1986*, H. Maier-Leibnitz, Hrsg. 1986, Hase&Koehler, Mainz. S. 157 - 201.

259. Haken, H., „How can we implant semantics into information theory?", in *Der Informationsbegriff in Technik und Wissenschaft*, O. Folberth and C. Hackl, Hrsg. 1986, Oldenbourg, München. S. 127.

260. Haken, H., „Nachruf auf Professor Serge Nikitine". Physikalische Blätter, 1986. 42.

261. Haken, H. und H. Bunz, "Quantitative Theory of Changes in Oscillatory Hand Movements - Application of Methods of Synergetics", in *Temporal Disorder in Human Oscillatory Systems*, Rensing, An der Heiden, and Mackey, Hrsg. 1986, Springer, Berlin. S. 102 - 109.

262. Haken, H. und A. Wunderlin, „Synergetik, Prozesse der Selbstorganisation in der belebten und unbelebten Natur", in *Selbstorganisation. Die Entstehung von Ordnung in Natur und Gesellschaft*, A. Dress, Hendrichs, and Küppers, Hrsg. 1986, München.

263. Haken, H. und A. Wunderlin, "Selforganization Processes in Complex Systems", in *Proceedings of the Third International Conference on Systems Research, Informatics and Cybernetics*, Baden-Baden 1986.

264. Schöner, G. und H. Haken, "The Slaving Principle for Stratonovich Stochastic Differential-Equations". Zeitschrift für Physik B, 1986. 63, S. 493-504.

265. Schöner, G., H. Haken, und J.A.S. Kelso, "A Stochastic-Theory of Phase-Transitions in Human Hand Movement". Biological Cybernetics, 1986. 53, S. 247-257.

266. Friedrich, R. und H. Haken, "Time-dependent and chaotic behaviour in systems with O(3)-symmetry", in *The Physics of Structure Formation*, W. Güttinger and G. Dangelmayer, Hrsg. 1987, Springer, Berlin. S. 334 - 345.

267. Fu, H. und H. Haken, "Semiclassical Dye-Laser Equations and the Unidirectional Single-Frequency Operation". Physical Review A, 1987. 36, S. 4802-4816.

268. Haken, H., "Model of a Chemical Parallel Computer for Pattern-Recognition and Associative Memory". Journal de Chimie Physique, 1987. 84, S. 1289-1294.

269. Haken, H., "Self-Organization and Information". Physica Scripta, 1987. 35, S. 247-254.

270. Haken, H., "Synergetic Information versus Shannon-Information in Self-Organizing Systems". Zeitschrift für Physik B, 1987. 65, S. 503-504.

271. Haken, H., „Synergetic Phenomena in Nature and Technology". Fresenius Zeitschrift für Analytische Chemie, 1987. 327, S. 60.

272. Haken, H., "Information Compression in Biological-Systems". Biological Cybernetics, 1987. 56, S. 11-17.

273. Haken, H., "Thermodynamics - Synergetics – Life". Journal of Non-Equilibrium Thermodynamics, 1987. 12, S. 1-10.

274. Haken, H., „Sind synergetische Systeme unsterblich?", in *Die sterbende Zeit*, D. Kamper and C. Wulf, Hrsg. 1987, Luchterland, Darmstadt. S. 169 - 174.

275. Haken, H., „Die Selbstorganisation der Information in biologischen Systemen aus Sicht der Synergetik", in *Ordnung aus dem Chaos*, B.-O. Küppers, Hrsg. 1987, Piper, München. S. 127 - 156.

276. Haken, H., „Synergetik und ihre Anwendung auf psychosoziale Probleme“, in *Familiäre Wirklichkeiten. Der Heidelberger Kongreß*, H. Stierlin, F.B. Simon, and G. Schmidt, Hrsg. 1987, Klett Cotta, Stuttgart. S. 36 - 50.

277. Haken, H., „Synergetische Phänomene in Natur und Technik“. Zeitschrift für analytische Chemie, 1987. 327, S. 60.

278. Haken, H., „Morphogenese des Verhaltens, Ein Beispiel der Anwendung der Konzepte der Synergetik“. Physiologie aktuell, 1987. 3, S. 113 - 122.

279. Haken, H., “Synergetics, An Approach to Self-Organization”, in *Self-Organizing Systems - The emergence of Order*, F.E. Yates, Hrsg. 1987, Plenum, New York.

280. Haken, H., “Synergetic Computers for Pattern Recognition and Associative Memory”, in *Computational Systems - Natural and Artificial*, H. Haken, Hrsg. 1987, Springer, Berlin. S. 2 - 23.

281. Haken, H., “Synergetics, from pattern formation to pattern recognition”, in *Synergetics, Order and Chaos*, M. Velarde, Hrsg. 1987, World Scientific, Singapore. S. 3 - 20.

282. Haken, H. und A. Wunderlin, “Synergetics and its paradigm of Selforganization in Biological Systems”, in *The Natural - Physical Approach to Movement Control*, H.T. Whiting, O.G. Meijer, and S.C. van Wieringen, Hrsg. 1987, University Press, Amsterdam.

283. Haken, H. und A. Wunderlin, “Selforganization in Biological Systems”, in *Advances in System Analysis*, D.S. Möller, Hrsg. 1987, Vieweg, Braunschweig.

284. Hong, F. und H. Haken, “A Band-Model for Dye-Lasers and the Low Threshold of the Second Instability”. Optics Communications, 1987. 64, S. 454-456.

285. Kelso, J.A.S., et al., “Nonequilibrium Phase-Transitions in Coordinated Movements Involving Many Degrees of Freedom”. Annals of the New York Academy of Sciences, 1987. 504, S. 293-296.

286. Kelso, J.A.S., et al., “Phase-Locked Modes, Phase-Transitions and Component Oscillators in Biological Motion”. Physica Scripta, 1987. 35, S. 79-87.

287. Mayerkress, G. und H. Haken, “An Explicit Construction of a Class of Suspensions and Autonomous Differential-Equations for Diffeomorphisms in the Plane”. Communications in Mathematical Physics, 1987. 111, S. 63-74.

288. Obermayer, K., G. Mahler, und H. Haken, “Multistable Quantum-Systems - Information-Processing at Microscopic Levels”. Physical Review Letters, 1987. 58, S. 1792-1795.

289. Peplowski, S. und H. Haken, "Effects of Detuning on Hopf-Bifurcation at Double Eigenvalues in Laser Systems". Physics Letters A, 1987. 120, S. 138-140.

290. Schöner, G. und H. Haken, "A Systematic Elimination Procedure for Ito Stochastic Differential-Equations and the Adiabatic Approximation". Zeitschrift für Physik B, 1987. 68, S. 89-103.

291. Bestehorn, M., R. Friedrich, und H. Haken, "The Oscillatory Instability of a Spatially Homogeneous State in Large Aspect Ratio Systems of Fluid-Dynamics". Zeitschrift für Physik B, 1988. 72, S. 265-275.

292. Cheng, W.Z. und H. Haken, "Quantum-Theory of the 2-Photon Laser". Zeitschrift für Physik B, 1988. 71, S. 253-259.

293. Friedrich, R. und H. Haken, "Exact Stationary Probability-Distribution for a Simple-Model of a Nonequilibrium Phase-Transition". Zeitschrift für Physik B, 1988. 71, S. 515-517.

294. Fu, H. und H. Haken, "Multichromatic Operations in Cw Dye-Lasers". Physical Review Letters, 1988. 60, S. 2614-2617.

295. Fu, H. und H. Haken, "Semiclassical Theory of Dye-Lasers - the Single-Frequency and Multifrequency Steady-States of Operation". Journal of the Optical Society of America B-Optical Physics, 1988. 5, S. 899-908.

296. Fuchs, A. und H. Haken, "Pattern-Recognition and Associative Memory as Dynamical Processes in a Synergetic System . Part 2. Decomposition of Complex Scenes, Simultaneous Invariance with Respect to Translation, Rotation, and Scaling". Biological Cybernetics, 1988. 60, S. 107-109.

297. Fuchs, A. und H. Haken, "Nonequilibrium Phase-Transitions in Pattern-Recognition and Associative Memory - Numerical Results". Zeitschrift für Physik B, 1988. 71, S. 519-520.

298. Fuchs, A. und H. Haken, "Pattern Recognition and Associative Memory as Dynamical Processes in a Synergetic System . Part 1. Translational Invariance, Selective Attention, and Decomposition of Scenes". Biological Cybernetics, 1988. 60, S. 17-22.

299. Fuchs, A. und H. Haken, "Erratum, Pattern-Recognition and Associative Memory as Dynamical Processes in a Synergetic System". Biological Cybernetics, 1988. 60, S. 476.

300. Haken, H., "Synergetics". Ieee Circuits and Devices Magazine, 1988. 4, S. 3-7.

301. Haken, H., "Synergetics and Computers". Journal of Computational and Applied Mathematics, 1988. 22, S. 197-202.

302. Haken, H., „Entwicklungslinien der Synergetik. Teil 1". Naturwissenschaften, 1988. 75, S. 163-172.

303. Haken, H., „Entwicklungslinien der Synergetik. Teil 2". Naturwissenschaften, 1988. 75, S. 225-234.

304. Haken, H., "Learning in Synergetic Systems for Pattern-Recognition and Associative Action". Zeitschrift für Physik B, 1988. 71, S. 521-526.

305. Haken, H., „Nonequilibrium Phase-Transitions in Pattern-Recognition and Associative Memory". Zeitschrift für Physik B, 1988. 70, S. 121-123.

306. Haken, H., „Geschichte der Synergetik". *Komplexität - Zeit - Methode* (Hrsg. U. Niedersen), 1988. 3, S. 198 - 231.

307. Haken, H., „Der Computer erkennt mein Gesicht". Bild der Wissenschaft, 1988. 1988(8).

308. Haken, H., "Information and Self-Organization". A Macroscopic Approach to Complex Systems. 1988, Berlin, Springer.

309. Haken, H., "Synergetics - From Physics to Biology, in *Order and Chaos in Nonlinear Physical Systems*", S. Lundqvist, N.H. March, and M.S. Tosi, Hrsg. 1988, Plenum, New York.

310. Haken, H., "Sinergetica, Concetti di Base e Strumenti Matematici", in *La vita. Forme i numeri Biologica*. 1988, Ancona Transeuropa, Ancona.

311. Haken, H., "Synergetics in pattern recognition and associative action", in *Neural and synergetic computers*, H. Haken, Hrsg. 1988. S. 2.

312. Haken, H., "Pattern Formation, Thermodynamics or Kinetics?", in *From Chemical to Biological Organization*, M. Markus, S.C. Müller, and G. Nicolis, Hrsg. 1988, Springer, Berlin. S. 6 - 13.

313. Haken, H., "Morphogenesis of Behaviour and Information Compression in Biological Systems", in *Thermodynamics and Pattern Formation in Biology*, I. Lamprecht and A.I. Zotin, Hrsg. 1988, Walter de Gruyter, Berlin.

314. Haken, H., "Synergetics, Its Microscopic and Macroscopic Foundation", in *Synergetics and Dynamic Instabilities* (= Proc. Int. School of Physics Enrico Fermi, Course IC), G. Caglioti and H. Haken, Hrsg. 1988, Soc. Italiana die Fisica, Bologna. S. 1 - 19.

315. Haken, H., "*Neural and Synergetic Computers*". 1988, Berlin-New York, Springer.

316. Haken, H. und W. Weimer, "Synergetics, a systematic approach to instabilities, fluctuations and pattern formation and the application to the baroclinic instability of the atmosphere", in *Dynamic Systems approach to natural hazards* (= Zeitschrift für

Geomorphologie Suppl. 67), A.E. Scheidegger, Hrsg. 1988, Gebrüder Bornträger, Berlin. S. 103.

317. Haken, H. und A. Wunderlin, "Synergetics - Processes of Self-Organization in Complex Systems", in *Nature, Cognition and Systems*, M.E. Carvallo, Hrsg. 1988, Kluwer Academic Publishers, Boston. S. 279 - 290.

318. Marx, K. und H. Haken, "The Generalized Ginzburg-Landau Equations of Wavy Vortex Flow". Europhysics Letters, 1988. 5, S. 315-320.

319. Obermayer, K., G. Mahler, und H. Haken, "Multistable Quantum-Systems - Information-Processing at Microscopic Levels – Reply". Physical Review Letters, 1988. 60, S. 658-658.

320. Peplowski, S. und H. Haken, "Bifurcation with 2 Parameters in Two-Dimensional Complex-Space - Applications to Laser Systems". Physica D, 1988. 30, S. 135-150.

321. Wunderlin, A. und H. Haken, "The Slaving Principle of Synergetics - An Outline", in *Order and Chaos in Nonlinear Systems*, S. Lundqvist, M.S. Tosi, und N.H. March, Hrsg. 1988, Plenum Press, New York.

322. Banzhaf, W. und H. Haken, "A new dynamical approach to the traveling salesman problem". Physics Letters A, 1989. A136.

323. Bestehorn, M., et al., "Synergetics applied pattern formation and pattern recognition", in *Optimal Structures in Heterogeneous Reaction Systems*, S. Plath, Hrsg. 1989, Springer, Berlin.

324. Bestehorn, M., R. Friedrich, und H. Haken, "Traveling Waves in Nonequilibrium Systems". Physica D, 1989. 37, S. 295-299.

325. Bestehorn, M., R. Friedrich, und H. Haken, "Modulated Traveling Waves in Nonequilibrium Systems - the Blinking State". Zeitschrift für Physik B, 1989. 77, S. 151-155.

326. Bestehorn, M., R. Friedrich, und H. Haken, „Two-Dimensional Traveling Wave Patterns in Nonequilibrium Systems". Zeitschrift für Physik B, 1989. 75, S. 265-274.

327. Ditzinger, T. und H. Haken, "Oscillations in the Perception of Ambiguous Patterns - a Model Based on Synergetics". Biological Cybernetics, 1989. 61, S. 279-287.

328. Friedrich, R. und H. Haken, "A short course on synergetics", in *Nonlinear Phenomena in Complex Systems*, A. Proto, Hrsg. 1989, Elsevier, Amsterdam. S. 103 - 150.

329. Fu, H., H. Haken, und A. Wunderlin, "The Convergence of the Slaving Principle in a Simplified Model". Zeitschrift für Physik B, 1989. 76, S. 127-135.

330. Gang, H. und H. Haken, “Polynomial Expansion of the Potential of Fokker-Planck Equations with a Noninvertible Diffusion Matrix”. Physical Review A, 1989. 40, S. 5966-5978.

331. Gang, H. und H. Haken, “Multimode Instability Criterion in Optical Bistable Systems”. Physical Review A, 1989. 40, S. 1899-1907.

332. Gang, H. und H. Haken, “Application of the Slaving Principle to Quenching Problems”. Zeitschrift für Physik B, 1989. 76, S. 537-545.

333. Haken, H., “Synergetics - an Overview”. Reports on Progress in Physics, 1989. 52, S. 515-553.

334. Haken, H., “Realization of the Logical Operation Xor by a Synergetic Computer”. Progress of Theoretical Physics Supplement, 1989. 99, S. 399-403.

335. Haken, H., „Synergetik, Vom Chaos zur Ordnung und weiter ins Chaos“, in *Ordnung und Chaos in der unbelebten und belebten Natur* (=115. Versammlung der Gesellschaft deutscher Naturforscher und Ärzte, Freiburg 1988), W. Gerok, Hrsg. 1989, Hirzel, Stuttgart. S. 65 - 76.

336. Haken, H., „Synergetischer Computer - ein nichtbiologischer Zugang“. Physikalische Blätter, 1989. 45, S. 168 - 171.

337. Haken, H., „Synergetik - Nichtgleichgewichts-Phasenübergänge und Selbstorganisation in Physik, Chemie, Biologie“. Nova Acta Leopoldina, 1989. NF 60, S. 75 - 89.

338. Haken, H., „Synergetik - eine interdisziplinäre Theorie der Selbstorganisation“, in *Akten des 13. Internationalen Wittgenstein-Symposiums* (14.8.-21.8. 1988 Kirchberg, Österreich), S. Weingartner und G. Schurz, Hrsg. 1989, Hölder-Pichler-Tempsky, Wien. S. 231 - 242.

339. Haken, H., R. Haas, und W. Banzhaf, “A New Learning Algorithm for Synergetic Computers”. Biological Cybernetics, 1989. 62, S. 107-111.

340. Haken, H. und M. Haken-Krell, „*Entstehung von Biologischer Information und Ordnung*“. 1989, Darmstadt, Wissenschaftliche Buchgesellschaft.

341. Haken, H. und A. Wunderlin, “A macroscopic approach to Synergetics, in *Structure, coherence and chaos in dynamical systems*”, S. Christiansen und R. Parmentier, Hrsg. 1989, Manchester University Press, Manchester.

342. Marx, K. und H. Haken, “Numerical Derivation of the Generalized Ginzburg-Landau Equations of Wavy Vortex Flow”. Zeitschrift für Physik B, 1989. 75, S. 393-411.

343. Ning, C.Z. und H. Haken, “Generalized Ginzburg-Landau Equation for Self-Pulsing Instability in a 2-Photon Laser”. Zeitschrift für Physik B, 1989. 77, S. 163-174.

344. Ning, C.Z. und H. Haken, “Instability in Degenerate 2-Photon Running Wave Laser”. Zeitschrift für Physik B, 1989. 77, S. 157-162.

345. Weimer, W. und H. Haken, “Chaotic Behavior and Subcritical Formation of Flow Patterns of Baroclinic Waves for Finite Dissipation”. Journal of the Atmospheric Sciences, 1989. 46, S. 1207-1218.

346. Banzhaf, W. und H. Haken, “An Energy Function for Specialization”. Physica D, 1990. 42, S. 257-264.

347. Banzhaf, W. und H. Haken, “Learning in a Competitive Network”. Neural Networks, 1990. 3, S. 423-435.

348. Bestehorn, M. und H. Haken, “Traveling Waves and Pulses in a 2-Dimensional Large-Aspect-Ratio System”. Physical Review A, 1990. 42, S. 7195-7203.

349. Bestehorn, M. und H. Haken, “Synergetics applied to Pattern Formation in Large - Aspect - Ratio Systems”, in *Dissipative Structures in Transport Processes and Combustion*, D. Meinköhn, Hrsg. 1990, Springer, Berlin. S. 110 - 143.

350. Ditzinger, T. und H. Haken, “The Impact of Fluctuations on the Recognition of Ambiguous Patterns”. Biological Cybernetics, 1990. 63, S. 453-456.

351. Gang, H. und H. Haken, “Steepest-Descent Approximation of Stationary Probability-Distribution of Systems Driven by Weak Colored Noise”. Physical Review A, 1990. 41, S. 7078-7081.

352. Gang, H., C.Z. Ning, und H. Haken, “Codimension-2 Bifurcations in Single-Mode Optical Bistable Systems”. Physical Review A, 1990. 41, S. 2702-2711.

353. Haken, H., “Are Synergetic Sytems Immortal?”, in *The Theoretical Basis of Ageing* (= 7. Wiener Symposium on Experimental Gerontology 1988), L. Robert, Hrsg. 1990, Facultas Universitätsverlag, Wien.

354. Haken, H., „Über das Verhältnis der Synergetik zur Thermodynamik, Kybernetik und Informationstheorie“, in *Selbstorganisation und Determination* (= Selbstorganisation. Jahrbuch für Komplexität u.a.), U. Niedersen und L. Pohlmann, Hrsg. 1990, Duncker & Humblot, Berlin. S. 19.

355. Haken, H., “Synergetics, Theory of Self-Organization in Complex Systems. Methods of Operation Research”, in *XIII Symposium on operation research*, B. Fuchssteiner, Hrsg. 1990, anton hain, Frankfurt am Main. S. 39.

356. Haken, H., "Synergetic Computers - a new concept", in *Distributed adaptive neural information processing*, J. Kindermann, Hrsg. 1990, Oldenbourg Verlag, München. S. 39.

357. Haken, H., "Synergetics as a tool for the conceptualization and mathematization of Cognition and Behaviour - How far can we go?", in *Synergetics of Cognition*, H. Haken und M. Stadler, Hrsg. 1990, Springer, Berlin. S. 2 - 31.

358. Haken, H., "Realization of the Logical Operation XOR by a Synergetic Computer". Progress of Theoretical Physics Supplement, 1990. 99, S. 399 - 403.

359. Haken, H., „Synergetik und die Einheit der Wissenschaft", in *Zur Einheit der Naturwissenschaften in Geschichte und Gegenwart*, W.G. Saltzer, Hrsg. 1990, Wissenschaftliche Buchgesellschaft, Darmstadt. S. 61.

360. Haken, H., "Synergetic Computers - an alternative to neurocomputers", in *Statistical mechanics of neural networks -Proceedings of the XIth Sitges Conference*, Sitges, Barcelona, Spain, 3 - 7 June 1990, L. Garrido, Hrsg. 1990, Springer, Berlin. S. VI, 477 S.

361. Haken, H., "From Laser Physics to Pattern Recognition", in *Between science and technology , proceedings of the International Conference Between Science and Technology, Eindhoven University of Technology, the Netherlands, 29-30 June 1989*, A. Sarlemijn und S. Kroes, Hrsg. 1990, North-Holland, Amsterdam; New York; New York, N.Y., U.S.A. S. 155 - 178.

362. Haken, H., "Recognition of Patterns and Movement Patterns by a Synergetic Computer", in *Parallel Processing in Neural Networks and Computers*, R. Eckmiller, Hrsg. 1990, North-Holland, Amsterdam. S. 451 - 458.

363. Haken, H., "Synergetics as a Theory of Analogous Behaviour of Systems", in *Proceedings of the International Symposium on Analogy in Optics and Microelectronics*, W.v. Haeringen, Hrsg. 1990. S. 35 - 47.

364. Haken, H., „Offene Systeme - die merkwürdige Welt des Nichtgleichgewichts". Physikalische Blätter, 1990. 46, S. 203 - 208.

365. Haken, H., M. Bestehorn, und R. Friedrich, „Pattern formation in convective instabilities". International Journal of Modern Physics, 1990. B4, S. 365 - 400.

366. Haken, H., et al., "Dynamic Pattern-Recognition of Coordinated Biological Motion". Neural Networks, 1990. 3, S. 395-401.

368. Haken, H. und A. Wunderlin, „Le Chaos Deterministe". La Recherche, 1990. 21, S. 1248-1255.

369. Haken, H. und A. Wunderlin, „Die Anwendung der Synergetik auf Musterbildung und Mustererkennung", in *Grundprinzipien der Selbstorganisation*, K. Kratky and F. Wallner, Hrsg. 1990, Wissenschaftliche Buchgesellschaft, Darmstadt. S. 18 - 30.

370. Haken, H. und A. Wunderlin, „Die Entstehung der Ordnung aus dem Chaos“, in *Die Frage nach dem Leben. Zum 100. Geburtstag des Physikers Erwin Schrödinger*, E.S. Fischer und K. Mainzer, Hrsg. 1990, Piper, München. S. 149.

371. Haken, H. und A. Wunderlin, "La inspiracio cientifica los fondamentod de la sinergetica", in *Sobre la imaginación científica , una convocatoria de Jorge Wagensberg*, H. Haken and J.M. Losa, Hrsg. 1990, Tusquets, Barcelona.

372. Hong, F. und H. Haken, "Self-Pulsing in a Band Model for Dye-Lasers". Physical Review A, 1990. 42, S. 4151-4163.

373. Hu, G. und H. Haken, "Potential of the Fokker-Planck Equation at Degenerate Hopf-Bifurcation Points". Physical Review A, 1990. 41, S. 2231-2234.

374. Ning, C.Z. und H. Haken, "Detuned Lasers and the Complex Lorenz Equations - Subcritical and Supercritical Hopf Bifurcations". Physical Review A, 1990. 41, S. 3826-3837.

375. Hu, G., C.Z. Ning, und H. Haken, "Distribution of Subcritical Hopf Bifurcations and Regular and Chaotic Attractors in Optical Bistable Systems". Physical Review A, 1990. 41, S. 3975-3984.

376. Ning, C.Z. und H. Haken, "Multistabilities and Anomalous Switching in the Lorenz-Haken Model". Physical Review A, 1990. 41, S. 6577-6580.

377. Ning, C.Z. und H. Haken, "Quasi-Periodicity Involving Twin Oscillations in the Complex Lorenz Equations Describing a Detuned Laser". Zeitschrift für Physik B, 1990. 81, S. 457-461.

378. Bestehorn, M. und H. Haken, "Associative Memory of a Dynamic System - the Example of the Convection Instability". Zeitschrift für Physik B, 1991. 82, S. 305-308.

379. Bestehorn, M. und H. Haken, "Stationary and Travelling Pulses of the 2D Complex Ginzburg-Landau Equation". Europhysics Letters 1991. 15, S. 473 - 478.

380. Friedrich, R., A. Fuchs, und H. Haken, "Modelling of Spatio-Temporal EEG patterns"., in *Mathematical Approaches to Brain Functioning Diagnostics*, I. Dvorak und A.V. Holden, Hrsg. 1991, Manchester University Press, Manchester. S. 45 - 61.

381. Fu, H. und H. Haken, Multifrequency Operations in a Short-Cavity Standing-Wave Laser". Physical Review A, 1991. 43, S. 2446-2454.

382. Haken, H., "Schöner-Haken Systematic Adiabatic Approximation for Stochastic Differential-Equations – Comment". Zeitschrift für Physik B, 1991. 82, S. 465-465.

383. Haken, H., „Information-Flow in Synergetic Computers“. Annalen der Physik, 1991. 48, S. 97-102.

384. Haken, H., „Konzepte und Modellvorstellungen der Synergetik zum Gedächtnis", in *Gedächtnis - Probleme und Perspektiven der interdisziplinären Gedächtnisforschung*, S. Schmidt, Hrsg. 1991, Suhrkamp, Frankfurt am Main. S. 190 - 205.

385. Haken, H., "Synergetics - can it help physiology?", in *Rhythms in Physiological Systems*, H. Haken und H.S. Koepchen, Hrsg. 1991, Springer, Berlin. S. 21 - 34.

386. Haken, H., „Synergetik", in *Analyse dynamischer Systeme in Medizin, Biologie und Ökologie*, D.S. Möller, Hrsg. 1991, Springer, Berlin.

387. Haken, H., „Synergetik im Management", in *Evolutionäre Wege in die Zukunft*, H. Balck und R. Kreibich, Hrsg. 1991, Beltz, Weinheim. S. 65 - 91.

388. Haken, H., „Synergetik, Ordnung und Chaos. Selbstorganisierte Veränderung von natürlichen Systemen". Natur- und Ganzheitsmedizin, 1991. 4, S. 134 - 140.

389. Haken, H., "From Physics to Synergetics", in *Trends in the Physical Sciences*, M. Suzuki and R. Kubo, Hrsg. 1991, Springer, Berlin. S. 203 - 212.

390. Haken, H., „Synergetic Computers and Cognition". 1991, Berlin, Springer.

391. Haken, H., „Synergetik. Von der Mustererkennung zur Musterbildung". Wissenschaft und Fortschritt, 1991. 41, S. 244 - 252.

392. Haken, H., "Je mehr wir Grenzen ausloten, um so mehr erfahren wir vom Menschen - hoffentlich" in *Was uns bewegt, Naturwissenschaftler sprechen über sich und ihre Welt*, M. Oesterreicher-Mollwo, Hrsg. 1991, Beltz, Weinheim. S. 186 - 193.

393. Haken, H., R. Friedrich, und A. Fuchs, "Synergetic Analysis of Spatio-Temporal EEG Patterns", in *Nonlinear Wave Processes in Excitable Media*, A.V. Holden, Hrsg. 1991, Plenum Press, New York. S. 23 - 37.

394. Haken, H. und H.S. Koepchen, "*Rhythms in Physiological Systems*". 1991, Berlin, Springer.

395. Haken, H. und A. Wunderlin, "On a macroscopic approach to synergetic systems", in *Natural Structures. Principles, Strategies and Models in Architechture and Nature*, U.S. SFB230, Hrsg. 1991, Universität Stuttgart, Stuttgart.

396. Haken, H. und A. Wunderlin, „*Die Selbstrukturierung der Materie. Synergetik in der unbelebten Natur*". 1991, Braunschweig, Vieweg.

397. Haken, H. und A. Wunderlin, "Application of Synergetics to Pattern Information and Pattern Recognition", in *Selforganization, Emerging Properties and Learning*, A. Babloyantz, Hrsg. 1991, Plenum Press, New York. S. 21 - 30.

398. Ning, C.Z. und H. Haken, "Phase Anholonomy in Dissipative Optical-Systems with Periodic Oscillations". Physical Review A, 1991. 43, S. 6410-6413.

399. Ning, C.Z. und H. Haken, “Phase Anholonomy and Quasiperiodicity in Optical Systems with Intensity Pulsations”, in *Nonlinear Dynamics and Quantum Phenomena in Optical Systems*, R. Vilaseca und R. Corbalan, Hrsg. 1991, Springer, Berlin. S. 185 - 189.

400. Wunderlin, A. und H. Haken,“Zur modernen Chaostheorie“. DSV, 1991. 134.

401. Bestehorn, M., et al., “Spiral Patterns in Thermal-Convection”. Zeitschrift für Physik B, 1992. 88, S. 93-94.

402. Borland, L. und H. Haken, “Unbiased Determination of Forces Causing Observed Processes - the Case of Additive and Weak Multiplicative Noise”. Zeitschrift für Physik B, 1992. 88, S. 95-103.

403. Borland, L. und H. Haken, “Unbiased Estimate of Forces from Measured Correlation-Functions, Including the Case of Strong Multiplicative Noise”. Annalen der Physik, 1992. 1(6), S. 452-459.

404. Borland, L. und H. Haken, “Learning the Dynamics of Two-Dimensional Stochastic Markov Processes”. Open Systems and Information Dynamics, 1992. 1, S. 311 - 326.

405. Fantz, M., et al., “Pattern-Formation in Rotating Benard Convection”. Physica D, 1992. 61, S. 147-154.

406. Friedrich, R. und H. Haken, “Nonequilibrium Phase-Transition in a System with Chaotic Dynamics - the ABCDE Model”. Physics Letters A, 1992. 164, S. 299-304.

407. Haken, H., “Some Applications of Synergetics to the Study of Sociotechnical Systems”. Journal of Scientific & Industrial Research, 1992. 51, S. 147-150.

408. Haken, H., „Synergetik, Von der Musterbildung zur Mustererkennung“. Nova Acta Leopoldina, 1992. NF 67, S. 53 - 71.

409. Haken, H., “Synergetics in Psychology”, in *Self-Organization and Clinical Psychology*, W. Tschacher, G. Schiepek, und E. Brunner, Hrsg. 1992, Springer, Berlin. S. 32 - 54.

410. Haken, H., „Von der Ordnung zum Chaos oder Chaos ist nicht gleich Chaos“ (=Bensberger Protokolle 69), in *Auf den Spuren des Tohuwabohu. Zu neueren Ergebnissen der Chaosforschung*, H. Haken, Hrsg. 1992, Thomas Morus Akademie, Bensberg. S. 9 - 41.

411. Haken, H., „Synergetics and Cognitive Maps“. Geoforum, 1992. 23, S. 111 - 130.

412. Haken, H., „Die Synergetik als Vision eines holistischen Weltbildes“ (Festvortrag Salzburg 1992 der Academia Scientia et Artium Europaea), 1992. Unveröffentlicht.

413. Haken, H. und M. Haken-Krell, „*Erfolgsgeheimnisse der Wahrnehmung*“. 1992, Stuttgart, Deutsche Verlagsanstalt DVA.

414. Haken, H., J.A.S. Kelso, und A. Fuchs, “Phase Transitions in the Human Brain, Spatial Mode Dynamics”. International Journal of Bifurcation and Chaos, 1992. 2, S. 917 - 939.

415. Haken, H. und H.C. Wolf, “*Molekülphysik und Quantenchemie*”. 1992, Berlin, Springer.

416. Haken, H. und A. Wunderlin, “Synergetics and its paradigm of self-organization in biological systems”, in *The natural physical approach to movement control*, A.T. Whiting und O.G. Meijer, Hrsg. 1992, Free University Press, Amsterdam. S. 37 - 56.

417. Hu, G., H. Haken, und C.Z. Ning, “A Study of Stochastic Resonance without Adiabatic Approximation”. Physics Letters A, 1992. 172, S. 21-28.

418. Ning, C.Z. und H. Haken, “An Invariance Property of the Geometrical Phase and Its Consequence in Detuned Lasers”. Zeitschrift für Physik B, 1992. 89, S. 261-262.

419. Ning, C.Z. und H. Haken, “Elimination of Variables in Simple Laser Equations”. Applied Physics B, 1992. 55, S. 117-120.

420. Ning, C.Z. und H. Haken, “Geometrical Phase and Amplitude Accumulations in Dissipative Systems with Cyclic Attractors”. Physical Review Letters, 1992. 68, S. 2109-2112.

421. Ning, C.Z. und H. Haken, “The geometric phase in nonlinear dissipative systems”. Physics Letters A, 1992. B6, S. 1541 - 1568.

422. Weimer, W. und H. Haken, “Generalized Ginzburg-Landau Equations for 4 Unstable Baroclinic Waves”. Journal of the Atmospheric Sciences, 1992. 49, S. 453-461.

423. Bestehorn, M., et al., “Hexagonal and Spiral Patterns of Thermal-Convection”. Physics Letters A, 1993. 174, S. 48-52.

424. Borland, L. und H. Haken, “On the Constraints necessary for Macroscopic Prediction of Time-dependent Stochastic Processes”. Reports on Mathematical Physics, 1993. 33, S. 35 - 42.

425. Borland, L. und H. Haken, “Learning Networks for Process Identification and associative action”, in *New Trends in Neural Computation*, J. Mira, Hrsg. 1993, Springer, Berlin. S. 688 - 693.

426. Dykman, M.I., et al., “Linear-Response Theory in Stochastic Resonance”. Physics Letters A, 1993. 180, S. 332-336.

427. Gang, H., et al., "Stochastic Resonance without External Periodic Force". Physical Review Letters, 1993. 71, S. 807-810.

428. Gang, H., H. Haken, und C.Z. Ning, "Nonlinear-Response Effects in Stochastic Resonance". Physical Review E, 1993. 47, S. 2321-2325.

429. Haken, H., "Basic Concepts of Synergetics". Applied Physics A, 1993. 57, S. 111-115.

430. Haken, H., "Information-Theory and Molecular-Biology". Nature, 1993. 362, S. 509-509.

431. Haken, H., "Are Synergetic Systems (including Brains) Machines?", in *The Machine as Metaphor and Tool*, H. Haken, Hrsg. 1993, Springer, Berlin. S. 123 - 138.

432. Haken, H., "Pattern Formation and Pattern Recognition", in *Nonlinear Dynamics and Spatial Complexity in Optical Systems*, R.G. Harrison, Hrsg. 1993, Institute of Physics Publishing, Bristol. S. 21.

433. Haken, H., "Synergetics as a Strategy to cope with Complex Systems", in *Interdisciplinary Approaches to Nonlinear Complex Systems*, H. Haken und A. Mikhailov, Hrsg. 1993, Springer, Berlin. S. 5 - 11.

434. Haken, H., „Synergetik, eine Zauberformel für das Management?", in *Synergetik, Selbstorganisation als Erfolgsrezept für Unternehmen*, W. Rehm, Hrsg. 1993, expert-Verlag, Ehingen b. Stuttgart. S. 15.

435. Haken, H., "An Algorithm for The Recognition of Deformes Patterns including Hand Writing". Journal of the Mathematical and Physical Sciences, 1993. 25.

436. Neufeld, M., R. Friedrich, und H. Haken, "Order-Parameter Equation and Model Equation for High Prandtl Number - Rayleigh-Benard Convection in a Rotating Large Aspect Ratio System". Zeitschrift für Physik B, 1993. 92, S. 243-256.

437. Uhl, C., R. Friedrich, und H. Haken, "Reconstruction of Spatiotemporal Signals of Complex-Systems". Zeitschrift für Physik B, 1993. 92, S. 211-219.

438. Wischert, W., et al., "An Introduction to Synergetics", in *Some physicochemical and mathematical tools for the understanding of living systems*, H. Greppin, M. Bonzon, und R.D. Agostini, Hrsg. 1993, University of Geneva, Geneva.

439. Bestehorn, M., et al., "Spiral-Pattern Formation in Rayleigh-Benard Convection – Comment". Physical Review E, 1994. 50, S. 625-626.

440. Biktashev, V., V. Krinsky, und H. Haken, "A Wave Approach to Pattern-Recognition (with Application to Optical Character-Recognition)". International Journal of Bifurcation and Chaos, 1994. 4, S. 193-207.

441. Daffertshofer, A. und H. Haken, "A New Approach to Recognition of Deformed Patterns". Pattern Recognition, 1994. 27, S. 1697-1705.

442. Daffertshofer, A. und H. Haken, "Synergetic Computers for Pattern Recognition", in *Proceedings of the XXVI Symposium on Mathematical Physics*, A. Jamiolkowski, Hrsg. 1994, Nicolaus Copernicus University Press, Torun.

443. Haken, H., "A Brain Model for Vision in Terms of Synergetics". Journal of Theoretical Biology, 1994. 171, S. 75-85.

444. Haken, H., "Synergetics - from Pattern-Formation to Pattern-Analysis and Pattern-Recognition". International Journal of Bifurcation and Chaos, 1994. 4, S. 1069-1083.

445. Haken, H., "From Cybernetics to Synergetics". Cybernetica, 1994. 37, S. 273-290.

446. Haken, H., "Can Synergetics Serve as a bridge between the Natural and Social Sciences", in *On Self-Organization*, R.K. Mishra, D. Maaß, und E. Zwierlein, Hrsg. 1994, Springer, Berlin.

447. Haken, H., „Kunstwerke rufen Instabilitäten hervor", in *Vom Chaos zur Endophysik. Wissenschaftler im Gespräch*, F. Rötzer, Hrsg. 1994, Boer Verlag, o. O. S. 52 - 57.

448. Haken, H., „Strukturentstehung und Gestalterkennung in den neuen Selbstorganisationstheorien", in *Schelling und die Selbstorganisation* (= Selbstorganisation 5), L. Heuser-Kessler und W. Jacobs, Hrsg. 1994, Duncker & Humblot, Berlin. S. 11 - 26.

449. Haken, H., „Synergetik, Vom Zusammenwirken in der Natur. Zum Naturbegriff der Gegenwart.", in *Kongressdokumentation zum Projekt "Natur im Kopf"*, K.d.L. Stuttgart, Hrsg. 1994, Frommann-Holzboog, Stuttgart.

450. Haken, H., et al., „Fragestellungen der modernen Chaostheorie". Photon, 1994. 2, S. 8 - 12.

451. Haken, H., W. Schleich, und H.D. Vollmer, Risken,Hannes. Physics Today, 1994. 47, S. 118.

452. Haken, H. und J. Wagensberg, „Eine Einführung in die Synergetik", in *Quanten, Chaos und Dämonen. Erkenntnistheoretische Aspekte der modernen Physik.*, K. Mainzer und W. Schirrmacher, Hrsg. 1994, BI Wissenschaftsverlag, Mannheim.

453. Jirsa, V.K., et al., "A Theoretical-Model of Phase-Transitions in the Human Brain". Biological Cybernetics, 1994. 71, S. 27-35.

454. Reimann, D. und H. Haken, "Stereo Vision by Self-Organization". Biological Cybernetics, 1994. 71, S. 17-26.

455. Wischert, W., A. Wunderlin, und H. Haken, „Prinzipien der Synergetik", in *Natur im Umbruch*, G. Bien, T. Gil, und J. Wilke, Hrsg. 1994, Fromman Verlag, Stuttgart. S. 195.

456. Daffertshofer, A. und H. Haken, "Adaptive hierarchical structures", in *From Natural to Artificial Neural Computation*, J. Mira, Hrsg. 1995, Springer, Berlin. S. 76-84.

457. Daffertshofer, A. und H. Haken, "Dynamical Construction of Pattern Classes". Neural Network World, 1995. 3, S. 255 - 270.

458. Gang, H., C.Z. Ning, und H. Haken," Inverse Problem and Singularity of the Integration Kernel". Physics Letters A, 1995. 205, S. 130-136.

459. Haken, H., "Irreversibility and Self-Organization", in *Natural Sciences and Human Thought.*, R. Zwilling, Hrsg. 1995, Springer, Berlin. S. 125.

460. Haken, H., "Some basic Concepts of Synergetics with Respect to Multistability", in *Perception, Phase Transitions and Formation of Meaning, Ambiguity in Mind and Nature*, S. Kruse und M. Stadler, Hrsg. 1995, Springer, Berlin.

461. Haken, H., "Synergetics, From Pattern Formation to Pattern Analysis and Pattern Recognition". International Journal of Bifurcation and Chaos, 1995. 4, S. 1069 - 1083.

462. Haken, H., "Synergetics, From Pattern Formation to Pattern Analysis and Pattern Recognition", in *New Trends in pattern formation in active nonlinear media*, V. Perez Villar, Hrsg. 1995, World Scientific, Singepore.

463. Haken, H., „Ordnung aus dem Chaos", in *Begegnungen mit dem Chaos*, V. Gorge und R. Moser, Hrsg. 1995, Berner Universitätsschriften, Bern.

464. Haken, H., „Synergetische Prinzipien bei der Ordnungsbildung". Gestalt Theory, 1995. 17, S. 196 - 204.

465. Haken, H., "Laws and Chaos", in *Laws of Nature - Essays on the Philosophical, Scientific and Historical Dimension*, F. Weinert, Hrsg. 1995, De Gruyter, Berlin.

466. Haken, H., „Synergetische Computer - ein neues Netzwerkprinzip", in *Synergie - Syntropie - Nichtlineare Systeme, Dynamik und Synergetik*, W. Eisenberg, Hrsg. 1995, Verlag im Wissenschaftszentrum, Leipzig.

467. Haken, H., "An Application of Synergetics. Decision Making as Pattern Recognition". Zeitschrift für Wissenschaftsforschung, 1995. 9/10.

468. Haken, H., et al., „Fragestellungen und Resultate der modernen Chaosforschung". Mannheimer Berichte, 1995. 44, S. 19.

469. Haken, H., A. Wunderlin, und S. Yigitbasi," An Introduction to Synergetics". Open Systems and Information Dynamics, 1995. 3, S. 97 - 130.

470. Jirsa, V.K., R. Friedrich, und H. Haken, "Reconstruction of the spatio-temporal dynamics of a human magnetoencephalogram". Physica D, 1995. 89, S. 100-122.

471. Portugali, J. und H. Haken, "A Synergetic Approach to the Self-Organization of Cities and Settlements". Environment and Planning B, Planning and Design, 1995. 22, S. 35 -46.

472. Reimann, D., et al., "Vergence Eye-Movement Control and Multivalent Perception of Autostereograms". Biological Cybernetics, 1995. 73, S. 123-128.

473. Reimann, D. und H. Haken, "An Approach to the Solution of Correspondence Problems by Synergetic Computers". Neural Network World, 1995. 3, S. 299 - 315.

474. Uhl, C., R. Friedrich, und H. Haken, "Analysis of Spatiotemporal Signals of Complex-Systems". Physical Review E, 1995. 51, S. 3890-3900.

475. Yigitbasi, S., et al., „Zur Modellierung von Ökosystemen unter Anwendung der Methoden der Synergetik", in *Ökosysteme, Modellierung Modellierung und Simulation*, H. Gnauck, A. Frischmuth, und A. Kraft, Hrsg. 1995, Blottner, Taunusstein.

476. Fuchs, A., et al., "Extending the HKB model of coordinated movement to oscillators with different eigenfrequencies". Biological Cybernetics, 1996. 74, S. 21-30.

477. Gang, H., A. Daffertshofer, und H. Haken, "Diffusion of periodically forced Brownian particles moving in space-periodic potentials". Physical Review Letters, 1996. 76, S. 4874-4877.

478. Gang, H., H. Haken, und X. Fagen, "Stochastic resonance with sensitive frequency dependence in globally coupled continuous systems". Physical Review Letters, 1996. 77, S. 1925-1928.

479. Gang, H., C.Z. Ning, und H. Haken, "Inverse problem with a dilated kernel containing different singularities". Physical Review E, 1996. 54, S. 2384-2391.

480. Haken, H., "Slaving principle revisited". Physica D, 1996. 97, S. 95-103.

481. Haken, H., "Noise in the brain, A physical network model". International Journal of Neural Systems, 1996. 7, S. 551-557.

482. Haken, H., "*Principles of Brain Functioning. A Synergetic Approach to Brain Activity, Behaviour and Cognition*". 1996, Berlin, Springer.

483. Haken, H., "Future Trends in Synergetics", in *Nonlinear Physics in complex systems*, J. Parisi, Hrsg. 1996, Springer, Berlin. S. 179 - 193.

484. Haken, H., „Synergetik und Naturwissenschaften“ (anschl. Kritiken von 33 Wissenschaftlern und Replik hierauf von H. Haken S. 658 - 675). Ethik und Naturwissenschaften, 1996. 7, S. 587 - 594.

485. Haken, H., „Erfolgsgeheimnisse der visuellen Wahrnehmung“, in *Das große stille Bild*, N. Bolz und U. Rueffer, Hrsg. 1996, Fink, München.

486. Haken, H., Chaos und Ordnung, Zur Selbstorganisation komplexer Systeme in Physik, Biologie und Soziologie, in *Synergetik und Systeme im Sport*, H.-S. Janssen, Hrsg. 1996, Hofmann, Schorndorf. S. 26.

487. Haken, H., „Synergetik, Selbstorganisation in den Natur- und Geisteswissenschaften“, in *Ernst-Blickle Preis 1995* (=Festreden anläßlich der Verleihung an Dr. F. Anistis). 1996, SEW-Eurodrive-Stiftung, Bruchsal.

488. Haken, H. und A. Pelster, „Über die Rolle der Symmetriebrechung bei der Selbstorganisation“, in *Evolutionäre Systemtheorie - Selbstorganisation und dynamische Systeme* (Symposium 1993 in Frankfurt/Main), W. Hahn und S. Weibel, Hrsg. 1996, Wissenschaftliche Verlagsgesellschaft, Stuttgart. S. 121 - 132.

489. Haken, H., et al., “A model for phase transitions in human hand movements during multifrequency tapping”. Physica D, 1996. 90, S. 179-196.

490. Haken, H., et al., „A model for phase transitions in human hand movements during multifrequency tapping" Physica D, 1996. 92, S. 260.

491. Haken, H. und J. Portugali, „Synergetics. Inter-representation Networks and Cognitive Maps”, in *The Construction of Cognitve Maps*, J. Portugali, Hrsg. 1996, Kluwer Academic, Dordrecht. S. 45 - 67.

492. Haken, H., A. Wunderlin, und S. Yigitbasi, “On the foundations of Synergetics”, in *Law and Prediction in the Light of Chaos Research*, S. Weingartner und G. Schurz, Hrsg. 1996, Springer, Berlin. S. 243 - 279.

493. Jirsa, V.K. und H. Haken, “Field theory of electromagnetic brain activity”. Physical Review Letters, 1996. 77, S. 960-963.

494. Jirsa, V.K. und H. Haken, “Derivation of a field equation of brain activity”. Journal of Biological Physics, 1996. 22, S. 101-112.

495. Tass, S. und H. Haken, “Synchronization in networks of limit cycle oscillators”. Zeitschrift für Physik B, 1996. 100, S. 303-320.

496. Tass, S. und H. Haken, “Synchronized oscillations in the visual cortex - A synergetic model”. Biological Cybernetics, 1996. 74, S. 31-39.

497. Ditzinger, T., et al., “A synergetic model for the verbal transformation effect”. Biological Cybernetics, 1997. 77, S. 31-40.

498. Haken, H., "Visions of synergetics". International Journal of Bifurcation and Chaos, 1997. **7**, S. 1927-1951.

499. Haken, H., "Visions of synergetics". Journal of the Franklin Institute-Engineering and Applied Mathematics, 1997. 334B, S. 759-792.

500. Haken, H., "Information und Bedeutung aus Sicht der Synergetik", in *Die Erfindung des Universums? -Neue Überlegungen zur philosophischen Kosmologie*, W.G. Saltzer, Hrsg. 1997, Insel-Verlag, Frankfurt am Main. S. 168 - 177.

501. Haken, H., "Synergetics and Cybernetics", in *Encyclopedia of Applied Physics* Bd. 20. 1997, VCH Publishers, Weinheim.

502. Haken, H., "Synergetics of the Brain", in *Matter matters? On the material basis of cognitive activity of mind*, S. Arhem und H. Liljenströn, Hrsg. 1997, Springer, Berlin. S. 145 - 176.

503. Haken, H., "Discrete Dynamics of Complex Systems". Discrete Dynamics in Nature and Society, 1997. 1, S. 1 - 8.

504. Haken, H., „Kein IQ für Computer". Bild der Wissenschaft, 1997. 1997(10), S. 70 - 74.

505. Haken, H. „Synergetik, Chaostheorie und Komplexitätswissenschaft" (Interview mit Florian Rötzer, Teleopolis (Artikel-). URL, http,//www.heise.de/tp/r4/artikel/2/2109/2.html) vom 14.2.1997, 1997.

506. Haken, H. und M. Haken-Krell, „*Gehirn und Verhalten*". 1997, Stuttgart, Deutsche Verlagsanstalt.

507. Haken, H., R. Hönlinger, und S. Vanger, „Anwendung der Synergetik bei der Erkennung von Emotionen im Gesichtsausdruck", in *Selbstorganisation in Psychologie und Psychiatrie*, G. Schiepek und W. Tschacher, Hrsg. 1997, Vieweg, Braunschweig. S. 85 - 101.

508. Jirsa, V.K. und H. Haken, "A derivation of a macroscopic field theory of the brain from the quasi-microscopic neural dynamics". Physica D, 1997. 99, S. 503-526.

509. Friedrich, R., et al., "Analyzing Spatio-Temporal patterns of complex systems", in *Nonlinear Analysis of Physiological Data*, H. Kantz und G. Mayer-Kress, Hrsg. 1998, Springer, Berlin. S. 101 - 116.

510. Haken, H., "Can we apply Synergetics to the human sciences?", in *Systems - New Paradigms for the Human Sciences*, G. Altmann und W. Koch, Hrsg. 1998, Walter de Gruyter, Berlin.

511. Haken, H., "Decision making and optimization in regional planning", in *Knowledge and Networks in a dynamic economy*, J. Beckmann, Hrsg. 1998, Springer, Berlin. S. 25 - 40.

512. Bonifacio, R., et al., "Coupled maps and scaling in high order harmonic generation". Laser Physics, 1999. 9, S. 395-397.

513. Frank, T.D., et al., "Impacts of noise on a field theoretical model of the human brain". Physica D, 1999. 127, S. 233-249.

514. Grigorieva, E.V., H. Haken, und S.A. Kaschenko, "Theory of quasiperiodicity in model of lasers with delayed optoelectronic feedback". Optics Communications, 1999. 165, S. 279-292.

515. Grigorieva, E.V., et al., "Travelling wave dynamics in a nonlinear interferometer with spatial field transformer in feedback". Physica D, 1999. 125, S. 123-141.

516. Haken, H., "Visions of Synergetics", in *Visions of nonlinear Science in the 21st Century*, J. Huertas, Hrsg. 1999, World Scientific, Singapore.

517. Haken, H., „Über Beziehungen zwischen der Synergetik und anderen Disziplinen", in *Der Weg der Wahrheit. Aufsätze zur Einheit der Wissenschaftsgeschichte*, S. Eisenhardt, Hrsg. 1999, Olms, Hildesheim. S. 167 - 173.

518. Haken, H., "Synergetics and some applications to Psychology", in *Dynamics, Synergetics, Autonomous Agents*, W. Tschacher und J.-S. Dauwalder, Hrsg. 1999, World Scientific, Singapore. S. 3 - 12.

519. Haken, H., „Synergetik, Vergangenheit, Gegenwart, Zukunft", in *Komplexe Systeme und nichtlineare Dynamik in Natur und Gesellschaft. Komplexitätsforschung in Deutschland auf dem Weg ins nächste Jahrhundert*, K. Mainzer, Hrsg. 1999, Springer, Berlin. S. 30 - 48.

520. Haken, H., "Cooperativity in Brain and Neural Function", in *Elsevier's Encyclopedia of Neuroscience*, G. Adelman und B. Smith, Hrsg. 1999, Elsevier Science, Amsterdam. S. 468 - 476.

521. Haken, H., M. Schanz, und J. Starke, "Treatment of combinatorial optimization problems using selection equations with cost terms. Part I. Two-dimensional assignment problems". Physica D, 1999. 134, S. 227-241.

522. Knyazewa, H. und H. Haken, "Synergetics of Human Creativity", in *Dynamics, Synergetics, Autonomous Agents*, W. Tschacher und J.-S. Dauwalder, Hrsg. 1999, World Scientific, Singapore. S. 64 - 82.

523. Knyazewa, H. und H. Haken, "Synergetik, zwischen Reduktionismus und Holismus". Philosophia Naturalis, 1999. 37, S. 21 - 44.

524. Starke, J., M. Schanz, und H. Haken, "Treatment of combinatorial optimization problems using selection equations with cost terms. Part II. NP-hard three-dimensional assignment problems". Physica D, 1999. 134, S. 242-252.

525. Bestehorn, M., et al., "Order parameters for class-B lasers with a long time delayed feedback". Physica D, 2000. 145, S. 110-129.

526. Frank, T.D., et al., "Towards a comprehensive theory of brain activity, Coupled oscillator systems under external forces". Physica D, 2000. 144, S. 62-86.

527. Haken, H., "Effect of delay on phase locking in a pulse coupled neural network". European Physical Journal B, 2000. 18, S. 545-550.

528. Haken, H., "Quasi-discrete dynamics of a neural net, The lighthouse model". Discrete Dynamics in Nature and Society, 2000. 4, S. 187-200.

529. Haken, H., "Phase locking in the lighthouse model of a neural net with several delay times". Progress of Theoretical Physics Supplement, 2000 (139), S. 96-111.

530. Haken, H., "Phase locking and noise in the lighthouse model of a neural net with delay", *in Stochastic and Chaotic Dynamics in the lakes*, D. Broomhead, Hrsg. 2000, American Institute of Physics, New York. S. 69.

531. Haken, H., "Phase locking in the lighthouse model of a neural net with several delay times", in *Let's face Chaos through Nonlinear Dynamics*, M. Robnik, Hrsg. 2000, Institute of Pure and Applied Physics, Kyoto. S. 96 - 111.

532. Haken, H., "Associative Memory of a Pulse Coupled Neural Network with Delays, The Lighthouse Model", in *Traffic and Granular Flow '99, social traffic and granular dynamics*, D. Helbing und Schreckenberger, Hrsg. 2000, Springer, Heidelberg. S. 173 - 180.

533. Haken, H. und H. Knyazeva, "Arbitrariness in Nature, Synergetics and the Evolutionary Laws of Prohibition". Journal for General Philosophy of Science, 2000. 31, S. 57 - 73.

534. Stefanovska, A., et al., "Reversible transitions between synchronization states of the cardiorespiratory system". Physical Review Letters, 2000. 85, S. 4831-4834.

535. Daffertshofer, A., J. Portugali, und H. Haken, "Self-Organized Settlements". Environment and Planning B, Planning and Design, 2001. 28, S. 89 - 102.

536. Frank, T.D., et al., "H-theorem for a mean field model describing coupled oscillator systems under external forces". Physica D, 2001. 150, S. 219-236.

537. Haken, H., "Delay, noise and phase locking in pulse coupled neural networks". Biosystems, 2001. 63, S. 15-20.

538. Stefanovska, A., et al., "The cardiovascular system as coupled oscillators?" Physiological Measurement, 2001. 22, S. 535-550.

539. Uhl, C., R. Friedrich, und H. Haken, "A Synergetic Approach for the Analysis of Spatio-Temporal Signals". Nonlinear Phenomena in Complex Systems, 2001. 4, S. 250 - 263.

540. Haken, H., "Phase-locking in a general class of integrate and fire models". International Journal of Bifurcation and Chaos, 2002. 12, S. 2619-2623.

541. Haken, H., "Heisenberg's equations in laser theory. A historical overview". Fortschritte der Physik-Progress of Physics, 2002. 50, S. 642-645.

542. Haken, H., "*Brain Dynamics. Synchronization and Activity Patterns in Pulse-Coupled Neural Nets with Delay and Noise*". 2002, Berlin, Springer.

543. Haken, H., „Sind synergetische Systeme unsterblich?", in *Logik und Leidenschaft. Erträge Historischer Anthropologie*, C. Wulf und D. Kamper, Hrsg. 2002, Dietrich Reimer Verlag, Berlin. S. 952 - 955.

544. Haken, H., „Die Selbstorganisationsgesellschaft", in *Was kommt nach der Informationsgesellschaft? 11 Antworten*, Bertelsmann-Stiftung, Hrsg. 2002, Bertelsmann-Stiftung, Gütersloh. S. 152 - 173.

545. Haken, H., „Intelligent Behaviour - A Synergetic View", *in The dynamical Systems Approach to Cognition*, W. Tschacher und J.-S. Dauwalder, Hrsg. 2003, World Scientific, Singapore. S. 3 - 16.

546. Haken, H., "Cooperative Phenomena", in *The Handbook of Brain Theory and Neural Networks* (2. Auflage), M. Arbib, Hrsg. 2003, MIT Press, Cambridge (MA).

547. Haken, H., „Synergetik der Gehirnfunktionen", in *Neurobiologie der Psychotherapie*, G. Schiepek, Hrsg. 2003, Schattauer, Stuttgart. S. 80 - 102.

548. Portugali, J. und H. Haken, "The face of the city is its information". Journal of Environmental Psychology, 2003. 23, S. 382 - 405.

549. Haken, H., "Quantum fluctuations of elementary excitations in discrete media". Discrete Dynamics in Nature and Society, 2004, S. 169-177.

550. Haken, H., "Noise and correlated transport in ion channels". Fluctuation and Noise Letters, 2004. 4, S. L171-L178.

551. Haken, H., "Future trends in synergetics". Solid State Phenomena, 2004. 97-98, S. 3-9.

552. Haken, H., „Ist der Mensch ein dynamisches System?", in *Personenzentrierung und Systemtheorie*, A.v. Schlippe und W.C. Kriz, Hrsg. 2004, Vandenhoek & Ruprecht, Göttingen. S. 68 - 77.

553. Haken, H., "Fluctuation in quantum devices". Condensed Matter Physics, 2004. 7, S. 527 - 537.

554. Haken, H., "Laser Physics and the Brain, Are there Analogies?", in *Universality and Diversity in Science* (=Festschrift in Honor of Naseem K. Rahmans 60th Birthday), W. Becker und M.V. Fedorov, Hrsg. 2004, World Scientific, New Jersey.

555. Haken, H., "Nonlinearity and Beauty, A Synergetic Approach". Un approccio sinergetico alla nonlinearita e al bello. Accademia di Science e Lettere. Incontro di Studio, 2004. 26, S. 85 - 102.

556. Haken, H., „Synergetik", in *Lexikon der Biologie*. 2004, Spektrum Akademischer Verlag, Weinheim.

557. Haken, H., "*Synergetics. Introduction and Advanced Topics*". 2004, Berlin, Springer.

558. Haken, H., „*Die Selbstorganisation Komplexer Systeme - Ergebnisse aus der Chaostheorie*". 2004, Wien, Picus Verlag.

559. Haken, H. und M.A. Stadler, "Gestalt Phenomena", in *Handbook of Nonlinear Science*, A.C. Scott, Hrsg 2004, Fitzroy Dearborn, London.

560. Hansch, D. und H. Haken, „Wie die Psyche sich selbst in Ordnung bringt". Psychologie Heute, 2004. 7, S. 36 -41.

561. Hansch, D. und H. Haken, „Zur theoretischen Fundierung einer integrativen und salutogenetisch orientierten Psychosomatik". Gestalt Theory, 2004. 26, S. 7 - 34.

562. Haken, H., "Synchronization and pattern recognition in a pulse-coupled neural net". Physica D, 2005. 205, S. 1-6.

563. Haken, H., „*Nel Senso della Sinergetica*" (Autobiografie in italienischer Sprache). 2005, Rom, Renzo Editore.

564. Haken, H., „Von der Laser-Metaphorik zum Selbstorganisationskonzept im Management", in *Richtiges und gutes Management, vom System zur Praxis*, W. Krieg, K. Galler, und S. Stadelmann, Hrsg. 2005, Haupt Verlag, Bern.

565. Haken, H., "Mesoscopic Levels in Science - Some Comments", in *Micro, Meso, Macro, Adressing complex systems couplings*, H. Liljenström und U. Svedin, Hrsg. 2005, World Scientific, Singapore. S. 19 - 24.

566. Haken, H., "Synergetics, from Physics to Economics", in *The evolutionary foundations of economics*, K. Dopfer, Hrsg. 2005, Cambridge University Press, Cambridge. S. 70 - 85.

567. Haken, H., et al., "Synergetics of Perception and Conciousness". Gestalt Theory, 2005. 27, S. 8 - 28.

568. Portugali, J. und H. Haken, "A synergetic interpretation of cue-dependent prospective memory". Cognitive Processing, 2005. 6, S. 87 - 97.

569. Haken, H., "Pattern recognition and synchronization in pulse-coupled neural networks". Nonlinear Dynamics, 2006. 44, S. 269-276.

570. Haken, H., "Synergetics of brain function". International Journal of Psychophysiology, 2006. 60, S. 110-124.

571. Haken, H., "Beyond Attractor Neural Networks for Pattern Recognition". Nonlinear Phenomena in Complex Systems, 2006. 9, S. 163 - 172.

572. Haken, H.," A Coherent Walk in Solid State Physics", in *Herbert Fröhlich, FRS - A physicist ahead of his time*, G. Hyland und S. Rowland, Hrsg. 2006, University of Liverpool, Liverpool. S. 1 - 6.

573. Haken, H., "Some thoughts on Modelling of Brain Function", 2006.

574. Haken, H., "Recognition of Natural and Artificial Environments by Computers, Commonalities and Differences", *in Complex and Artificial Environments*, J. Portugali, Hrsg. 2006, Springer, Berlin. S. 31 - 48.

575. Haken, H., "The interdepence between Shannonian and Semantic information", 2006.

576. Haken, H., "Synergetics on its way to the Life Sciences", in *Complexus Mundi. Emergent Patterns in Nature*, M. Nowak, Hrsg. 2006, World Scientific, Singapore. S. 155 -170.

577. Haken, H. und G. Schiepek, „*Synergetik in der Psychologie. Selbstorganisation verstehen und gestalten*". 2006, Göttingen, Hogrefe Verlag.

578. Schiepek, G. und H. Haken, „Handeln und Entscheiden in komplexen Systemen", in *2. Symposium zur Gründung einer Deutsch-Japanischen Akademie für integrative Wissenschaft*, Daisnion-ji and Leibniz-Gemeinschaft, Hrsg. 2006, J.H. Röll Verlag, Dettelbach am Main. S. 93 - 118.

579. Haken, H., "Towards a unifying model of neural net activity in the visual cortex". Cognitive Neurodynamics, 2007. 1, S. 15-25.

580. Haken, H., „Das Gehirn als Prüfstein - Vinzenz Schönfelder im Gespräch mit Hermann Haken". Gehirn & Geist, 2007. 2007(10), S. 60 - 62.

581. Haken, H., „Bemerkungen zum Verhältnis zwischen Komplexitätsforschung und Synergetik", in *Dynamisches Denken und Handeln. Philosophie und Wissenschaft in einer komplexen Welt*, T. Leiber, Hrsg. 2007, Hirzel, Stuttgart. S. 27 - 30.

582. Haken, H., "Intentionality in non-equilibrium systems? The functional aspects of self-organized pattern formation". New Ideas in Psychology, 2007. 25, S. 1 - 15.

583. Haken, H., „Schönheit aus einem Haufen Erde", in *Vom Urknall zum Bewußtsein - Selbstorganisation der Materie* (=124. Versammlung der GNDÄ 2006), K. Sandhoff und W. Donner, Hrsg. 2007, Thieme Verlag, Stuttgart. S. 47 - 56.

584. Haken, H., „Der menschliche Wille, eine Perspektive der Synergetik", in *Der Wille, die Neurobiologie und die Psychotherapie*, H. Petzold und J. Sieper, Hrsg. 2008, Aisthesis Verlag, Bielefeld.

585. Haken, H., „Selbstorganisation in physikalischen Systemen", in *Selbstorganisation*, R. Breuninger, Hrsg. 2008, Humboldt Studienzentrum Universität Ulm, Ulm.

586. Haken, H., "Synergetics, Basic Concepts", in *Encyclopedia of Complexity and Systems Science*, R.A. Meyers, Hrsg. 2009, Springer, Berlin.

587. Haken, H. und S. Levi, "*Synergetic Agents, From Multi Robot-Systems to Molecular Robotics.*" 2012, Weinheim, Wiley-VCH.

Anhang 2: Übersicht der von Hermann Haken betreuten Diplom- und Doktorarbeiten

1 **Ankele, Lucas**, 'Modelierung von Ordnungs-Unordnungsübergängen in selbstorganisierten Systemen mit dem Ordnungsparameter-Konzept ' (Diplomarbeit, Universität Stuttgart, 1983).

2 **Arzt, Volker**, '(Titel konnte nicht ermittelt werden)' (Diplomarbeit, Universität Stuttgart, 1970).

3 **Beckert, Stephan**, 'Modell eines Lasers zur Mustererkennung ' (Diplomarbeit1988).

4 ———, 'Modenselektion beim Laser zur Realisierung des Synergetischen Computers ' (Dissertation, Universität Stuttgart, 1994).

5 **Benk, Hartmut**, 'Wechselwirkung von Kohärenten Frenkel-Exzitonen mit Störstellen in organischen Molekülkristallen ' (Diplomarbeit, Universität Stuttgart, 1975).

6 ———, 'Theorie zur Wechselwirkung von Frenkel-Exzitonen mit Störstellen in organischen Molekülkristallen, Kinetik der Exzitonenenergieübertragung ' (Dissertation, Universität Stuttgart, 1982).

7 **Berding, Christoph**, 'Die Entwicklung raumzeitlicher Strukturen in der Morphogenese ' (Diplomarbeit, Universität Stuttgart, 1981).

8 ———, 'Zur theoretisch-physikalischen Behandlung von Nichtgleichgewichts-Phasenübergängen: die Entwicklung zeitlicher und räumlicher Strukturen in biologischen Systemen ' (Dissertation, Universität Stuttgart, 1985).

9 **Bestehorn, Michael**, 'Musterbildung beim Bénard-Problem der Hydrodynamik ' (Diplomarbeit, Universität Stuttgart, 1983).

10 ———, 'Verallgemeinerte Ginzburg-Landau-Gleichungen für die Musterbildung bei Konvektions-Instabilitäten ' (Dissertation, Universität Stuttgart, 1988).

11 **Beutelschieß, Jürgen**, 'Theorie einer Hierarchie von Plasmainstabilitäten ' (Diplomarbeit, Universität Stuttgart, 1983).

12 ———, 'Eine nichtlineare Theorie zur Entstehung von laufenden Schichten in einer Gasentladung ' (Dissertation, Universität Stuttgart, 1987).

13 **Beyer, Jens**, 'Die Faradayinstabilität der Hydrodynamik ' (Diplomarbeit, Universität Stuttgart, 1993).

14 **Borland, Lisa Marina**, 'Ein Verfahren zur Bestimmung der Dynamik stochastischer Prozesse ' (Dissertation, Universität Stuttgart, 1993).

15 **Bunz, Herbert**, 'Zur Dynamik nichtlinearer angetriebener Oszillatoren ' (Dissertation, Universität Stuttgart, 1987).

16 **Daffertshofer, Andreas**, 'Erkennung deformierter Muster mittels einer Potentialdynamik ' (Diplomarbeit, Universität Stuttgart, 1992).

17 ———, 'Nichtgleichgewichtsphasenübergänge in der menschlichen Motorik und Erweiterungen des synergetischen Computers ' (Dissertation, Universität Stuttgart, 1996).

18 **Ditzinger, Thomas**, 'Oszillationen bei der Erkennung ambivalenter Muster ' (Diplomarbeit, Universität Stuttgart, 1989).

19 ———, 'Multistabilität in der Wahrnehmung mit einem Synergetischen Computer ' (Dissertation, Universität Stuttgart, 1993).

20 **Egler, Wolfgang**, 'Theorie der Superradiance mit zwei Photonen ' (Diplomarbeit, Universität Stuttgart, 1972).

21 ———, 'Theorie der Dämpfung und Fluktuationen des Polaritons aufgrund seiner Wechselwirkung mit Gitterschwingungen ' (Dissertation, Universität Stuttgart, 1976).

22 **Erhardt, Manfred**, 'Computersimulation für lernfähige biomechanische Modelle ' (Diplomarbeit, Universität Stuttgart, 1992).

23 **Fantz, Marc**, 'Strukturbildung beim rotierenden Bénard Problem der Flüssigkeitsdynamik ' (Diplomarbeit, Universität Stuttgart, 1991).

24 **Fischer, Eckart**, 'Bestimmung einer Fokker-Planck-Gleichung aus experimentell gegebenen Zeitserien ' (Diplomarbeit, Universität Stuttgart, 1993).

25 ———, 'Ein synergetisches Modell der Datenspeicherung in Molekülschichten auf Halbleiterschichten ' (Dissertation, Universität Stuttgart, 1997).

26 **Fischer, Karsten**, 'Gitterdynamik und anharmonische Wechselwirkung in Silberchlorid-Kristallen ' (Dissertation, Universität Stuttgart, 1974).

27 **Forster, Dieter**, 'Theorie der Photon-Photon-Streuung in Kristallen ' (Diplomarbeit, TH Stuttgart, 1964).

28 **Frank, Till**, 'Analyse von MEG-Daten ' (Diplomarbeit, Universität Stuttgart, 1996).

29 **Friedmann, Alexander**, 'Zur Theorie der Fluktuationen beim elektronischen Transport im Festkörper ' (Dissertation, Universität Stuttgart, 1970).

30 **Friedrich, Rudolf**, 'Höhere Instabilitäten beim Taylor-Problem der Flüssigkeitsdynamik ' (Diplomarbeit, Universität Stuttgart, 1982).

31 ———, 'Stationäre, wellenartige und chaotische Konvektion in Geometrien mit Kugelsymmetrie ' (Dissertation, Universität Stuttgart, 1987).

32 **Fuchs, Armin**, 'Synergetische Systeme zur Mustererkennung und zur phänomenologischen Modellierung raum-zeitlich aufgelöst gemessener EEG's ' (Dissertation, Universität Stuttgart, 1990).

33 **Geffers, Horst**, 'Theorie erzwungener und selbsterregter Laserimpulse ' (Dissertation, Universität Stuttgart, 1974).

34 **Goll, Joachim**, 'Exzitonen-Materie ' (Diplomarbeit, Universität Stuttgart, 1972).

35 ———, 'Theorie der Wannier-Exzitonen hoher Dichte und ihrer kohärenten Wechselwirkung mit dem Lichtfeld ' (Dissertation1976).

36 **Graham, Robert**, 'Die Quantenfluktuationen des parametrischen Oszillators' (Diplomarbeit, TH Stuttgart, 1967).

37 ———, 'Quantentheorie der Lichtausbreitung in laser-aktiven fluktuierenden Medien' (Dissertation, Universität Stuttgart, 1969).

38 **Grauer, Thomas**, 'Zur Entstehung räumlicher und zeitlicher Ordnung auf Fest-Flüssig-Grenzflächen. Eine Anwendung der Methode der verallgemeinerten Ginzburg-Landau Gleichungen ' (Dissertation, Universität Stuttgart, 1987).

39 **Grob, Karl**, 'Theorie des stimulierten Raman-Effektes. Zs. für Physik **184** (1965). 395-432 ' (Dissertation, TH Stuttgart, 1965).

40 **Haas, Richard**, 'Lernvorgänge bei synergetischen Computern ' (Diplomarbeit, Universität Stuttgart, 1989).

41 ———, 'Bewegungserkennung und Bewegungsanalyse mit dem synergetischen Computer ' (Dissertation, Universität Stuttgart, 1995).

42 **Hanisch, Dietmar**, 'Lasertätigkeit von Exzitonen ' (Diplomarbeit, Universität Stuttgart, 1974).

43 **Hanisch, Gerhard**, 'Zur Theorie des Exzitons in den Alkalihalogeniden ' (Dissertation, TH Stuttgart, 1966).

44 **Haubs, Georg**, 'Methoden zur Beschreibung dynamischer Systeme und ihre Anwendung auf gekoppelte Josephson-Kontakte ' (Dissertation, Universität Stuttgart, 1986).

45 **Haug, Hartmut**, 'Zur Theorie der Linienform von Exzitonenabsorptionsspektren ' (Diplomarbeit, TH Stuttgart, 1963).

46 ———, 'Multimode-Eigenschaften verschiedener Haibleiterlasermodelle ' (Dissertation, TH Stuttgart, 1966).

47 **Hauger, Wolfgang**, 'Anwendung der verallgemeinerten Ginzburg-Landau Gleichung auf die Theorie der Lasertätigkeit von Atomen und Exzitonen ' (Dissertation, Universität Stuttgart, 1977).

48 **Helm, Meinhardt**, 'Dynamische Kopplung der Amplitudenfluktuationen von Laserschwingungen ' (Diplomarbeit, TH Stuttgart, 1966).

49 **Hofelich, Friedmar**, 'Die Bewegung eines Exzitons entlang eines Polymers unter dem Einfluß der Gitterschwingung ' (Dissertation, TH Stuttgart, 1966).

50 **Hölle, Bernd**, 'Erkennung dreidimensionaler Körper aus einer ebenen Projektion mittels einer Potentialdynamik ' (Dissertation, Universität Stuttgart, 1991).

51 **Hong, Fu**, 'Instabilität, Selbstpulsation und multichromatische Lasertätigkeit im Bandmodell für Farbstofflaser ' (Dissertation, Universität Stuttgart, 1989).

52 **Hönlinger, Robert**, 'Erkennung von deformierten oder verrauschten Mustern als Dynamik in einem synergetischen System ' (Diplomarbeit, Universität Stuttgart, 1989).

53 ———, 'Anwendung des synergetischen Computers auf die Erkennung mimischer Ausdrücke ' (Dissertation, Universität Stuttgart, 1999).

54 **Huber, Armin**, 'Analyse nichtlinearer Modelle von Produktionsabläufen mit Methoden der Synergetik ' (Diplomarbeit, Universität Stuttgart, 1996).

55 **Hübner, Roland**, 'Exzitonenspektrum in CU2O mit und ohne äußere Felder ' (Diplomarbeit, TH Stuttgart, 1964).

56 ———, 'Eine Momentenmethode zur Berechnung der Gitterrelaxation in der Umgebung elektronischer Störstellen in Grund- und angeregtem Zustand mit Hilfe von Green'schen Funktionen ' (Dissertation, Universität Stuttgart, 1969).

57 **Hutt, Axel**, 'Untersuchung einer neuronalen Feldgleichung mittels eines MEG-Experiments am Menschen ' (Diplomarbeit, Universität Stuttgart, 1997).

58 ———, 'Methoden zur Untersuchung der Dynamik raumzeitlicher Signale' (Dissertation, Universität Stuttgart, 2001).

59 **Jirsa, Viktor**, 'Ein theoretisches Modell für Phasenübergänge im menschlichen Gehirn ' (Diplomarbeit, Universität Stuttgart, 1993).

60 ———, 'Modellierung und Rekonstruktion raumzeitlicher Dynamik im Gehirn ' (Dissertation, Universität Stuttgart, 1996).

61 **Klenk, Herbert**, 'Exzitonen hoher Dichte als weit vom thermischen Gleichgewicht entferntes System ' (Diplomarbeit, Universität Stuttgart, 1975).

62 ———, 'Anwendung der verallgemeinerten Ginzburg-Landau Gleichungen auf die Theorie der Bénard-Instabilität eines Plasmas ' (Dissertation, Universität Stuttgart, 1979).

63 **Kuchelmeister, Anton**, 'Quantentheorie der Lasertätigkeit von Exzitonen ' (Diplomarbeit, Universität Stuttgart, 1974).

64 ———, 'Theorie der spontanen und induzierten Emission von Exzitonen hoher Dichte ' (Dissertation, Universität Stuttgart, 1980).

65 **Kühne, Reinhart**, 'Quantentheorie der spontanen Emission für den optischen parametrischen Oszillator ' (Diplomarbeit, Universität Stuttgart, 1970).

66 ———, 'Mikroskopische Begründung der zeitabhängigen Ginzburg-Landau-Gleichung mit fluktuierenden Kräften' (Dissertation, Universität Stuttgart, 1974).

67 **Lang, Manfred**, 'Der Zusammenhang zwischen Exziton und Plasmon in Isolatoren über einen gemeinsamen Grundzustand ' (Diplomarbeit, TH Stuttgart, 1964).

68 ———, 'Zur Wechselwirkung eines quantisierten Strahlungsfeldes mit einem Nichtmetall ' (Dissertation, Universität Stuttgart, 1968).

69 **Lassag, Johannes**, 'Zur Theorie kurzer Laserpulse in Drei-Niveau Ringlasern ' (Dissertation, Universität Stuttgart, 1986).

70 **Leutz, Rudolf Konrad**, ' Wechselwirkung von Frenkel-Exzitonen mit Gitterschwingungen ' (Diplomarbeit, Universität Stuttgart, 1973).

71 ———, 'Der Einfluss von Mehrkörper-Potentialen und Polarisationseffekten auf Bildungsenergie und Bildungsvolumen atomarer Fehlstellen in Ionenkristallen mit NaCl-Struktur ' (Dissertation, Universität Stuttgart, 1977).

72 **Lorenz, Wolfgang**, 'Nichtgleichgewichts-Phasenübergänge bei Bewegungs-Koordinationen ' (Diplomarbeit, Universität Stuttgart, 1987).

73 ———, 'Der Blutkreislauf als synergetisches System: numerische Datenanalyse ' (Dissertation, Universität Stuttgart, 1994).

74 **Marx, Klaus**, 'Numerische Lösung der Instabilitäts-Hierarchie des Taylorproblems der Hydrodynamik ' (Diplomarbeit, Universität Stuttgart, 1982).

75 ———, 'Analytische und numerische Behandlung der zweiten Instabilität beim Taylor-Problem der Flüssigkeitsdynamik ' (Dissertation, Universität Stuttgart, 1987).

76 **Mayer-Kress, Gottfried**, 'Zur Persistenz von Chaos und Ordnung in nichtlinearen dynamischen Systemen ' (Dissertation, Universität Stuttgart, 1983).

77 **Meuth, Hermann**, 'Die Wechselwirkung von Exzitonen und Plasmonen ' (Diplomarbeit, Universität Stuttgart, 1975).

78 **Ning, Cun-Zheng**, 'Versklavungsprinzip und Normalformtheorie: Die Anwendung auf Instabilitäten beim Zwei-Photonen-Laser ' (Dissertation, Universität Stuttgart, 1991).

79 **Nuoffer, Michael**, 'Einwirkung von Rauschen auf Entstehung und Form von ultrakurzen Laserimpulsen ' (Diplomarbeit, Universität Stuttgart, 1980).

80 **Ohno, Herbert**, 'Mastergleichung von Systemen ohne detailliertes Gleichgewicht ' (Diplomarbeit, Universität Stuttgart, 1975).

81 ———, 'Anwendung der verallgemeinerten Ginzburg-Landau-Gleichung auf die Theorie ultrakurzer Laserpulse ' (Dissertation, Universität Stuttgart, 1980).

82 **Olbricht, Herbert**, 'Die Bildung von raumzeitlicher Strukturen infolge von Mehrfachinstabilitäten' (Diplomarbeit, Universität Stuttgart, 1977).

83 **Ossig, Martin**, 'Frequenz-Kopplung zwischen oszillierenden Neuronen ' (Diplomarbeit, Universität Stuttgart, 1991).

84 ———, 'Kopplung synergetischer Computer und Modellierung neuronaler Synchronisationseffekte ' (Dissertation, Universität Stuttgart, 1996).

85 **Pluschke, Werner**, 'Bifurkationsphänomene bei gekoppelten Lasermoden ' (Diplomarbeit, Universität Stuttgart, 1983).

86 ———, 'Quasiperiodische Lösungen eines reversiblen Systems, die aus einem Fixpunkt abzweigen: der differenzierbare Fall ' (Dissertation, Universität Stuttgart, 1989).

87 **Pohl, Dieter**, 'Einige Untersuchungen über die Ausstrahlungseigenschaften von Festkörpern ' (Diplomarbeit, TH Stuttgart, 1964).

88 **Reidl, Jürgen**, 'Analytische Behandlung nichtlinearer Wellengleichungen magnetischer Gehirnaktivität ' (Diplomarbeit, Universität Stuttgart, 1996).

89 **Reimann, Dirk**, 'Theorie eines synergetischen Computers zur Tiefenwahrnehmung ' (Diplomarbeit, Universität Stuttgart, 1991).

90 ———, 'Anwendung der Synergetik auf Korrespondenzprobleme wie die Stereoskopie ' (Dissertation, Universität Stuttgart, 1995).

91 **Reineker, Peter**, 'Zur Theorie der Laserkaskaden in Gas- und Festkörperlasern ' (Diplomarbeit, TH Stuttgart, 1966).

92 **Renz, Wolfgang**, 'Theorie der Strukturbildung von Spiralnebeln ' (Diplomarbcit, Universität Stuttgart, 1978).

93 **Rössler, Joachim**, 'Statistische Behandlung der Nichtgleichgewichts-Supraleitung ' (Diplomarbeit, Universität Stuttgart, 1977).

94 **Rudershausen, R.**, 'Wellenausbreitung in einem laseraktiven Medium ' (Diplomarbeit, Universität Stuttgart, 1969).

95 **Sauermann, Herwig**, 'Zur Theorie des Lasers ' (Diplomarbeit, TH Stuttgart, 1964).

96 ———, 'Theorie der Dissipation und Fluktuationen in einem Zwei-Niveau Maser und ihre Anwendung auf den optischen Maser' (Dissertation, TH Stuttgart, 1965).

97 **Schanz, Michael**, 'Anwendung der Theorie des deterministischen Chaos auf die Analyse komplexer Systeme. Insbesondere physiologischer ' (Diplomarbeit, Universität Stuttgart, 1989).

98 ———, 'Zur Analytik und Numerik zeitlich verzögerter synergetischer Systeme ' (Dissertation, Universität Stuttgart, 1997).

99 **Schenzle, Axel**, 'Theorie der Lichtausbreitung in parametrischen Oszillatoren ' (Diplomarbeit, Universität Stuttgart, 1970).

100 ———, 'Verallgemeinerte Langevin-Gleichungen und ihre Anwendung auf Festkörper-Probleme ' (Dissertation, Universität Stuttgart, 1974).

101 **Schindel, Martin**, 'Information und Informationsgewinn bei Nichtgleichgewichtsphasenübergängen ' (Diplomarbeit, Universität Stuttgart, 1987).

102 ———, 'Theorie eines Halbleitersystems zur Realisierung der Ordnungsparameterdynamik eines Synergetischen Computers ' (Dissertation, Universität Stuttgart, 1993).

103 **Schmid, Christhard**, '(Titel konnte nicht ermittelt werden)' (Diplomarbeit, TH Stuttgart, 1965).

104 ———, 'Kohärenz- und Sättigungsverhalten bei der Erzeugung einer zweiten Harmonischen in nichtlinearen Kristallen ' (Dissertation, Universität Stuttgart, 1969).

105 **Schnaufer, Bernd**, 'Anwendung der Methoden der Synergetik auf die Musterbildung in Flammen ' (Diplomarbeit, Universität Stuttgart, 1984).

106 **Schöner, Gregor**, 'Das Versklavungsprinzip für stochastische Differentialgleichungen und Anwendungen der Stochastik auf synergetische Systeme ' (Dissertation, Universität Stuttgart, 1985).

107 **Schulz, Claus-Dieter**, 'Theorie eines Lasersystems zur Mustererkennung als optische Realisierung eines synergetischen Computers ' (Dissertation, Universität Stuttgart, 1992).

108 **Schumm, Felix**, 'Photonenemission rekombinierender Exzitonen bei gleichzeitiger Kollision und Anregung weiterer Exzitonen ' (Diplomarbeit, Universität Stuttgart, 1972).

109 **Schuppert, Andreas**, 'Bifurkationen solitärer Wellen in nichtlinearen dispersiven Systemen ' (Diplomarbeit, Universität Stuttgart, 1984).

110 **Schwarzer, Elmar**, 'Wechselwirkung von inkohärenten Exzitonen mit Störstellen und ihre mögliche Bedeutung als Schalter in der Biologie' (Diplomarbeit, Universität Stuttgart, 1971).

111 ———, 'Die kohärente und inkohärente Exzitonenbewegung und ihr Einfluss auf die optische Spektroskopie und die Protonenrelaxation ' (Dissertation, Universität Stuttgart, 1974).

112 **Strobl, Gerd-Rüdiger**, 'Kohärente und inkohärente Bewegung von Excitonen in Molekülkristallen ' (Diplomarbeit, TH Stuttgart, 1966).

113 **Tass, Peter**, 'Kollektivoszillationen im visuellen Cortex der Katze: ein synergetisches Modell ' (Diplomarbeit, Universität Stuttgart, 1991).

114 ———, 'Synchronisierte Oszillationen im visuellen Cortex: ein synergetisches Modell ' (Dissertation, Universität Stuttgart, 1993).

115 **Tautenhahn, Peter**, 'Zur sensibilisierten Fluoreszenz im Isolatorkristall ' (Diplomarbeit, TH Stuttgart, 1964).

116 **Uhl, Christian**, 'Analyse von EEGen mit Hilfe der Methoden der Synergetik ' (Diplomarbeit, Universität Stuttgart, 1991).

117 ———, 'Analyse raumzeitlicher Daten strukturbildender Systeme ' (Dissertation, Universität Stuttgart, 1995).

118 **Veil, Lutz-Bodo**, 'Lokale Schwingungstypen im kubisch gestörten Debye-Kristall ' (Diplomarbeit, TH Stuttgart, 1967).

119 **Vollmer, Hans-Dieter**, 'Optische Absorption und Energiedissipation von Fremdatomen in Kristallen ' (Diplomarbeit, TH Stuttgart, 1967).

120 ———, 'Quantenstatistische Behandlung des Laserrauschens durch Quasiwahrscheinlichkeitsverteilungen mit Anwendung auf den Festkörperlaser ' (Dissertation, Universität Stuttgart, 1970).

121 **Weberruß, Volker**, 'Die Erkennung von Mustern bei Nichtgleichgewichts-Phasenübergängen mit Hilfe des Maximum-Informations-Entropie Prinzips ' (Diplomarbeit, Universität Stuttgart, 1987).

122 ———, 'Eine neue Methode zur Berechnung der Lagrangeschen Parameter des Maximum-Entropie-Prinzips, eine Anwendung auf den Laser und der Übergang zu Feymannschen Wegintegralen ' (Dissertation, Universität Stuttgart, 1992).

123 **Weimer, Wolfgang**, 'Theorie der Musterbildung in der kosmischen Massenverteilung ' (Diplomarbeit, Universität Stuttgart, 1984).

124 ———, ' Verallgemeinerte Ginzburg-Landau-Gleichungen für die Dynamik der atmosphärischen Zyklogenese ' (Dissertation, Universität Stuttgart, 1989).

125 **Will, Thilo**, 'Deformationsdynamiken zur Bildverarbeitung ' (Dissertation, Universität Stuttgart, 1992).

126 **Wöhrstein, Hans-Georg**, 'Theorie des Selbstpulsens in Halbleiterlasern ' (Diplomarbeit, Universität Stuttgart, 1970).

127 ———, 'Die Fokker-Planck Gleichung in der Nichtgleichgewichtsstatistik: Lösungsmethoden und Anwendungen in der Quantenoptik und Populationsdynamik ' (Dissertation, Universität Stuttgart, 1974).

128 **Wunderlin, Arne**, 'Die Behandlung von elektronischen Kollektivanregungen Im Festkörper mit Hilfe von Quasiwahrscheinlichkeitsverteilungen ' (Diplomarbeit, Universität Stuttgart, 1971).

129 ———, 'Über statistische Methoden und ihre Anwendung auf Gleichgewichts- und Nichtgleichgewichtssysteme ' (Dissertation, Universität Stuttgart, 1975).

130 **Zeile, Karl**, 'Ein verallgemeinertes Variationsprinzip zur Berechnung Feynmanscher Wegintegrale mit spezieller Anwendung auf das Polaronproblem ' (Diplomarbeit, TH Stuttgart, 1967).

131 ———, 'Resolventenentwicklungen zeitabhängiger Lösungen in Spin-Bosonen-Systemen ' (Dissertation, Universität Stuttgart, 1990).

132 **Zorell, Johannes**, 'Stochastische Modelle für Nichtgleichgewichtsphasenübergänge bei chemischen Reaktionen ' (Diplomarbeit, Universität Stuttgart, 1976).

133 ———, 'Chaotische und periodische Pulslösungen der halbklassischen Lasergleichungen ' (Dissertation, Universität Stuttgart, 1981).

Anhang 3: Übersicht der durch die *Stiftung Volkswagenwerk* geförderten Projekte im Rahmen des Schwerpunktprogramms Synergetik von 1980 – 1990

Name	Institution	Land	Bereich	Jahr	Thema
Adam, G.	Univ. Konstanz	D	Biologie	1982	Zellulare Synergetik - Nichtlineare Populationsdynamik von Säugerzellkulturen in vitro
Alt	Univ. Bonn	D	Biologie	1991	Modellierung, Analyse und Simulation von Interaktionen bei kooperativen Zellbewegungen
Altmann, G.	Univ. Bochum	D	Literatur	1986 1988	Sprachliche Synergetik
Arnold, L.	Univ. Bremen	D	Chemie	1980 1983 1984 1989	Deterministische und stochastische Lösungsansätze für Instabilitäten und Kooperative Phänomene in Flüssigkeitsschichten und Nichtlinearen Reaktions-Diffusionssystemen; Stochastische Raum-Zeit-Probleme in Synergetik und Ingenieurwissenschaften; Stochastische Bifurkationstheorie
Aulbach, B.	Univ. Würzburg	D	Theorie - Stipendium	1983	Qualitative Analyse nichtlinearer dynamischer Systeme mittels invarianter Manningfaltigkeiten (führte zur Habilitation)
Avnir, D.	Hebrew Univ. Jerusalem	ISR	Chemie	1982	Synergetische Korrelationen zwischen Licht, Diffusion und photochemischen Reaktionen bei der Bildung räumlicher, dissipativer Strukturen
Bühl, W. L	Univ. München	D	F-Stipendium Soziologie	1990	Forschungsstipendium für W. Fritscher

Name	Institution	Land	Bereich	Jahr	Thema
Busse, F.	Univ. Bayreuth	D	Theorie	1985 1988	Dynamische Wechselwirkung hydromechanischer Instabilitäten
Dress, A.	Univ. Bielefeld	D	Biologie	1984	Mathematische Beiträge zur Analyse der Evolution und Struktur biologischer Makromoleküle
Engelmann, W.	Univ. Tübingen	D	Stipendium Biologie	1989	Forschungsstipendium für B. Antkowiak
Ertl, G.	MPI F.Haber Institut und Universität München	D	Chemie	1984 1989	Zeitliche und räumliche Selbstorganisation bei katalytischen Reaktionen an Einkristall-Oberflächen
Försterling, H.D.	Univ. Marburg	D	Chemie	1985 1991	Untersuchungen zum Kontrollmechanismus bei der Belousov-Zhabotinsky-Reaktion
Frehland, E. Tautz, J.	Univ. Konstanz	D	Gehirn	1988	Erregungsmuster in einem Nervenzellverband mittlerer Komplexität
Führböter, A.	TU Braunschweig	D	Physik	1984	Zur Synergetik strömungserzeugter Strukturen an der Erdoberfläche
Geiger	RWTH Aachen	D	Chemie	1983	Molekulardynamische Simulationsrechnungen zur Charakterisierung der Struktur und zur Erklärung des singulären Verhaltens von unterkühltem Wasser
Geisel	Univ. Frankfurt	D	Informatik	1991	Informationstheoretische Charakterisierung raum-zeitlicher komplexer Systeme
Gierer, A.Wagner, G.	MPI Virusforschung	D	Biologie	1981	Forschungsstipendium "Morphogenetische Aspekte der Evolution und evolutionäre Aspekte der Morphogenese"

Name	Institution	Land	Bereich	Jahr	Thema
Gilles, E. D.	Univ. Stuttgart	D	Physik	1980	Strukturanalyse wandernder Reaktionszonen
Göbel, I.	TU Braunschweig	D	Physik	1988	Forschungsstipendium "Beschreibung der Strukturentwicklung bei der plastischen Verformung kristalliner Festkörper"
Gottwald, B. A.	Univ. Freiburg	D	Biologie	1984	Transport-Mechanismus von Auxin durch Zellmembranen
Graham, R.	Univ. Essen	D	Symposium f. Haken	1986	Symposium zum 60. Geburtstag von Hermann Haken
Grassberger	Univ. Wuppertal	D	Stipendium Evolution	1990	Forschungsstipendium für H. Freund
Güttinger, W.	Univ. Tübingen	D	Informatik	1982	Strukturstabilität in der Physik
Haken, H.	Univ. Stuttgart	D	FP Synergetik Verlänge-rung	1979 1980 1981 1985	Synergetik; Dynamik synergetischer Strukturen; Synergetik nichtlinearer stochastischer Netze
Hänggi, P.	Univ. Augsburg	D	Theorie	1989	Resonanzaktivierung metastabiler Zustände, stochastische Resonanz
Hess, B.	MPI Ernährung	D	Biologie	1986	Nichtlineare Dynamik chemischer, biochemischer und zellulärer Prozesse
Hirche,	Univ. Köln	D	Medizin	1991	Der Phasenübergang von normaler Herztätigkeit zum Kammerflimmern: Messung synergetischer Parameter und Entwicklung eines theoretischen Herzmodells
Holz, A.	Univ. Saarland	D	Theorie	1986	Theoretische Untersuchung des Einflusses von Defektstrukturen auf die statischen und dynamischen Eigenschaften flüssig-kristalliner Polymere
Höpp	Univ. Köln	D	Medizin	1991	

Name	Institution	Land	Bereich	Jahr	Thema
Hübener, R. P.	Univ. Tübingen	D	Physik	1985 1988	Szenarien und chaotische Eigenschaften der Festkörperturbulenz in Halbleitern
Jaeger, N. Plath, P. J.	Univ. Bremen	D	Chemie	1981 1983 1986	Metalloberflächen und Metallkörper als kooperierende Speicher bei der heterogen-katalysierten Oszillation der Methanoloxidation an Palladium-Trägerkatalysatoren; Oszillationen katalysierter Reaktionen in heterogenen, homogenen und elektrochemischen Systemen; Dynamik der heterogenen katalytischen Oxidation von Kohlenmonixid unter dem Einfluss periodischer und pulsförmiger Störungen
Kinzel, W.	Univ. Gießen	D	Gehirn	1989	Statistische Mechanik neuronaler Netzwerke
Klingshirn, C.	Univ. Kaiserslautern	D	Physik	1989	Räumliche und zeitliche Strukturbildung in optisch, nichtlinearen passiven Halbleitern
Kohlmaier, G. H.	Univ. Frankfurt	D	Chemie	1981 1985	Stabilitätstheorie und kooperative Phänomene reaktiver, mehrkomponentiger Multikompartimentsysteme
Krüger, J.	Univ. Freiburg	D	Gehirn	1986 1989	Analyse der visuellen Hirnrinde von Affen mit Vielfach-Mikroelektroden
Küppers, G.; Krohn, W.	Univ. Bielefeld	D	Geschichte	1987	Selbstorganisation - Zur Genese und Entwicklung einer wissenschaftlichen Revolution
Lachmann, H.	Univ. Würzburg	D	Chemie	1983	Dynamische Mehrkomponentenanalyse nichtlinearer Phänomene bei offenen chemischen Reaktionssystemen
Lauterborn, W.	Univ. Göttingen	D	Physik	1985	Strukturbildung in gekoppelten nichtlinearen Schwingungssystemen

Name	Institution	Land	Bereich	Jahr	Thema
Lücke, M.	Univ. Saarland	D	Theorie/ Physik	1985 1989	Einfluß der Randbedingungen auf Musterbildung und Wellenzahlselektion bei der Taylor-Wirbelströmung und Rayleigh-Bénard-Konvektion
Melchior, K.	FhI Produktions-technik Stuttgart	D	Informatik	1990	Synergetische Informationsverarbeitung: Netzwerke mit Wettbewerbsdynamik
Nicolis, G.	Univ. Brüssel	B	Chemie	1985 1990	Forschungsstipendien A. Puhl und V. Calenbuhr
Onken, U.	Univ. Münster	D	Chemie	1987	Forschungsstipendium U. Onken
Peitgen, H.-O.	Univ. Bremen	D	Theorie	1981	Perturbationen nichtlinearer Differentialgleichungen mit Verzögerung
Pöppel, E.	Univ. München	D	Gehirn	1990	Leistungen kooperativer neuronaler Strukturen bei der visuellen Bewegungsanalyse
Purwins, G.	Univ. Münster	D	Physik	1988	Räumliche und zeitliche Strukturbildung in Gasentladungssystemen und Halbleitermaterialien
Reitböck, H.	Univ. Marburg	D	Gehirn	1989	Modelle der Mustererkennung im Sehsystem auf der Basis neuronaler Kopplungen
Rensing, L.	Univ. Bremen	D	Biologie	1983	Ist die Kopplung von zellulären Oszillatoren die Grundlage der zeitlichen Ordnung und Differenzierung bei Dictyostelium Discoideum (sowie 2 workshops und ein Forschungsstipendium A. Deutsch)
Richter, P. H.	Univ. Bremen	D	Chemie	1982	Kinematik und Thermodynamik des periodisch getriebenen Selkov-Modells für glykolytische Oszillationen

Name	Institution	Land	Bereich	Jahr	Thema
Riekert, L. Lintz, H.-G.	Univ. Karlsruhe	D	Chemie	1984	Ungleichgewichts-Phasenumwandlungen und dissipative Strukturen an festen Katalysatoren
Sackmann, E.	Univ. München	D	Stipendium Physik	1989	Forschungsstipendium T. Martinez
Schiepek, G.	Univ. Bamberg	D	Psycholo-gie	1990	Symposium Herbstakademie 1990
Schirmer	Univ. Heidelberg	D	Stipendium Theorie	1991	Forschungsstipendium A. Schmitt
Schneider, F. W.	Univ. Würzburg	D	Chemie	19861 991	Periodische Störungen von chemischen Oszillatoren-Experiment und Theorie
Schulz-Dubois, E. O.	Univ. Kiel	D	Physik	1981 1984 1989 1991	Experimentelles Studium der Dynamik von Taylor-Wirbeln
Schuster, P.	Univ. Wien	AU	Biologie	1984 1988	Stochastische Analyse der molekularen Evolution
Sieveking, M.	Univ. Frankfurt	D	Biologie	1984	Mehr-Spezies-Dynamik
Stierstadt, K.	Univ. München	D	Physik	1981 1985 1991	Magneto-Konvektion in kolloidalen magnetischen Flüssigkeiten
Suhl	Univ. California	USA	Stipendium Physik	1990	Forschungsstipendium Suhl
Vaillancourt, R.	Univ. Ottawa	CAN	Stipendium Theorie	1988	Forschungsstipendium K. Nolte
Velarde, M. G.	Univ. Nacional de Educacion a distancia	ESP	Chemie	1980 1983	Deterministische und stochastische Lösungsansätze für Instabilitäten und Kooperative Phänomene in Flüssigkeitsschichten und Nichtlinearen Reaktions-Diffusionssystemen

Name	Institution	Land	Bereich	Jahr	Thema
von der Malsburg, Ch.	MPI bioph. Chemie	D	Biologie/ Gehirn	1981	Synergetik der dynamischen Wechselwirkungen zwischen Korrelation auf Neuronennetzwerken als Grundlage einer Theorie der Hirnfunktion
von Seelen, W.	Univ. Bochum	D	Gehirn	1983 1984 1986 1991	Kooperation neuronaler Teilsysteme im Cortex
Walgraef, D.	Univ. Brüssel	B	Stipendium Chemie	1985	Forschungsstipendium Ch. Schiller
Walther, H.	Univ. München	D	Physik	1988 1990	Hoch angeregte Rubidium Atome im Mikrowellenfeld: Experimentelle und theoretische Untersuchung eines klassisch chaotischen Systems
Wegmann, K.	Univ. Tübingen	D	Biologie	1983	Experimente zum reaktionskinetischen Chaos
Weidlich, W.	Univ. Stuttgart	D	Soziologie	1981 1985 1988	Nichtgleichgewichtstheorie von Migrationsprozessen und von ökonomischen Zyklen
Wicke, E.	Univ. Münster	D	Chemie	1985	Untersuchungen zum oszillatorischen Umsatzverhalten des Systems NO/CO an Edelmetallkatalysatoren
Wissel, Ch.	Univ. Marburg	D	Biologie	1990	Synergetische Organisation von Fischen in Schwärmen

Anhang 4: Liste der in der Reihe *Springer Series in Synergetics* erschienenen Bände

1. Haken, H., 'Synergetics - An Introduction'. Hrsg. H. Haken, Springer Series in Synergetics Band 1 (Berlin - New York: Springer Verlag, 1977).

2. Haken, Hermann, 'Synergetics - A workshop'. Hrsg. H. Haken, Springer Series in Synergetics Band 2 (Berlin - New York: Springer Verlag, 1977).

3. Pacault, A., und C. Vidal, 'Synergetics - Far from Equilibrium'. Hrsg. H. Haken, Springer Series in Synergetics Band 3 (Berlin - New York: Springer Verlag, 1979).

4. Güttinger, W., und H. Eickemeier, ‚Structural Stability in Physics'. Hrsg. H. Haken, Springer Series in Synergetics Band 4 (Berlin - New York: Springer Verlag, 1979).

5. Haken, H., 'Pattern Formation by Dynamic Systems and Pattern Recognition'. Hrsg. H. Haken, Springer Series in Synergetics Band 5 (Berlin - New York: Springer Verlag, 1979).

6. Haken, H., 'Dynamics of Synergetic Systems'. Hrsg. H. Haken, Springer Series in Synergetics Band 6 (Berlin - New York: Springer Verlag, 1979).

7. Blumenfeld, L.A., 'Problems of Biological Physics'. Hrsg. H. Haken, Springer Series in Synergetics Band 7 (Berlin - New York: Springer Verlag, 1981).

8. Arnold, L., und R. Lefever, ‚Stochastic Nonlinear Systems in Physics, Chemistry and Biology'. Hrsg. H. Haken, Springer Series in Synergetics Band 8 (Berlin - New York: Springer Verlag, 1981).

9. Della Dora, J., J. Demongeot, und B. Lacolle, 'Numerical Methods in the Study of Critical Phenomena'. Hrsg. H. Haken, Springer Series in Synergetics Band 9 (1981).

10. Klimontovich, Yu L., 'The Kinetic Theory of Electromagnetic Processes'. Hrsg. H. Haken, Springer Series in Synergetics Band 10 (Berlin - New York: Springer Verlag, 1983).

11. Haken, H., 'Chaos and Order in Nature'. Hrsg. H. Haken, Springer Series in Synergetics Band 11 (Berlin - New York: Springer Verlag, 1981).

12. Vidal, C., und A. Pacault, 'Nonlinear Phenomena in Chemical Dynamics'. Hrsg. H. Haken, Springer Series in Synergetics Band 12 (Berlin - New York: Springer Verlag, 1981).

13. Gardiner, C. W., 'Handbook of Stochastic Methods'. Hrsg. H. Haken, Springer Series in Synergetics Band 13 (Berlin - New York: 1983).

14. Weidlich, W., und G. Haag, 'Concepts and Models of a Quantitative Sociology'. Hrsg. H. Haken, Springer Series in Synergetics Band 14 (Berlin - New York: Springer Verlag, 1983).

15. Horsthemke, W., und R. Lefever, 'Noise-Induced Transitions - Theory and Applications in Physics, Chemistry, and Biology'. Hrsg. H. Haken, Springer Series in Synergetics Band 15 (Berlin - New York: Springer Verlag, 1984).

16. Blumenfeld, L. A., 'Physics of Bioenergetic Processes'. Hrsg. H. Haken, Springer Series in Synergetics Band 16 (Berlin - New York: Springer Verlag, 1983).

17. Haken, H., 'Evolution of Order and Chaos in Physics, Chemistry and Biology'. Hrsg. H. Haken, Springer Series in Synergetics Band 17 (Berlin - New York: Springer Verlag, 1982).

18. Risken, Hannes, 'The Fokker-Planck Equation'. Hrsg. H. Haken, Springer Series in Synergetics Band 18 (Berlin - New York: Springer Verlag, 1984).

19. Kuramoto, Y., 'Chemical Oscillations, Waves and Turbulence'. Hrsg. H. Haken, Springer Series in Synergetics Band 19 (Berlin - New York: Springer Verlag, 1984).

20. Haken, H., 'Advanced Synergetics'. Hrsg. H. Haken, Springer Series in Synergetics Band 20 (Berlin - New York: Springer Verlag, 1983).

21. Schuster, Peter, 'Stochastic Phenomena and Chaotic Behaviour in Complex Systems'. Hrsg. H. Haken, Springer Series in Synergetics Band 21 (Berlin - New York: Springer Verlag, 1984).

22. Frehland, E., 'Synergetics - From Microscopic to Macroscopic Order'. Hrsg. H. Haken, Springer Series in Synergetics Band 22 (Berlin - New York: Springer Verlag, 1984).

23. Basar, E., H. Flohr, H. Haken, und A. J. Mandell, 'Synergetics of the Brain'. Hrsg. H. Haken, Springer Series in Synergetics Band 23 (Berlin - New York: Springer Verlag, 1983).

24. Kuramoto, Y., 'Chaos and Statistical Methods'. Hrsg. H. Haken, Springer Series in Synergetics Band 24 (Berlin - New York: Springer Verlag, 1984).

25. Nicolis, J. S., 'Dynamics of Hierarchical Systems - an evolutionary approach'. Hrsg. H. Haken, Springer Series in Synergetics Band 25 (Berlin - New York: Springer Verlag, 1986).

26. Ulrich, H., und G. J. B. Probst, 'Self-Organization and Management of Social Systems'. Hrsg. H. Haken, Springer Series in Synergetics Band 26 (Berlin - New York: Springer Verlag, 1984).

27. Vidal, C. und A. Pacault, 'Non-Equilibrium Dynamics in Chemical Systems'. Hrsg. H. Haken, Springer Series in Synergetics Band 27 (Berlin - New York: Springer Verlag, 1984).

28. Krinsky, V. I., 'Self-Organization - Autowaves and Structures far from Equilibrium'. Hrsg. H. Haken, Springer Series in Synergetics Band 28 (Berlin - New York: Springer Verlag, 1984).

29. Rensing, L., und N.I. Jaeger, ‚Temporal Order'. Hrsg. H. Haken, Springer Series in Synergetics Band 29 (Berlin - New York: Springer Verlag, 1985).

30. Takeno, S., 'Dynamical Problems in Soliton Systems'. Hrsg. H. Haken, Springer Series in Synergetics Band 30 (Berlin - New York: Springer Verlag, 1984).

31. Haken, H., 'Complex Systems - Operational Approaches'. Hrsg. H. Haken, Springer Series in Synergetics Band 31 (Berlin - New York: Springer Verlag, 1985).

32. Mayer-Kress, Gottfried, 'Dimensions and Entropies in Chaotic Systems'. Hrsg. H. Haken, Springer Series in Synergetics Band 32 (Berlin - New York: Springer Verlag, 1986).

33. Ebeling, W., und H. Ulbricht, S'elforganization by Nonlinear Irreversible Processes'. Hrsg. H. Haken, Springer Series in Synergetics Band 33 (Berlin - New York: Springer Verlag, 1986).

34. Arecchi, F. T., und R. G. Harrison, 'Instabilities and Chaos in Quantum Optics'. Hrsg. H. Haken, Springer Series in Synergetics Band 34 (Berlin - New York: Springer Verlag, 1987).

35. Schöll, E., 'Nonequilibrium Phase Transitions in Semiconductors'. Hrsg. H. Haken, Springer Series in Synergetics Band 35 (Berlin - New York: Springer Verlag, 1987).

36. Rensing, L., U an der Heiden, und Mackey M. C., ‚Temporal Disorder in Human Oscillatory Systems'. Hrsg. H. Haken, Springer Series in Synergetics Band 36 (Berlin - New York: Springer Verlag, 1987).

37. Güttinger, W., und G. Dangelmayr, 'The Physics of Structure Formation - Theory and Simulation'. Hrsg. H. Haken, Springer Series in Synergetics Band 37 (Berlin - New York: Springer Verlag, 1987).

38. Haken, H., 'Computational Systems - Natural and Artificial'. Hrsg. H. Haken, Springer Series in Synergetics Band 38 (Berlin - New York: Springer Verlag, 1987).

39. Markus, M., S. C. Müller, und G. Nicolis, 'From Chemical to Biological Organization'. Hrsg. H. Haken, Springer Series in Synergetics Band 39 (Berlin - New York: Springer Verlag, 1988).

40. Haken, H., 'Information and Self-Organization'. Hrsg. H. Haken, Springer Series in Synergetics Band 40 (Berlin - New York: Springer Verlag, 1988).

41. Wesfreid, J. E., H. R. Brnd, P. Manneville, G. Albinet, und N. Boccara, 'Propagation in Systems for from Equilibrium'. Hrsg. H. Haken, Springer Series in Synergetics Band 41 (Berlin - New York: Springer Verlag, 1987).

42. Haken, H., 'Neural and Synergetic Computers'. Hrsg. H. Haken, Springer Series in Synergetics Band 42 (Berlin - New York: Springer Verlag, 1988).

43. Takayama, Hajime, 'Cooperative Dynamics in Complex Physical Systems'. Hrsg. H. Haken, Springer Series in Synergetics Band 43 (Berlin - New York: Springer Verlag, 1989).

44. Plath, Peter J., 'Optimal Structures in Heterogeneous Systems'. Hrsg. H. Haken, Springer Series in Synergetics Band 44 (Berlin - New York: Springer Verlag, 1989).

45. Haken, H., und M. Stadler, 'Synergetics of Cognition'. Hrsg. H. Haken, Springer Series in Synergetics Band 45 (Berlin - New York: Springer Verlag, 1989).

46. Atlan, H., und I. R. Cohen, 'Theory of Immune Networks'. Hrsg. H. Haken, Springer Series in Synergetics Band 46 (Berlin - New York: Springer Verlag, 1989).

47. Jumarie, G., 'Relative Information Theories and Applications'. Hrsg. H. Haken, Springer Series in Synergetics Band 47 (Berlin - New York: Springer Verlag, 1990).

48. Meinköhn, D., 'Dissipative Structures in Transport Processes and Combustion'. Hrsg. H. Haken, Springer Series in Synergetics Band 48 (Berlin - New York: Springer Verlag, 1990).

49. Krüger, J., 'Neuronal Cooperativity'. Hrsg. H. Haken, Springer Series in Synergetics Band 49 (Berlin - New York: Springer Verlag, 1991).

50. Haken, H., 'Synergetic Computers and Cognition - a top down approach to neural nets'. Hrsg. H. Haken, Springer Series in Synergetics Band 50 (Berlin - New York: Springer Verlag, 1991).

51. Mikhailov, A.S., 'Foundations of Synergetics I'. Hrsg. H. Haken, Springer Series in Synergetics Band 51 (Berlin - New York: Springer Verlag, 1990).

52. Haken, H., 'Foundations of Synergetics II'. Hrsg. H. Haken, Springer Series in Synergetics Band 52 (Berlin - New York: Springer Verlag, 1991).

53. Zhang, W. B., 'Synergetic Economics'. Hrsg. H. Haken, Springer Series in Synergetics Band 53 (Berlin - New York: Springer Verlag, 1991).

54. Haake, Fritz, 'Quantum Signature of Chaos'. Hrsg. H. Haken, Springer Series in Synergetics Band 54 (Berlin - New York: Springer Verlag, 1991).

55. Haken, H., und H. P. Koepchen, ‚Rhythms in Physiological Systems'. Hrsg. H. Haken, Springer Series in Synergtetics Band 55 (Berlin - New York: Springer Verlag, 1991).

56. Gardiner, C. W., ‚Quantum Noise'. Hrsg. H. Haken, Springer Series in Synergetics Band 56 (Berlin - New York: Springer Verlag, 1991).

57. Stratonovich, R., 'Nonlinear Nonequilibrium Thermodynamics I'. Hrsg. H. Haken, Springer Series in Synergetics Band 57 (Berlin - New York: Springer Verlag, 1992).

58. Tschacher, W., G. Schiepek, und E. J. Brunner, ‚Self-Organization and Clinical Psychology'. Hrsg. H. Haken, Springer Series in Synergetics Band 58 (Berlin - New York: Springer Verlag, 1992).

59. Stratonovich, R., 'Nonlinear Nonequilibrium Thermodynamics II'. Hrsg. H. Haken, Springer Series in Synergetics Band 59 (Berlin - New York: Springer Verlag, 1994).

60. Kratsov, Yu A., 'Limits of Predictability'. Hrsg. H. Haken, Springer Series in Synergetics Band 60 (Berlin - New York: Springer Verlag, 1996).

61. Mishra, R. K., D. Maaß, und E. Zwierlein, ‚On Self-Organization'. Hrsg. H. Haken, Springer Series in Synergetics Band 61 (Berlin - New York: Springer Verlag, 1994).

62. Haken, H., und A.S. Mikhailov, 'Interdisciplinary Approaches to Nonlinear Complex Systems'. Hrsg. H. Haken, Springer Series in Synergetics Band 62 (Berlin - New York: Springer Verlag, 1993).

63. Atmanspacher, H., und G. J. Dalenoort, ‚Inside versus Outside'. Hrsg. H. Haken, Springer Series in Synergetics Band 63 (Berlin - New York: Springer Verlag, 1994).

64. Kruse, P., und M. Stadler, 'Ambiguity in Mind and Nature - Multistable Cognitive Phenomena'. Hrsg. H. Haken, Springer Series in Synergetics Band 64 (Berlin - New York: Springer Verlag, 1995).

65. Mosekilde, E., und O. Mouritsen, 'Modelling the Dynamics of Biological Systems'. Hrsg. H. Haken, Springer Series in Synergetics Band 65 (Berlin - New York: Springer Verlag, 1995).

66. Vorontsov, M. A., und W. B. Miller, 'Self-Organization in Optical Systems and Applications in Information Technology'. Hrsg. H. Haken, Springer Series in Synergetics Band 66 (Berlin - New York: Springer Verlag, 1995).

67. Haken, H., 'Principles of Brain Functioning - A Synergetic Approach to Brain Activity, Behaviour and Cognition'. Hrsg. H. Haken, Springer Series in Synergtics Band 67 (Berlin - Heidelberg: Springer Verlag, 1996).

68. Grabec, I., und W. Sachse, 'Synergetics of Measurement, Prediction and Control'. Hrsg. H. Haken, Springer Series in Synergetics Band 68 (Berlin - New York: Springer Verlag, 1997).

69. Kratsov, Yu A., und J. B. Kadtke, 'Predictability of Complex Dynamical Systems'. Hrsg. H. Haken, Springer Series in Synergetics Band 69 (Berlin - New York: Springer Verlag, 1996).

70. Xu, Jian - Jun, 'Interfacial Wave Theory of Pattern Formation'. Hrsg. H. Haken, Springer Series in Synergetics Band 70 (Berlin - New York: Springer Verlag, 1998).

71. Awrejcewicz, J., I. V. Andrianov, und L. I. Manevitch, 'Asymptotic Approaches in Nonlinear Dynamics'. Hrsg. H. Haken, Springer Series in Synergetics Band 71 (Berlin - New York: Springer Verlag, 1998).

72. Basar, E., 'Brain Function and Oscillation I'. Hrsg. H. Haken, Springer Series in Synergetics Band 72 (Berlin - New York: Springer Verlag, 1998).

73. Basar, E., 'Brain Function and Oscillation II'. Hrsg. H. Haken, Springer Series in Synergetics Band 73 (Berlin - New York: Springer Verlag, 1999).

74. Grasman, J., und O. A. van Herwaarden, 'Asymptotic Methods for the Fokker-Planck Equation and the Exit Problem in Applications'. Hrsg. H. Haken, Springer Series in Synergetics Band 74 (Berlin - New York: Springer Verlag, 1999).

75. Uhl, Ch., 'Analysis of Neurophysiological Brain Functioning'. Hrsg. H. Haken, Springer Series in Synergetics Band 75 (Berlin - New York: 1999).

76. Tass, Peter, 'Phase Resetting in Medicine and Biology'. Hrsg. H. Haken, Springer Series in Synergetics Band 76 (Berlin - New York: Springer Verlag, 1999).

77. Portugali, Juval, 'Self-Organization and the City'. Hrsg. H. Haken, Springer Series in Synergetics Band 77 (Berlin - New York: Springer Verlag, 2000).

Anhang 5: Liste der Teilnehmer bzw. Vortragenden, die sowohl in ELMAU, wie auch in Versailles anwesend waren

Name	Land	Versailles - Konferenzen	Elmau - Konferenzen
Adey, W. Ross	USA	1988	1983
Anderson, James A.	USA	1975, 1981	1989
Babloyantz, Agnessa	B	1973, 1979, 1981, 1988	1979, 1985
Bergé, Paul	F	1988	1981
Bienenstock, Elie L.	USA	1979	1983
Caianiello, Eduardo R.	I	1969, 1973	1988
Careri, Giorgio	I	1967, 1969, 1971, 1973,1975, 1977, 1979, 1981, 1984, 1988	1982
Cowan, Jack D.	USA	1967, 1971, 1973, 1975, 1977, 1979, 1981, 1984	1977, 1979
Eccles, John C.	GB	1973, 1975, 1977, 1979, 1981, 1984, 1988	1985
Eigen, Manfred	D	1967, 1969, 1971, 1973, 1979	1982
Frauenfelder, Hans	D oder CH	1977, 1979, 1981	1989
Fröhlich, Herbert	GB	1967, 1969, 1971, 1973, 1975, 1977, 1979, 1981, 1984, 1988	1977
Gierer, Alfred	D	1969, 1984	1979, 1982
Glaser, Donald	USA	1969, 1971, 1977, 1979, 1981, 1988	1983
Glass, Leon	CAN	1975	1979
Hepp, Klaus	CH	1971, 1973, 1979	1983, 1985
Julesz, Béla	USA	1971, 1981	1972, 1989
Kohonen, Teuvo	FIN	1979, 1981, 1984	1979, 1983

Name	Land	Versailles - Konferenzen	Elmau - Konferenzen
Kubo, Ryoko	JPN	1967, 1969, 1971, 1979	1972
Lefever, René	B	1969, 1973, 1975, 1979	1972, 1979
Levin, Simon A.	USA	1979	1979
Libchaber, Albert J.	USA	1988	1981
Malsburg, Christoph von	D	1975, 1979, 1981, 1984, 1988	1983
Matsubara, Takeo	JPN	1971, 1973	1972
Meinhardt, Hans	D	1975	1977, 1979
Montroll, Elliot W.	USA	1973	1972
Ortoleva, Peter	USA	1979	1979
Pomeau, Yves	F	1979	1981, 1983
Reichardt, Werner	D	1967, 1981, 1988	1972, 1979, 1985, 1988
Rössler, Otto	D	1979	1977, 1979
Schuster, Peter	AU	1979, 1981	1979,1983,1985
Shimizu, H.	JPN	1981	1982,1985,
Singer, Wolf	D	1984, 1988	1983, 1989
Tomita, Kazuhisa	JPN	1979	1972,1979
Velarde, Manuel G.	ESP	1973	1982, 1987
Wagner, Max	D	1969, 1971, 1973, 1975, 1977, 1979, 1981, 1984	1972
Wilson, Hugh R.	USA	1975, 1979, 1981	1972

Anhang 6: Übersicht der Ehrungen Hermann Hakens

1976 Max Born Preis des British Institute of Physics und der Deutschen Physikalischen Gesellschaft

1981 Albert A. Michelson Medaille des Franklin Institutes in Philadelphia

1982 Universität Essen, Dr. h.c.

1982 Mitglied der Deutschen Akademie der Naturforscher Leopoldina.

1982 korrespondierendes Mitglied der Bayerischen Akademie der Wissenschaften

1984 Mitglied im Orden Pour le mérite für Wissenschaft und Künste. Naturwissenschaftliche Kapitel der Friedensklasse. Es können immer nur 10 lebende Mitglieder sein. HH der erste jemals aus Stuttgart.

1985 Ehrenmitglied der Polnischen Synergetik Gesellschaft

1986 Ehrenprofessor des Shanghai Institute of Mechanical Engineering.

1986 Ehrenmitgliedschaft der Shanghai Association of Systems Engineering,

1986 Ehrenprofessur der Northwestern University Xian,

1986 Ehrenmitgliedschaft der Chinese Society for Systems Engineering.

1986 Großes Verdienstkreuz mit Stern des Verdienstordens der Bundesrepublik Deutschland

1987 Universidad Nacional de Educacion a Distancia Madrid Dr. h.c.

1988 Mitglied der Braunschweigischen Wissenschaftlichen Gesellschaft

1990 Verleihung der Max Planck Medaille der DPG

1990 Auswärtiges Mitglied der Akademie der Wissenschaften der DDR

1990 ord. Mitglied der Akademie der Wissenschaften Heidelberg

1991 ord. Mitglied der Academia Scientiarum et Artium Europaea (Salzburg)

1991 Mitglied der Academia Europaea, London

1991 Wahl zum Obmann der Sektion Physik (Theoretische Fachrichtung) der Deutschen Akademie der Naturforscher Leopoldina.

1992 Goldene Ehrenplakette der Stadt Sindelfingen

1992 Florida Atlantic University, Boca Raton (USA) Dr. h.c.

1992 Verleihung des Honda Preises (120.000 DM)

1993 Arthur-Burkhardt-Preis (25.000 DM), für „besondere Verdienste um die Verbindung von Ingenieur- und Naturwissenschaften einerseits und den Geistes- und Sozialwissenschaften andererseits".

1994 Universität Regensburg Dr. h.c. der Philosophie

1994 Lorenz-Oken Medaille der Gesellschaft Deutscher Naturforscher und Ärzte

1996 Ehrenvorsitzender der Deutschen Gesellschaft für Komplexe Systeme und der Nichtlinearen Dynamik

1997 TU München Dr. phil. e.h. (Fakultät Wirtschafts- und Sozialwissenschaften)

1997 Yunnan Universität (China): Honorary President of the Haken Synergetic Institute

1997 International Biographical Centre, Cambridge (GB): Medaille "2000 Outstanding People of the 20th Century"

2002 Ehrensenator der Universität Maribor, Slowenien

2005 Preis für herausragende Verdienste um die Weiterentwicklung von Medizin und Psychologie, Donau Universität Krems , Österreich

Anhang 7: Liste der durchgeführten Interviews

1. Interview mit Prof. Dr. **Manfred Eigen** und
   Frau Dr. **Ruthild Winkler-Oswatitsch** in Göttingen am 24.5.2011 — 26 Seiten
2. Interview mit Prof. Dr. **Rudolf Friedrich** in Münster am 14.11.2011 — 20 Seiten
3. Interview mit Prof. Dr. **Robert Graham** in Essen am 29.3.2011 — 20 Seiten
4. Interview mit Prof. Dr. **Fritz Haake** in Essen am 28.3.2011 — 22 Seiten
5. Interview mit Prof. Dr. **Hermann Haken** in Stuttgart am 21.9.2010 — 42 Seiten
6. Interview mit Prof. Dr. **Hermann Haken** in Stuttgart am 16.11.2010 — 28 Seiten
7. Interview mit Prof. Dr. **Hermann Haken** in Stuttgart am 20.4.22011 — 6 Seiten
8. Interview mit Prof. Dr. **Hermann Haken** in Stuttgart am 4.11.2011 — 17 Seiten
9. Interview mit Prof. Dr. **Hermann Haken** in Stuttgart am 9.10.2012 — 9 Seiten
10. Interview mit Dr. **Herbert Ohno** in Stuttgart am 15.6.2012 — 16 Seiten
11. Interview mit **Wolfgang Weidlich** in Stuttgart am 18.1.2011 — 34 Seiten

    zusätzlich „Laudatio inofficialis für Prof. Dr. Dr. h.c. mult
    Hermann Haken anläßlich seines 80. Geburtstages“ (von Wolfgang Weidlich)
    und „How Synergetics was born and how it leads to a better understanding
    of the world: Laudatio in honour of Prof. Dr. Dr. h.c. Hermann Haken”
    (von Wolfgang Weidlich)

Die Abschriften aller obigen Interviews befinden sich im
Universitätsarchiv Stuttgart – Vorlaß Haken.

Danksagung

Eine Arbeit wie die vorliegende kann nicht ohne die Unterstützung vieler anderer Beteiligter zustande kommen. Ich danke Herrn Professor Dr. Klaus Hentschel für den Vorschlag des Themas und die stetigen Anregungen und Kommentare. Frau Dr. Beate Ceranski danke ich für die Mühe, der sie sich als Mitberichter unterzogen hat.

Herrn Professor Dr. Hermann Haken schulde ich besonderen Dank. Er stellte mir sein Archiv zur Einsichtnahme zur Verfügung und gab in mehreren Interviewterminen bereitwilligst alle gewünschten Auskünfte. Danken möchte ich auch den Personen, die sich für Interviews zur Verfügung stellten: Prof. Dr. Manfred Eigen und Frau Dr. Ruthild Winkler-Oswatitsch, Prof. Dr. Rudolf Friedrich, Prof. Dr. Robert Graham, Prof. Dr. Fritz Haake, Prof. Dr. August Nitschke, Dr. Herbert Ohno und Prof. Dr. Wolfgang Weidlich.

Frau Dr. Ulrike Bischler von der Volkswagenstiftung ermöglichte mir die Einsichtnahme in die noch vorhandenen Akten des Förder-Schwerpunktes Synergetik. Herrn Dr. Norbert Becker danke ich für die Unterstützung bei der Bearbeitung des Archives von Hermann Haken und der Übernahme des Vorlass Haken in das Universitätsarchiv Stuttgart. Herr Dr. Axel Pelster ermöglichte mir die Teilnahme am Symposium zu Ehren des 85. Geburtstages von Hermann Haken, auf dem ich viele seiner noch lebenden Schüler kennenlernen konnte.

Trotz Internet wären die meisten Quellen ohne die stetigen Bemühungen der Mitarbeiter der Universitätsbibliotheken in Stuttgart und Tübingen sowie der Württembergischen Landesbibliothek in Stuttgart nicht zugänglich gewesen. Dafür danke ich ihnen gerne.

Nicht zuletzt gilt mein Dank meiner Frau und meiner Tochter, die stets mit viel Verständnis meine Aktivitäten in den vergangenen Jahren unterstützt haben.